普通高等教育"十一五"国家级规划教材
四川省"十二五"普通高等教育本科规划教材

混凝土结构设计原理

（第三版）

李　乔　主编

李　乔　龙若迅　李　力　编
荣国能　黄雄军

白国良　主审

中国铁道出版社有限公司

2022 年·北京

内 容 提 要

本书主要介绍钢筋混凝土结构和预应力混凝土结构基本构件的设计计算原理。主要内容包括材料的物理力学性能、结构设计方法、轴心受力构件正截面承载力计算、受弯构件正截面和斜截面承载力计算、受扭构件承载力计算、偏心受力构件正截面承载力计算、钢筋混凝土构件的变形和裂缝验算、预应力混凝土构件的设计计算等,对部分预应力混凝土结构和无黏结预应力混凝土结构也作了简要介绍。本书力求以讲原理为主,不过多地讲解规范条文规定,以避免因涉及几种规范的不一致而造成混乱,也不致于使内容过于繁杂。

本书为高等学校土木工程大类专业(包括桥梁工程、隧道工程、建筑工程、道路与铁道工程和岩土工程等专业方向)的本科教材,也可供相关技术人员参考。

图书在版编目(CIP)数据

混凝土结构设计原理/李乔主编. —3 版.—北京:中国
铁道出版社,2013.8(2022.7 重印)
普通高等教育"十一五"国家级规划教材
ISBN 978-7-113-17040-0

Ⅰ.①混… Ⅱ.①李… Ⅲ.①混凝土结构-结构设计-
高等学校-教材 Ⅳ.①TU370.4

中国版本图书馆 CIP 数据核字(2013)第 174050 号

书　名	混凝土结构设计原理
作　者	李　乔

责任编辑	李丽娟　　**电话**:(010)51873240
封面设计	郑春鹏
责任校对	马　丽
责任印制	高春晓

出版发行:中国铁道出版社有限公司(100054,北京市西城区右安门西街 8 号)

网　址:http://www.tdpress.com

印　刷:三河市宏盛印务有限公司

版　次:2001 年 8 月第 1 版　2009 年 8 月第 2 版　2013 年 8 月第 3 版　2022 年 7 月第 5 次印刷

开　本:787mm×1 092mm　1/16　**印张**:18.5　**字数**:466 千

书　号:ISBN 978-7-113-17040-0

定　价:49.00 元

第三版前言

本教材第三版主要修改了由于设计规范变更而带来的内容变化，包括部分例题。此外还对原书中的一些不妥之处作了修正。

目前涉及的最新规范为住房与城乡建设部颁布的《建筑结构荷载规范》(GB 50009—2012)及《混凝土结构设计规范》(GB 50010—2010)、交通部颁布的《公路桥涵设计通用规范》(JTG D60—2004)及《公路钢筋混凝土及预应力混凝土桥涵设计规范》(JTG D62—2004)、原铁道部颁布的《铁路桥涵设计基本规范》(TB 10002.1—2005)及《铁路桥涵钢筋混凝土和预应力混凝土结构设计规范》(TB 10002.3—2005)。这些规范中相应的规定有所差异。所以，本书仍将侧重点放在基本原理的讲述上，尽量少讲规范条文。

本次修订工作分工如下：第1、10、11、12章及附录由李乔修订，第2、3章由李力修订，第4、5、6、8、9章由龙若迅、荣国能修订，第7章由黄雄军修订，全书由李乔统稿。

编　者

2013 年 5 月

重印说明

本书在 2018 年 1 月重印时，按照国家铁路局在 2017 年颁布的《铁路桥涵设计规范》(TB 10002—2017)及《铁路桥涵混凝土结构设计规范》(TB 10092—2017)对书中相关内容进行了修改。

编　者

2018 年 1 月

第二版前言

本教材第一版是在 2001 年根据教育部 1998 年高等学校新专业目录面向土木工程大类专业编写的,覆盖原桥梁工程、隧道工程、建筑工程、道路与铁道工程和岩土工程等专业方向。本次再版作了较大改动。首先,在内容的编排上作了调整,按照先易后难的原则,把轴心受力构件正截面承载力计算提前到了第 4 章,作为讲解具体计算的第一部分内容。同时把各章内容重新进行了编写,使得其更容易被学生所接受。其次,修改了由于设计规范变更而带来的内容变化。此外,还对原书中的一些不妥之处作了修正。

由于土木工程专业涉及面较广,与本课程相关的设计规范至少有三类,即住房与城乡建设部颁布的《建筑结构荷载规范》(GB 50009—2001)及《混凝土结构设计规范》(GB 50010—2002),交通部颁布的《公路桥涵设计通用规范》(JTG D60—2004)及《公路钢筋混凝土及预应力混凝土桥涵设计规范》(JTG D62—2004),铁道部颁布的《铁路桥涵设计基本规范》(TB 10002.1—2005)及《铁路桥涵钢筋混凝土和预应力混凝土结构设计规范》(TB 10002.3—2005)。这些规范中相应的规定有所差异,所以,本书将侧重点放在基本原理的讲述上,而尽量少讲规范条文。

应该指出,现行《铁路桥涵钢筋混凝土和预应力混凝土结构设计规范》(TB 10002.3—2005)主要采用容许应力法,仅对预应力混凝土部分采用破坏阶段法,与建筑结构和公路桥梁的设计规范所采用的极限状态法不一致,所以本教材中涉及规范的地方大部分采用了后两者,只是在预应力混凝土构件部分参考了前者。但正如上所述,本书重在讲原理,因此直接涉及该规范的内容并不多。

本书由西南交通大学李乔教授主编,西安建筑科技大学白国良教授主审。其中第 1、10、11、12 章由李乔编写,第 2、3 章由李力编写,第 4、8、9 章由龙若迅编写,第 5、6 章由荣国能编写,第 7 章由黄雄军编写。

在此对未参加本教材第二版编写的第一版作者杜赞华、王春华和许惟国等老师表示衷心的感谢,对本书所列参考文献的作者表示感谢!

编 者

2009 年 5 月

第一版前言

本教材是根据教育部1998年高等学校新专业目录,面向土木工程大类专业编写的,内容覆盖原桥梁工程、隧道工程、建筑工程、道路与铁道工程和岩土工程等专业方向。

由于上述各原专业方向涉及三种规范,即建设部颁布的《建筑结构荷载规范》(GBJ 9—87)及《混凝土结构设计规范》(GBJ 10—89),交通部颁布的《公路桥涵设计通用规范》(JTJ 021—89)及《公路钢筋混凝土及预应力混凝土桥涵设计规范》(JTJ 023—85),以及铁道部颁布的《铁路桥涵钢筋混凝土和预应力混凝土结构设计规范》(TB 10002.3—99),这些规范中相应的规定有所差异,所以,本书将侧重点放在基本原理的讲述上,而尽量少讲规范条文。

应该指出,现行《铁路桥涵钢筋混凝土和预应力混凝土结构设计规范》(TB 10002.3—99)主要采用容许应力法,在预应力混凝土部分采用破坏阶段法,与建筑结构和公路桥梁的设计规范所采用的极限状态法不一致,所以本教材中涉及规范的地方大部分采用了后两者,只是在预应力混凝土构件部分参考了前者和《铁路桥涵设计规范》(送审稿,按极限状态法)。但正如上所述,本书重在讲原理,因此直接涉及该规范的内容并不多。

全书共12章。其中第1、10、12以及第2章中关于混凝土徐变系数和收缩应变的计算部分由李乔编写;第2、6、9章由杜赞华编写;第3、7、8章由王春华编写;第4、5章由荣国能编写;第11章由许惟国和李乔编写。全书由李乔统稿主编。

本书在编写过程中得到了西南交通大学土木工程学院强士中教授、吕和林教授、赵慧娟教授、龙若迅讲师等的关心和指导,特此向他们表示衷心的感谢。

编　者

2001 年 3 月

目 录

1 绪　　论

1.1　钢筋混凝土结构的基本概念

1.1.1　钢筋混凝土的基本原理

由建筑材料知识可知,混凝土的抗压强度较高,抗拉强度很低,大约只有抗压强度的十分之一。如果只用混凝土材料制作一根受弯的梁[图 1.1(a)],则根据材料力学得知,在荷载(包括自重)作用下,梁的下部会产生拉应力,上部会产生压应力。由于混凝土的抗拉强度远低于抗压强度,所以在很小的荷载作用下梁的下部就会开裂,从而使梁失去承载能力。如果在构件的受拉区混凝土内设置钢筋,则当混凝土受拉开裂后,钢筋由于具有较高的抗拉强度,能够继续承受拉力。而在梁的受压区由于混凝土具有较高的抗压强度,也能继续承受压力。这样就可以充分发挥钢和混凝土两种材料的特长,使构件的承载能力较之素混凝土构件[即没有配钢筋的混凝土构件,图 1.1(a)]大大提高。这就是钢筋混凝土构件的设想[图 1.1(b)]。

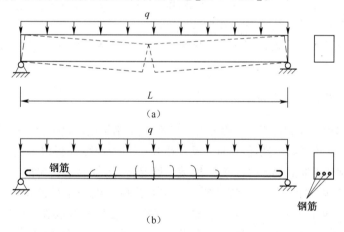

图 1.1　素混凝土与钢筋混凝土简支梁示意图

混凝土由于抗拉强度低,在不大的拉应变时就会开裂,因此在受拉区混凝土开裂之前,混凝土的应变和应力很小。而钢筋混凝土中的钢筋由于与混凝土黏结在一起共同变形,其应变等于混凝土应变,因此钢筋的应变也很小,其应力远低于钢筋的抗拉强度,此时钢筋不能充分发挥作用。只有在混凝土开裂后,钢筋才可能产生较大的变形和拉应力,也才能充分发挥其作用。这就是说,一般情况下,钢筋混凝土构件的受拉区混凝土都设计为开裂状态下工作的。当然,构件的裂缝宽度不能超过一定的限度,否则会使钢筋发生锈蚀。

总结上述的介绍,可知在设计钢筋混凝土构件时,除了要计算承载力这一最重要的指标外,还要计算裂缝宽度以及变形的大小,使之满足使用要求。这也是本课程中有关钢筋混凝土构件的主要内容。

由于钢筋和混凝土是两种物理和力学性能很不相同的材料,要使它们能够有效地结合在一起工作,必须保证它们之间有足够的黏结,使得二者能够相互传递力,且变形协调。

钢筋和混凝土之间的黏结力主要是由混凝土凝固时体积收缩而将钢筋紧紧地握裹住而产生的(混凝土体积收缩,而钢筋体积不收缩)。在钢筋两端设置弯钩[如图 1.1(b)所示]或使用表面凹凸不平的钢筋(如螺纹钢筋,见第 2 章)时,黏结会更加有效。

钢筋和混凝土两种材料的线膨胀系数为 $1.0 \times 10^{-5} \sim 1.51 \times 10^{-5}$。当温度变化时,两者变形大致相同,不致产生较大的相对变形,因而不会破坏二者之间的黏结。

由于钢筋表面至构件表面之间有混凝土作为保护层,因此钢筋不会发生锈蚀。但应该注意,作为保护层的混凝土必须有足够的厚度和密实度,并且如前所述,裂缝宽度要限制在一定的范围内,否则钢筋仍会发生锈蚀。

钢筋混凝土具有如下优点:

(1)充分发挥了钢筋和混凝土两种材料的特点,形成的构件有较大的承载能力和刚度;

(2)耐久性和耐火性较好,维护费用低;

(3)可模性好,可根据需要浇筑成各种形状和体积的结构;

(4)混凝土材料中大部分为砂石,便于就地取材;

(5)耐辐射、耐腐蚀性能较好。

钢筋混凝土也存在如下缺点:

(1)自重较大,使得结构很大一部分承载能力消耗在承受其自身重量上。例如在大跨度桥梁中,80%以上的内力是由结构自重产生的。

(2)检查、加固、拆除等比较困难。但随着现代探伤技术和控制爆破技术等的发展和应用,这些缺点正逐步得到克服。

1.1.2　钢筋混凝土结构的发展简述

钢筋混凝土出现至今有近 160 年的历史。与砖石、木结构相比,它是一种较年轻的结构。19 世纪中叶钢筋混凝土结构开始出现,但那时并没有什么专门的计算理论和方法。直到 19 世纪末期,才有人提出配筋原则和钢筋混凝土的计算方法,使钢筋混凝土结构逐渐得到推广。

20 世纪初,不少国家通过试验逐渐制定了以容许应力法为基础的钢筋混凝土结构设计规范。到 20 世纪 30 年代以后,钢筋混凝土结构得到迅速发展。苏联在 1938 年首先采用破坏阶段法计算钢筋混凝土结构,到 20 世纪 50 年代又改用更先进合理的极限状态法。近几十年来,包括我国在内的许多国家都开始采用以概率论为基础,以可靠度指标度量构件可靠性的分析方法,使极限状态法更趋完善、合理。

在材料方面,目前常用的混凝土强度等级为 C20~C50(立方体抗压强度 $f_{cu}=20 \sim 50$ MPa);近年来各国都在大力发展高强、轻质、高性能混凝土,现行的设计规范也都把推荐使用的混凝土材料最高强度等级提高到了 C80。现已有强度高达 $f_{cu}=100$ MPa 的混凝土。在轻质方面,现已有加气混凝土、陶粒混凝土等,其容重一般为 14~18 kN/m³(普通混凝土容重为 23~24 kN/m³),强度可达 50 MPa。为提高混凝土的耐磨性和抗裂性,还可在混凝土中加入金属纤维,如钢纤维、碳纤维等,形成纤维混凝土。

随着对混凝土结构性能的深入研究、现代测试技术的发展以及计算机和有限元法的广泛应用,对钢筋混凝土构件的计算分析已逐步向全过程、非线性、三维化方向发展,设计规范也不断修订和增订,使得钢筋混凝土结构设计日趋合理、经济、安全、可靠。

1.2　预应力混凝土结构的基本概念

1.2.1　预应力混凝土的基本原理

钢筋混凝土构件虽然已广泛应用于各种工程结构,但它仍存在一些缺点。例如混凝土的极限抗拉应变很小,一般只有$(0.1\sim0.15)\times10^{-3}$左右,因此当钢筋中的应力为$20\sim30$ MPa [相应的应变为$(0.1\sim0.15)\times10^{-3}$]时,混凝土就已开裂。根据规范规定一般混凝土的裂缝宽度不得大于$0.2\sim0.3$ mm,与此相应的钢筋拉应力约为$100\sim250$ MPa(光面钢筋)或$150\sim300$ MPa(螺纹钢筋)。这就是说,在钢筋混凝土结构中,钢筋的应力最高也不过300 MPa,无法再提高,使用更高强度的钢筋是无法发挥作用的,相应的也无法使用高强度混凝土。

由于裂缝的产生,使构件的刚度降低。若要满足裂缝控制的要求,则需要加大构件的截面尺寸或增加钢筋用量,这将导致结构自重或用钢量过大,很难用于大跨度结构。

为解决这一矛盾,人们设想对在荷载作用下的受拉区混凝土预先施加一定的压应力(即储备一定的压应力),使其能够部分或全部抵消由荷载产生的拉应力,从而使混凝土避免开裂。这实际上是利用混凝土较高的抗压能力来弥补其抗拉能力的不足。这就是预应力混凝土的概念。

现以图 1.2 所示的简支梁为例,来说明预应力混凝土结构的基本原理。

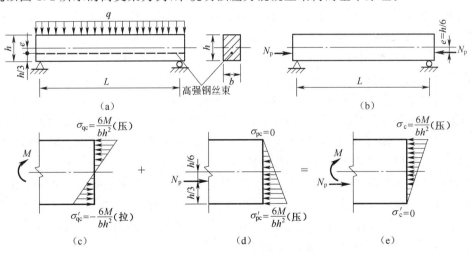

图 1.2　预应力混凝土构件原理

设该梁跨度为 L,截面尺寸为 $b\times h$,截面面积 $A=bh$,抗弯截面模量 $W=bh^2/6$,承受满布均布荷载 q(含自重)。此时梁跨中弯矩为 $M=qL^2/8$,相应的截面上、下缘的应力[图 1.2(c)]为(以受压为正)

$$上缘:\sigma_{qc}=\frac{M}{W}=\frac{6M}{bh^2}(压),\quad 下缘:\sigma'_{qc}=-\frac{6M}{bh^2}(拉)$$

假若预先在中性轴以下距离为 e(e 称为偏心距)处沿梁长度方向设一孔道,在孔道内穿一高强钢丝束,并在两端张拉该钢丝束(拉长),然后在其两端紧贴梁端面处安装锚具(一种夹具),撤掉张拉力,钢丝束必然要回缩,但锚具将其卡住(锚固),于是钢丝束通过锚具对梁端混凝土施加了一个压力。设此时钢丝束中的拉力为 N_p，则混凝土在钢丝束位置处受到一同样大小的压力 N_p[图 1.2(b)]。根据材料力学，在偏心轴力 N_p 作用下，梁截面上、下缘产生的应力[称为预加应力，图 1.2(d)]由两部分组成，即轴力引起的部分 N_p/A 和偏心力产生的弯矩引起的部分 $N_p e/W$，即

上缘：
$$\sigma_{pc} = \frac{N_p}{A} - \frac{N_p e}{W} = \frac{N_p}{bh} - \frac{6N_p e}{bh^2} = \frac{N_p}{bh}\left(1 - \frac{6e}{h}\right)$$

下缘：
$$\sigma'_{pc} = \frac{N_p}{A} + \frac{N_p e}{W} = \frac{N_p}{bh} + \frac{6N_p e}{bh^2} = \frac{N_p}{bh}\left(1 + \frac{6e}{h}\right)$$

梁在荷载 q 和预加力 N_p 共同作用下，跨中截面上、下缘的应力[图 1.2(e)]为

上缘：
$$\sigma_c = \sigma_{qc} + \sigma_{pc} = \frac{6M}{bh^2} + \frac{N_p}{bh}\left(1 - \frac{6e}{h}\right) \tag{1.1}$$

下缘：
$$\sigma'_c = \sigma'_{qc} + \sigma'_{pc} = -\frac{6M}{bh^2} + \frac{N_p}{bh}\left(1 + \frac{6e}{h}\right) \tag{1.2}$$

若设 $e = h/6$，$N_p = 3M/h$，代入式(1.1)和式(1.2)，可得

$$\sigma_c = \sigma_{qc} + \sigma_{pc} = \frac{6M}{bh^2} + \frac{N_p}{bh}\left(1 - \frac{6e}{h}\right) = \frac{6M}{bh^2} \text{（压）}$$

$$\sigma'_c = \sigma'_{qc} + \sigma'_{pc} = -\frac{6M}{bh^2} + \frac{N_p}{bh}\left(1 + \frac{6e}{h}\right) = 0$$

显然，此时预加应力将荷载在截面下缘处产生的拉应力全部抵消。当然，如果 e 和 N_y 不等于上述值，则截面上、下缘的应力也会有不同的值。但总的趋势是荷载引起的下缘拉应力被预加应力部分抵消或全部抵消。

以上例子可以说明预应力混凝土构件的基本原理，并可初步得出如下几点结论：

(1)适当地施加预加应力，可使构件截面在荷载作用下不出现拉应力，因而可避免混凝土出现裂缝，混凝土梁可全截面参加工作，提高了构件的刚度。

(2)预应力钢筋和混凝土都处于高应力状态下，因此预应力混凝土结构必须采用高强度材料。也正由于这种高应力状态，所以对于预应力混凝土构件，除了要像钢筋混凝土构件那样计算承载力和变形以外，还要计算使用阶段的应力。

(3)预应力的效果不仅与预加力 N_p 的大小有关，还与 N_p 所施加的位置(即偏心距 e 的大小)有关。对于受弯构件的最大弯矩截面，要得到同样大小的预应力效果，应尽量加大偏心距 e，以减小预加力 N_p，从而减少预应力钢筋用量。但在弯矩较小的截面，应减小 N_p 或 e，以免因预加力产生过大的反弯矩而使梁上缘出现拉应力。

(4)钢筋混凝土中的钢筋在受荷载后混凝土开裂的情况下代替混凝土承受拉力，是一种"被动"的受力方式。而预应力混凝土中的预应力钢筋是预先给混凝土施加压力，是一种"主动"的受力方式。

1.2.2　预应力混凝土结构的发展概况

预应力混凝土的最早应用是由美国人 P. H. Jackson 于 1886 年实现的。他利用钢筋对一由混凝土块构成的拱施加预应力。1888 年，德国人 C. E. W. Doehring 利用钢筋对楼板施加预应力，并获专利。但那时采用的钢筋强度较低，预应力较小(不超过 120 MPa)，由于混凝土收缩和徐变等原因使构件逐渐缩短，因而在施加预应力后不久，混凝土中的预应力就消失殆尽。直到 1928 年法国工程师弗莱西奈(E. Freyssinet)通过试验，才采用高强钢丝克服了上述问

题。他使钢丝的预拉应力达到约 1 000 MPa。在混凝土发生收缩和徐变后,钢丝内仍存有
800 MPa左右的拉应力,足以实现对混凝土预压的效果。此后,预应力混凝土得到迅速发展和
应用。我国虽然是在 1949 年新中国建立后才开始研究和应用预应力混凝土结构的,但发展非
常迅速,在某些方面已达到世界先进水平。现在,预应力混凝土结构已在建筑结构、桥梁、核反
应堆、海洋工程结构、蓄液池、压力管道等诸多方面应用,今后其应用范围会更加广泛。

1.2.3　预应力混凝土结构的主要优缺点

预应力混凝土结构具有下列主要优点:

(1)提高了构件的抗裂度和刚度。对构件施加预应力后,使构件在使用荷载作用下可不出
现裂缝,或可使裂缝大大推迟出现,有效地改善了构件的使用性能,提高了构件的刚度,增加了
结构的耐久性。

(2)可以节省材料,减少自重。预应力混凝土由于采用高强材料,因而可减小构件截面尺
寸,节省钢材与混凝土用量,降低结构物的自重。这对自重比例很大的大跨径桥梁来说,更有
着显著的优越性。大跨度和重荷载结构,采用预应力混凝土结构一般是经济合理的。

(3)可以减小混凝土梁的竖向剪力和主拉应力。预应力混凝土梁的曲线钢筋(束)可使梁
中支座附近的竖向剪力减小;又由于混凝土截面上预应力的存在,使荷载作用下的主拉应力也
相应减小。这有利于减小梁的腹板厚度,使预应力混凝土梁的自重可以进一步减小。

(4)结构质量安全可靠。施加预应力时,钢筋(束)与混凝土都同时经受了一次强度检验。

(5)预应力可作为结构构件连接的手段,促进了大跨结构新体系与施工方法的发展。

此外,还可以提高结构的耐疲劳性能。因为具有强大预应力的钢筋,在使用阶段由加荷或
卸荷所引起的应力变化幅度相对较小,所以引起疲劳破坏的可能性也小。这对承受动荷载的
桥梁结构来说是很有利的。

预应力混凝土结构也存在着一些缺点:

(1)工艺较复杂,对施工质量要求甚高,因而需要配备一支技术较熟练的专业队伍。

(2)需要有一定的专门设备,如张拉机具、灌浆设备等。先张法需要有张拉台座;后张法还
要耗用数量较多、质量可靠的锚具等。

(3)预应力反拱度不易控制。它随混凝土徐变的增加而加大,造成桥面不平顺。

(4)预应力混凝土结构的开工费用较大,对于跨径小、构件数量少的工程,成本较高。

但是,以上缺点是可以设法克服的。例如应用于跨径较大的结构,或跨径虽不大,但构件
数量很多时,采用预应力混凝土结构就比较经济了。总之,只要从实际出发,因地制宜地进行
合理设计和妥善安排,预应力混凝土结构就能充分发挥其优越性。所以它在近数十年来得到
了迅猛的发展,尤其对桥梁新结构体系及施工方法的发展起了重要的推动作用,是一种极有发
展前途的工程结构。

1.3　学习本课程应注意的问题

(1)本课程是一门重要的专业基础课,它的任务是要使学生掌握钢筋混凝土和预应力混凝
土构件的设计计算原理、方法及构造。

(2)本课程面向土木工程大类专业,重在讲原理,而不是讲规范条文,书中所引用的规范规
定和公式只是为了说明原理。但完全不涉及规范是不可能的。目前与此有关的规范有三种,

即面向工业与民用建筑结构的《建筑结构荷载规范》(GB 50009—2012)和《混凝土结构设计规范》(GB 50010—2010),面向公路桥梁结构的《公路桥涵设计通用规范》(JTG D60—2004)及《公路钢筋混凝土及预应力混凝土桥涵设计规范》(JTG D62—2004),面向铁路桥梁结构的《铁路桥涵设计规范》(TB 10002—2017)和《铁路桥涵混凝土结构设计规范》(TB 10092—2017),本书将以上三类规范分别简称为《混规》、《公路桥规》和《铁路桥规》。《铁路桥规》的钢筋混凝土构件内容采用容许应力法,而预应力混凝土构件内容则采用破坏阶段法。由于本教材采用极限状态法,为统一,本教材中使用的符号对于钢筋混凝土构件主要以《混规》为依据,对于预应力混凝土构件主要以《公路桥规》为依据。公式及一些参数的取值等,对钢筋混凝土结构主要以《混规》为依据,对预应力混凝土结构,由于《混规》对此规定较少,所以公式及参数主要以《公路桥规》和《铁路桥规》为依据。

必须指出,虽然基本原理都相近,但各规范的具体规定却各不相同。在实际应用时,应根据所设计的结构类型,按相应的规范规定进行,不可盲目套用,更不能将本书作为规范使用。例如,设计铁路桥梁时,应按现行的铁路桥涵设计规范进行。而设计房屋结构时,应按现行的混凝土结构设计规范进行。

(3)本课程的先修课程主要为材料力学和建筑材料等。钢筋混凝土在性质上与"材料力学"有很多相似之处,或可以称为"钢筋混凝土的材料力学",但也有许多不同之处。

材料力学主要是研究单一匀质、连续、各向同性、弹性(或理想弹塑性)材料的构件,而钢筋混凝土结构研究的是钢筋和混凝土两种材料组成的构件,而混凝土本身也是非匀质、非弹性、非连续的材料。因此,除了预应力混凝土构件使用阶段的应力计算外,能够直接应用材料力学公式的情况并不多。但材料力学中通过几何、物理和平衡关系建立基本方程的方法,对本课程也是适用的,不过在每一种关系的具体内容上应考虑钢筋混凝土构件材料性能特点。例如,材料力学中关于梁的平截面假定在钢筋混凝土受弯构件中也适用,但在考虑应力分布时却认为受拉区混凝土已开裂并退出工作,拉力完全由钢筋承担,不像材料力学中那样全截面参加工作。

(4)由于混凝土材料本身的物理力学特性十分复杂,目前尚未建立起比较完善的强度理论。因此,钢筋混凝土构件的一些计算方法、公式等是在实验基础上建立的半理论半经验性质的。在学习和运用这些方法和公式时,要注意它们的适用范围和条件。

(5)结构设计原理并不仅仅包含强度和变形计算,这也是与材料力学的不同之处。结构设计应遵循适用、经济、安全和美观的原则,涉及方案比选、构件选型、材料选择、尺寸拟定、配筋方式和数量等诸多方面。

(6)本书中标题上有"＊"标记的内容,表示在讲课时可根据实际情况适当取舍。而标有"＊＊"的内容则表示可以不讲,同学们可以自学。

如前所述,本课程重在讲原理,至于规范的使用,则应在掌握了原理的基础上通过习题、课程设计及毕业设计等来熟悉运用。

材料的物理力学性能

2.1 研究材料物理力学性能的目的

钢筋混凝土和预应力混凝土的物理力学性能与力学课程中所学的理想弹性材料不同,因而其构件的受力性能与由单一弹性材料构成的结构构件有很大差异。本章主要讨论钢筋和混凝土材料在不同受力条件下强度和变形的变化规律,以及这两种材料的共同工作性能。它将为后续章节中建立有关计算理论和设计方法提供重要的依据,也是我们能合理选用材料的基本保证。本章的主要内容不是有关材料化学成分及组成,这与建筑材料课程有所区别,但复习好建筑材料的相关内容有助于本章的学习。此外,回顾一下材料力学中关于钢材力学特性的内容对理解本章内容也是有益的。

2.2 钢筋的物理力学性能

2.2.1 钢筋的形式和品种

钢筋的力学性能主要取决于它的化学成分,其主要成分是铁元素,此外还含有少量的碳、锰、硅、钒、钛、磷、硫等元素。增加含碳量可提高钢材的强度,但塑性和可焊性降低。根据钢材中含碳量的多少,通常可分为低碳钢(含碳量少于 0.25%)和高碳钢(含碳量在 0.6%~1.4% 范围内)。锰、硅等元素可提高钢材强度,并保持一定塑性;磷、硫是有害元素,其含量超过一定限度时,钢材塑性明显降低,磷使钢材冷脆,硫使钢材热脆,且焊接质量也不易保证。在钢材中加入少量合金元素,如锰、硅、钒、钛等即可制成低合金钢。低合金钢能显著改善钢筋的综合性能,根据其所加元素的不同,可分为锰系,硅钒系等多种。

目前我国钢筋混凝土中主要采用热轧钢筋,预应力混凝土中预应力筋主要采用预应力钢丝、钢绞线和预应力螺纹钢筋。其中热轧钢筋属于有明显物理流限的钢筋,预应力筋属于无明显物理流限的钢筋。值得注意的是,结构中采用的各种钢筋并没有化学成分和制作工艺的限制,只按照其性能来确定其牌号和强度级别,并以相应的符号来表达。2009 年国家发布了《钢铁产业调整和振兴规划》,"提高建筑工程用钢标准"已成为一项政策措施,要求"修改相关设计规范,淘汰强度 335 MPa 及以下热轧带肋钢筋,加快推广使用强度 400 MPa 及以上钢筋,促进建筑钢材的升级换代"。

热轧钢筋包含 HPB300、HRB335、HRBF335、HRB400、HRBF400、RRB400、HRB500 和 HRBF500 等几种。HPB300 材质为低碳钢,工程界习惯称为Ⅰ级钢筋,用符号φ表示,因其外形及截面为光面圆形,所以一般也叫光圆钢筋。HPB300 主要用于箍筋,也可作为一般构件的纵向受力钢筋。其余热轧钢筋为低合金钢,外形不再为光圆,而是有肋纹,称为变形钢筋。过去通用的肋纹有螺纹和人字纹(这也是工程界常常将变形钢筋称为螺纹钢筋的原因),现在已改为月牙纹(图 2.1)。HRB335(习惯称为Ⅱ级钢筋,用符号Φ表示)过去是最主要的纵向受力钢筋,现在是受限使用并准备逐步淘汰的品种。HRB400(称为Ⅲ级钢筋,用符号Φ表示)和HRB500(称为Ⅳ级钢筋,用符号Φ表示)是目前要推广使用的主导钢筋,主要用于梁、柱等重要构件的纵向受力钢筋和箍筋,也可用于一般构件。RRB400(用符号ΦR 表示)级钢筋为余热处理钢筋,通过热处理来提高强度,不用增添稀土元素,降低了造价。但是,其延性、可焊性、机械连接性能和施工适应性有所降低,一般可用于对变形性能及加工性能要求不高的构件中,不能在直接承受疲劳荷载的构件中使用。HRBF335(用符号ΦF 表示)、HRBF400(用符号ΦF 表示)和 HRBF500(用符号ΦF 表示)是采用控温轧制工艺生产的细晶粒带肋钢筋,具备了更好的性能,除 HRBF335 强度较低要限制使用外,可在重要的结构构件中使用。

预应力钢丝分为中强度预应力钢丝和消除应力钢丝,按外形有光面钢丝、螺旋肋钢丝[图2.2(a)]和刻痕钢丝[图 2.2(b)]等三种,直径为 5.0 mm、7.0 mm 或 9.0 mm,材质为高碳钢。由于刻痕钢丝的锚固性能差,现已被淘汰。

钢绞线[图 2.2(c)]分三股(1×3)和七股(1×7)两种,是用 3 根或 7 根钢丝捻制而成的(类似于拧麻绳),其外接圆直径为 8.6~12.9 mm(3 股)和 9.5~21.6 mm(7 股)不等。由于钢绞线运输和使用都较为方便,因而现已成为预应力钢筋的主要形式,在中、大跨度结构中它正逐步取代钢丝束。在实际应用中,一般采用由若干根钢绞线组成的钢绞线束。

预应力混凝土用螺纹钢筋(也称精轧螺纹钢筋,图 2.3)具有高强度、高精度、施工便捷等特性,其钢筋外形为螺纹状无纵肋且钢筋两侧螺纹在同一螺旋线上,其任意截面处均可用带有匹配形状内螺纹的连接器或锚具进行连接或锚固,能够避免钢筋在焊接过程中产生的内应力及组织不稳定等引起的断裂现象,在大中型工程中应用广泛。精轧螺纹钢筋的公称直径范围为 18~50 mm,以 25 mm 和 32 mm 的为主。

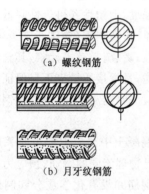

(a) 螺纹钢筋

(b) 月牙纹钢筋

(c) 月牙纹钢筋照片

图 2.1   变形钢筋的外形

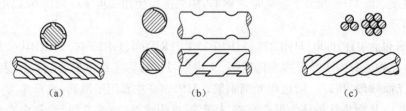

(a)   (b)   (c)

图 2.2   刻痕钢丝、螺旋肋钢丝和钢绞线

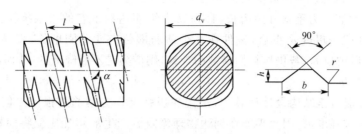

图 2.3　精轧螺纹钢筋的外形

d_v—基圆直径;h—螺纹高;b—螺纹底宽;

l—螺距;r—螺纹跟弧;α—导角

2.2.2　短期荷载下钢筋的应力—应变曲线

根据钢筋在单调受拉时应力应变关系特点的不同,可把钢筋分为有明显物理流限和无明显物理流限的两类。

1. 有明显物理流限的钢筋

一般热轧钢筋属此类。

有明显物理流限钢筋拉伸时的典型应力—应变曲线(σ—ε 曲线)如图 2.4 所示,这与材料力学中的低碳钢拉伸实验得到的应力—应变曲线是相同的。图中所列各点应力应变性能的特点是:在应力到达 a' 点之前(常称比例极限),应力应变成比例增长,钢筋具有理想的弹性性质,若此时卸去荷载,则应变能够全部恢复。

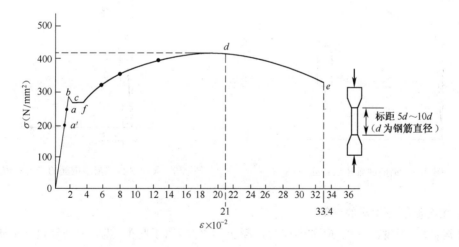

图 2.4　有明显物理流限钢筋的应力—应变曲线

在应力超过 a' 点,达 a 点(常称弹性极限)之前,应变增长速度比应力增长速度略快,若此时卸载则应变中的绝大部分仍能完全恢复。在应力超过 b 点(称屈服上限)后,钢筋即进入塑性阶段,其应力应变性质将发生明显变化,随之应力将下降到 c 点(称屈服下限)之后,在应力基本不增长情况下,应变将不断增长,产生很大的塑性变形,称为屈服(或流动),这种塑性应变可一直延续到 f 点。屈服上限不太稳定,与许多因素有关,如与加载速度、钢筋试件的截面形式、试件表面光洁度及试件形式等有关。屈服下限比较稳定,因而取与屈服下限相对应的应力值为屈服强度或流限(f_y^0）*，c、f 两点之间的应变差称为钢筋的流幅。

过 f 点后，钢筋应力重新开始增长，直到 d 点钢筋达到了它的极限抗拉强度，曲线段 fd 通常称为"强化段"。超过 d 点后，试件在某个薄弱部位应变急剧增长，直径迅速变细，产生"颈缩现象"，最后被拉断，若仍按初始横截面计算，则应力是不断降低的，从而出现了应力应变曲线上的下降段 de。

一般在钢筋混凝土结构设计计算中，采用屈服强度作为钢筋的强度限值，而不采用 d 点所对应的极限抗拉强度值，因为钢筋在到达物理流限后产生的塑性应变将使构件出现很大变形，已经无法继续使用。

在分析计算中通常把钢筋应力—应变曲线简化成双折线形式，即在屈服之前具有理想弹性性质（此阶段的应力—应变曲线取一条斜直线），而在屈服之后具有理想塑性性质（此阶段的应力—应变曲线取一条水平直线）。但为了保证钢筋的综合强度性能，在检验钢筋的质量时仍要保证它的极限抗拉强度，并满足检验标准的要求。在抗震结构中，由于构件要进入大变形工作，考虑到钢筋可能受拉进入强化段，还要控制极限抗拉强度与屈服强度之间具有一定的比值。

钢筋受压时的应力—应变曲线如图 2.5 所示，在达到屈服强度之前，也具有理想弹性性质，其屈服强度值与受拉时基本相同。到达屈服强度之后，受压钢筋也将在压应力不增长情况下，产生塑性压缩，然后进入强化段，试件产生很明显的横向膨胀，但因试件不会产生材料破坏，很难得出明确的极限抗压强度。

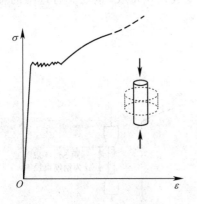

图 2.5　钢筋的轴压试验示意图

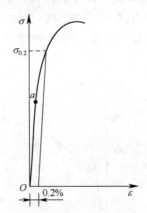

图 2.6　无明显物理流限钢筋的应力—应变曲线

2. 无明显物理流限的钢筋

含碳量高、强度高的钢筋（如预应力混凝土用钢筋）属于此类，热轧钢筋经过冷处理或热加工后也可能具备这样的特点。

无明显物理流限钢筋拉伸时的典型应力—应变曲线如图 2.6 所示。图中所示各应力应变性能的特点如下：在应力未超过 a 点（其对应应力为比例极限，约为极限抗拉强度的 0.65 倍）前，钢筋具有理想弹性性质。超过比例极限之后，将表现出越来越明显的塑性性质，但应力应变均持续增长，在 σ—ε 曲线上找不到一个明显的屈服点。到达极限抗拉强度后，同样由于颈

缩现象而使曲线具有一个下降段。

在构件承载力设计时,一般取残余应变为 0.2% 时所对应的应力($\sigma_{0.2}$)作为无明显物理流限钢筋的强度限值,称为"条件屈服强度"。

由于条件屈服强度难以测定,因而对于无明显物理流限的钢筋就以极限抗拉强度作为质量检测的主要指标。

3. 弹性模量

在比例极限内应力—应变曲线的斜率即为弹性模量,对 HPB300 级热轧钢筋为 2.1×10^5 MPa,对其他热轧钢筋和预应力螺纹钢筋为 2.0×10^5 MPa,对消除应力钢丝和中强度预应力钢丝为 2.05×10^5 MPa,对钢绞线为 1.95×10^5 MPa。注意,由于所依据的试验资料不同,因此本书第 1 章提及的三种规范中关于材料的弹性模量及强度的规定略有不同,在使用时应根据所设计的结构种类来选用相应规范取值(见附录)。

4. 加载速度对钢筋强度的影响*

钢筋的屈服强度与加载速度有关。由试验得出,如果进行快速加载,例如控制应变速率为 $0.05 \sim 0.25/s$,则钢筋的屈服强度将随应变速率的提高而提高,但强度越高的钢种,其提高的比值越小。

图 2.7 所示为钢筋强度提高比值与达到屈服的加载时间的关系。对于爆炸荷载作用情况如爆炸冲击波,一般可考虑上述钢筋强度的提高。

2.2.3　钢筋的冷加工和热处理

为了提高钢筋的强度以节约钢材用量,通常可对钢筋进行冷加工(冷拉和冷拔)和热处理。

1. 冷拉加工

冷拉加工是把有明显物理流限的钢筋在常温下拉伸到超过其屈服强度的某一应力值,例如图 2.8(a)的点 K,然后卸去全部拉力到零,此时产生残余

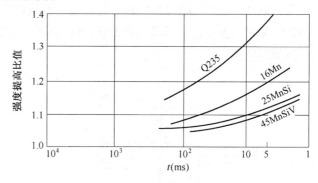

图 2.7　钢筋强度提高比值与达到屈服的加载速度的关系

应变为 OO'。如立即再次拉伸,则应力—应变曲线将基本沿 $O'KDE$ 进行,提高了屈服强度(大致等于冷拉应力值),但其总伸长值由冷拉前的 OE 减小到 $O'E$,塑性变差。如卸去拉力后,在自然条件下放置一段时间或进行人工加热后(称为时效处理)再进行拉伸,则应力应变曲线将沿 $O'K'D'E'$ 行进,屈服强度进一步提高到 K'(高于冷拉应力)。从图中可见,钢筋在冷拉后,未经时效前,一般没有明显的屈服台阶,而经过停放或加热后提高了屈服强度并恢复了屈服台阶,这种现象称为"时效硬化"。其强度提高的程度与钢筋原材料品种有关。原材料强度越高,提高幅度越小。合理选择冷拉应力和控制应变值可使钢筋经冷拉后强度得到提高,而又具有一定的塑性性能。进行冷拉加工可采用控制应力或控制应变值两种方法。为了确保经冷拉后钢筋的质量,可同时控制冷拉应力和冷拉率(冷拉时的伸长率,相当于控制应变),即所谓"双控"。值得一提的是,冷拉只能提高钢筋的抗拉屈服强度。

直径 10 mm 及以下的热轧钢筋 HPB300 常用盘圆的形式供货(即把钢筋卷成一个大圆盘),施工时需要调直。调直可采用冷拉的方法,如图 2.8(b),也可采用钢筋调直机来调直。

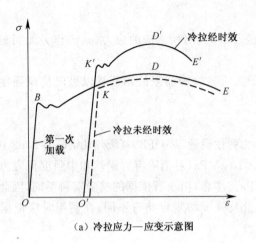

（a）冷拉应力—应变示意图　　　　　　　　　（b）盘圆钢筋调直

图 2.8　钢筋冷拉

2. 冷拔加工

冷拔加工（图 2.9）是用强力把光圆钢筋穿过比其本身直径稍小的硬质合金钢模上的锥形拔丝孔，使钢筋产生塑性变形，横截面减小，长度增大。钢筋经过多次冷拔，由于轴向拉力和四周侧向挤压力的同时作用，内部结构发生变化，使其强度明显提高。但随着多次冷拔，钢筋延伸率不断减小，塑性明显降低，而且经冷拔后的钢丝没有明显的屈服点和流幅（图 2.10），对冷拔后的碳素钢丝如进行低温回火处理，则可改善其塑性性能。冷拔可同时提高钢筋的抗拉及抗压屈服强度。

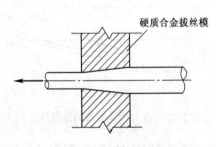

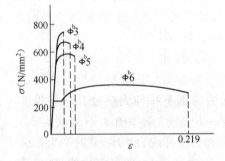

图 2.9　钢筋冷拔示意图　　　　　　　　　图 2.10　钢筋冷拔对应力—应变的影响

3. 冷轧加工

冷轧带肋钢筋（图 2.11）一般是将低碳钢筋在常温下进行轧制，制成表面具有纵肋和月牙横肋的钢筋，其强度提高幅度接近于冷拔低碳钢丝，而塑性性能优于冷拔低碳钢丝。

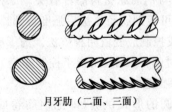

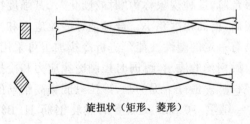

月牙肋（二面、三面）　　　　　　　　　　　旋扭状（矩形、菱形）

图 2.11　冷轧带肋钢筋外形图　　　　　　　图 2.12　冷轧扭钢筋外形图

4. 冷轧扭加工

冷轧扭钢筋(图 2.12)一般是以热轧低碳光面钢筋为原料,在常温下一次性轧扁扭曲呈连续螺旋状的冷强化钢筋。

值得注意的是,冷加工钢筋以大幅度牺牲延性来换取强度的提高,终究不是提高结构性能的有效途径。冷加工钢筋的应用,要按相应的行业规程要求进行。

5. 钢筋的热处理

热处理是对某些特定钢号的热轧钢筋进行淬火和回火处理。钢筋经淬火后,硬度大幅度提高,但塑性和韧性降低,通过回火又可以在不降低强度的前提下,消除由淬火产生的内应力,改善塑性和韧性,使这些钢筋成为较理想的预应力钢筋和较高强度的普通钢筋。

2.2.4 钢筋的蠕变和松弛

钢筋在持续高应力作用下,随时间增长其应变继续增加的现象为蠕变。钢筋受力后,若保持长度不变,则其应力随时间增长而降低的现象称为松弛。

预应力混凝土结构中,预应力钢筋在张拉锚固后处于高应力状态,且长度基本保持不变,因而会产生松弛现象,从而引起预应力损失。

松弛随时间增长而增大,各国有关的试验结果不尽相同。它与钢筋初始应力的大小、钢材品种和温度等因素有关,通常初始应力大,应力松弛损失也大。冷拉热轧钢筋的松弛损失较冷拔低碳钢丝、碳素钢丝和钢绞线为低。温度增加则松弛增大。

为减少钢材由松弛引起的应力损失,可对预应力钢筋进行超张拉,详见本教材第 11 章。

2.2.5 钢筋的疲劳

对于承受重复荷载的钢筋混凝土构件,如吊车梁、桥面板、轨枕等,要确保其在正常使用期间不发生疲劳破坏,需要研究和分析材料的疲劳强度或疲劳应力幅度限值。

钢筋的疲劳破坏是指钢筋在重复、周期性动荷载作用下,经过一定次数后,从塑性破坏变成突然断裂的脆性破坏现象。钢筋的疲劳强度低于钢筋在静荷载下的极限强度。所谓疲劳强度是指在某一规定应力幅度内,经受一定次数循环荷载后,发生疲劳破坏的最大应力值。通常认为,在外力作用下,钢筋产生疲劳断裂是由于钢筋内部或外表面的缺陷引起了应力集中,钢筋中超负载的弱晶粒发生滑移,产生疲劳裂纹,最后断裂。

影响钢筋疲劳强度的因素很多,如应力的幅度、最小应力值的大小、钢筋外表面的几何形状、钢筋直径、钢筋等级和试验方法等。试验表明,钢筋疲劳强度试验结果很离散。目前国内外进行的钢筋疲劳试验有两种:对单根钢筋进行轴拉疲劳试验和将钢筋埋入混凝土构件中使其重复受拉或受弯。中国铁道科学研究院、中国冶金建筑科学研究院以及中国建筑科学研究院等单位曾对各类钢筋进行了疲劳试验研究工作,并给出了确定钢筋疲劳强度的计算方法,即对不同的疲劳应力比值 $\rho^f = \sigma^f_{min}/\sigma^f_{max}$(即截面同一纤维处钢筋最小应力与最大应力的比值),得出满足荷载循环次数为 2×10^6 条件下的钢筋最大应力值。

2.2.6 钢筋的变形性能

反映钢筋变形性能的基本指标是伸长率。伸长率有两种表达方式:一种是断后伸长率 δ,

另一种是最大力下的总伸长率 δ_{gt}。用算式分别表示如下：

$$\delta = \frac{l_u - l_0}{l_0} \tag{2.1a}$$

$$\delta_{gt} = \frac{l_m - l_0}{l_0} \tag{2.1b}$$

式中　l_0——受力前拉伸试件上的标距；

　　　l_u——试件拉断拼合后标距部分的长度；

　　　l_m——受力最大时拉伸试件上标距部分的长度。

钢筋断后伸长率主要反映了断口颈缩区域残余变形的大小，忽略了钢筋的弹性变形，不能反映钢筋受力时的总体变形能力；同时，不同标距长度得到的结果也不一致，还容易产生人为误差。相比断后伸长率，最大力下的总伸长率不受断口—颈缩区局部变形的影响，反映了钢筋拉断前达到最大力（极限强度）时的均匀变形，故又称均匀伸长率。伸长率越大，表明钢筋的塑性性能越好，具有适应较大变形的能力。

钢筋还应满足工艺性能（也称为冷弯性能）的要求。钢筋的冷弯性能是检验钢筋韧性和内部质量的有效方法，一般采用弯曲试验和反向弯曲试验。弯曲试验要求把钢筋围绕具有某个规定直径 D 的辊轴（常称弯心）进行弯转（图 2.13），在达到规定的冷弯角度 α 时，钢筋不能发生裂纹或断裂；反向弯曲试验要求先把钢筋围绕具有某个规定直径的辊轴进行正向弯转到规定角度再反向弯转到另一规定的角度时，钢筋不能发生裂纹或断裂。为了保证结构在抵抗地震作用时具有足够的延性，用于抗震结构中的钢筋，其变形性能是至关重要的。

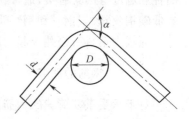

图 2.13　钢筋的弯转

2.2.7　钢筋混凝土结构对钢筋性能的要求

钢筋混凝土结构中对钢筋的性能除了要求其具有足够的强度外，尚要求具有良好的塑性，具体要求如下：

（1）强度。钢筋应具有可靠的屈服强度和极限强度。

（2）塑性。要求钢筋在断裂前有足够的变形，能给人们以破坏的预兆。因此应保证钢筋的伸长率和冷弯性能合格。

（3）焊接性能。钢筋的可焊性要好，在焊接后不应产生裂纹及过大的变形，以保证焊接接头性能良好。

（4）与混凝土具有良好的黏结。为保证钢筋与混凝土共同工作，两者的接触表面必须具有足够的黏结力，其中钢筋凹凸不平的表面与混凝土的机械咬合力是形成这种黏结力的最主要因素。试验表明，变形钢筋与混凝土之间的黏结力可比光圆钢筋提高 1.5～2 倍以上。

对用于重要抗震结构中的钢筋应具有更高的性能要求。国家有关标准提出了"抗震钢筋"，其标识为在原代码后加"E"，如 HRB400E。抗震钢筋与普通钢筋的区别主要体现在：抗震钢筋的实测抗拉强度与实测屈服强度之比不小于 1.25；钢筋的实测屈服强度与屈服强度特征值（即标准值）之比不大于 1.30；钢筋的最大力下的总伸长率不小于 9%。

2.3 混凝土的物理力学性能

混凝土是用水泥、水和骨料等原材料经搅拌后入模浇筑,并经养护硬化后做成的人工石材。混凝土各组成成分的数量比例,尤其是水和水泥的比例(水灰比)对混凝土的强度和变形有重要影响。在很大程度上,混凝土的性能还取决于搅拌程度、浇筑的密实性和对它的养护等。

各种结构对混凝土的强度有不同的要求。一般说来,除素混凝土可采用较低强度的混凝土(C15)外,普通钢筋混凝土结构采用一般强度的混凝土(C20～C40,采用强度等级 400 MPa 及以上钢筋时不应低于 C25,承受重复荷载时不应低于 C30),预应力混凝土结构采用较高强度混凝土(不宜低于 C40,且不应低于 C30)。在高层建筑和大跨度结构中往往要采用更高强度等级的混凝土。在实际工程中,高强度混凝土是发展方向,目前 C60 的应用已很普遍。

2.3.1 简单受力状态下混凝土的强度

1. 混凝土的抗压强度

(1)立方体抗压强度 f_{cu} 及混凝土的等级

混凝土的立方体抗压强度是衡量混凝土强度大小的基本指标,是评价混凝土等级的标准。我国规范规定,用边长为 150 mm 的标准立方体试件,在标准养护条件下(温度 20 ℃±3 ℃,相对湿度不小于 90%)养护 28 d 后在试验机上试压。试验时,试块表面不涂润滑剂,全截面受力,加荷速度为 0.15～0.25 N/mm²/s。试块加荷至破坏时,所测得的极限平均压应力作为混凝土的立方体抗压强度,用符号 f_{cu} 表示,单位为 N/mm²。

混凝土的立方体抗压强度,是在上述条件下取得的。试验表明,混凝土立方体抗压强度不仅与养护期的温度、湿度、龄期等因素有关,而且与试验的方法有关。试件在试验机上受压时,纵向缩短,横向就要扩张。在一般情况下,试件的上下表面有向内的摩擦力,这是由试件横向扩张产生的。摩擦力就如同在试件上下端各加了一个套箍,它阻碍了试件的横向变形,这样就延缓了裂缝的开展,从而提高了试件的抗压极限强度。在试验过程中也可以看到,试件破坏时,首先是试块中部外围混凝土发生剥落,试块成为图 2.14(a)的形状。这也说明,试块和试验机垫板之间的摩擦对试块有"套箍"作用,且这种"套箍"作用越靠近试块中部就越小。

图 2.14(b)是上下表面加润滑剂的试件破坏情况。由于这种试件在受压时"套箍"作用的影响很小,横向变形几乎不受约束。试验表明,这样的试件不仅测得的混凝土抗压强度低,而且试件破坏情况与前述试件也不相同。

试验还表明,混凝土的立方体抗压强度还与试块的尺寸有关,立方体尺寸越小,测得混凝土抗压强度越高,这也可以从上述试块和试验机垫板之间的摩擦力对试块的影响得到解释。

我国规范规定的混凝土强度等级,是按立方体抗压强度标准值(即有 95% 超值保证率,详见第 3 章)确定的,用符号 C 表示,共有 14 个等级,即 C15、C20、C25、C30、C35、C40、C45、C50、C55、C60、C65、C70、C75 和 C80,其中 C50 级及以下为普通强度混凝土,C50 级以上

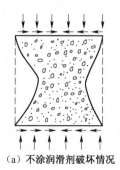 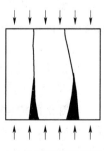

(a) 不涂润滑剂破坏情况　　(b) 涂润滑剂破坏情况

图 2.14　混凝土立方体试件破坏情况

为高强度混凝土。字母 C 后面的数字表示以 N/mm² 为单位的立方体抗压强度标准值。

(2)混凝土的轴心抗压强度(棱柱体强度)f_c

用标准棱柱体试件测定的混凝土抗压强度,称为混凝土的轴心抗压强度或棱柱体强度,用符号 f_c 表示。

在实际工程中,受压构件的高度 h 通常要比构件截面的边长 b 大许多倍,而并非前述确定混凝土立方体抗压强度时的立方体那样的比例关系。这时,混凝土的工作条件与前述立方体试块时的工作条件不同,因而二者的强度也不相同。为了用于对实际工程中受压构件的设计和计算,就必须测定混凝土在实际受压构件中的强度。为此,也必须确定和实际受压构件工作条件相同或接近的试件,用以测定混凝土在实际轴心受压构件中的强度。试验表明,棱柱体试件当其高度 h 与截面边长 b 之比太小时,由于前述试件上下表面摩擦力的"套箍"作用影响,使混凝土的抗压强度随 h 与 b 的比值减小而增大;当 h 与 b 的比值太大时,由于难以避免的附加偏心距的影响,使混凝土的强度随 h 与 b 的比值的增大而减小。而当试件的 h 与 b 之比值在 2~4 之间时,混凝土的抗压强度比较稳定。这是因为在此范围内既可消除垫板与试件之间摩擦力对抗压强度的影响,又可消除可能的附加偏心距对试件抗压强度的影响。因此,国家标准规定以 150 mm×150 mm×300 mm 的试件作为试验混凝土轴心抗压强度的标准试件。

轴心抗压强度 f_c 是混凝土结构最基本的强度指标,但在工程中很少直接测量 f_c,而是测定立方体抗压强度 f_{cu} 进行换算。其原因是立方体试块节省材料,便于试验时加荷对中,操作简单,试验数据离散性小等优点。混凝土的立方体抗压强度与轴心抗压强度之间关系很复杂,与很多因素有关。根据试验分析,混凝土轴心抗压强度平均值与立方体抗压强度平均值的关系为

$$f_c^0 = k_1 k_2 f_{cu}^0 \tag{2.2}$$

式中,k_1 是折算系数,取值如表 2.1 所示;k_2 是脆性系数,考虑高强混凝土的脆性对受力的影响,取值如表 2.2 所示。

表 2.1　混凝土的折算系数 k_1

混凝土强度等级	≤C50	C55	C60	C65	C70	C75	C80
折算系数 k_1	0.76	0.77	0.78	0.79	0.80	0.81	0.82

表 2.2　混凝土的脆性系数 k_2

混凝土强度等级	≤C40	C45	C50	C55	C60	C65	C70	C75	C80
折算系数 k_2	1.00	0.984	0.968	0.951	0.935	0.919	0.903	0.887	0.87

考虑到结构中混凝土强度与试件强度之间的差异,根据对国内外的试验数据分析,对试件强度进行修正,修正系数取为 0.88。于是结构中混凝土轴心抗压强度平均值 f_c^0 为

$$f_c^0 = 0.88 k_1 k_2 f_{cu}^0 \tag{2.3}$$

在钢筋混凝土结构中,混凝土的轴心抗压强度(棱柱体强度)是最重要的计算指标。

2. 混凝土的轴心抗拉强度 f_t

混凝土的抗拉强度远小于其抗压强度,一般只有抗压强度的 1/18~1/9。因此,在钢筋混凝土结构中,一般不采用混凝土承受拉力。但是,在钢筋混凝土结构构件中,处于受拉状态下的混凝土,在未开裂之前,确实承受了一部分拉力。如果计算混凝土构件在混凝土开裂之前的承载力,或者控制混凝土构件的开裂,都必须知道混凝土的抗拉强度。混凝土的轴心抗拉强度用 f_t 表示。

混凝土抗拉强度的测定方法分为两类：

一类为直接测试法，即对棱柱体试件两端预埋钢筋，且使钢筋位于试件的轴线上，然后施加拉力[图 2.15(a)]，试件破坏时截面的平均拉应力即为混凝土的轴心抗拉强度。这种试验，对试件的制作及试验要求较严格。

另一类为间接测试方法，如弯折试验、劈裂试验[图 2.15(b)]等。这些试验一般都需要较高的试验技术及条件。

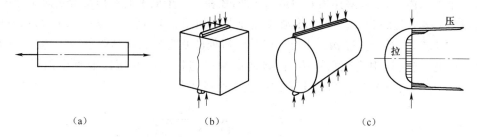

图 2.15　混凝土抗拉强度试验

根据轴心抗拉强度与立方体抗压强度的对比试验，两者平均值的关系为

$$f_t^0 = 0.88k_2(0.395f_{cu}^{0~0.55}) \qquad (N/mm^2) \qquad (2.4)$$

我国各种规范均给出了混凝土的轴心抗压强度和轴心抗拉强度值（见附录），进行结构计算时，可以直接查用，而不必再根据式(2.4)进行换算。

2.3.2　复杂受力状态下混凝土的强度 *

实际工程中大多数结构构件均处于多轴应力的复杂受力状态。混凝土在复杂受力状态下的强度是一个比较复杂的问题，由于目前尚未建立起较为完善的能解释不同破坏物理现象的混凝土强度理论，因此在很大程度上须依赖试验结果。

对于双向应力状态，如两个相互垂直的平面上作用有法向应力 σ_1 和 σ_2，第三个平面上应力为零，这时，双向应力状态下混凝土强度变化曲线如图 2.16 所示。

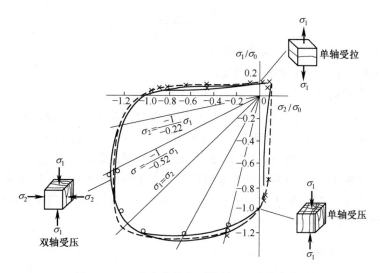

图 2.16　双向应力状态下混凝土强度变化曲线

从图 2.16 可以看出：

（1）当双向受压时（第三象限），混凝土一个方向的强度随另一个方向压应力的增加而增加。双向受压混凝土的强度要比单向受压强度最多可提高约27%。

（2）当双向受拉时（第一象限），混凝土一个方向的抗拉强度与另一个方向拉力大小基本无关，即抗拉强度和单向应力时的抗拉强度基本相等。

（3）当一个方向受拉、另一个方向受压时（第二、四象限），混凝土一个方向的强度几乎随另一个方向应力的增加而呈线性降低。

在一个单元体上，如果除作用有剪应力 τ 外，还在同一个面上同时作用着法向应力 σ，就形成拉剪或压剪复合应力状态。这时，其强度变化曲线如图 2.17 所示。从图 2.17 可以看出，当 $\sigma/f_c > 0.5 \sim 0.7$ 时（混凝土在构件中受压时经常所处的状态），其抗压强度由于剪应力的存在而降低。因此，当结构中出现剪应力时，将要影响梁与柱截面受压区混凝土的强度。从图 2.17 还可看出，$\sigma/f_c \approx 0.6$ 时，混凝土的抗剪强度达到最大。

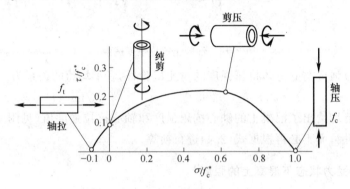

图 2.17　复合应力状态下的强度变化曲线

混凝土三向受压时，其任一方向的抗压强度和极限应变都会随其他两方向压应力的增加而有较大程度的增加。对圆柱体周围加液压约束混凝土，并在轴向加压，直至试件破坏，得到下列关系式：

$$f_{cc} = f_b + 4.1\sigma_r \tag{2.5}$$

式中　f_{cc}——被约束试件的轴心抗压强度；

　　　f_b——非约束试件的轴心抗压强度；

　　　σ_r——侧向约束压力。

较早试验资料给出的侧向压应力系数为 4.1，后来的试验资料给出的侧向压应力系数为 4.5～7，当侧向压应力低时，就会得到较高的侧向压应力系数。

在实际工程中，常常采用横向钢筋约束混凝土的办法提高混凝土的抗压强度。例如，在柱中采用密排螺旋钢筋，由于这种钢筋有效地约束了混凝土的横向变形，所以使混凝土的强度和延性都有较大的提高。显然，钢管混凝土柱具有更好的约束效果，常常用作轴压力很大的地铁车站、高层建筑等结构的柱子。

2.3.3　荷载作用下混凝土的变形

1. 混凝土在单调短期加载下的应力—应变关系

混凝土在单调短期加载过程中的应力—应变关系（$\sigma-\varepsilon$ 曲线）是混凝土最基本的力学性

能之一,它是研究钢筋混凝土构件强度、裂缝、变形、延性以及进行非线性全过程分析所必需的依据。

(1)轴心受压时的应力—应变关系

混凝土受压时的应力—应变曲线通常用棱柱体试件进行测定,在试件的四个侧面安装应变计测读纵向压应变的变化,图 2.18 所示为混凝土典型的受压应力—应变曲线,图中几个特征阶段如下:

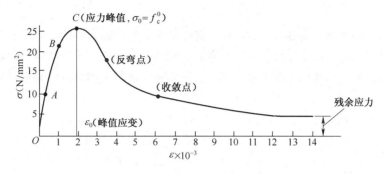

图 2.18　混凝土应力—应变曲线

OA 段:应力较小,$\sigma \leqslant 0.3 f_c^0$,混凝土表现出弹性性质,应力—应变关系基本呈直线变化,混凝土内部的初始微裂缝没有发展。

AB 段:$\sigma = 0.3 f_c^0 \sim 0.8 f_c^0$,混凝土开始表现出越来越明显的非弹性性质,应力—应变关系偏离直线,应变增长速度比应力增长速度快。混凝土所表现的这种性质,一般称为弹塑性性质。在此阶段,混凝土内部微裂缝已有所发展,但处于稳定状态。

BC 段:$\sigma = 0.8 f_c^0 \sim 1.0 f_c^0$,应变增长速度进一步加快,应力—应变曲线的斜率急剧减小,混凝土内部微裂缝进入非稳定发展阶段。

当应力到达 C 点即应力峰值 σ_0 时,混凝土发挥出它受压时的最大承载能力,即轴心抗压强度 f_c^0。此时,内部微裂缝已延伸扩展成若干通缝。相应于最大应力的应变值 ε_0 称为峰值应变,随混凝土强度等级的不同在 $1.5 \times 10^{-3} \sim 2.5 \times 10^{-3}$ 之间变动。实用中通常取 $\varepsilon_0 = 2 \times 10^{-3}$。上述 OC 段一般称为应力—应变曲线的"上升段"。

超过 C 点后,试件的承载能力随应变增长逐渐减小,应力开始下降时,试件表面出现一些不连续的纵向裂缝,以后应力下降加快,应力—应变曲线的坡度变陡。当应变增大到 $4 \times 10^{-3} \sim 6 \times 10^{-3}$ 时,应力下降减缓,最后趋向于稳定的残余应力。C 点以后的应力—应变曲线称为"下降段"。"下降段"反映了混凝土内部沿裂缝面的剪切滑移及骨料颗粒处裂缝不断延伸扩展,此时的承载能力主要依靠滑移面上的摩擦咬合力。

如果上述试验采用等应力加载方法在普通压力机上进行,则当试件的应力到达最大值后,试件将突然破坏,而无法测到应力—应变曲线的下降段。因此,为了测定混凝土应力—应变曲线的全过程,需采用控制应变速度的特殊装置或在普通压力机上采用辅助装置,例如可在试件两端放置与试件同时受压的高强弹簧或油压千斤顶来减慢试验机架释放应变能时的变形恢复速度。这样,在试件到达最大应力后,随试件变形的增大,上述辅助装置承受压力所占的比例增大,即可使试件承受的压力稳定下降。

从混凝土的应力—应变曲线可以看出:

①混凝土的应力—应变关系图形是一条曲线,这说明混凝土是一种弹塑性材料,只有当压

应力很小时,才可将其视为弹性材料。

②混凝土应力—应变曲线分为上升段和下降段,说明混凝土在破坏过程中,应力有一个从增加到减少的过程。当混凝土的压应力达到最大时,并不意味着它立即破坏,而可能是应变最大时破坏。因此,混凝土最大应变对应的不是最大应力,最大应力对应的也不是最大应变。

影响混凝土应力—应变曲线的因素很多,主要包括混凝土强度、加荷速度、横向钢筋的约束情况等。

试验表明,不同强度的混凝土,对应力—应变曲线上升段的影响不大,压应力的峰值 f_c 对应的应变值大致约为 0.002。对于下降段,混凝土强度越高,应力下降越剧烈,也即延性越差。而强度较低的混凝土,曲线的下降段较平缓,也即低强度混凝土的延性比高强度混凝土的延性要好些。

图 2.19 是不同强度混凝土的应力—应变曲线的比较。

试验表明,加荷速度对混凝土应力—应变曲线形状也有影响。图 2.20 为强度相同的混凝土在不同应变速度下的应力—应变曲线。从图中可以看出,随着应变速度的降低,最大应力值也逐渐减少,但到达最大应力值的应变增加了,由于徐变的影响,使曲线的下降比较缓慢。

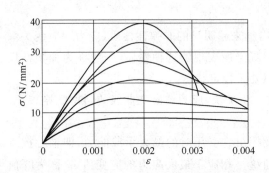

图 2.19　不同强度混凝土的应力—应变曲线

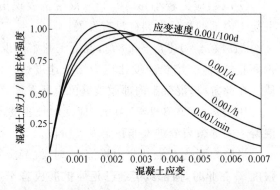

图 2.20　加载速度对混凝土应力—应变曲线的影响

试验还表明,横向钢筋的约束作用对混凝土的应力—应变曲线也有较明显影响。随着配箍量的增加及箍筋的加密,混凝土应力—应变曲线的峰值不仅有所提高,而且峰值应变的增大及曲线下降段的下降减缓都比较明显。因此,承受地震作用的构件,如框架梁柱节点区,采用加密箍筋的方法不仅可使混凝土强度有所提高,而且可以有效地提高混凝土构件的延性。

图 2.21 为用螺旋筋约束混凝土的圆柱体的应力—应变曲线。由图可以看出当压力较小时,箍筋或螺旋筋基本不起作用,但当压力逐渐增加,箍筋或螺旋筋逐渐发挥作用。最后,不仅提高了试件的强度,更明显的是提高了延性,而且箍筋或螺旋筋的配置越多,延性提高越多。特别是由于螺旋筋能使核心混凝土各部分都受到约束,其效果较方形箍筋好,因此使强度和延性的提高更为显著。在钢管内浇筑混凝土,受压时也和螺旋箍筋混凝土一样,核心混凝土是处于三向受压的状态。

(2)轴心受拉时的应力—应变关系

图 2.22 所示为混凝土轴心受拉试验的结果。由图可见,应力—应变曲线形状和受压时

类似。当拉应力 $\sigma \leqslant 0.5 f_t^0$ 时,应力—应变关系接近直线;当 $\sigma \approx 0.8 f_t^0$ 时,应力—应变曲线明显偏离直线,塑性变形大为发展。当采用等应变速率加载时,同样可以测得应力—应变曲线的下降段。试件断裂时的极限拉应变大小与很多因素有关,一般可取为 $1.0 \times 10^{-4} \sim 1.5 \times 10^{-4}$。

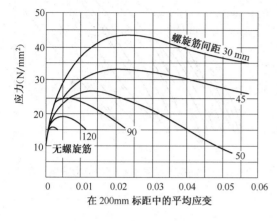

图 2.21　螺旋筋约束混凝土的圆
柱体的应力—应变曲线

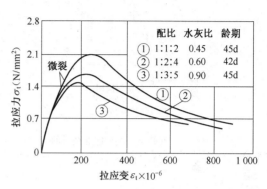

图 2.22　混凝土轴心受拉时
的应力—应变曲线

2. 混凝土在重复加载下的变形

在钢筋混凝土结构中,有些构件(例如厂房的吊车梁和桥梁等)是在重复荷载作用下工作的。在重复荷载作用下,混凝土的强度及变形都有着重要变化。

先来看看混凝土棱柱体在一次短期加载时的情况。如图 2.23 所示,当应力达到 A 点时,应力—应变曲线为 OA。此时卸荷至零,其卸荷的应力—应变曲线为 AB。如果停留一段时间,再量测试件的变形,发现变形又恢复一部分而到达 B' 点,则 BB' 的恢复变形称为弹性后效,而不能恢复的变形 $B'O$ 称为残余变形。可以看出,混凝土一次加卸荷过程的应力—应变图形是一个环状曲线。

再来看看混凝土棱柱体在多次重复加载时的情况,如图 2.24 所示。如果选定一个应力值 σ_1,加荷至 σ_1 时就卸荷,多次重复,混凝土的塑性变形逐步残留下来,使环状曲线包围的面积越来越小,最后闭合为一条直线。如果所选择的应力值 σ_1 小于混凝土的疲劳强度,应力—应变图形则保持为一条直线不变。这条直线大致平行于一次加荷曲线的原点所作的切线。如果再选定一个应力值 σ_2,而 σ_2 仍小于混凝土的疲劳强度,其反复加、卸荷的应力应变曲线,与应力为 σ_1 时情况相同。如果选择应力 σ_3,而 σ_3 大于混凝土的疲劳强度时,经过反复加荷,其应力—应变曲线由凸向应力轴而后变为直线,接着凸向应变轴,这就标志着混凝土即将破坏。

混凝土在重复荷载作用下的破坏,称为疲劳破坏。在重复荷载作用下,使混凝土的应力—应变图形由保持直线而变为凸向应变轴方向的界限应力值,称为混凝土的疲劳极限强度。

试验证明,混凝土的疲劳强度低于其轴心抗压强度。

在工程中,对于承受重复荷载的构件,例如吊车梁、气锤基础等,必须对混凝土的强度进行疲劳验算。

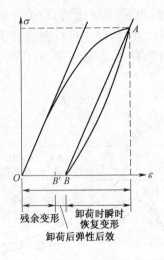

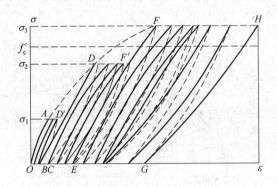

图 2.23　混凝土一次短期加载时的
应力　应变曲线

图 2.24　混凝土重复加载时的应力—应变曲线

2.3.4　混凝土的弹性模量、泊松比及剪切弹性模量

1. 混凝土的弹性模量及变形模量

（1）弹性模量

弹性模量反映了混凝土受力后的应力—应变性质，在计算钢筋混凝土构件的变形及内力时均需使用它。

当应力较小时，混凝土具有弹性性质，混凝土在这个阶段的弹性模量 E_c 可用应力—应变曲线过原点切线的正切表示（图 2.25），称为初始弹性模量（简称弹性模量），其值为

$$E_c = \tan \alpha_0 \qquad (2.6)$$

（2）弹性模量的测定

由于混凝土在一次加载下的初始弹性模量不易准确测定，通常借助多次重复加载后的应力—应变曲线的斜率来确定 E_c。一般情况下，只要重复荷载的最大应力不超过 $0.5f_c$，则随荷载重复次数的增加，残余变形将逐渐减小，应力—应变曲线近于直线，并且该直线与第一次加载时应力—应变曲线原点的切线大致平行。通常取 10 次加载循环后（要求前后两次加载计算出的试件两侧变形平均值相差不大于 $2 \times 10^{-5}l$，l 为测点标距）应力差 σ_c（即应力—应变曲线上应力为 0.5 N/mm² 与应力为 $0.4f_c$ 的差）与相应的应变差 ε_c 的比值来计算初始弹性模量（见图 2.26），即

$$E_c = \sigma_c / \varepsilon_c \qquad (2.7)$$

根据大量的试验结果，我国《混规》(GB 50010—

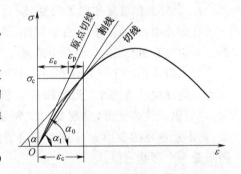

图 2.25　混凝土弹性模量及变形模量

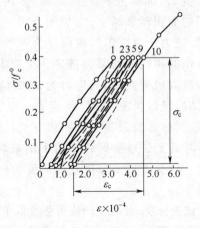

图 2.26　混凝土弹性模量试验

2010)给出的混凝土的弹性模量 E_c 与立方体抗压强度标准值 $f_{cu,k}$ 的关系为

$$E_c = \frac{10^5}{2.2 + \dfrac{34.7}{f_{cu,k}}} \quad (N/mm^2) \tag{2.8}$$

上述将混凝土的弹性模量定义为原点模量,且是在应力较小情况下采用反复加荷确定的。严格来说,当混凝土进入塑性阶段后,初始弹性模量已不能反映这时的应力—应变性质,因此,有时用切线模量和割线模量来表示这时的应力—应变关系。

(3)切线模量

切线模量是指在混凝土的应力—应变曲线上某一应力 σ_c 处作一切线,该切线的斜率即为相应于应力为 σ_c 时的切线模量(图 2.25),即

$$E_c'' = \tan \alpha \tag{2.9}$$

这种表示方法通常用于科学研究中。

(4)割线模量

如果对混凝土应力—应变曲线原点和曲线上某一点作割线,割线的斜率称为曲线上那点的割线模量。由于割线模量表示了曲线上某点总应力与总应变之比,而总应变包括弹、塑性变形,所以割线模量也称为混凝土的变形模量或弹塑性模量(图 2.25)。

$$E_c' = \tan \alpha_1 \tag{2.10}$$

混凝土的割线模量和弹性模量的关系可用下式表示:

$$E_c' = \nu_0 E_c \tag{2.11}$$

式中 ν_0 称为弹性特征系数,等于混凝土弹性应变与总应变之比。当 $\sigma_c = 0.5 f_c$ 时,$\nu_0 = 0.8 \sim 0.9$;当 $\sigma_c = 0.9 f_c$ 时,$\nu_0 = 0.4 \sim 0.9$。一般情况下,混凝土强度愈高,ν_0 值越大。

混凝土受拉弹性模量与受压时基本一致,因此可取相同值。当混凝土达到极限强度即将开裂时,可取其受拉弹性模量为 $0.5E_c$。

2. 混凝土的泊松比 ν

同材料力学中关于泊松比的定义一样,横向应变与纵向应变之比称为泊松比。当压应力较小时,混凝土的泊松比为 $0.15 \sim 0.18$。接近破坏时,可达 0.5 以上。

3. 混凝土的剪切弹性模量 G_c

根据弹性理论,混凝土的剪切弹性模量为

$$G_c = \frac{E_c}{2(1+\nu)} \tag{2.12}$$

混凝土剪切弹性模量的影响因素一般假定与弹性模量相似,可按我国《混规》所给混凝土弹性模量 E_c 的 0.4 倍采用。

2.3.5 混凝土的徐变和收缩

1. 徐 变

混凝土在荷载长期作用下产生随时间而增长的变形称为徐变。徐变将有利于结构的内力重分布,但会使结构变形增大,会引起预应力损失,在高应力作用下,徐变会导致构件破坏。

· (1)试验结果

图 2.27 是对 $100 \text{ mm} \times 100 \text{ mm} \times 400 \text{ mm}$ 的棱柱体试件,加载到 $\sigma_c = 0.5 f_c$ 后,保持应力不变所得应变和时间的关系曲线。

图中 ε_{ce} 为加载时立即产生的瞬时应变,ε_{cr} 为随时间而增长的徐变。徐变开始时增长很

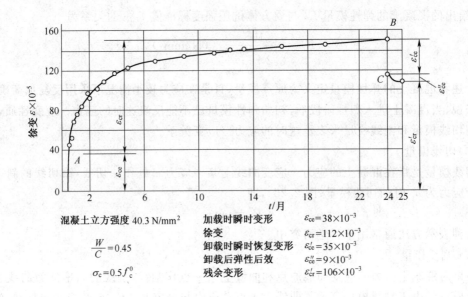

混凝土立方强度 40.3 N/mm²　　加载时瞬时变形　　$\varepsilon_{ce}=38\times10^{-3}$

$\dfrac{W}{C}=0.45$　　徐变　　$\varepsilon_{cr}=112\times10^{-3}$

　　卸载时瞬时恢复变形　　$\varepsilon'_{ce}=35\times10^{-3}$

$\sigma_c=0.5f_c^0$　　卸载后弹性后效　　$\varepsilon''_{ce}=9\times10^{-3}$

　　残余变形　　$\varepsilon'_{cr}=106\times10^{-3}$

图 2.27　混凝土的徐变

快,6 个月可达最终徐变量的 70%～80%,以后增长渐缓慢,24 个月产生的徐变约为弹性变形 ε_{ce} 的 2～4 倍。此时,如卸去全部荷载(图中 B 点),则 ε'_{ce} 为卸荷时的瞬时恢复变形,经过一段时间(约 20 天),又有一部分应变逐渐恢复(ε''_{ce}),称为弹性后效,最后剩下的 ε'_{cr} 为不可恢复的残余应变。

用棱柱体试件测定混凝土在长期荷载下的徐变时,徐变和收缩是同时发生的,必须先用一组不受荷载的试件测定其收缩值,并从受荷载试件的总变形中扣除缩变部分。

(2)产生徐变的原因

产生徐变的原因主要是混凝土中的水泥凝胶体在荷载作用下产生黏性流动,并把它所受到的压力逐渐转给骨料颗粒。当卸载时,骨料颗粒又把上述压力逐步转回给凝胶体,而使一部分变形逐渐得到恢复。此外,压应力愈大,混凝土中微裂缝发展愈迅速,对徐变的促进作用就越大。

(3)影响因素

持续作用压应力的大小是影响混凝土徐变的主要因素之一。图 2.28 为不同应力水平(所施加压应力 σ 与 f_c 的比值)时徐变增长的变化情况。由图可见,当 $\sigma\leqslant0.5f_c$ 时,曲线间距几乎相同,徐变与应力成正比。这种情况下产生的徐变称为"线性徐变",ε_{cr}—t(时间)曲线是收敛的。当 σ 的大小在 $0.5f_c$～$0.8f_c$ 范围内时,徐变增长与应力不成比例,徐变的增长速度将比应力增长速度快,ε_{cr}—t 曲线虽仍收敛,但收敛性随应力增大而变差,这种情况下产生的徐变称为非线性徐变。当 $\sigma>0.8f_c$ 时,混凝土内的微裂缝已处于不稳定状态,长期应力作用将促使这些微裂缝进一步发展,ε_{cr}—t 曲线变为发散型,最终将导致混凝土破坏。因而 $\sigma=0.8f_c$ 实际上是混凝土的长期抗压强度。

混凝土的组成成分和配合比直接影响徐变大小。骨料的弹性模量愈大、骨料体积在混凝土中所占的比重愈高,则由凝胶体流变后传给骨料压力所引起的变形愈小,徐变亦愈小。水泥用量大,凝胶体在混凝土中所占比重也大,水灰比高,水泥水化后残存的游离水也多,会使徐变增大。

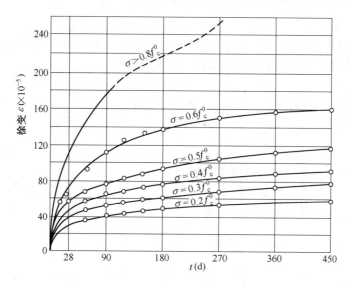

图 2.28　压应力大小对徐变的影响

此外,养护时温度高、湿度大,则水泥水化作用充分,徐变减小。受荷载后混凝土在湿度低、温度高的条件下所产生的徐变要比湿度高、温度低时明显增大。

构件体表比(构件体积与构件表面积的比值)愈小,徐变愈大。

受荷载时混凝土龄期愈长,水泥石中结晶所占比重愈大,凝胶体黏性流动相对减小,徐变也愈小。

(4)徐变引起轴压构件应力重分布现象

钢筋混凝土轴心受压构件在不变荷载的长期作用下,混凝土将产生随时间而增长的变形——徐变。由于钢筋与混凝土的黏结作用,两者将共同变形,混凝土的徐变将迫使钢筋的应变增大,钢筋应力也相应增大。但外荷载保持不变,由平衡条件可得,混凝土应力必将减小,这样就产生了应力重分布。

(5)徐变系数的计算 **

目前一般采用线性徐变理论来计算徐变变形,取徐变应变 ε_{cr} 等于徐变系数 $\varphi(t,\tau)$ 乘以弹性应变 ε_{ce},即 $\varepsilon_{cr}=\varphi(t,\tau)\varepsilon_{ce}$,总应变 $\varepsilon=\varepsilon_{ce}+\varepsilon_{cr}=(1+\varphi)\varepsilon_{ce}$。

影响混凝土收缩和徐变的因素很多且十分繁杂,目前还不能完全从理论上导出其变形值的计算公式,只能根据试验得出半理论半经验的公式。目前有许多这类公式,且各不相同。《公路桥规》采用 CEB—FIP1990 年提出的建议公式并略作调整,在此处列出以供参考。

$$\varphi_{(t,\tau)}=\varphi_0 \cdot \beta_0(t-\tau_0) \tag{2.13}$$

$$\varphi_0=\varphi_{RH} \cdot \beta(f_{cm}) \cdot \beta(\tau_0) \tag{2.14}$$

$$\varphi_{RH}=1+\frac{1-RH/RH_0}{0.46(h/h_0)^{1/3}} \tag{2.15}$$

$$\beta(f_{cm})=\frac{5.3}{(f_{cm}/f_{cm0})^{0.5}} \tag{2.16}$$

$$\beta(\tau_0)=\frac{1}{0.1+(\tau_0/t_1)^{0.2}} \tag{2.17}$$

式中　φ_0——混凝土名义徐变系数;

　　　RH——周围环境的相对湿度(%);

$RH_0 = 100\%$；

h——构件的理论厚度(mm)，其值为 $h = 2A_h/u$，其中 A_h 为构件的横截面面积(mm^2)，u 为构件与大气接触的周边长度(mm)；

$h_0 = 100$ mm；

f_{cm}——在龄期 28 d 时的混凝土平均抗压强度(MPa)；

$f_{cm0} = 10$ MPa；

$t_1 = 1$ d；

t——在计算所考虑时刻的混凝土龄期(d)；

τ_0——加载时混凝土的龄期(d)；

$\beta_0(t-\tau_0)$——混凝土徐变随时间而增长的系数：

$$\beta_0(t-\tau_0) = \left[\frac{(t-\tau_0)/t_1}{\beta_H + (t-\tau_0)/t_1}\right]^{0.3} \tag{2.18}$$

$$\beta_H = 150\left[1 + \left(1.2\frac{RH}{RH_0}\right)^{18}\right] \cdot \frac{h}{h_0} + 250 \leqslant 1\,500 \tag{2.19}$$

一般当混凝土应力 $\sigma > 0.5 \sim 0.6 f_c$ 时，徐变应变不再与 σ 成正比例关系，此时称为非线性徐变。在非线性徐变范围内，如果 σ 值过大，则徐变应变急剧增加，不再收敛，将导致混凝土破坏。铁道科学研究院曾作过这样一个试验，将混凝土试件加压至应力为 $0.8 f_c$，持续 6 h 后，试件突然爆裂破坏。说明混凝土构件长期处于高压状态是很危险的，故一般取 $(0.75 \sim 0.80) f_c$ 作为混凝土的长期极限强度(也称为徐变极限强度)。这说明预应力混凝土构件的预压力不是愈高愈好，压应力过高对结构安全不利。

在桥梁结构中，混凝土的持续应力一般都小于 $0.5 f_c$，不会因徐变造成破坏，且可按线性关系计算徐变应变。考虑到在露天环境下工作的桥梁结构，影响混凝土徐变的各项因素不易确定，因此，对于用硅酸盐水泥配制的中等稠度的普通混凝土，在要求不十分精确时，其徐变系数极值 $\varphi(t_\infty, \tau)$ 可按表 2.3 取用。

表 2.3　徐变系数终极值和收缩应变终极值

项　目	大气条件		相对湿度 75%		相对湿度 55%	
	理论厚度(cm)		$2A_h/u$(cm)		$2A_h/u$(cm)	
	加载龄期 τ(d)		$\leqslant 20$	$\geqslant 60$	$\leqslant 20$	$\geqslant 60$
徐变系数 $\varphi(t_\infty, \tau)$		$3 \sim 6$	2.7	2.1	3.8	2.9
		$7 \sim 60$	2.2	1.9	3.0	2.5
		>60	1.4	1.7	1.7	2.0
收缩应变* $\varepsilon(t_\infty, \tau)$ ($\times 10^{-3}$)		$3 \sim 6$	0.26	0.21	0.43	0.31
		$7 \sim 60$	0.23	0.21	0.32	0.30
		>60	0.16	0.20	0.19	0.28

*：表中收缩应变值用于后张法构件，对于先张法构件，应增加 0.1×10^{-3}。

2. 收　缩

混凝土在空气中结硬时其体积会缩小，这种现象称为混凝土的收缩。收缩是混凝土在不受力情况下因体积变化而产生的变形，它的变形规律和徐变相似，也是随时间延续而增加。初期硬化时收缩变形明显，以后逐渐变缓。一般第一年的收缩应变可达到 $(0.15 \sim 0.4) \times 10^{-3}$。收缩变形可延续至数年，其终值可达 $(0.2 \sim 0.6) \times 10^{-3}$。

通常认为混凝土的收缩是由凝胶体本身的体积收缩(即凝结)和混凝土因失水产生的体积收缩(即干缩)所组成。

当混凝土不能自由收缩时,会在混凝土内产生拉应力而引起裂缝。在钢筋混凝土构件中,由于钢筋限制了混凝土的部分收缩,使构件的收缩变形比混凝土的自由收缩要小些。因钢筋与混凝土之间存在黏结作用,黏结应力使钢筋随混凝土缩短而受压,其反作用力使混凝土受拉。当混凝土收缩较大,构件截面配筋又较多时,会使混凝土构件产生收缩裂缝。

混凝土收缩应变可按《公路桥规》的公式计算:

$$\varepsilon_{cs}(t,\tau) = \varepsilon_{cs0} \cdot \beta_s(t-\tau) \tag{2.20}$$

式中　$\varepsilon_{cs}(t,\tau)$——混凝土龄期 τ 至龄期 t 间的收缩应变;

　　　　t——计算所考虑时刻的混凝土龄期(d);

　　　　τ——收缩开始计算时刻的混凝土龄期(d);

　　　　ε_{cs0}——混凝土名义收缩应变,其值为

$$\varepsilon_{cs0} = \varepsilon_c(f_{cm}) \cdot \beta_{RH} \tag{2.21}$$

$$\varepsilon_c(f_{cm}) = \left[160 + 10\beta_{sc}\left(9 - \frac{f_{cm}}{f_{cm0}}\right)\right] \times 10^{-6} \tag{2.22}$$

其中　β_{sc}——依水泥种类而定的系数,慢凝水泥 $\beta_{sc}=4$,普通或快凝水泥 $\beta_{sc}=5$,快凝高强水泥 $\beta_{sc}=8$,

$$\beta_{RH} = 1.55\beta_{SRH}, \quad \beta_{SRH} = 1 - \left(\frac{RH}{RH_0}\right)^3 \tag{2.23}$$

$\beta_s(t-\tau)$——收缩随时间发展的系数,其值为

$$\beta_s(t-\tau) = \left[\frac{(t-\tau)/t_1}{350(h/h_0)^2 + (t-\tau)/t_1}\right]^{0.5} \tag{2.24}$$

其余符号同徐变计算公式。

对于硅酸盐水泥配制的中等稠度的普通混凝土,在不要求十分精确时,混凝土的收缩应变终值 $\varepsilon(t_\infty,\tau)$ 可按表 2.3 采用。

混凝土的徐变系数 $\varphi(t,\tau)$ 和收缩应变 $\varepsilon(t,\tau)$ 随时间的发展与其由表 2.3 中采用的终值的比值 β,可查图 2.29 中的曲线求得。

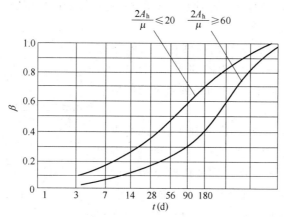

图 2.29　徐变系数和收缩应变与其终极值的比值 β 曲线

2.4　钢筋与混凝土间的黏结

2.4.1　黏结的作用

黏结是钢筋与其周围混凝土之间的相互作用,是钢筋和混凝土这两种性质不同的材料能够形成整体、共同工作的基础。在钢筋和混凝土之间有足够的黏结强度,才能承受相对的滑动,它们之间依靠黏结来传递应力、协调变形。否则,它们就不可能共同工作。

图 2.30(a)、(b)分别为无黏结和有黏结的钢筋混凝土梁受力情况的对比。图 2.30(a)为钢筋和混凝土之间无黏结的梁(如在钢筋表面涂润滑油或加塑料套管),梁在荷载作用下产生弯曲变形,受拉区混凝土受拉伸长,但由于钢筋和混凝土之间不存在阻止二者相对滑动的作用,因而钢筋在混凝土中滑动,其长度保持不变,或者说钢筋未受力。这样的钢筋混凝土梁和素混凝土梁受力情况完全相同。

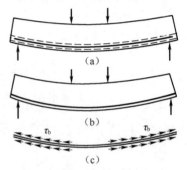

图 2.30(b)为钢筋和混凝土之间有较好黏结的梁。在荷载作用下,梁同样产生弯曲,受拉区混凝土伸长。但由于混凝土和钢筋表面之间存在黏结,混凝土通过黏结将拉应力传递给钢筋,使钢筋和混凝土共同工作(一起受拉)。显然,钢筋拉力的大小,取决于钢筋和混凝土间的黏结作用,即取决于钢筋和混凝土之间有无相对滑移及滑移的多少。

再如一钢筋混凝土轴心受拉构件(例如屋架下弦杆),在受荷过程中,如果钢筋和混凝土之间没有黏结,这个构件在使用荷载下的变形可能达到几毫米,这样大的变形必然使混凝土产生一条很大的裂缝,影响构件的使用。如果钢筋和混凝土之间有足够的黏结,并且钢筋在端部与混凝土又有足够

图 2.30　简支梁中钢筋与混凝土的黏结

的锚固,那么在上述的变形下,混凝土产生的就不是一条很大的裂缝,而是许多条非常微小的裂缝,这样就不会影响构件的正常使用。由此可见,黏结对保证钢筋和混凝土的共同工作,保证钢筋混凝土构件的正常使用起着十分重要的作用。

由图 2.30(b)可知,梁在荷载作用下,受拉区混凝土要伸长,而由于钢筋和混凝土黏结在一起,则混凝土就要强制钢筋与其一起伸长。所谓黏结力,就是由于钢筋和混凝土黏结的滑动趋势,在二者接触面产生的纵向剪力。

如图 2.31 所示简支梁,若受拉钢筋两端有足够的锚固,并略去梁的自重不计,则其弯矩图如图 2.31b 所示。由于 AB 段各截面弯矩不同,因而可知各截面钢筋的应力也不相同。

如果在梁的 AB 段取一微段 $\mathrm{d}x$ 来研究,设钢筋直径为 d,应力增量为 $\mathrm{d}\sigma_s$,截面积为 A_s,周长为 S,钢筋和混凝土接触面上的黏结应力为 τ_b。作用在微段两个截面的弯矩则分别为 M 和 $M+\mathrm{d}M$。当截面及配筋沿梁长不变时,则微段左右两个截面中钢筋的拉力也会由于弯矩的变化而相应按比例变化,即分别为 $\sigma_s A_s$ 和 $(\sigma_s+\mathrm{d}\sigma_s)A_s$,如图 2.32 所示。钢筋两端拉力差就只能由作用在钢筋与混凝

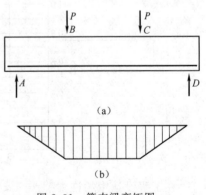

图 2.31　简支梁弯矩图

土接触面的纵向剪应力即黏结力来平衡。于是平衡方程为

$$\tau_b S dx + \sigma_s A_s = (\sigma_s + d\sigma_s) A_s$$

则

$$\tau_b = \frac{d\sigma_s A_s}{S dx}$$

将 $S = \pi d$，$A_s = \dfrac{\pi d^2}{4}$ 代入上式，则

$$\tau_b = \frac{d}{4} \cdot \frac{d\sigma_s}{dx}$$

由于 $d\sigma_s/dx$ 是与 dM/dx 成正比的，而 $dM/dx = V$（V 为剪力），因此黏结力沿梁长的变化规律与剪力 V 的变化规律一致，即梁截面的剪力越大，该处的黏结应力也越大。

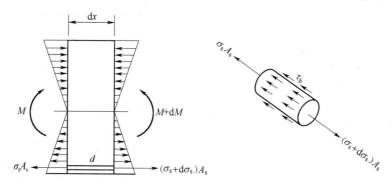

图 2.32　简支梁中钢筋与混凝土间的黏结力

由以上分析可知，若在梁的中间区段（BC 段）取一微段，由于微段左右截面弯矩相同，钢筋两端不存在拉力差，因而也就不存在黏结力。由此也可得出：由于黏结应力的存在，钢筋应力沿长度方向才会发生变化，没有钢筋应力的变化，就不存在黏结应力[图 2.30(c)]。

2.4.2　黏结的分类 *

钢筋和混凝土的黏结，按其在构件中作用的性质可分为两类。

1. 锚固黏结或延伸黏结

例如梁的钢筋伸入支座[图 2.33(a)]，或支座负筋在跨间切断时[图 2.33(b)]，都必须有足够的锚固长度（或延伸长度），通过这段长度上黏结力的积累，才能使钢筋中建立起所需发挥的拉力。

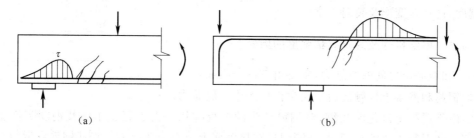

(a)　　　　　　　　　　　　　　　　(b)

图 2.33　锚固黏结

在工程设计中的许多构造问题，例如受力钢筋的锚固和搭接，钢筋从理论切断点的延伸，吊环、预埋件的锚固等都取决于钢筋和混凝土的这种黏结。

拔出试验表明，钢筋和混凝土的黏结应力沿钢筋长度方向是不均匀的，其分布情况如图

2.34 所示。

由图 2.34 可以看出,最大黏结应力产生在离端头某一距离处,越靠近钢筋端头,黏结应力越小。如果钢筋埋入混凝土中的长度 l_a 太长,则钢筋端头处黏结应力很小,甚至等于零。由此可见。为了保证钢筋在混凝土中有可靠的锚固,钢筋应有足够的锚固长度,但也不必太长。

2. 裂缝附近的局部黏结

这种局部黏结是指在开裂构件的裂缝两侧,钢筋和混凝土接触面上的黏结应力。

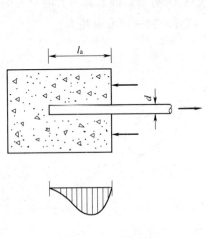

图 2.34　局部黏结

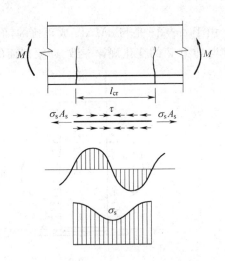

图 2.35　裂缝附近黏结应力的分布

图 2.35 是受纯弯曲作用下的一段梁。当弯矩较小时,受拉钢筋与其附近的混凝土变形相同,钢筋和混凝土虽然黏结在一起,但它们之间并不存在黏结应力。当弯矩增加至使受拉区混凝土的拉应力达到其抗拉强度时,则在混凝土的较薄弱部位出现裂缝。开裂截面处混凝土退出工作,且向裂缝两侧回缩。由于钢筋和混凝土黏结在一起,混凝土的回缩则受到钢筋的约束,这样,在钢筋和混凝土之间产生的剪力即黏结力。

在两裂缝之间,由于黏结力的存在,使钢筋应力发生变化,钢筋应力的变化反映了裂缝间混凝土参与工作的程度。

裂缝附近局部黏结应力的大小,影响两裂缝的间距大小和裂缝的宽度,并且影响到受弯构件的刚度,这将在变形及裂缝一章中详述。

2.4.3　黏结机理及影响黏结强度的因素 *

钢筋和混凝土之间的黏结力,主要由三部分组成:

(1)钢筋和混凝土接触面由于化学作用产生的胶着力。

(2)由于混凝土硬化时收缩,对钢筋产生的握裹作用。由于握裹作用及钢筋表面粗糙不平,使钢筋和混凝土之间有相对滑动趋势,在接触面上引起摩擦阻力。光面钢筋和混凝土的黏结主要依靠摩阻力。

(3)咬合力。对于光面钢筋,是指其表面粗糙不平产生的咬合力;对于变形钢筋是指变形钢筋肋间嵌入混凝土而形成的机械咬合作用,这是变形钢筋黏结力的主要来源。

光面钢筋和变形钢筋黏结机理的主要差别在于,光面钢筋黏结力主要来自胶着力和摩阻力,而变形钢筋的黏结力主要来自机械咬合作用。二者的差别,可以用钉入木料中的普通钉和螺钉的差别来理解。

影响钢筋和混凝土黏结强度的因素很多,主要有:

(1)混凝土强度——黏结强度随混凝土强度的提高而提高,但不成正比。

(2)钢筋表面形状——变形钢筋黏结强度大于光面钢筋。

(3)浇筑位置——混凝土浇筑深度超过 300 mm 时,由于混凝土的泌水下沉气泡逸出,使其与"顶部"水平钢筋之间产生空隙层,从而削弱了钢筋与混凝土的黏结力。

(4)保护层厚度、钢筋间距——保护层太薄,可能使钢筋外围混凝土因产生径向劈裂而使黏结强度降低;钢筋间距太小,可能出现水平劈裂而使整个保护层剥落,使黏结强度显著降低。

(5)横向钢筋——如梁中的箍筋,可能延缓径向劈裂裂缝向构件表面发展,并可限制到达构件表面的劈裂裂纹缝宽度,从而提高了黏结强度。因此,在较大直径钢筋的锚固区和搭接长度范围内,以及当一排的并列钢筋根数较多时,均设置一定数量的附加箍筋,以防止混凝土保护层的劈裂崩落。

2.4.4　保证钢筋和混凝土间黏结强度的措施

为了保证钢筋和混凝土之间的黏结强度,严格地说应进行黏结应力计算。但由于黏结破坏机理的复杂性,影响黏结强度的因素多,以及在实际工程中黏结受力情况的多样性,至今尚未建立起比较完整的计算理论。目前,各国处理黏结问题的方法也不相同。有些国家的规范以中心拔出试验得出的黏结应力为基本黏结应力,要求对锚固进行计算,使沿锚固长度的平均黏结应力不超过基本黏结应力。有些国家的规范是以规定构造措施来保证钢筋和混凝土间的黏结强度的。

我国《混凝土结构设计规范》(GB 50010—2010)为了简化计算,采用了不进行复杂的黏结应力计算,而是规定一系列构造措施的方法来保证钢筋和混凝土的黏结强度。这些构造措施主要包括:

(1)规定了以简单计算确定受拉钢筋基本锚固长度 l_{ab} 的方法。对普通钢筋:

$$l_{ab} = \alpha \frac{f_y}{f_t} d \tag{2.25a}$$

对预应力筋:

$$l_{ab} = \alpha \frac{f_{py}}{f_t} d \tag{2.25b}$$

式中　α——锚固钢筋的外形系数;

f_y, f_{py}——普通钢筋和预应力筋的抗拉强度设计值;

f_t——混凝土轴心抗拉强度设计值,当混凝土强度等级高于 C60 时按 C60 取值;

d——锚固钢筋的直径。

(2)规定了以基本锚固长度 l_{ab} 为基础的钢筋锚固长度 l_a 的计算方法,对抗震结构规定了钢筋的抗震锚固长度 l_{aE} 的计算方法。

(3)规定了以基本锚固长度 l_{ab} 为基础的钢筋搭接长度 l_l 的计算方法,对抗震结构规定了钢筋的抗震搭接长度 l_{lE} 的计算方法。

(4)规定了钢筋的最小间距和混凝土保护层的最小厚度(详见附录表27)。

(5)规定了当锚固钢筋的保护层厚度不大于 $5d$(d 为搭接钢筋的直径)时,锚固长度范围内应配置横向构造钢筋的要求。

(6)规定了钢筋在搭接接头范围内箍筋加密(箍筋间距不大于 $5d$, d 为搭接钢筋直径小者的直径)的要求。

(7)规定了钢筋的机械锚固方法,如受拉的光面钢筋末端要带180°弯钩,变形钢筋末端带90°或135°弯钩,钢筋末端与钢板穿孔塞焊,钢筋末端与短钢筋贴焊,钢筋末端设置螺栓锚头等。

(8)考虑到前述的由于混凝土浇筑时的泌水下沉和气泡逸出而形成空隙层对"顶部"水平钢筋黏结力的影响,我国混凝土施工规范规定,对高度较大的梁,混凝土应分层浇筑。

2.4.5　并　　筋

为了保证钢筋的有效黏结以及方便施工,不宜采用大直径的钢筋,同时钢筋也不能过于密集。为了解决这样的矛盾,构件中的钢筋可采用并筋的配置形式,即将2根或3根钢筋组成钢筋束来代替一根直径较大的钢筋。通常直径28 mm及以下的钢筋并筋数量不应超过3根,直径32 mm的钢筋并筋数量宜为2根,直径36 mm及以上的钢筋不应采用并筋。并筋应按单根等效钢筋进行计算,等效钢筋的等效直径应按截面积相等的原则换算确定,如相同直径的2并筋等效直径可取为1.41倍单根钢筋直径,3并筋等效直径可取为1.73倍单根钢筋直径。2并筋可按纵向或横向布置的方式布置;3并筋宜按品字形布置,并均按并筋的重心作为等效钢筋的重心。

2.5　小　　结

1. 钢筋混凝土和预应力混凝土是广泛使用的建筑材料,其力学性能较复杂。因为:

(1)钢筋混凝土的结构由两种材料(钢、混凝土)组成。

(2)混凝土的抗压强度和抗拉强度相差很大。

(3)混凝土的应力—应变关系是非线性的。

(4)混凝土的变形受徐变和收缩等的影响。

2. 影响混凝土力学性能的因素很多,如:

(1)混凝土性质(骨料和水泥浆体的体积比,骨料颗粒的尺寸和分布,水泥浆体发挥作用的程度,骨料和水泥浆体的力学、物理和化学性质)。

(2)试件和环境特性(温、湿度条件,试件的尺寸、形状)。

(3)应力或应变状态(应力或应变的大小及其分布)。

(4)加载方法(短期、长期、静、动、匀速、重复、交替)。

3. 本章的主要内容包括:

(1)有明显流限钢筋(软钢)和无明显流限钢筋(硬钢)的应力—应变曲线不同,它们强度限值的取法也不同。

(2)以往为了节约钢材,常常用冷拉或冷拔来提高热轧钢筋的强度。冷拉只能提高钢筋的抗拉强度,冷拔可以同时提高抗拉强度和抗压强度。但这样的钢筋,其变形能力差,会影响结构构件的延性,特别不利于抗震,不能用在重要的结构构件中。

(3)热轧钢筋通常用于普通钢筋混凝土结构;预应力钢丝、钢绞线和预应力螺纹钢筋等常用作预应力钢筋。用于钢筋混凝土结构中的钢筋应满足强度、塑性、可焊性、与混凝土有可靠黏结等多方面要求。

(4)混凝土立方体抗压强度是评定混凝土强度等级的一种标准,我国规定采用 150 mm 边长的立方体作为标准试块。混凝土轴心抗压强度是混凝土最基本的强度指标,混凝土轴心抗拉强度等都和轴心抗压强度有一定的关系。对于不同的结构构件,应选择不同强度等级的混凝土。

(5)混凝土的徐变和收缩对钢筋混凝土和预应力混凝土结构构件性能有重要影响。虽然影响徐变和收缩的因素基本相同,但它们之间有本质的区别。混凝土在重复荷载作用下的变形性能与一次短期荷载作用下的变形不同。

(6)钢筋和混凝土之间的黏结力是二者能共同工作的主要原因,应当采取各种必要的措施加以保证。

 ## 思 考 题

2.1　结构中常用的钢筋品种有哪些?其适用范围有何不同?

2.2　简述混凝土立方体抗压强度、混凝土等级、轴心抗压强度、轴心抗拉强度的意义以及它们之间的区别。

2.3　简述混凝土应力—应变关系特征。

2.4　混凝土收缩、徐变与哪些因素有关?

2.5　如何保证钢筋和混凝土之间有足够的黏结力?

2.6　为什么说黏结是钢筋混凝土的基本问题?

3 结构设计方法

3.1 概　述

实际工程结构从选用材料进行设计到施工建造完成、从投入使用到拆除或达到正常寿命，都与经典的材料力学、结构力学的计算方式有很大的不同。一般材料力学、结构力学的计算题是针对弹性材料的，给定材料特性、给定几何尺寸（如截面、跨度等）、给定荷载大小，进行内力分析和截面验算。截面验算在材料力学中采用容许应力法，其容许应力为材料强度除以安全系数 K，而安全系数 K 是大于 1.0 的某一个数值，越大，就认为越安全。计算时只要截面应力不大于容许应力值，就认为结构或截面是"绝对安全"的。事实上，"绝对"是不存在的，到底有多安全，其实是未知的，因为 K 值是由经验确定的。因此，容许应力法并不能很好地描述结构设计的安全度。

结构在设计阶段，无法保证施工所采用的材料与设计所选用的材料完全一样，混凝土材料就是一个明显的例子，其离散性是我们通过《建筑材料》课程学习所熟知的特性。结构在施工后，其实际几何尺寸也与设计尺寸有偏差，会影响结构自重、截面强度等计算的准确性。结构在投入使用后，施加在其上的荷载也会与设计取定的值不一样，如教室楼面上的人群荷载，白天上课时人员很多，晚上休息时人员很少，荷载变化范围大。总之，这些影响结构内力、变形的外在因素和结构自身强度、刚度的内在因素在设计时是无法"精确"预知和确定的。由于这样的不确定性，说明这些因素不是普通变量，它们符合随机变量的特征。对随机变量的处理应采用概率统计方法，通过对各种影响因素的变异情况研究，可以科学合理地选定它们的设计值。这就是本章要讨论的问题。需要说明的是，本章的基本内容不仅仅适用于钢筋混凝土结构，它也是钢结构、砌体结构等各种材料结构设计和荷载取值的基本依据。

本章的部分内容会涉及后面要学习的内容，未理解透彻时，待学完后面内容时再返回来学习，反复学习是加深理解概念的好方法。

3.2　结构设计的要求与可靠性

结构设计应符合技术先进、经济合理、安全适用、确保质量的原则。结构设计的目的是要使所设计的结构能够完成由其用途所决定的全部功能要求。例如，教学楼应能进行正常的教学活动，公路桥梁应能通行汽车，人行过街天桥应能方便人群通过。但是，结构的用途不能随意变更，例如，教学楼不能想改为图书馆就改为图书馆，因为图书馆书库的荷载比教室人群荷载大得多。无论什么样的结构，在规定的设计使用年限内，其功能要求可概括为：

3.2.1　安全性

安全性指结构在预定的使用期限内，应能承受正常施工、正常使用时可能出现的各种荷载、外加变形(如超静定结构的支座产生不均匀沉降)、约束变形(如由于温度变化产生的热胀冷缩变形、混凝土收缩产生的变形受到约束时)等的作用。在设计规定的偶然事件(如地震、强风)发生时及发生后，仍能保持必需的整体稳定性，不发生倒塌或连续破坏，应避免个别构件或局部破坏而导致整体破坏。

3.2.2　适　用　性

适用性指在正常使用时应具有良好的工作性能。例如不发生影响正常使用的过大变形(梁有过大的挠度、结构有过大的侧移等)、过强烈的振动(过大的振幅，令人敏感的频率等)以及使使用者感到不安的裂缝宽度等。

3.2.3　耐　久　性

耐久性指结构在正常维护条件下，在设计使用年限(design working life)内能正常使用的能力，即拥有正常寿命。例如不发生由于混凝土保护层碳化或裂缝宽度过大而导致的钢筋锈蚀过快和过度，从而致使结构的使用寿命缩短。

上述这些功能要求实际上是和结构的可靠性(reliability)相关联的。可靠性是指结构在规定的时间内、在规定的条件下、完成预定功能的能力。规定的时间即设计使用年限，规定的条件即正常设计、正常施工、正常使用和维护，未考虑人为错误或失误的情形。显然，加大结构设计的余量，如在一定程度上提高设计荷载、加大截面尺寸及配筋，或提高对材料性能的要求等，一般是能够增加或改善结构的安全性、适用性和耐久性的，即能提高结构的可靠性。但这将增加结构造价，影响其经济性。显而易见，结构的可靠性和经济性是一个矛盾的两个对立方面，科学的设计方法就是要在两者之间寻求平衡点，把二者统一起来，达到既经济合理又安全可靠。比较我国的设计规范和发达国家的设计规范，可看出可靠性的要求是有差别的。不过可以肯定的是，随着我国国民经济的发展，人们生活水平的提高，可靠性会逐步得到相应的提高。另一方面，具备扎实的数学、力学基础，在工程实践中不断积累丰富的经验，是协调好可靠性与经济性的基本保证。

3.3　结构的极限状态

整个结构或结构的一部分超过某一特定状态就不能满足设计规定的某一功能要求，此特定状态为该功能的极限状态(limit state)。结构能够满足功能要求而良好地工作，称为结构"可靠"或"有效"，反之则称为"不可靠"或"失效(failure)"。区分结构工作状态的可靠与失效的标志是"极限状态"。结构的极限状态是结构或构件能够满足设计规定的某一功能要求的临界状态，超过这一界限，结构或构件就不再能满足设计规定的该项功能要求，而进入失效状态。例如钢筋混凝土轴心受拉构件，当纵向受拉钢筋屈服时，就达到了受拉承载力极限状态；当最大裂缝宽度达到限值时，就达到了影响适用性和耐久性的极限状态。显然，超过极限状态即失效后，不同的失效其后果是不一样的，要求也应当是不一样的。因此结构的极限状态一般分为两类。

3.3.1　承载能力极限状态

承载能力极限状态是与结构安全性相关联的极限状态，由于其失效的后果严重，因此也是相对重要的和设计者更关心的极限状态。这种极限状态对应于结构或结构构件达到最大承载能力或不适于继续承载的变形。当结构或结构构件出现下列状态之一时,应认为超过了承载能力极限状态:

(1)整个结构或结构的一部分作为刚体失去平衡,例如雨篷的倾覆[图3.1(a)]、挡土墙过大的滑移等。

(2)结构构件或连接因超过材料强度而破坏(包括疲劳破坏),或因过度变形而不适于继续承载。前者其实就是我们熟悉的"强度"概念,它仅仅是承载能力极限状态的一种情况,如简支梁跨中因弯矩过大而破坏[图3.1(b)];后者的例子如钢结构螺栓抗剪连接中当螺栓杆过细时会产生明显的弯曲变形从而导致连接节点变形过大而失效[图3.1(c)]。

(3)结构转变为机动体系,如静定结构中产生一个塑性铰或超静定结构中产生足够多的塑性铰时[图3.1(d)]。

(4)结构或结构构件丧失稳定,如细长柱达到临界荷载发生受压失稳[图3.1(e)]等。

(5)地基丧失承载能力而破坏,如地基失稳、液化等。

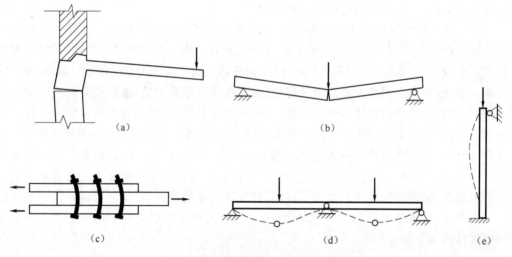

图3.1   结构超过承载能力极限状态的例子

此外,对于不需要进行正常使用极限状态验算的偶然事件作用,不应以个别构件或局部结构达到上述极限状态的某些标志而定义整个结构达到极限状态,此时结构保持完整性和不整体倒塌是最重要的,应以此定义承载能力极限状态,即按作用效应的偶然组合进行设计或采取防护措施,使主要承重结构不致因出现设计规定的偶然事件而丧失承载能力,允许主要承重结构因出现设计规定的偶然事件而局部破坏,但其剩余部分在一段时间内不发生连续倒塌。

结构或构件一旦出现承载能力极限状态,后果是十分严重的,会造成人身伤亡和重大经济损失。因此,在设计中应严格地控制出现承载能力极限状态的概率。

3.3.2   正常使用极限状态

这种极限状态对应于结构或结构构件达到正常使用或耐久性能的某项规定限值。

当结构或结构构件出现下列状态之一时,就认为超过了正常使用极限状态,失去了正常使用和耐久性功能:

(1)影响正常使用或外观的变形(如过大的挠度和明显的开裂);

（2）影响正常使用或耐久性能的局部损坏（如不允许出现裂缝的构件开裂，对允许出现裂缝的构件其裂缝宽度超过限制）；

（3）影响正常使用的振动（如超高层建筑在风作用下产生的令人眩晕的振动）；

（4）影响正常使用的其他特定状态。

虽然超过正常使用极限状态的后果一般不如超过承载能力极限状态那样严重，但是也不可忽视，否则会产生一定的经济损失。例如过大的变形会造成房屋内粉刷层剥落、门窗变形、填充墙和隔断墙开裂以及屋面积水等后果；在多层精密仪表车间中，过大的楼面变形还可能影响产品质量；水池和油罐等结构开裂会引起渗漏；混凝土构件等过大的裂缝会影响到使用寿命；过大的变形和裂缝也会引起用户心理上的不安全感；人体敏感的振动影响身心健康，会降低劳动生产效率。当然，由于正常使用极限状态出现后，其后果的严重程度比承载能力极限状态要轻一些，因而对其出现的概率的控制可以相对放宽一些。

3.4　作用效应和结构抗力

荷载是我们熟悉的概念，比荷载更一般的概念称为作用（action），它是指施加在结构上的集中力或分布力（即直接作用，也称为荷载）和引起结构外加变形或约束变形的原因（即间接作用）。常见的间接作用有地震引起的地面运动、地基不均匀沉降、温度变化、焊接变形、混凝土收缩等。

由作用引起的结构或结构构件的反应，例如内力、变形和裂缝等称为作用效应（effect of an action）。显然，一个作用会产生无穷多个效应，但我们一般只关心其中最大和较大的起控制作用的效应。作用效应常用符号"S"表示，当作用为集中力或分布力时，其效应又常称为荷载效应。

在工程实践中，结构上的作用是具有不确定性的随机变量，所以作用效应 S 一般来说也是一个随机变量。以下主要讨论荷载效应，荷载 Q 与荷载效应 S 之间，一般可近似按线性关系考虑，即

$$S = CQ \tag{3.1}$$

式中常数 C 为荷载效应系数。由于两者之间的线性关系，故荷载效应 S 的统计规律与荷载 Q 的统计规律是一致的。

例如跨度为 l、承受均布线荷载 q 的简支梁，其跨中最大弯矩值 $M_{max} = ql^2/8$ 就是均布线荷载 q 在跨中截面产生的荷载效应，其中荷载效应系数 $C = l^2/8$。显然，荷载效应有无穷多个，但一般我们只关心最大的。荷载效应系数 C 的计算是学习材料力学和结构力学时应掌握的基本内容，本课程不再讨论。请同学们自己计算支座截面剪力这一荷载效应的荷载效应系数。

作用的含义广泛，除可分为直接作用（即荷载）和间接作用外，按随时间的变异可分为：

（1）永久作用。在设计基准期内量值不随时间变化，或其变化量与平均值相比可以忽略不计的作用，如结构的自重、土压力等。

（2）可变作用。在设计基准期内其量值随时间变化，且其变化量与平均值相比不可忽略的作用，如楼面活荷载、风荷载、雪荷载、火车和汽车荷载等。

（3）偶然作用。在设计基准期内不一定出现，而一旦出现其量值很大且持续时间很短的作用，如地震、爆炸、撞击和龙卷风等。

设计基准期是为确定可变作用、偶然作用及与时间有关的材料性能等取值而选用的时间参数。例如,风荷载、雪荷载是取 30 年不遇的值还是取 50 年不遇的值,将有很大的不同。

作用按随空间位置的变异可分为:

(1)固定作用。在结构上具有固定分布的作用,即作用点是不变的,如结构的自重等。

(2)自由作用。在结构上一定范围内可以任意分布的作用,即作用点是变化的,如火车和汽车的移动荷载等。

作用按结构的反应特点可分为:

(1)静态作用。使结构产生的加速度可以忽略不计的作用,如自重、雪荷载等,其作用效应与结构的动力特性无关。

(2)动态作用。使结构产生的加速度不可忽略不计的作用,如地震,其作用效应不仅与作用的大小有关,而且与结构的动力特性(如刚度、质量分布、自振周期等)有关。

与作用效应相对应的一个概念是结构抗力(resistance),它是结构或结构构件承受作用效应的能力,常用符号“R”表示,如承载能力等。

结构抗力 R 可以是对整个结构或对一个构件甚至是对某一截面而言的。显然,结构抗力与结构的几何尺寸(如跨度、高度、截面形状、截面尺寸等)、结构所用材料与分布等有关。虽然结构的抗力是由其内因决定的,但计算时,设计计算模型的精确性也是影响对抗力把握的一个因素。本教材的后续主要内容,实质上是关于钢筋混凝土构件、预应力混凝土构件的抗力如何计算的问题。例如,对钢筋混凝土受弯构件的截面抗弯、抗剪能力来说,显然与混凝土的强度 f_c、钢筋的强度 f_s 及配置有关,也与截面的几何参数 a_k 有关。所以结构构件的截面抗力 R 一般可以表达为 f_c、f_s 和 a_k 等的函数,即 $R=R(f_c,f_s,a_k,\cdots)$。

3.5　概率极限状态法与可靠度

3.5.1　结构的极限状态方程

结构设计方法经历了从容许应力法、破损阶段设计法、极限状态设计法到概率极限状态法的发展过程。容许应力法和破损阶段设计法仅仅依靠一个凭经验确定的单一安全系数 K 来判断结构是否安全;到极限状态设计法时,虽然考虑了荷载和材料的变异性,采用多个不同的系数来取代单一的安全系数,但仍缺乏对“安全”的科学定义和定量描述。事实上,前三种设计法都未摆脱安全系数的束缚。既然作用效应、结构抗力和影响它们的因素都是随机变量,合理的方法就应该采用概率统计方法来研究,这就是发展到目前的以概率理论为基础的极限状态设计法。但目前的研究水平尚未达到“全概率”的状态,还有相当多的参数需要参照工程经验和试验结果来确定。

结构构件完成预定功能的工作状况可以用作用效应 S 和结构抗力 R 的关系式来描述,这种表达式称为结构功能函数,用 Z 来表示:

$$Z=R-S=g(R,S) \tag{3.2}$$

它可以用来表示结构的三种工作状态(图 3.2):

当 $Z>0$ 时,表明结构能够完成预定的功能,处于可靠状态;

当 $Z<0$ 时,表明结构不能完成预定的功能,处于失效状态;

当 $Z=0$ 时,即 $R=S$,表明结构处于临界的极限状态,$Z=g(R,S)=R-S=0$,称为“极限状态方程”。

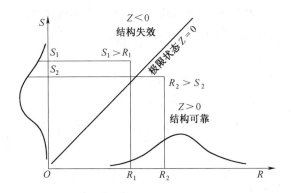

图 3.2　结构所处的状态

结构功能函数的一般表达式为 $Z=g(X_1,X_2,\cdots,X_n)$，其中 $X_i(i=1,2,\cdots,n)$ 为影响作用效应 S 和结构抗力 R 的基本变量，如荷载、材料性能、几何参数等；该函数也可简单地表示为 $Z=g(R,S)$。由于这些影响因素都是非确定性的随机变量，故函数 Z 也是随机的，例如 $Z>0$ 即结构可靠也不是确定性的，而是从概率角度上定义的，即结构可靠的概率有多大。

3.5.2　结构的可靠度

当引用概率论来研究问题时，"绝对"一词就失去了意义。世界上本来就没有"绝对"的事情，甚至连这句话本身也不是绝对的。对结构来说，也就不存在"绝对安全"一说，换句话说，没有办法保证结构绝对安全。对"安全"更科学合理的定性表达应该是"可靠"，定量表达是"可靠度"。

结构可靠度（degree of reliability）的定义为：结构在规定的时间内，在规定的条件下，完成预定功能的概率，用 P_s 表示。由此可见，结构的可靠度是结构可靠性的概率度量，即对结构可靠性所作的定量描述。这里所说的"规定的时间"和"规定的条件"与可靠性定义里的含义是一致的。

与可靠度相对立的概念就是"失效概率"，即结构不能完成预定功能的概率，用 P_f 表示。显然，$P_s+P_f=1$，即可靠概率和失效概率互补。因此，既可以采用可靠概率（即可靠度）也可以采用失效概率表达结构的可靠性，一般更习惯于采用失效概率 P_f。

在各种随机因素的影响下，结构完成预定功能的能力不能事先确定，只能用概率来描述。结构可靠度的这种概率定义是从统计数学观点出发的比较科学的定义，与其他各种从定值观点出发的定义（如认为结构安全度是结构的安全储备）有本质的区别。

以概率的观点来看结构设计的目的，就是要使结构能以足够大的可靠度满足各项预定功能的要求，或者说要使所设计的结构失效概率 P_f 足够小。以概率的观点来看，任何结构均有失效的可能性，但当失效概率 P_f 小到一定程度时，人们就会不再担心结构会出现问题，转而会放心使用。现实生活中也有类似的例子，例如，民航飞机有失事的情况出现，但失事的概率很小，人们仍可放心乘坐；游泳也不可避免有溺水身亡的事故发生。现行规范规定，失效概率应控制在为 $(1\sim7)\times10^{-4}$ 的范围内。这个数字可以与民航飞机 50 年一遇失事的概率（约为 5×10^{-4}）进行比较。

3.5.3　失效概率和可靠度指标

现以功能函数 $Z=R-S$ 中仅包含两个正态分布随机变量 R 和 S 且极限状态方程为线性的简单情况为例说明失效概率的确定方法。设荷载效应 S 和结构抗力 R 是彼此独立的，在静力荷载作用下这个假设基本上是正确的。由概率论可知，两个相互独立的正态随机变量之差也是正态分布的(见图 3.3),图中 $Z<0$ 的阴影部分面积即为失效概率 P_f。如结构抗力 R 的平均值为 μ_R,标准差为 σ_R;荷载效应 S 的平均值为 μ_S,标准差为 σ_S,则功能函数 Z 的平均值及标准差为

$$\mu_Z = \mu_R - \mu_S \tag{3.3}$$

$$\sigma_Z = \sqrt{\sigma_R^2 + \sigma_S^2} \tag{3.4}$$

现采用极限状态函数 Z 的分布曲线 $f(Z)$[图 3.3(a)]求失效概率。

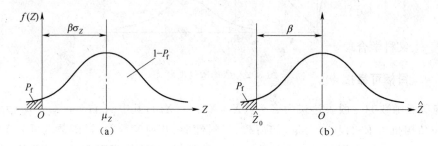

图 3.3 Z 的分布曲线和失效概率

假设 Z 服从正态分布 $N(\mu_Z, \sigma_Z)$,故由图 3.3(a)得

$$P_f = P(Z<0) = \int_{-\infty}^{0} \frac{1}{\sqrt{2\pi}\sigma_Z} \exp\left[-\frac{(Z-\mu_Z)^2}{2\sigma_Z^2}\right] dZ \tag{3.5}$$

为了更简单起见,我们把 Z 化成标准正态分布,如图 3.3(b)所示,根据概率论,这时要用新的变量坐标 $\hat{Z} = \dfrac{Z-\mu_Z}{\sigma_Z}$ 去替换 Z,并注意标准正态服从 $N(0,1)$,则得

$$P_f = P\left(\hat{Z} = \frac{Z-\mu_Z}{\sigma_Z} < \hat{Z}_0 = -\frac{\mu_Z}{\sigma_Z}\right) = \int_{-\infty}^{\hat{Z}_0} \frac{1}{\sqrt{2\pi}} \exp\left(-\frac{\hat{Z}^2}{2}\right) d\hat{Z} \tag{3.6}$$

这就是根据标准正态分布计算失效概率的公式。可以看出,P_f 的大小取决于积分上限 $\hat{Z}_0$:

$$\hat{Z}_0 = -\frac{\mu_Z}{\sigma_Z} \tag{3.7}$$

按式(3.6)计算 P_f 是相当简单的,而且还可以利用现成的标准正态分布函数 $\Phi(\hat{Z}_0)$ 由 $\hat{Z}_0$ 直接查出 P_f。在这里

$$\Phi(\hat{Z}_0) = \int_{-\infty}^{\hat{Z}_0} \frac{1}{\sqrt{2\pi}} \exp\left(-\frac{\hat{Z}^2}{2}\right) d\hat{Z} \tag{3.8}$$

在结构可靠度理论中,把 $\hat{Z}_0$ 的绝对值 μ_Z/σ_Z,即在标准正态分布中积分上限到原点的距离[图 3.3(b)]称为可靠度指标 β,则

$$\beta = \frac{\mu_Z}{\sigma_Z} = \frac{\mu_R - \mu_S}{\sqrt{\sigma_R^2 + \sigma_S^2}} \tag{3.9}$$

由以上各式,可以得出失效概率与可靠指标之间的关系为

$$P_f = \Phi(\hat{Z}_0) = \Phi(-\beta) \tag{3.10}$$

根据以上的分析,可以得出以下一些重要概念:

（1）在标准正态分布曲线中，可靠指标是失效概率积分上限到原点的距离；而在正态分布曲线中，积分上限到对称轴的距离为 $\beta\sigma_z$。由图 3.3 可以看出，β 增大时，表示上述距离增大；而当此距离增大时，失效概率 P_f（影线面积）随之减小，结构的可靠度增大。这也就是为什么把 β 称为可靠度指标的原因。

（2）β 与 P_f 有一一对应的关系，如表 3.1 所示。

（3）β 本身既反映了 S 和 R 等的随机性能，又与失效概率一一对应，是度量结构可靠性的既简单、又科学合理的指标。

表 3.1　可靠度指标 β 与失效概率 P_f 的对应关系

β	2.7	3.2	3.7	4.2
P_f	3.5×10^{-3}	6.9×10^{-4}	1.1×10^{-4}	1.3×10^{-5}

3.5.4　目标可靠指标、结构的安全等级

当有关变量的概率分布类型及统计参数已知时，就可按上述 β 值计算公式求得现有的各种结构构件中的可靠指标。《建筑结构统一标准》（以下简称《统一标准》）以我国长期工程经验的结构可靠度水平为校准点，考虑了各种荷载效应组合情况，选择若干有代表性的构件进行了大量的计算分析，规定对于一般工业与民用建筑作为设计依据的可靠指标，称为目标可靠度指标 $[\beta]$。当结构构件属延性破坏时（轴心受拉及受弯构件）取 $[\beta]=3.2$；当结构构件属脆性破坏时（轴心受压、偏心受压及受剪），取 $[\beta]=3.7$。此外，根据建筑物的重要性不同，即一旦结构发生破坏时对生命财产的危害程度及社会影响的不同，《统一标准》将建筑结构分为三个安全等级，并对其可靠指标作适当调整。这三个安全等级是：①破坏后果很严重的重要建筑物为一级；②破坏后果严重的一般工业与民用建筑物为二级；③破坏后果不严重的次要建筑物为三级。对于承载能力极限状态，其相应的目标可靠指标见表 3.2。

表 3.2　建筑结构的安全等级与可靠度指标

安全等级	破坏后果	建筑物类型	可靠度指标 β	
			脆性破坏	延性破坏
一级	很严重	重要建筑	4.2	3.7
二级	严重	一般建筑	3.7	3.2
三级	不严重	次要建筑	3.2	2.7

注：延性破坏是指结构构件在破坏前有明显变形或其他预兆；脆性破坏是指结构构件在破坏前无明显变形或其他预兆。

同一建筑物内的各种结构构件，一般宜采用与整个结构相同的安全等级，但如果提高某一构件的安全等级所需额外费用很少，又能提高整个结构的可靠度，从而能大大地减少人身伤亡和财产损失的可能性时，可将该构件的安全等级比整个结构的安全等级提高一级；反之，如果某一结构构件的影响甚微，则可将其安全等级降低一级。但应注意，一切构件的安全等级在各阶段不得低于三级。

3.6　概率极限状态法的设计表达式

3.6.1　荷载分项系数、材料分项系数和结构重要性系数

如果用上一节中讲的目标可靠度指标 $[\beta]$ 来直接进行结构设计或进行可靠度校核，就能比较全面地反映荷载和结构抗力变异性对结构可靠度的影响，是比较理想的。因此对于一些重

要结构,如原子能反应堆的压力容器、海上采油平台等,都是按[β]进行设计的。但由于这种方法较为复杂,因此对于一般结构构件则应简化以便实用。为此,可用荷载分项系数、材料分项系数以及结构重要性系数来表达,以反映[β]的效果。这三个系数都用γ表示,但用不同的下角码来区别。

(1)荷载分项系数

荷载分项系数等于荷载的设计值与标准值的比值,一般情况下大于1。

恒载的设计值 $\qquad\qquad\qquad G=\gamma_G G_k$ (3.11)

活载的设计值 $\qquad\qquad\qquad Q=\gamma_Q Q_k$ (3.12)

式中 γ_G——恒载的分项系数:当其效应对结构不利时,对由可变荷载效应控制的基本组合应取 $\gamma_G=1.2$,对由永久荷载效应控制的基本组合应取 $\gamma_G=1.35$;当其效应对结构有利时,应取 $\gamma_G\leqslant 1.0$;

γ_Q——活载的分项系数:当其效应对结构不利时,一般情况下取 $\gamma_Q=1.4$,对标准值大于 4 kN/m² 的工业房屋楼面结构的活荷载取 $\gamma_Q=1.3$;当其效应对结构有利时,应取 $\gamma_Q=0.0$。

(2)材料分项系数

材料分项系数等于材料的标准强度与设计强度的比值,其值大于1。

混凝土的设计强度 $\qquad\qquad f_c=f_{ck}/\gamma_c$ (3.13)

钢筋的设计强度 $\qquad\qquad f_s=f_{sk}/\gamma_s$ (3.14)

式中 γ_c——混凝土的材料分项系数,取为 1.4;

γ_s——钢筋的材料分项系数,其取值为 1.10～1.15(热轧钢筋)或 1.20(预应力筋)。

(3)结构重要性系数 γ_0

如表 3.2 所列,当建筑结构的安全等级为一级和三级时,目标可靠指标较二级时增大或减小各 0.5。为了反映这种变化,在荷载效应项上引入了系数 γ_0,称为结构重要性系数。由概率设计方法分析表明,安全等级为一级时,$\gamma_0\geqslant 1.1$;安全等级为二级时,$\gamma_0\geqslant 1.0$;安全等级为三级时,$\gamma_0\geqslant 0.9$。

总的说来,建筑物中各类结构构件使用阶段的安全等级,宜与整个结构的安全等级相同,有时对其中部分结构构件的安全等级,也可根据其重要程度适当调整。

3.6.2 材料强度取值[*]

1. 混 凝 土

(1)混凝土的强度等级

混凝土的强度等级按立方体抗压强度标准值($f_{cu,k}$)确定。立方体抗压强度标准值系指按照标准方法制作养护的边长为 150 mm 的立方体试件在 28 d 龄期,用标准试验方法测得的具有 95% 保证率的抗压强度,即

$$f_{cu,k}=\mu_{f_{cu}}-1.645\sigma_{f_{cu}}=\mu_{f_{cu}}(1-1.645\delta_{f_{cu}})$$ (3.15)

式中,$\mu_{f_{cu}}$、$\sigma_{f_{cu}}$ 和 $\delta_{f_{cu}}$ 分别为混凝土立方体抗压强度的平均值、标准差和变异系数。

混凝土的强度等级有 14 级,分别为 C15、C20、C25、C30、C35、C40、C45、C50、C55、C60、C65、C70、C75 和 C80。每个强度等级代号中的数字代表立方体抗压强度标准值,单位为 N/mm²。例如,C30 代表 $f_{cu,k}=30$ N/mm² 的强度等级。

(2)混凝土强度标准值

混凝土强度标准值取值原则是超值保证率为 95%，即取强度总体分布的 0.05 分位值或平均值减 1.645 倍标准差。

假定混凝土轴心抗压强度和轴心抗拉强度的离散系数（δ_{f_c} 和 δ_{f_t}）与立方体抗压强度的离散系数（$\delta_{f_{cu}}$）相同，并注意式（2.3），则混凝土轴心抗压强度的标准值 f_{ck} 和轴心抗拉强度的标准值 f_{tk} 由下列二式确定：

$$f_{ck}=\mu_{f_c}(1-1.645\delta_{f_{cu}})=0.88k_1k_2\mu_{f_{cu}}(1-1.645\delta_{f_{cu}})=0.88k_1k_2f_{cu,k} \quad (3.16)$$

$$f_{tk}=\mu_{f_t}(1-1.645\delta_{f_t})=0.88k_2(0.395\mu_{cu}^{0.55})(1-1.645\delta_{f_{cu}})$$

$$=0.88k_2[(0.395\mu_{cu}^{0.55})(1-1.645\delta_{f_{cu}})^{0.55}](1-1.645\delta_{f_{cu}})^{0.45} \quad (3.17)$$

$$=0.88k_2(0.395f_{cu,k}^{0.55})(1-1.645\delta_{f_{cu}})^{0.45}$$

式中，μ_{f_c} 和 μ_{f_t} 为混凝土轴心抗压和轴心抗拉强度的平均值。

立方体抗压强度的离散系数 $\delta_{f_{cu}}$ 可根据试验结果统计得出，如对于 C40 为 0.12，对 C60 为 0.10，对 C80 为 0.08。

各种混凝土强度的标准值 f_{ck}、f_{tk} 按附表 1 或附表 11、附表 17 取用。

（3）混凝土强度设计值

混凝土强度标准值除以混凝土强度分项系数 γ_c，称为混凝土强度设计值。例如，混凝土的轴心抗压强度设计值 f_c 和轴心抗拉强度的设计值 f_t 则分别为

$$f_c=f_{ck}/\gamma_c, \quad f_t=f_{tk}/\gamma_c$$

按照上述方法求得混凝土的材料分项系数 $\gamma_c=1.4$。在实际使用的设计表达式中，一般不出现 γ_c，而直接使用强度设计值。各种混凝土强度的设计值按附表 1、附表 17 取用。

2. 钢　　筋

（1）钢筋强度标准值

根据可靠度要求，混凝土规范取具有 95% 及以上的保证率的屈服强度作为钢筋的强度标准值。

对于有明显物理流限的热轧钢筋，取有关钢筋的国标规定的屈服点作为标准值 f_{yk}，国标规定的屈服点即钢筋出厂检验的废品限值，其保证率为 97.73%，能满足不小于 95% 的要求。

对于无明显物理流限的预应力钢筋，其强度等级以国标规定的极限抗拉强度标准值来标志，即 f_{ptk} 取具有 95% 以上保证率的抗拉强度值。

各种钢筋强度标准值见附表 4、附表 5、附表 14、附表 19。

（2）钢筋强度设计值

对于热轧钢筋，将钢筋强度标准值（如 f_{yk} 等）除以钢筋强度分项系数 γ_s 称为钢筋强度设计值 f_y，即 $f_y=f_{yk}/\gamma_s$。由于钢材的均质性较好，质量波动较小，$\gamma_s=1.10$（对 500 MPa 级钢筋适当提高安全储备，取为 1.15）。

根据试验研究，为满足正常使用极限状态下对斜裂缝宽度的限制，限定受剪、受扭、受冲切箍筋的抗拉强度设计值 f_{yv} 不大于 360 N/mm²。对于受压钢筋的强度设计值 f_y' 是以钢筋应变 $\varepsilon_s'=0.002$ 作为取值条件（在钢筋混凝土结构中，受压钢筋的应变一般不会超过此值），按 $f_y'=\varepsilon_s'E_s$ 和 $f_y'\leqslant f_y$ 两个条件确定的。

对于预应力钢筋，其强度设计值 f_{py} 取条件屈服点 $\sigma_{p0.2}$ 除以钢筋强度分项系数 γ_s（$\gamma_s=1.20$）。有关钢筋的国标规定，$\sigma_{p0.2}$ 应不小于 $0.85f_{ptk}$，作为对钢筋质量的基本要求。

各种钢筋强度设计值见附表 6、附表 7、附表 15、附表 19。

3.6.3 极限状态设计表达式

1. 承载能力极限状态

如上所述,以可靠指标直接进行结构设计或进行可靠度校核,可较全面地考虑影响结构可靠度的各有关因素的客观变异性,使所设计的结构比较符合预期的可靠度要求,因此国外对一些重要结构,均按 β 值进行设计。但是,对于量大面广的一般结构构件,按规定的 β 值直接进行设计,其计算工作量太大,且设计人员也不太习惯。考虑到设计习惯和使用方便,规范将极限状态方程转化为以基本变量的标准值和相应分项系数表达的极限状态实用设计表达。也就是说,设计表达式中的各分项系数是根据基本变量的统计特性,以可靠度分析为基础确定的,它们起着相当于 β 的作用。

结构按极限状态设计的实用设计表达式为

$$\gamma_0 S \leqslant R \tag{3.18}$$

式中 γ_0——结构重要性系数;(说明:为简便且考虑到大多数情况下 $\gamma_0 = 1.0$,本教材后面的相关内容中,如无特别说明或没有标出 γ_0 之处,均默认为 $\gamma_0 = 1.0$)

       S——内力组合设计值(荷载效应),代表轴力设计值 N、弯矩设计值 M、剪力设计值 V 和扭矩设计值 M_T 等;

       R——结构构件承载力设计值(抗力),代表截面对于轴力、弯矩、剪力和扭矩的抵抗能力。

2. 正常使用极限状态

正常使用极限状态的验算包括对变形、抗裂度和裂缝宽度进行验算,对舒适度有要求的钢筋混凝土楼盖结构还应进行竖向自振频率的验算,使其计算值不超过相应的规范规定限值,以满足结构的使用要求。由于目前对正常使用的各种限值及正常使用可靠度分析方法研究得不够,因此在这方面的设计参数仍需以过去的经验为基础确定。

我国规范进行正常使用极限状态验算采用下列一般表达式:

$$S_d \leqslant C \tag{3.19}$$

式中 S_d——变形、裂缝等荷载效应的设计值;

       C——结构构件达到正常使用要求所规定的变形、应力、裂缝宽度和自振频率等的限值。

式(3.19)在具体应用时往往根据需要采用以下的实用表达式形式。

(1) 变形验算

$$f \leqslant [f] \tag{3.20}$$

式中 f——在考虑了荷载长期效应组合使构件挠度随时间增长的影响后,用荷载短期效应组合算出的受弯构件最大挠度,计算时取用材料强度的标准值;

       $[f]$——受弯构件的允许挠度。

(2) 裂缝控制验算

裂缝控制验算可概括分为两种:①对严格要求或一般要求不出现裂缝的构件控制受拉边混凝土的应力不出现拉应力或允许出现有限的拉应力;②出现裂缝的构件,控制最大裂缝宽度不超过允许值,其表达式与式(3.20)类似。

(3) 自振频率验算

对混凝土楼盖结构应根据使用功能的要求进行竖向自振频率验算,一般住宅和公寓不宜低于 5 Hz,办公楼和旅馆不宜低于 4 Hz,大跨度公共建筑不宜低于 3 Hz。

正常使用极限状态验算挠度、裂缝控制和最大裂缝宽度的计算方法及其限值将在第九章给出。

3.7　荷载效应组合

3.7.1　荷载的种类

在 3.4 节中讲过,荷载是指结构上的直接作用,与作用的分类情况相仿,荷载的基本分类也是按荷载随时间的变异情况来进行分类的,有恒载和活载等。

恒载,也称永久荷载,用符号 G 表示。活载,也称可变荷载,用符号 Q 表示。

3.7.2　荷载的代表值

荷载的主要代表值有标准值、组合值、频遇值和准永久值四个。恒载只有标准值。

1. 荷载标准值

荷载标准值用符号加下角码 k 表示,如恒载的标准值为 G_k,活载的标准值为 Q_k。

荷载标准值是荷载的基本代表值,荷载的其他代表值,即组合值、频遇值和准永久值都是以它为基础乘以适当的系数后得到的。

在按正常使用极限状态验算结构构件短期的变形以及抗裂度或裂缝宽度时,都采用荷载的标准值。

各种荷载的标准值都是根据一定的条件确定的,实际应用时应按相应规范取值。例如,恒载的标准值一般相当于恒载的平均值,可按设计尺寸和容重计算确定。活载的标准值是指在结构设计基准期内、在正常情况下出现的最大荷载值(准确地说是按最大荷载概率分布的某一分位值确定的)。

2. 荷载组合值 $\psi_c Q_k$

这是对活荷载而言的。当作用在结构上的活载不只一个而是两个或两个以上时,各个活载都同时达到各自标准值的可能性是不大的,因此一般情况下可以减小一些。为了方便,采用荷载组合值系数 ψ_c 乘以活荷载的标准值来表达活载的组合值 $\psi_c Q_k$,显然 $\psi_c \leqslant 1$。

荷载组合值 $\psi_c Q_k$ 主要用于承载能力极限状态的基本组合和正常使用极限状态的标准组合。

3. 荷载频遇值 $\psi_f Q_k$

这是对活荷载而言的,是指在设计基准期内,超越频率为规定频率的荷载值。为了方便,采用频遇值系数 ψ_f 乘以活荷载的标准值来表达上述的那一部分活荷载,称为活荷载的频遇值 $\psi_f Q_k$,显然 $\psi_f < 1$。

荷载频遇值 $\psi_f Q_k$ 用于正常使用极限状态的频遇组合。

4. 荷载准永久值 $\psi_q Q_k$

这也是对活荷载而言的,是指在设计基准期内,超越频率为 50% 的荷载值。对活荷载中出现的频率比较大,持续时间比较长的那部分活荷载要考虑其荷载长期效应的影响。为了方便,采用准永久值系数 ψ_q 乘以活荷载的标准值来表达上述的那一部分活荷载,称为荷载的准永久值 $\psi_q Q_k$,$\psi_q < 1$。

荷载准永久值 $\psi_q Q_k$ 用于正常使用极限状态的准永久组合。

3.7.3　荷载效应组合表达式

1. 承载力极限状态

对于承载能力极限状态,应采用荷载效应的基本组合,其表达式为

（1）当可变荷载效应控制时

$$S = \gamma_G S_{Gk} + \gamma_{Q1} S_{Q1k} + \sum_{i=2}^{n} \gamma_{Qi} \psi_{ci} S_{Qik} \tag{3.21}$$

式中　γ_G——永久荷载（恒载）分项系数，按式（3.11）取值；

　γ_{Q1}，γ_{Qi}——第一个和第 i 个可变荷载分项系数，按式（3.12）取值；

　S_{Gk}——永久荷载标准值的效应；

　S_{Q1k}——在基本组合中起控制作用的一个可变荷载标准值的效应（该标准值的效应大于其他任意第 i 个可变荷载标准值的效应）；

　S_{Qik}——其他第 i 个可变荷载标准值的效应；

　ψ_{ci}——第 i 个可变荷载的组合值系数，一般取 0.7，但有例外，详见相应规范。

（2）当永久荷载效应控制时

$$S = \gamma_G S_{Gk} + \sum_{i=1}^{n} \gamma_{Qi} \psi_{ci} S_{Qik} \tag{3.22}$$

式中　γ_G——永久荷载（恒载）分项系数，按式（3.11）取值；

　γ_{Qi}——第 i 个可变荷载分项系数，按式（3.12）取值；

　S_{Gk}——永久荷载标准值的效应；

　S_{Qik}——第 i 个可变荷载标准值的效应；

　ψ_{ci}——第 i 个可变荷载的组合值系数，一般取 0.7，但有例外，详见相应规范。

注意，一般情况下很难判断是可变荷载效应起控制作用还是永久荷载效应起控制作用，必须都经过计算后取较大值。

2. 正常使用极限状态

对于正常使用极限状态，结构构件应分别按荷载的标准组合、频遇组合和准永久组合进行验算，使变形、裂缝等的计算值不超过相应的允许值。

（1）标准组合

$$S_d = S_{Gk} + S_{Q1k} + \sum_{i=2}^{n} \psi_{ci} S_{Qik} \tag{3.23}$$

式中　S_d——荷载效应标准组合值；

其余符号的意义与式（3.21）相同。

（2）准永久组合

$$S_d = S_{Gk} + \sum_{i=1}^{n} \psi_{qi} S_{Qik} \tag{3.24}$$

式中　S_d——荷载效应准永久组合值；

　ψ_{qi}——活载的准永久值系数，按规范取用；

其余符号意义与式（3.21）相同。

频遇组合应用的较少，在此省略。应当指出，在标准组合中，包括了整个设计基准期（50年）内出现时间很短的荷载，例如住宅楼面活荷载 2.0 kN/m^2，即在 50 年内实际达到 2.0 kN/m^2 的持续时间是很短的。在准永久组合中，只包括在整个设计基准期内出现时间很长（总的持续时间不低于 25 年）的荷载值，它考虑了可变荷载对结构作用的长期性。例如住宅楼面活载中有 0.6 kN/m^2 的持续时间是很长的，这个值称为荷载的"准永久值"，它通常由准永久值系数 $\psi_{qi}=0.4$ 来反映，所以其荷载的准永久值为 $0.4 \times 2.0 = 0.8$（kN/m^2）。

3.8 小 结

(1)结构设计要解决的根本问题就是以适当的可靠度满足结构的功能要求。这种功能要求归纳为三个方面,即结构的安全性、适用性和耐久性。极限状态是指其中某一种功能的特定状态,当整个结构或结构的一部分超过它时就认为结构不能满足这一功能要求,结构失效用 $R-S<0$ 来表示。极限状态有两类,即与安全性对应的承载能力极限状态和与适用性、耐久性对应的正常使用极限状态。

(2)由于荷载效应 S 和结构抗力 R 是随机变量,因此结构完成预定功能的能力只能用概率来描述。发生 $R-S<0$ 的概率称为失效概率;而 $1-P_f$ 则为可靠概率,也称为结构的可靠度。结构的可靠指标 β 与 P_f 之间有着内在联系,所以结构适当的可靠度可以用目标可靠指标 $[\beta]$ 来表示。

(3)以概率理论为基础的极限状态设计法是以可靠指标 β 来度量结构的可靠度的。但为了实用,用结构重要性系数 γ_0,荷载分项系数 γ_G、γ_Q 和材料分项系数 γ_c、γ_s 来表达目标可靠指标 $[\beta]$。因此在结构设计时则采用分项系数表达的极限状态设计表达式。

(4)结构物上的作用分直接作用和间接作用两种,其中直接作用称为荷载。荷载按其随时间的变异性和出现的可能性,可分为恒载、活载和偶然荷载三种。活载有标准值、组合值、准永久值等多种代表值,分别用于极限状态设计中的不同场合。恒载只有标准值。

 思 考 题

3.1 结构的功能要求主要有哪几项?结构的极限状态有几类,主要内容是什么?

3.2 建筑结构的设计使用年限一般是多少年?超过这个年限的结构物是否不能再使用了,为什么?

3.3 建筑结构的安全等级是怎样划分的?在结构构件的截面承载能力极限状态表达式中是怎样体现的?

3.4 结构上的作用与荷载是否同一概念,为什么?恒载与活载有什么区别?

3.5 什么是荷载效应 S?荷载使构件产生的变形是否也称荷载效应?什么是结构抗力 R?为什么说 S 和 R 都是随机变量?$R>S$,$R=S$ 和 $R<S$ 各表示什么意义?

3.6 失效概率 P_f 的意义是什么?可靠指标限值 $[\beta]$ 与它有什么关系?

3.7 结构构件截面承载能力的极限状态设计表达式是什么?它是怎样得出来的?在表达式中是怎样体现结构可靠度的?

3.8 为什么说从理论上讲,绝对可靠的结构是没有的?

3.9 什么是荷载的基本代表值?恒载的代表值是什么?活载的代表值有几个?荷载的设计值与标准值有什么关系?

3.10 钢筋的标准强度是怎样采用的?混凝土立方体抗压标准强度是怎样采用的?材料的设计强度与标准强度有什么关系?

轴心受力构件正截面承载力计算

4.1 概　述

本章学习钢筋混凝土结构构件中最简单的两类构件——轴心受拉构件和轴心受压构件正截面承载力的计算。

当轴向力作用线与构件换算截面形心轴相重合时,称为轴心受力构件。实际工程中,由于混凝土质量的不均匀、配筋的不对称、施工制作误差等众多原因,并不存在严格意义上的轴心受力构件。构件受力时,或多或少地具有初始偏心,即存在附加弯矩。因此,也可以把轴心受力构件作为具有一定初始偏心的偏心受力构件来设计。

为了简化计算,对有些构件,如恒载很大的多层多跨房屋的底层中间柱、桁架的受拉及受压腹杆、圆形贮液池的池壁等,实际存在的弯矩很小,常可以忽略不计,因此可以按照轴心受力构件设计。

4.2 轴心受拉构件正截面承载力计算

4.2.1 轴心受拉构件截面应力分析

对于钢筋混凝土和预应力混凝土构件,必须保证钢筋和周围混凝土牢固地黏结在一起,受力时两种材料之间不能发生相互滑移,也就是说钢筋与同位置的混凝土有共同的应变(普通钢筋混凝土构件)或应变增量(预应力混凝土构件),这是最基本的计算假设(第12章无黏结预应力构件除外)。

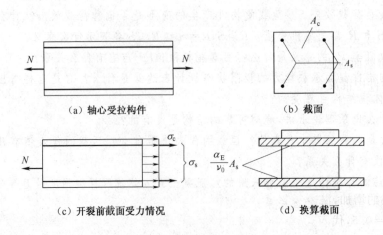

(a) 轴心受拉构件　　　　　　　　(b) 截面

(c) 开裂前截面受力情况　　　　　(d) 换算截面

图 4.1　轴心受拉构件

考虑图 4.1 所示的轴心受拉构件,按照以上基本计算假设,钢筋应变与混凝土应变应相等,即

$$\varepsilon_s = \varepsilon_c \tag{4.1}$$

考虑材料本构关系:

$$\sigma_c = E_c' \varepsilon_c = \nu_0 E_c \varepsilon_c \tag{4.2a}$$

$$\sigma_s = E_s \varepsilon_s = E_s \varepsilon_c = \frac{E_s}{\nu_0 E_c} \sigma_c = \frac{\alpha_E}{\nu_0} \sigma_c \tag{4.2b}$$

式中　σ_s,σ_c——钢筋应力与混凝土应力;

E_c'——混凝土割线模量,表示混凝土应力应变曲线上某点总应力与总应变之比;

E_c——混凝土原点弹性模量,且 $E_c' = \nu_0 E_c$,ν_0 为弹性特征系数,详见第 2 章;

α_E——钢筋与混凝土的弹性模量之比,$\alpha_E = E_s/E_c$。

钢筋混凝土构件中单位面积或单位体积内的钢筋含量称为配筋率,轴心受拉构件的纵向钢筋配筋率用下式表示:

$$\rho = \frac{A_s}{A_c} \tag{4.3}$$

式中　A_s——纵向受拉钢筋截面面积;

A_c——混凝土截面面积,其值等于构件截面面积 A 减去受拉钢筋截面面积,即 $A_c = A - A_s$。

构件开裂前,由截面受力平衡关系可得

$$N = \sigma_c A_c + \sigma_s A_s = \sigma_c \left(A_c + \frac{\alpha_E}{\nu_0} A_s \right) = \sigma_c A_c \left(1 + \rho \frac{\alpha_E}{\nu_0} \right) = \sigma_c A_0 \tag{4.4}$$

式中,$A_0 = A_c + \dfrac{\alpha_E}{\nu_0} A_s$,称为换算截面面积。

钢筋与混凝土是两种力学性能不同的材料,对于多种不同材料组成的截面,只要满足各材料在接触面不发生相对滑动,就可以把多种材料换算成一种材料加以计算,称为换算截面。通常是将钢筋面积换算成同位置的混凝土面积。由于钢筋应变与同位置的混凝土应变(或应变增量)相同,所以钢筋应力为同位置混凝土应力的 α_E/ν_0 倍[式(4.2b)]。也就是单位面积的钢筋相当于 α_E/ν_0 倍混凝土的面积,所以可将钢筋面积作为 α_E/ν_0 倍混凝土面积(图 4.1d)。把钢筋面积换算成混凝土面积后,就可以用单一材料的弹性体公式计算截面应力。换算截面的概念在计算预应力混凝土构件时经常用到。

1. 开裂前截面应力状态

开裂前构件中混凝土和钢筋的应力为

$$\sigma_c = \frac{N}{A_0} = \frac{N}{A_c + \dfrac{\alpha_E}{\nu_0} A_s} \tag{4.5a}$$

$$\sigma_s = \frac{E_s}{\nu_0 E_c} \sigma_c = \frac{\alpha_E N}{A_c(\nu_0 + \alpha_E \rho)} \tag{4.5b}$$

随着荷载的增加,混凝土的应力逐渐增大,弹性系数 ν_0 逐渐减小,当 $\sigma_c = f_t$ 时,构件即将开裂,此时 $\nu_0 = 0.5$,代入式(4.4),可得轴心受拉构件的开裂荷载(图 4.2)为

$$N_{cr} = f_t A_c(1 + 2\alpha_E \rho) \tag{4.6}$$

相应地,开裂前瞬间混凝土应力为 $\sigma_c = f_t$,钢筋的应力为 $\sigma_s = 2\alpha_E f_t$。这说明混凝土开裂前钢

筋应力 $\sigma_s \leqslant 2\alpha_E f_t \approx 20 \sim 40$ N/mm^2（注意开裂前瞬间 σ_s 值与配筋率无关），远小于钢筋屈服强度，所以普通钢筋混凝土必须带裂缝工作，否则钢筋强度无法充分利用。

2. 开裂后瞬间截面应力状态

如图 4.2 所示，开裂后瞬间，裂缝截面处混凝土的拉应力由 $\sigma_c = f_t$ 减小到零。由于开裂荷载维持不变，故原来由混凝土承担的拉力 $f_t A_c$ 将转由钢筋承担，因此开裂后瞬间钢筋应力增量为 $\Delta\sigma_s = f_t A_c / A_s = f_t / \rho$，钢筋应力增大到：

$$\sigma_{s,\text{开裂后瞬间}} = 2\alpha_E f_t + \frac{f_t}{\rho} \qquad (4.7)$$

也可以由 $N_{cr} = f_t A_c (1 + 2\alpha_E \rho) = \sigma_{s,\text{开裂后瞬间}} \cdot A_s$ 得出上式。

3. 极限承载力

开裂后，如果配筋足够，即 $\sigma_{s,\text{开裂后瞬间}} = 2\alpha_E f_t + \frac{f_t}{\rho}$ 图 4.2　轴心受拉构件开裂前后受力状态

$\leqslant f_y$，构件尚能继续承载，全部拉力由钢筋承担，直到钢筋应力达到屈服强度 $\sigma_s = f_y$，此时构件达到极限承载力：

$$N_u = f_y A_s \qquad (4.8)$$

由式（4.7）可知，配筋率越小，开裂后瞬间钢筋应力越大，显然配筋率应满足 $\sigma_{s,\text{开裂后瞬间}} = 2\alpha_E f_t + \frac{f_t}{\rho} \leqslant f_y$，否则，构件一旦开裂，钢筋应力将跃出应力应变曲线的屈服平台，到达强化应力阶段，甚至钢筋直接被拉断，将不能继续承载。故可将开裂后瞬间钢筋应力恰好达到屈服强度 $\sigma_s = f_y$ 的配筋率定义为最小配筋率 ρ_{min}，即 $\sigma_{s,\text{开裂后瞬间}} = 2\alpha_E f_t + \frac{f_t}{\rho} = f_y$，由此得出

$$\rho_{min} = \frac{f_t}{f_y - 2\alpha_E f_t} \qquad (4.9)$$

若配筋率 $\rho < \rho_{min}$，则开裂后钢筋将不能承担混凝土截面开裂后转移给钢筋的拉力。按最小配筋率配筋时，构件开裂即达到极限承载力 $N_u = N_{cr}$，所以也可令式（4.8）与式（4.6）相等，即 $N_u = N_{cr}$ 解出式（4.9）。

式（4.3）和式（4.9）只是最小配筋率的理论计算式，实际工程中采用的最小配筋率，应按附录中附表 28 采用，且注意此时 $\rho = A_s / A$，A_s 为截面一侧纵筋面积，A 为构件全截面面积。

4.2.2　轴心受拉构件正截面承载力计算

混凝土抗拉强度很低，利用素混凝土抵抗拉力是不合理的。钢筋混凝土受拉构件在轴拉力作用下，混凝土开裂退出工作，拉力由钢筋承受，因此具有一定的抗拉承载能力。与钢拉杆比较，混凝土对钢筋起到保护作用，其截面刚度大于钢拉杆。但随着轴心拉力的增加，截面裂缝宽度将不断增大，过大的裂缝宽度不符合使用要求。因此，构件除满足承载力要求外，还应使构件的裂缝宽度小于允许值。对于不允许开裂的轴心受拉构件，如预应力轴心受拉构件，还应专门做抗裂计算。

图 4.3 为钢筋混凝土轴心受拉构件的典型配筋形式。其中沿受力方向配置的受力钢筋称

为纵向钢筋,沿构件横向配置的封闭钢箍称为箍筋。在轴心受拉构件中,箍筋一般不受力,属于构造钢筋。

轴心受拉构件从加载到破坏,受力过程可分为三个阶段:

(1)拉力较小时,构件截面未出现裂缝,混凝土和钢筋共同抵抗拉应力;

(2)随着拉力的增大,构件截面开裂,随着裂缝不断开展,混凝土承受的拉力也逐渐减弱直到消失,拉力主要由钢筋承担;

(3)钢筋应力达到屈服强度,此时混凝土裂缝开展的很大,可认为构件达到承载能力极限状态(图4.4)。

轴心受拉构件最终破坏时,截面混凝土全部开裂,所有拉力全部由钢筋承担,直到钢筋应力达到屈服强度,所以轴心受拉构件正截面承载力公式为

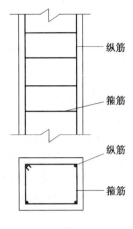

图4.3 构件的配筋

$$\gamma_0 N \leqslant N_u = f_y A_s \qquad (4.10)$$

式中 N——轴向拉力设计值;

       f_y——钢筋抗拉强度设计值;

       γ_0——结构重要性系数;

       A_s——全部受拉钢筋的截面面积,其单侧的钢筋面积不小于

         $\max(0.45 f_t / f_y, 0.002)bh$。

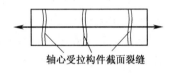

轴心受拉构件截面裂缝

图4.4 轴心受拉构件承载力极限状态

【例题 4.1】 某钢筋混凝土屋架下弦杆,截面尺寸为 200 mm×160 mm,配置 4Φ16HRB335 级钢筋,混凝土强度等级为 C40。承受轴心拉力设计值为 $N = 240$ kN。结构重要性系数 $\gamma_0 = 1.0$。问:(1)构件开裂后是否能够继续承载?(2)此构件正截面承载力是否合格?

【解】 查附表,本例题所需《混规》相关数据为 $f_t = 1.71$ N/mm^2, $f_y = 300$ N/mm^2。钢筋截面面积 $A_s = 804$ mm^2, $\alpha_E = \dfrac{E_s}{E_c} = \dfrac{2 \times 10^5}{3.25 \times 10^4} = 6.15$。

$$\rho_{min} = \max\left(0.002, 0.45 \frac{f_t}{f_y}\right) = \max\left(0.002, 0.45 \times \frac{1.71}{300}\right) = 0.002\ 6$$

截面配筋率:

$$\rho = \frac{A_s}{A_c} = \frac{804}{200 \times 160 - 804} = 0.026 > \rho_{min} = 0.002\ 6$$

所以截面开裂后能够继续承载。开裂轴力为

$$N_{cr} = f_t A_c (1 + 2\alpha_E \rho) = 1.71 \times 31\ 196 \times (1 + 2 \times 6.15 \times 0.026) \times 10^{-3} = 70.40 \text{(kN)}$$

正截面极限承载力为

$$N_u = f_y A_s = 300 \times 804 \times 10^{-3} = 241.2 \text{(kN)} > \gamma_0 N = 240 \text{ kN(承载力合格)}$$

按照最小配筋率配筋时 $N_u = N_{cr}$,现 $N_u \geqslant N_{cr}$ 则说明截面配筋率满足 $\rho \geqslant \rho_{min}$,所以可由 $N_u \geqslant N_{cr}$ 判断截面开裂后能够继续承载。

4.3 轴心受压构件正截面承载力计算

受压构件在结构中具有特别重要的作用,一旦破坏,将导致整个结构严重破坏,甚至倒塌。图4.3为钢筋混凝土轴心受压构件的典型配筋形式。

轴心受压构件的纵向钢筋配筋率用下式表示：

$$\rho' = \frac{A_s'}{A} \tag{4.11}$$

式中　A_s'——一侧或全部受压钢筋截面积；

　　　A——构件截面面积。

为保证构件有良好的受力和变形能力，配筋率必须在一个合理的范围内，不能过少，也不能过多。

轴心受压构件中需要布置足够数量的纵向钢筋，其作用是：协助混凝土受压，由于钢筋强度远高于混凝土强度，所以纵筋可以减小截面尺寸并减轻构件自重；纵筋还能承受可能存在的不大的弯矩，减小持续荷载作用下的混凝土收缩徐变。在使用荷载持续作用下，混凝土收缩和徐变会导致混凝土应力减小而钢筋应力持续增加（内力重新分布）。如果柱中纵筋配置过少，在持续压力下，纵筋应力会比加载初期增大很多，甚至会达到屈服强度；纵筋还能承担温度变形引起的拉应力；能防止构件突然的脆性破坏（钢筋混凝土的变形能力大于素混凝土，即钢筋混凝土极限应变大于素混凝土）。

构件卸载时，过大的纵筋配筋率则会导致混凝土受拉开裂甚至破坏，因为卸载时，受压钢筋试图完全恢复其弹性变形，而混凝土已经发生的徐变变形无法恢复，钢筋的回弹将受到混凝土的约束，从而使混凝土受拉。同时过大的纵筋配筋率还会带来浇注混凝土等施工困难。

因此，轴心受压构件纵筋配筋率必须在一个合理的范围内。《混规》规定：受压构件纵筋直径不小于 12 mm，且全部纵向钢筋的配筋率不宜大于 5%，同时不宜小于 0.6%（采用 HRB400 和 RRB400 级钢筋时不宜小于 0.5%；混凝土强度等级为 C60 及以上时，不宜小于 0.7%）；一侧纵向钢筋配筋率不宜小于 0.2%。箍筋配筋要求见附录。

按照柱中箍筋配置方式的不同，轴心受压构件可分为：

1. 配有纵向钢筋和普通箍筋的轴心受压构件（普通箍筋柱）[图 4.5(a)]；

2. 配有纵向钢筋和螺旋箍筋或焊接环筋的轴心受压构件（螺旋箍筋柱）[图 4.5(b)]。

普通箍筋柱中箍筋的作用是防止纵筋压屈，改善构件的延性，并与纵筋共同形成钢筋骨架，便于施工；螺旋箍筋柱中的螺旋箍筋为圆形，且间距较密，其作用除了上述普通箍筋的作用外，还能约束核心部分的混凝土的横向变形，使混凝土处于三向受压状态（约束混凝土），提高了混凝土强度，更重要的是增加了构件破坏时的延性。

4.3.1　普通箍筋柱

1. 短　　柱

如果柱的横截面尺寸同柱长相比小得多，就称为长柱或细长柱，否则就称为短柱。柱的细长程度一般用长细比 l_0/i 来表示，l_0 为构件的计算长度，$i = \sqrt{I/A}$ 为构件横截面的回转半径。当轴心受压构件 $l_0/i \leqslant 28$ 时，可按短柱计算。

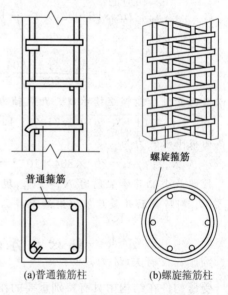

螺旋箍筋

普通箍筋

(a)普通箍筋柱　　(b)螺旋箍筋柱

图 4.5　两种类型轴心受压构件

　　短柱在轴心荷载作用下，截面的压应变基本为均匀分布，从开始加载直到破坏，混凝土与纵筋始终保持共同变形，即纵筋与混凝土的压应变始终相同（保证钢筋与混凝土牢固黏结，使钢筋与周围混凝土有相同的应变或应变增量是一项基本要求）。当荷载较小时，混凝土处于弹性工作阶段，混凝土与钢筋的应力按照弹性规律分布，其应力比值约为两者弹性模量之比。随着荷载的增大，由于混凝土塑性变形的发展和变形模量的降低，混凝土应力增长逐渐变慢，而钢筋应力的增加越来越快。对于一般使用的中等强度的钢筋，钢筋应力首先达到屈服强度，此后增加的荷载全部由混凝土承受。临近破坏时，柱子出现与荷载方向平行的纵向裂缝，混凝土保护层开始剥落，箍筋之间的纵筋发生压屈向外凸出（图 4.6），混凝土被压碎，构件破坏。破坏时混凝土压应变值为 $0.0025 \sim 0.0035$，较素混凝土柱极限压应变值要大，其应力达到抗压强度 f_c。柱的承载力由混凝土及钢筋两部分组成，短柱承载力公式［理论公式，设计计算公式见式(4.13)］可写成：

$$N_u = f_c A_c + f'_y A'_s \qquad (4.12a)$$

或

$$N_u = f_c A + f'_y A'_s \qquad (4.12b)$$

式中　A_c——混凝土截面面积；

　　　　A——构件截面面积；

　　　　A'_s——纵向受压钢筋截面面积；

　　　　f_c——混凝土轴心抗压强度设计值；

　　　　f'_y——纵向钢筋抗压强度设计值。

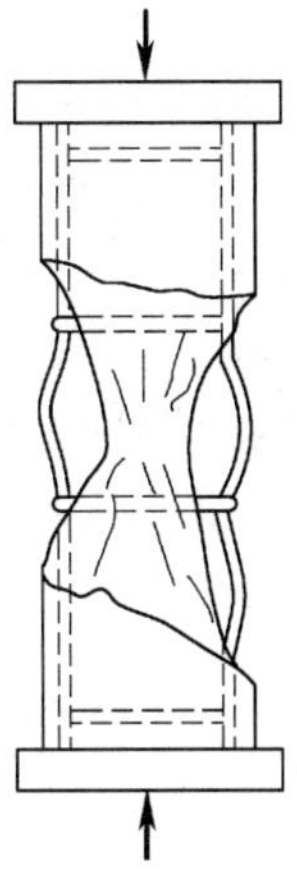

　　应该注意的是，普通钢筋混凝土构件不适宜采用高强度钢筋，轴心受压柱纵筋若采用高强度钢筋，其抗压强度无法充分发挥。理

图 4.6　柱的破坏形式

由如下：轴心受压柱破坏时混凝土压应变值约为 $0.0025 \sim 0.0035$，取极限压应变 $\varepsilon_{cu} = 0.002$，钢筋弹性模量 $E_s = 2.0 \times 10^5$ N/mm^2，则构件破坏时，纵筋压应变 $\varepsilon'_s = \varepsilon_{cu} = 0.002$，相应的压应力 $\sigma'_s = E_s \varepsilon'_s = 2.0 \times 10^5 \times 0.002 = 400$（N/mm^2）。因此，在轴心受压构件中采用高强度纵筋，其抗压强度只能发挥到大约 400 N/mm^2，此时混凝土已经破坏，大于 400 N/mm^2 的钢筋强度无法利用。

　　2. 长　　柱

　　对于长细比较大的柱子，由于各种因素造成的初始偏心距的影响，加载后将产生附加弯矩和相应的侧向挠度（此附加弯矩对短柱来说影响不大，可以忽略），而侧向挠度又加大了荷载的偏心距。随着荷载的增加，附加弯矩和侧向挠度将不断增大，这样相互影响的结果，使长柱在轴力和弯矩的共同作用下破坏。破坏时，首先在凹侧出现纵向裂缝，接着混凝土被压碎，纵向钢筋被压弯而向外鼓出，混凝土保护层脱落；凸侧则由受压转变为受拉，出现横裂缝。对于长细比很大的细长柱，还可能发生失稳破坏。

　　由于以上原因，长柱的承载力低于相同条件下的短柱，长细比越大，其承载力下降得越多。一般以稳定系数 φ 来代表长柱承载力与短柱承载力的比值，即 $\varphi = N'_u / N^s_u$。φ 值主要与构件的长细比 l_0/i 有关（l_0 为柱的计算长度；i 为截面最小回转半径，对于矩形截面，为方便计算，可以用 l_0/b 代表 l_0/i，b 为矩形截面的短边边长）。长细比越大，φ 值越小，构件承载力折减越多。《混规》给出的 φ 值见表 4.1。

表 4.1 钢筋混凝土轴心受压构件的稳定系数

l_0/b	≤8	10	12	14	16	18	20	22	24	26	28
l_0/d	≤7	8.5	10.5	12	14	15.5	17	19	21	22.5	24
l_0/i	≤28	35	42	48	55	62	69	76	83	90	97
φ	1.00	0.98	0.95	0.92	0.87	0.81	0.75	0.70	0.65	0.60	0.56
l_0/b	30	32	34	36	38	40	42	44	46	48	50
l_0/d	26	28	29.5	31	33	34.5	36.5	38	40	41.5	43
l_0/i	104	111	118	125	132	139	146	153	160	167	174
φ	0.52	0.48	0.44	0.40	0.36	0.32	0.29	0.26	0.23	0.21	0.19

求稳定系数 φ 时,需要确定构件的计算长度 l_0,l_0 与构件受到的约束情况有关,可以按以下规定采用(其中 l 为支点间构件实际长度):

(1)两端均为铰支,$l_0=l$;

(2)两端均为固定,$l_0=0.5l$;

(3)一端固定,一端为铰,$l_0=0.7l$;

(4)一端固定,一端自由,$l_0=2l$。

实际工程中,构件约束情况有多种样式,且支座约束状况并非理想的固定或者铰支,具体关于 l_0 计算的更详细的情况请按照有关规范取用,或按照基础力学分析确定。

综合以上对短柱和长柱的分析,正确配置箍筋的普通箍筋柱(含短柱和长柱)承载力计算公式为

$$\gamma_0 N \leqslant N_u = 0.9\varphi(f_c A + f'_y A'_s) \tag{4.13}$$

式中 γ_0——结构重要性系数;

N——荷载设计值;

A'_s——全部纵向钢筋截面面积;

A——构件截面面积,当纵筋配筋率大于 3% 时,用混凝土截面面积 A_c($A_c=A-A'_s$)代替 A;

f_c——混凝土轴心抗压强度设计值;

f'_y——纵向钢筋抗压强度设计值;

0.9——为了使轴心受压构件承载力与考虑偏心距影响的偏心受压构件的承载力有相似的可靠度而引入的折减系数。

【例题 4.2】 已知轴心受压柱,柱高 $H=6.5$ m,该柱一端固定,一端为铰接,承受轴向压力设计值 $N=2\,400$ kN,材料为 C30 混凝土,HRB335 钢筋。结构重要性系数 $\gamma_0=1.0$。试按正方形截面设计该柱截面尺寸,并配置纵向钢筋和箍筋。

【解】 查附表,本例题所需《混规》相关数据为 $f_c=14.3$ N/mm²,$f'_y=300$ N/mm²。

(1)确定截面尺寸

假定 $\rho'=0.01$ 及 $\varphi=1$,由式(4.13)得

$$A=\frac{N}{0.9\varphi(f_c+\rho' f'_y)}=\frac{2\,400\,000}{0.9\times1\times(14.3+0.01\times300)}=154\,142.6\,(\text{mm}^2)$$

正方形边长 $b=\sqrt{154\,142.6}=392.7$(mm),取 $b=400$ mm,$A=400$ mm×400 mm。

(2)求稳定系数

构件计算长度 $l_0=0.7H=0.7\times6.5=4.55$(m)。

$$\frac{l_0}{b}=\frac{4.55\times10^3}{400}=11.375,$$查表 4.1 并进行内插得 $\varphi=0.959$。

（3）求 A'_s

假设 $\rho' \leqslant 3\%$，由式（4.13）得

$$A'_s = \frac{\gamma_0 N - 0.9\varphi f_c A}{0.9\varphi f'_y}$$

$$= \frac{1 \times 2\,400 \times 10^3 - 0.9 \times 0.959 \times 14.3 \times 400 \times 400}{0.9 \times 0.959 \times 300}$$

$$= 1\,642.2\,(\mathrm{mm}^2)$$

（4）配筋

选用 8Φ18（图4.7），$A'_s = 2\,036\ \mathrm{mm}^2$。实际配筋率为

$$\rho' = \frac{A'_s}{bh} = \frac{2\,036}{400 \times 400} = 1.27\% \leqslant 3\%$$

符合以上假设（若 $\rho' > 3\%$，上式中 A 值应用 $A_c = A - A'_s$ 代替）。

配筋率验算：全部纵向受压钢筋的 $\rho'_{min} = 0.6\% < \rho' = 1.27\% < \rho'_{max} = 5\%$。每一侧纵筋：

$$\rho' = \frac{763.4}{400 \times 400} = 0.005 > \rho'_{min} = 0.002$$

根据附录，箍筋采用 Φ6 钢筋，间距 250 mm。

图右侧：
400
400
8Φ18
Φ6@250

图4.7 例题4.2图

4.3.2 螺旋箍筋柱

采用螺旋箍筋或者焊接环筋作为箍筋的轴心受压构件称为螺旋箍筋柱。

构件纵向受压时，其横向会膨胀，沿柱高度方向连续缠绕的、间距很密的螺旋箍筋（或焊接环筋）犹如一个套筒，将核心部分混凝土约束住，有效地限制了核心混凝土的横向变形，使核心混凝土处于三向受压状态。而混凝土三向受压强度显著高于单向受压强度，所以螺旋箍筋柱受力性能与普通箍筋柱有很大不同。图4.8为螺旋箍筋柱与普通箍筋柱的轴向压力 N 与轴向压应变 ε 的关系曲线。由图可

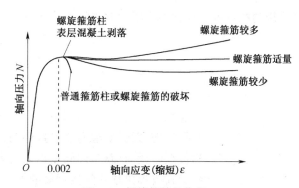

图4.8 螺旋箍筋的作用

见，在混凝土压应变达到 0.002 之前（相应的混凝土压应力达到约 $0.8f_c$），两者的 N—ε 曲线基本相同。当轴向压力继续增加，直到混凝土和纵筋的压应变 ε 达到 0.003～0.0035（即混凝土峰值应力对应的应变值）时，纵筋开始屈服，箍筋外面的混凝土保护层开始脱落，构件截面面积减小，轴力 N 有所下降。此时螺旋箍筋内部的核心混凝土横向膨胀变形显著增大，螺旋箍筋开始发挥作用，核心混凝土的横向变形受到螺旋箍筋的有效约束，仍能继续承压，其抗压强度超过单向受力的轴心抗压强度 f_c，曲线逐渐回升。同时，螺旋箍筋的拉应力随着核心混凝土横向变形的增大也不断增大，直至屈服，不能再对核心混凝土起到约束作用，混凝土被压碎，构件破坏。在这个过程中，荷载达到第二次峰值。破坏时螺旋箍筋柱轴向应变可达到 0.01 以上，变形能力显著高于普通箍筋柱。因此，正确设计的螺旋箍筋柱的破坏属于延性破坏。

根据混凝土圆柱体在三向受压状态下的试验结果，受到径向压应力 σ_2 作用的约束混凝土纵向抗压强度 σ_1 可按下式确定（图4.9）：

$$\sigma_1 = f_c + 4\sigma_2 \tag{4.14}$$

设螺旋箍筋的截面面积为 A_{ss1},间距为 s,螺旋箍筋内径为 d_{cor}(即核心混凝土截面的直径)。螺旋箍筋柱达到承载力极限状态时,螺旋箍筋受拉屈服,核心混凝土受到的径向压应力值 σ_2 可由图 4.9(c)所示隔离体的平衡关系 $\sigma_2 s d_{cor} = 2 f_y A_{ss1}$ 得到

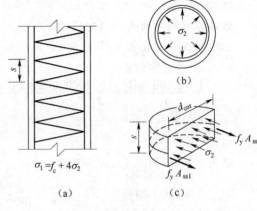

$$\sigma_2 = \frac{2 f_y A_{ss1}}{s d_{cor}} \qquad (4.15)$$

代入式(4.14)得

$$\sigma_1 = f_c + \frac{8 f_y A_{ss1}}{s d_{cor}} \qquad (4.16)$$

图 4.9 径向压应力 σ_2

根据柱达到承载力极限状态时轴向力的平衡,可得螺旋箍筋柱轴心受压承载力为

$$\begin{aligned} N_u &= \sigma_1 A_{cor} + f'_y A'_s \\ &= f_c A_{cor} + f'_y A'_s + \frac{8 f_y A_{ss1}}{s d_{cor}} A_{cor} \end{aligned} \qquad (4.17)$$

按体积相等条件 $\pi d_{cor} A_{ss1} = s \cdot A_{ss0}$,将螺旋箍筋换算成相当的纵筋面积 A_{ss0},则

$$N_u = f_c A_{cor} + f'_y A'_s + 2 f_y A_{ss0} \qquad (4.18)$$

考虑到对于高强度混凝土,径向压力 σ_2 对核心混凝土强度的提高系数有所降低,《混规》采用的螺旋箍筋柱轴心受压承载力计算公式为

$$\gamma_0 N \leqslant N_u = 0.9 (f_c A_{cor} + f'_y A'_s + 2\alpha f_y A_{ss0}) \qquad (4.19)$$

$$A_{ss0} = \frac{\pi d_{cor} A_{ss1}}{s} \qquad (4.20)$$

式中　0.9——使轴心受压构件承载力与考虑偏心距影响的偏心受压构件的承载力有相似的可靠度而引入的折减系数;

　　　f_y——间接钢筋(即螺旋箍筋或焊接环筋)抗拉强度设计值;

　　　A_{cor}——构件核心截面面积,即间接钢筋内表面范围内的混凝土面积;

　　　A_{ss0}——螺旋式或焊接环式间接钢筋的换算截面面积;

　　　d_{cor}——构件的核心截面直径,即间接钢筋内表面的距离;

　　　A_{ss1}——螺旋式或焊接环式单根间接钢筋的截面面积;

　　　α——间接钢筋对混凝土约束的折减系数:当混凝土强度等级不超过 C50 时,取 1.0;当混凝土强度等级为 C80 时,取 0.85;其他强度等级混凝土等级按线性内插法确定,即对于高强度混凝土,径向压应力对核心混凝土强度的提高作用有所降低。

从以上分析可知,配置的螺旋箍筋不能过少,必须使螺旋箍筋对构件受压承载力的贡献大于表层混凝土保护层的贡献,即由于采用螺旋箍筋使构件受压承载力的增加量大于由于混凝土保护层脱落而使构件承载力降低的量,由此可确定螺旋箍筋的最小配筋率。同时为了确保螺旋箍筋的约束效果,《混规》规定,螺旋箍筋的换算面积 $A_{ss0} \geqslant 0.25 A'_s$,螺旋箍筋间距 s 不大于 $d_{cor}/5$,且不大于 80 mm,同时为了方便施工,s 也不应小于 40 mm。不满足以上间接钢筋(即螺旋箍筋)最小配筋率的构件,不考虑间接钢筋的影响,按普通箍筋柱计算其承载力。

对于长细比过大的柱,由于纵向弯曲变形较大,截面不是全部受压,螺旋箍筋的作用得不

到充分发挥,故《混规》规定对长细比 $l_0/d>12$ 的柱,不考虑螺旋箍筋的约束作用,按普通箍筋柱计算其承载力。

采用螺旋箍筋虽然可以有效提高柱的受压承载力,但由于螺旋箍筋对混凝土保护层没有约束作用,配置过多螺旋箍筋的轴心受压构件,在远未达到极限承载力之前,混凝土保护层已经脱落,从而影响正常使用。因此《混规》规定,螺旋箍筋柱的承载力最大用到其他条件相同的普通箍筋柱承载力的 1.5 倍。依据同样的道理,美国房屋建筑规范规定螺旋箍筋对承载力的贡献足以补偿混凝土保护层对承载力的贡献即可,即不利用螺旋箍筋提高柱的受压承载力,螺旋箍筋主要用于提高构件破坏时的延性。

普通箍筋柱的破坏属于脆性破坏,与普通箍筋柱相比,螺旋钢箍柱最大的优点在于提高了破坏时的延性,属于塑性破坏,这是很有意义的。

构件的延性是指在保持承载力不显著降低的情况下材料的变形能力(即指材料的应变,而非结构构件的整体位移)。当结构遇到意外荷载或各种故障时,延性有助于结构仍然维持原有的某些基本性能。一般说来,构件破坏前的应变越大,延性就越好。提高结构延性的意义在于:

(1)结构破坏前有明显的预兆。

(2)结构或构件的脆断往往是由薄弱环节导致的,脆断时,最薄弱环节之外的其余部分的承载潜力往往被浪费。延性则会引起结构内力重分布,使高应力区应力向低应力区释放,最大限度地发挥全部材料及构件的承载能力。

(3)吸收或耗散更多的地震输入能量,减弱地震能量在结构中的任意传播,即减小地震作用下的动力作用效应,减轻地震破坏。

(4)在超静定结构中,能更好地适应诸如偶然荷载、反复荷载、基础沉降、温度变化等因素产生的附加内力和变形。

【例题 4.3】 已知圆形截面轴心受压柱,直径 $d=400$ mm,柱高 3 m,两端固结。采用 C25 混凝土,沿周围均匀布置 6 根 Φ16 mm 的 HRB335 纵向钢筋,箍筋采用 HRB335,直径为 10 mm,其形状为螺旋形,间距为 $s=200$ mm。纵筋外层至截面边缘的混凝土保护层厚度 $c=35$ mm。试求此柱所能承受的最大轴力设计值。

【解】 查附表,本例题所需《混规》相关数据为 $f_c=11.9$ N/mm^2,$f_y'=300$ N/mm^2。

构件截面积 $A=\dfrac{3.14\times400^2}{4}=125\ 600(\text{mm}^2)$,纵筋截面面积 $A_s'=1\ 206$ mm^2。

构件计算长度 $l_0=0.5l=0.5\times3.0=1.5(\text{m})$,$l_0/d=1\ 500/400=3.75\leqslant7$,所以取 $\varphi=1$。

因为 $s=200$ mm>80 mm,螺旋箍筋不满足最小配筋率要求,因此,不考虑螺旋箍筋的约束作用,按普通箍筋柱计算,即

$$\rho_{min}'=0.6\%<\rho'=\frac{A_s'}{A}=\frac{1\ 206}{125\ 600}=0.96\%<\rho_{max}'=5\%$$

$$N_u=0.9\varphi(f_cA+f_y'A_s')=0.9\times1\times(11.9\times125\ 600+300\times1\ 206)\times10^{-3}=1\ 671(\text{kN})$$

(若 $\rho'>3\%$,上式中 A 值应用 $A_c=A-A_s'$ 代替)。

【例题 4.4】 已知条件如上题,但螺旋箍筋间距为 $s=50$ mm。试求此柱所能承受的最大轴力设计值。

【解】 据上题,$A=125\ 600$ mm^2,$\varphi=1$,混凝土保护层厚度 $c=35$ mm,则

$$d_{cor}=d-2c=400-2\times35=330(\text{mm})$$

$$A_{\text{ss1}}=\frac{3.14\times10^2}{4}=78.5(\text{mm}^2),\quad A_{\text{ss0}}=\frac{\pi d_{\text{cor}}A_{\text{ss1}}}{s}=\frac{3.14\times330\times78.5}{50}=1\,627(\text{mm}^2)$$

因为 $\dfrac{A_{\text{ss0}}}{A'_s}=\dfrac{1\,627}{1\,206}=1.35>0.25$，$s=50\text{ mm}<80\text{ mm}$，且 $s=50\text{ mm}<d_{\text{cor}}/5=66\text{ mm}$，所以应考虑螺旋箍筋的影响，按螺旋箍筋柱计算。因为混凝土等级为 C25，所以取间接钢筋对混凝土约束的折减系数 $\alpha=1$。

$$N_u=0.9(f_cA_{\text{cor}}+f'_yA'_s+2\alpha f_yA_{\text{ss0}})$$

$$=0.9\times\left(11.9\times\frac{\pi\times330^2}{4}+300\times1\,206+2\times300\times1\,627\right)\times10^{-3}$$

$$=2\,119.8(\text{kN})<1.5N'_u=1.5\times1\,671=2\,506.5(\text{kN})(N'_u\text{普通箍筋柱承载力})$$

所以，此柱承载力应按螺旋箍筋柱确定，承载力 $N_u=2\,202.5\text{ kN}$，为其他条件相同的普通箍筋柱承载力的 $\dfrac{2\,119.8}{1\,671}=1.27$ 倍。

4.4 小　结

（1）必须保证钢筋和周围混凝土牢固地黏结在一起，受力时两种材料之间不能发生相对滑移，即钢筋与同位置混凝土满足 $\varepsilon_s=\varepsilon_c$（普通钢筋混凝土构件）或 $\Delta\varepsilon_s=\varepsilon_c$（预应力混凝土构件）。满足这个要求，就可以把多种材料换算成一种材料加以计算。换算截面的概念在计算预应力混凝土构件时经常用到。

（2）轴心受拉构件破坏时裂缝贯通整个截面，裂缝截面的拉力全部由钢筋负担，必须满足 $\rho\geqslant\rho_{\min}$，才能保证截面开裂后继续承载。由于裂缝宽度必须小于允许值，所以，必须限制轴心受拉构件中纵筋的变形量，即限制纵筋应力的大小。受拉构件的纵筋数量有时不是由承载力计算决定，而是由裂缝宽度控制。

（3）轴心受压构件按箍筋构造分普通箍筋柱和螺旋箍筋柱，按柱的长细比又分为短柱和长柱。短柱的破坏属于材料破坏，其承载力仅取决于构件的截面尺寸和材料强度。长柱的承载力必须考虑侧向变形所产生的附加弯矩的影响，其承载力低于其他条件相同的短柱。工程上常见的长柱仍属于材料破坏，特别细长的柱的破坏属于失稳破坏。对于轴心受压构件，短柱和长柱可采用统一的计算公式，采用稳定性系数 φ 表达侧向变形对受压承载力的影响。

（4）在螺旋箍筋柱中，由于螺旋箍筋对核心混凝土的约束作用，提高了构件的承载力和破坏时的延性。螺旋箍筋要在一定的条件下才能发挥作用，即旋筋需满足最小配筋率的要求，且构件长细比不能过大。同时过多的螺旋箍筋会使构件在未达到破坏时，混凝土保护层脱落。

 思 考 题

4.1　轴心受压构件中的纵向钢筋和箍筋分别起什么作用？

4.2　轴心受压构件的破坏属于脆性破坏还是塑性破坏？能否通过改变纵筋配筋率来改善构件破坏时的延性？

4.3　配置螺旋箍筋的轴心受压柱与普通箍筋柱有哪些不同？

4.4　为什么配置螺旋箍筋的轴心受压构件的承载力不能大于 $1.5[0.9\varphi(f_cA+f'_yA'_s)]$？

4.5　哪些受压构件不适宜配置螺旋箍筋？为什么？

4.6 混凝土徐变会导致轴心受压构件中纵向钢筋和混凝土应力产生什么变化? 混凝土的收缩徐变会影响轴心受压构件的受压承载力吗?

4.7 轴心受压构件破坏时,纵向钢筋应力是否总是可以达到 f'_y? 采用很高强度的纵筋是否合适?

4.8 钢筋应力与钢筋周围同位置混凝土应力之间有什么关系?

 习　题

4.1 某现浇钢筋混凝土轴心受压柱,截面尺寸为 $b \times h = 400 \text{ mm} \times 400 \text{ mm}$,计算高度 $l_0 = 4.2 \text{ m}$,承受永久荷载产生的轴向压力标准值 $N_{Gk} = 1\,600 \text{ kN}$,可变荷载产生的轴向压力标准值 $N_{Qk} = 1\,000 \text{ kN}$。采用 C35 混凝土,HRB335 级钢筋。结构重要性系数为 1.0。求截面配筋面积。

4.2 已知圆形截面轴心受压柱,直径 $d = 500 \text{ mm}$,柱计算长度 $l_0 = 3.5 \text{ m}$。采用 C30 混凝土,沿周围均匀布置 6 根 Φ20 的 HRB400 纵向钢筋,采用 HRB335 等级的螺旋箍筋,直径为 10 mm,间距 $s = 50 \text{ mm}$。纵筋外层至截面边缘的混凝土保护层厚度 $c = 30 \text{ mm}$。求此柱所能承受的最大轴力设计值。

受弯构件正截面承载力计算

5.1 概 述

受弯构件主要是指承受各种横向荷载的梁和板，它们是工程中最为重要、应用最为普遍的一种构件。

5.1.1 截面形式和尺寸

工程中钢筋混凝土梁和板的截面形式多种多样，常用的有矩形、T形、I形、空心板、箱形截面等。为满足不同的工程要求，截面的局部还可能有变化，如图5.1所示，矩形截面常用于荷载小跨度小的情况；T形、I形截面常用于荷载和跨度较大的情况；而箱形截面由于抗弯刚度和抗扭刚度均很大，适用于荷载大、跨度大且所受扭矩大的情况。

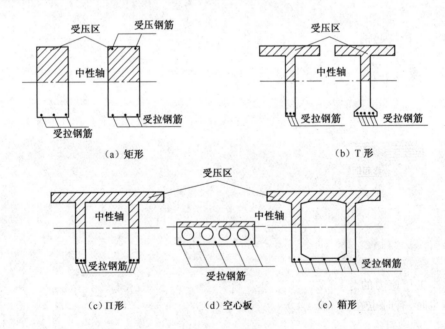

图 5.1 梁的截面形式

钢筋混凝土受弯构件的具体截面尺寸与很多因素有关，比如构件的支承情况、跨度、构件的类型（主梁还是次梁，梁还是板）、材料的强度等级、荷载情况等，需要经过设计计算来确定。现以工业与民用建筑结构为例，简单介绍如下三方面问题：①受弯构件的最小截面高度；②截面尺寸的模数化；③钢筋混凝土梁的合理高宽比。

工业与民用建筑中钢筋混凝土受弯构件的最小截面高度可参考表5.1和表5.2。

表 5.1　梁的一般最小截面高度

序号	构件种类		简支	两端连续	悬臂
1	整体肋形梁	次梁	$l_0/20$	$l_0/25$	$l_0/15$
		主梁	$l_0/12$	$l_0/8$	$l_0/6$
2	独立梁		$l_0/12$	$l_0/15$	$l_0/6$

注：①l_0 为梁的计算跨度；

　　② 梁的计算跨度 $l_0 \geqslant 9$ m 时，表中数值应乘以 1.2。

表 5.2　现浇板的最小高跨比(h/l)

序号	支承情况	板的种类				
		单向板	双向板	悬臂板	无梁楼板	
					有柱帽	无柱帽
1	简支	1/30	1/40	1/12	1/35	1/30
2	连续	1/40	1/50			

注：l 为板的（短边）计算跨度。

为了统一模板尺寸便于施工，一般情况下钢筋混凝土梁的截面尺寸应符合模数化要求，即截面宽度通常为 $b=120$ mm，150 mm，180 mm，200 mm，220 mm，250 mm，300 mm，350 mm 等尺寸；截面高度通常为 $h=250$ mm，300 mm，350 mm，…，750 mm，800 mm，900 mm，1 000 mm 等尺寸。

矩形截面的高宽比 h/b 一般为 $2.0 \sim 3.5$；T 形截面的高宽比 h/b 一般为 $2.5 \sim 4$（此处，b 为梁肋宽度）。

5.1.2　梁和板的构造

1. 梁的构造

钢筋混凝土梁内的钢筋按照其位置及作用不同，一般可分为：纵向受拉钢筋（也称主筋）、箍筋、斜筋（也称弯起钢筋）、纵向受压钢筋（双筋梁）和架立钢筋，如图 5.2 所示。

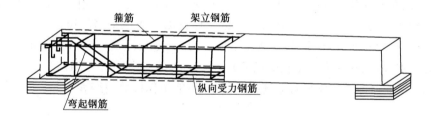

图 5.2　梁的钢筋骨架

（1）纵向受拉钢筋。在弯矩作用下纵向受拉钢筋布置在受拉区且平行于梁的轴线，其主要作用是代替受拉区混凝土抵抗拉力（因为受拉区混凝土受拉后很快就开裂并退出工作），并与受压区混凝土压应力的合力一起形成截面抵抗力偶矩，用于抵抗荷载弯矩。当受压区混凝土的强度不足时，有时也在受压区布置纵向受力钢筋（称为纵向受压钢筋，相应的梁称为双筋梁）。

纵向受拉钢筋和纵向受压钢筋统称为纵向受力钢筋。纵向受力钢筋的多少根据正截面抗弯承载力经计算确定。

纵向受力钢筋的直径在建筑结构中一般为 $10 \sim 28$ mm，在桥梁结构中一般为 $10 \sim 32$ mm。如果直径太小，一方面布置困难，也难于与其他钢筋形成钢筋骨架，对纵向受压钢筋，还容易失稳；直径太大，钢筋的质量有所下降，钢筋与混凝土之间的黏结力也较采用小直径钢筋时小（因为采用同样横截面积的钢筋时，直径越大钢筋与混凝土接触的表面积就越小）。常用的纵向受力钢筋直径为 12 mm、14 mm、16 mm、18 mm、20 mm、22 mm、25 mm。纵向受力钢筋可以用不同直径(就同一侧而言,比如纵向受拉钢筋),但钢筋直径不宜多于两种,且直径相差不小于2 mm,以免施工中放错位置。

纵向受力钢筋不应少于两根,布置在截面的角部,以便与其他钢筋一起形成钢筋骨架。为保证钢筋与混凝土之间有较好的黏结力,保证钢筋在混凝土中的可靠锚固,并避免因钢筋布置过密而影响混凝土浇筑,梁内纵向受力钢筋的净距及钢筋的最小保护层厚度应满足图5.3的要求。

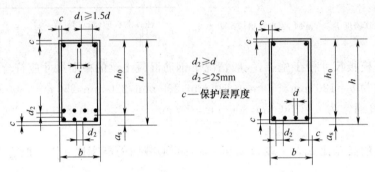

图5.3　钢筋净距和混凝土保护层厚度

当梁的纵向受拉钢筋数量较多,一排布置不下时,可以布置成多排,但应上下对齐,并保持左右对称。

纵向受拉钢筋的另一作用是约束竖向裂缝宽度的开展和长度的延伸。

(2)腹筋。腹筋是箍筋和斜筋(又称弯起钢筋)的统称。箍筋垂直于梁轴线布置,其作用除了主要抵抗斜截面上的部分剪力外,还要固定纵向受力钢筋位置,和其他钢筋一起形成钢筋骨架,保证受拉钢筋和混凝土受压区的良好联系以及保证纵向受压钢筋的稳定。斜筋通常由富余的纵向受拉钢筋弯起而成,以抵抗斜截面上的剪力,当富余纵筋弯起后仍不足以抵抗剪力时,也可以另外加设钢筋(称为专用抗剪钢筋)。专用抗剪钢筋如图5.4(a)和5.4(b)所示[图5.4(c)所示的"浮筋"(即不与钢筋骨架连接的钢筋)不能用作抗剪钢筋]。

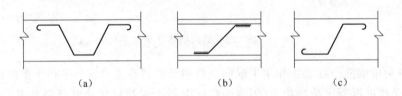

(a)　　　　　　　　　(b)　　　　　　　　　(c)

图5.4　专用抗剪钢筋

箍筋和斜筋的数量由斜截面的抗剪承载力经计算确定。

箍筋和斜筋的另一个作用是约束斜裂缝宽度的开展和长度的延伸。

(3)架立钢筋。指为了与其他钢筋一起形成钢筋骨架,按构造要求(不需要计算确定)在受压区布置的纵向钢筋。其数量不少于两根,其直径与梁的跨度有关:当梁的跨度 $l<4$ m 时,其直径不小于8 mm;当梁的跨度 $l=4\sim6$ m 时,其直径不小于10 mm;当梁的跨度 $l>6$ m 时,其直径不小于12 mm。

2.梁式板的构造

梁式板又称单向板,即认为它只沿一个跨度方向传递荷载。从计算角度来讲,梁式板即为宽度较大而高度较小的梁。

梁式板的钢筋有受力钢筋和分布钢筋两种,如图5.5所示。

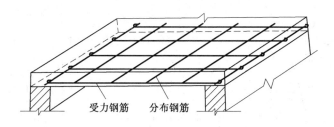

图5.5　梁式板的钢筋构造

(1)受力钢筋。受力钢筋沿跨度方向(或两个方向中跨度较短方向)布置,其主要作用同梁的纵向受拉钢筋,抵抗荷载弯矩在截面受拉区产生的拉应力。数量也同样由正截面抗弯承载力经计算确定。

板内受力钢筋直径通常采用6 mm、8 mm、10 mm。

板内受力钢筋间距不宜过密也不宜过稀,过密则不易浇筑混凝土,钢筋与混凝土之间的黏结力也难于保证,过稀则钢筋与钢筋之间的混凝土可能会局部破坏。因此,板内受力钢筋的间距一般不小于70 mm;当板厚$h \leqslant 150$ mm时,不宜大于200 mm;当板厚$h > 150$ mm时,不应大于$1.5 h$,且不宜大于250 mm。

(2)分布钢筋。分布钢筋垂直于受力钢筋并分布在受力钢筋内侧。其作用是与受力钢筋一起形成钢筋网,固定受力钢筋位置,将荷载分散传递给受力钢筋,承受因混凝土收缩和温度变化引起的拉应力。

分布钢筋按构造要求布置:其直径不宜小于6 mm,单位长度内分布钢筋的截面积不小于与其垂直方向单位长度内受力钢筋截面积的15%及该方向单位长度混凝土截面积的0.15%,且其间距不大于250 mm。

5.2　受弯构件正截面各应力阶段及破坏形态

5.2.1　适筋梁正截面各应力阶段

纵向受拉钢筋相对于混凝土有效截面配置适当$\left(\text{用配筋率}\ \rho = \dfrac{A_s}{bh_0}\ \text{来衡量}\right)$的梁称为适筋梁(关于适筋梁或适筋截面的定义见后)。下面介绍的各应力阶段仅就适筋梁而言。

1. 试验概况

钢筋混凝土梁正截面受弯试验如图5.6所示。

试验采用逐级加载,结果如图5.7所示。图中M_u为构件所能承受的最大弯矩,f为跨中挠度。

在M/M_u—f关系曲线上有两个明显的转折点,说明可将梁的受力和变形过程划分为三个阶段。

2. 适筋梁正截面各应力阶段

(1)第Ⅰ阶段——截面整体工作阶段

在此阶段初期,截面上的弯矩很小,混凝土的工作与匀质

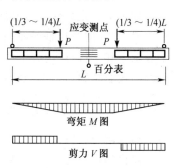

图5.6　试验梁布置

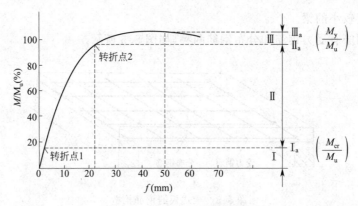

图 5.7　M/M_u—f 关系曲线

弹性体相似,应力与应变成正比,混凝土截面上的应力呈线性分布,如图 5.8(a)所示。

随着荷载增加,受拉区混凝土的应力—应变关系成曲线,即表现出塑性性质,受拉区混凝土截面的应力呈曲线分布,直到受拉区混凝土大部分达到混凝土的抗拉强度,截面即将开裂(相应弯矩称为开裂弯矩,它与图 5.7 中的转折点 1 对应)。由于混凝土的抗压强度远高于抗拉强度,在开裂弯矩作用下,受压区混凝土应力仍然呈线性分布,如图 5.8(b)所示。

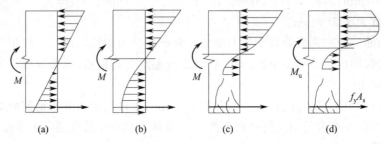

图 5.8　截面各应力阶段

(2)第Ⅱ阶段——带裂工作阶段

在即将开裂阶段基础上,只要增加荷载,截面立即开裂,截面上应力发生重分布。

由于受拉区混凝土开裂而退出工作,拉力几乎全部由纵向受拉钢筋承担,仅中和轴附近很少一部分混凝土仍未开裂而承担很少一点拉力。受压区混凝土应力呈微弯的曲线分布,如图 5.8(c)所示。

(3)第Ⅲ阶段——破坏阶段

理论上它是从受拉钢筋屈服开始(对应于图 5.7 中的转折点 2)到受压区混凝土破坏的一个阶段,但纵向受拉钢筋屈服后,其拉力大小不变,荷载(弯矩)的增加只能靠裂缝宽度的开展、中和轴上移、受压区混凝土压应力合力作用线上移,从而增大内力偶臂来实现,增幅有限,这一阶段的核心是即将破坏的特定状态[图 5.8(d)]。

5.2.2　钢筋混凝土受弯构件正截面的破坏形态

根据试验研究,钢筋混凝土受弯构件正截面的破坏形态与纵向受拉钢筋面积和混凝土有效截面积的相对多少(称为配筋率,后将定义)等有关。随着配筋率的不同,正截面破坏有三种形式:少筋梁(少筋截面)破坏、超筋梁(超筋截面)破坏、适筋梁(适筋截面)破坏。

为了后述方便,先来看一下混凝土开裂前后纵向受拉钢筋应力的变化:假设即将开裂时纵向受拉钢筋的应力用 σ_s 表示,在此状态下再增加荷载,受拉区混凝土就会开裂。即使将新增加这部分荷载卸去而回到即将开裂时的荷载,纵向受拉钢筋的应力也不会再是 σ_s 而是 $\sigma_s + \Delta\sigma_s$(因为开裂前受拉区混凝土承担的那部分拉力,开裂后转由纵向受拉钢筋来承担),即纵向受拉钢筋应力在受拉区混凝土开裂后产生了"应力突变"$\Delta\sigma_s$。

1. 少筋梁——"一裂即坏"

纵向受拉钢筋配置越少,受拉区混凝土开裂后纵向受拉钢筋的"应力突变"$\Delta\sigma_s$ 就越大。当纵向受拉钢筋配置过少时,由于纵向受拉钢筋的"应力突变"过大,致使开裂纵向受拉钢筋的应力 $\sigma_s + \Delta\sigma_s$(几乎不需要增加荷载)大于钢筋的屈服强度而发生破坏,这种情况称为少筋破坏,相应的梁称为少筋梁(或相应截面称为少筋截面)。少筋破坏为"一裂即坏",破坏突然,属于脆性破坏,如图 5.9(a)所示,工程中应避免发生这种破坏。

2. 超筋梁——纵向受拉钢筋屈服前受压区混凝土先被压坏

与少筋梁相反,纵向受拉钢筋配置越多,受拉区混凝土开裂后纵向受拉钢筋的"应力突变"$\Delta\sigma_s$ 就越小。当纵向受拉钢筋过多时,由于纵向受拉钢筋"应力突变"$\Delta\sigma_s$ 过小,致使在荷载增加过程中,钢筋应力虽增加,但受压区混凝土应力也增加,且受压区混凝土先被压坏(这时,纵向受拉钢筋尚未屈服),由于混凝土是脆性材料,破坏前没有明显预兆,破坏突然,属于脆性破坏,如图 5.9(b)所示,工程中也应避免发生这种破坏。

3. 适筋梁——塑性破坏

纵向受拉钢筋配置适量时,受拉区混凝土开裂后纵向受拉钢筋的"应力突变"也适量,在荷载继续增加时,纵向受拉钢筋和受压

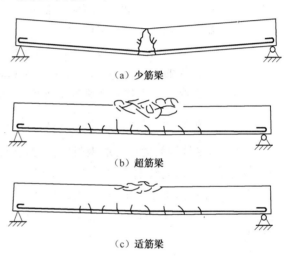

（a）少筋梁

（b）超筋梁

（c）适筋梁

图 5.9　少筋、超筋、适筋梁的破坏形态

区混凝土应力也相应增加,直到纵向受拉钢筋首先屈服。纵向受拉钢筋屈服以后,其应力维持不变,裂缝宽度开展,裂缝长度延伸,挠度增加,但并不立即破坏。它还可以通过中和轴的上移(在受压区面积减少,压应力分布饱满情况下,压应力的合力仍保持与纵向受拉钢筋拉应力的合力相平衡),受压区混凝土压应力的合力作用线上移从而增大内力偶臂来抵抗进一步的荷载弯矩。由于此种破坏在破坏前有明显的预兆(裂缝和变形),破坏不突然,属于塑性破坏,如图 5.9(c)所示。

钢筋混凝土受弯构件正截面承载力计算建立在适筋梁基础上。

5.3　单筋矩形截面梁

单筋矩形截面梁即是在正截面承载力计算中,只计入纵向受拉钢筋的矩形截面梁。

5.3.1　单筋矩形截面梁正截面承载力的计算简图

1. 基本假定

受弯构件正截面承载力计算属于承载能力极限状态,以应力阶段Ⅲ(图 5.7)为依据。为

了能够进行计算,规范采用下述四个基本假定:

(1)平截面假定。

(2)受拉区混凝土不参与工作假定。

(3)混凝土受压的应力与应变曲线采用曲线加直线段(图 5.10)形式。

当 $\varepsilon_c \leqslant \varepsilon_0$ 时,$\sigma_c = f_c \left[1 - \left(1 - \dfrac{\varepsilon_c}{\varepsilon_0} \right)^n \right]$

当 $\varepsilon_0 < \varepsilon_c \leqslant \varepsilon_{cu}$ 时,$\sigma_c = f_c$

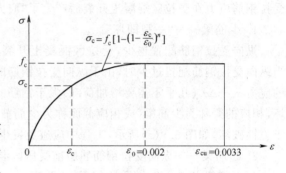

图 5.10　混凝土的应力—应变曲线

式中　σ_c——混凝土压应变为 ε_c 时的混凝土
　　　　　压应力;

　　　f_c——混凝土轴心抗压强度设计值;

　　　ε_0——混凝土压应力刚达到 f_c 时的压
　　　　　应变,$\varepsilon_0 = 0.002 + 0.5(f_{cu,k} - 50) \times 10^{-5}$,当计算的 ε_0 值小
　　　　　于 0.002 时,取为 0.002;

　　　ε_{cu}——正截面的混凝土极限压应变,受弯构件中,$\varepsilon_{cu} = 0.003\,3 - (f_{cu,k} - 50) \times 10^{-5}$,如
　　　　　计算的 ε_{cu} 值大于 0.003 3,取为 0.003 3;

　　　$f_{cu,k}$——混凝土立方体抗压强度标准值,单位 N/mm²;

　　　n——系数,$n = 2 - \dfrac{1}{60}(f_{cu,k} - 50)$,当计算的 n 值大于 2.0 时,取 2.0。

(4)纵向受拉钢筋的应力取钢筋应变与其弹性模量的乘积,但其绝对值不应大于其相应的强度设计值。纵向受拉钢筋的极限拉应变取为 0.01。

有了上述四点基本假定,作为正截面承载力计算的应力阶段Ⅲ(图 5.7)所对应的实际应力图[图 5.11(b)],就可简化为能够进行理论计算的应力分布图[图 5.11(c)],该图称为理论应力图。

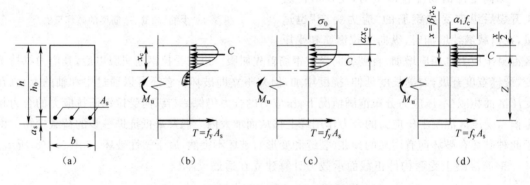

图 5.11　单筋矩形截面梁正截面计算简图

2. 计算简图

根据理论应力图虽能进行正截面强度计算,但计算较为复杂。实际上,计算中只需要知道受压区混凝土压应力的合力大小及作用线位置,不需要知道受压区混凝土的压应力分布。因此,为进一步简化计算,可采用等效矩形应力图[均匀分布图,图 5.11(d)]来代替曲线分布的理论应力图[图 5.11(c)]。等效的原则是不影响其原有的正截面承载力,即

(1)受压区混凝土压应力的合力大小不变,即等效前后受压区混凝土压应力分布图形的面

积相等;

(2)受压区混凝土压应力合力 C 的作用线位置不变,即等效前后受压区混凝土压应力分布图形面积的形心位置不变(也即内力偶臂大小不变)。

上述等效原则实际上是建立了两个方程,据此可分别得到计算简图中的受压区高度 x(与理论应力图受压区高度 x_c 之间的关系)和计算简图中的应力 $\alpha_1 f_c$(与理论应力图中最大应力 σ_0 之间的关系),即

$$x = \beta_1 x_c, \quad \alpha_1 f_c = \gamma \sigma_0$$

式中 β_1——系数,当混凝土强度等级不超过 C50 时,取为 0.8,当混凝土强度等级为 C80 时,取为 0.74,其间按线性内插法确定;

α_1——系数,当混凝土强度等级不超过 C50 时,取为 1.0,当混凝土强度等级为 C80 时,取为 0.94,其间按线性内插法确定;

γ——等效后的应力与 σ_0 的比值,$\gamma = \alpha_1 f_c / \sigma_0$。

最后的计算简图如图 5.11(d)所示。

5.3.2 基本计算公式及适用条件

1. 基本计算公式

对于单筋矩形截面受弯构件的正截面承载力计算,根据图 5.11(d)所示的计算简图,可建立平衡方程如下:

$$\sum N = 0, \quad \alpha_1 f_c b x = f_y A_s \tag{5.1}$$

$$\sum M = 0, M \leqslant M_u = \alpha_1 f_c b x \left(h_0 - \frac{x}{2}\right) \tag{5.2}$$

或

$$M \leqslant M_u = f_y A_s \left(h_0 - \frac{x}{2}\right) \tag{5.3}$$

式中 M——荷载在计算截面上产生的弯矩设计值;

f_c——混凝土轴心抗压强度设计值;

f_y——钢筋的抗拉强度设计值;

A_s——纵向受拉钢筋的截面面积;

b——截面宽度;

x——计算简图中的受压区高度,简称受压区高度;

h_0——截面有效高度,即受拉钢筋合力作用点到截面受压区边缘之间的距离,其值为 $h_0 = h - a_s$,h 为截面高度,a_s 为纵向受拉钢筋拉应力的合力作用点至截面受拉边缘的距离。

值得注意的是,上述基本计算公式形式上是三个(还可以有无穷多个,因为力矩平衡方程可以对任何位置取矩),但独立的平衡方程只有两个,只能唯一确定两个独立的未知量。

如果令 $\xi = \dfrac{x}{h_0}$(称为相对受压区高度),则上述式(5.1)、式(5.2)和式(5.3)可分别写成下面的式(5.1a)、式(5.2a)和式(5.3a):

$$\xi = \frac{x}{h_0} = \left(\frac{A_s}{b h_0}\right)\frac{f_y}{\alpha_1 f_c} = \rho \frac{f_y}{\alpha_1 f_c} \tag{5.1a}$$

$$M \leqslant M_u = \alpha_1 f_c b h_0^2 \xi (1 - 0.5\xi) = \alpha_s \alpha_1 f_c b h_0^2 \tag{5.2a}$$

或

$$M \leqslant M_u = f_y A_s h_0 (1 - 0.5\xi) = \gamma_s h_0 f_y A_s \tag{5.3a}$$

式中,$\alpha_s = \xi(1 - 0.5\xi)$,$\gamma_s = 1 - 0.5\xi$。

2. 适用条件

上述基本计算公式是根据适筋梁的破坏特征建立起来的,只适用于适筋梁,不适用于超筋梁和少筋梁。在工程实际中,必须避免超筋梁和少筋梁。

(1)相对界限受压区高度 ξ_b——非超筋梁的条件

对有明显屈服点的钢筋,由基本假定(1)、(3)、(4)条,就可以绘出适筋截面(梁)、界限配筋截面(梁)、超筋截面(梁)破坏时截面上的应变情况,如图 5.12 所示。它们在受压区混凝土边缘的极限压应变均为 ε_{cu},但纵向受拉钢筋的应变却不同,受压区高度也因此不同。

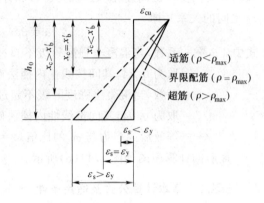

由图 5.12 知,界限配筋时,相对受压区高度为

$$\xi_b = \frac{x_b}{h_0} = \frac{\beta_1 x_b'}{h_0} = \frac{\beta_1 \varepsilon_{cu}}{\varepsilon_{cu} + f_y/E_s} = \frac{\beta_1}{1 + \dfrac{f_y}{\varepsilon_{cu} E_s}}$$

(5.4)

图 5.12　界限破坏时的应变情况

对于常用的有明显屈服点的热轧钢筋,相对界限受压区高度 ξ_b 见表 5.3。

表 5.3　相对界限受压区高度 ξ_b 和截面最大抵抗矩系数 $\alpha_{s,max}$

f_{cu}(MPa)	≤C50				C60				C70				C80			
f_{yk}(MPa)	300	335	400	500	300	335	400	500	300	335	400	500	300	335	400	500
ξ_b	0.576	0.550	0.518	0.482	0.557	0.531	0.499	0.464	0.537	0.512	0.481	0.447	0.518	0.493	0.463	0.429
$\alpha_{s,max}$	0.410	0.399	0.384	0.366	0.402	0.390	0.375	0.356	0.393	0.381	0.365	0.347	0.384	0.371	0.356	0.337

对无明显屈服点的钢筋,从图 5.13 不难看出,用 $0.002 + f_y/E_s$ 代替有明显屈服点钢筋时的 f_y/E_s 即可,即无明显屈服点的钢筋的相对界限受压区高度为

$$\xi_b = \frac{x_b}{h_0} = \frac{\beta_1 x_b'}{h_0} = \frac{\beta_1 \varepsilon_{cu}}{\varepsilon_{cu} + 0.002 + f_y/E_s} = \frac{\beta_1}{1 + \dfrac{0.002}{\varepsilon_{cu}} + \dfrac{f_y}{\varepsilon_{cu} E_s}}$$

(5.5)

从图 5.12 可以看出,非超筋的条件是:$(x_c \leqslant x_b'$,进而有 $x \leqslant x_b)\xi \leqslant \xi_b$。

值得注意的是,上式只是非超筋条件的表达方式之一,还有很多不同的表达方式,都是等价的。由于界限配筋是适筋梁的最大配筋,显然可以引入最大配筋率的概念,由式(5.1a)有

$$\rho_{max} = \frac{A_{s,max}}{bh_0} = \xi_b \frac{\alpha_1 f_c}{f_y}$$

(5.6)

同样,界限配筋梁的正截面承载力是仅改变配筋率而其他条件不变所得到的各种梁的正截面承载力中最大的。若令 $\alpha_s = \xi(1 - 0.5\xi)$,根据式(5.2a)有

$$M_{u,max} = \alpha_{s,max} \alpha_1 f_c b h_0^2$$

(5.7)

若 $M > M_{u,max}$,说明钢筋增加到界限配筋率(最大配筋率)仍不能满足承载力要求,需要增大截面尺寸,或者设计成双筋梁。

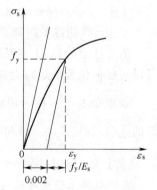

图 5.13　无明显屈服点钢筋的应力—应变关系

$$\alpha_{s,\max} = \xi_b(1 - 0.5\xi_b) \tag{5.8}$$

综上所述,非超筋的条件可以写成

$$\xi \leqslant \xi_b \tag{5.9}$$

或

$$x \leqslant \xi_b h_0 \tag{5.10}$$

或

$$\rho \leqslant \rho_{\max} \tag{5.11}$$

或

$$\alpha_s \leqslant \alpha_{s,\max} \tag{5.12}$$

(2)最小配筋率——非少筋的条件

纵向受拉钢筋的配筋率过小,就会出现少筋破坏。为防止出现少筋破坏,就要规定一个最小配筋率 $\rho_{\min}$。《混规》规定:对受弯构件,最小配筋率取值为

$$\rho_{\min} = \max\left(0.2\%,\ 0.45\frac{f_t}{f_y} \times 100\%\right) \tag{5.13}$$

式中,f_t 为混凝土的轴心抗拉强度设计值。

最小配筋率的确定依据是:按钢筋混凝土计算方法计算的破坏弯矩 M_u 等于按素混凝土计算方法计算的破坏弯矩 M_{cr}(即开裂弯矩)。因为正截面强度计算中的配筋率 ρ 是以 bh_0 为基准,最小配筋率 $\rho_{\min}$ 是以 bh 为基准(因为素混凝土全截面有效),所以,验算非少筋的条件为

对矩形截面和翼缘受压的 T 形、I 形截面梁,有

$$\rho_1 = \frac{A_s}{bh} \geqslant \rho_{\min} \tag{5.14}$$

对翼缘受拉的 T 形、I 形截面梁,有

$$\rho_1 = \frac{A_s}{bh + (b_f - b)h_f} \geqslant \rho_{\min} \tag{5.15}$$

式中　b_f, h_f——T 形、I 形截面梁受拉翼缘的宽度和厚度。

5.3.3　截面复核

当截面设计内力、材料强度等级、截面尺寸和配筋等都已知,要求校核截面是否安全和经济的问题时,称为截面复核。截面复核的核心是正确计算出正截面承载力 M_u,然后根据其与荷载设计弯矩 M 的相对大小关系判断是否安全与经济,必要时需修改设计。当 $M \leqslant M_u$ 时,安全;反之,当 $M > M_u$ 时,不安全;当 $M \ll M_u$ 时,说明不经济。单筋矩形截面梁复核的具体方式如下。

已知:截面设计弯矩(M)、混凝土强度等级(f_c)、钢筋级别(f_y,相对界限受压区高度 ξ_b)、混凝土截面尺寸($b \times h$)、纵向受拉钢筋面积及布置位置(A_s, a_s)。

求:M_u, x。

这种情况,有两个独立未知量,有两个独立的方程(公式),可以直接求解。

【例题 5.1】 已知某钢筋混凝土单筋矩形截面梁截面尺寸为 $b \times h = 300 \text{ mm} \times 600 \text{ mm}$,环境类别为二 a 类,混凝土强度等级为 C30,配置 HRB400 级纵向受拉钢筋 4⊕25＋2⊕20,如图 5.14 所示。求:该梁所能承受的极限弯矩设计值 M_u。

【解】 (1)基本数据准备

因为混凝土强度等级为 C30,所以 $\alpha_1 = 1.0$。查本教材附表 1 有 $f_c = 14.3 \text{ N/mm}^2$,$f_t = 1.43 \text{ N/mm}^2$。查本教材附表 6 有 $f_y = 360 \text{ N/mm}^2$。

4⊕25＋2⊕20 钢筋截面面积 $A_s = 1\,964 + 628 = 2\,592 \text{ mm}^2$。纵向受拉钢筋合力点到受拉

混凝土边缘的距离(最外排纵筋混凝土保护层厚度取为 30 mm,
两层钢筋的净距为 25 mm)为

$$a_s = \frac{1\,964 \times (30 + 0.5 \times 25) + 628 \times (30 + 25 + 25 + 0.5 \times 20)}{1\,964 + 628}$$

$$= 54(mm)$$

$$h_0 = h - a_s = 600 - 54 = 546(mm)$$

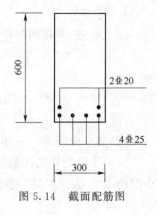

图 5.14　截面配筋图

(2)计算极限弯矩设计值 M_u

由公式(5.1),有

$$x = \frac{f_y A_s}{\alpha_1 f_c b} = \frac{360 \times 2\,592}{1.0 \times 14.3 \times 300} = 218(mm)$$

由公式(5.2),有

$$M_u = \alpha_1 f_c b x \left(h_0 - \frac{x}{2}\right) = 1.0 \times 14.3 \times 300 \times 218 \times \left(546 - \frac{218}{2}\right)$$

$$= 408.7 \times 10^6 (N \cdot mm) = 408.7(kN \cdot m)$$

(3)验算适用条件

查表 5.3, $\xi_b = 0.518$,有

$$\xi = \frac{x}{h_0} = \frac{218}{546} = 0.399 < \xi_b (非超筋梁)$$

由公式(5.13),有

$$\rho_{min} = \max\left(0.2\%, 0.45 \frac{f_t}{f_y} \times 100\%\right) = \max\left(0.2\%, 0.45 \times \frac{1.43}{360} \times 100\%\right)$$

$$= \max(0.2\%, 0.18\%) = 0.2\%$$

$$\rho_1 = \frac{A_s}{bh} = \frac{2\,592}{300 \times 600} = 1.44\% > \rho_{min}(非少筋梁)$$

既非超筋梁也非少筋梁,必然为适筋梁,故该梁的极限弯矩设计值 M_u 为 408.7 kN·m。
以上计算表明,梁的破坏特征(属于少筋梁、适筋梁、超筋梁)与梁实际承受荷载大小无关。

上述例题仅就如何应用基本计算公式及应满足的适用条件给出一个示范,还可以进一步
延伸,比如:

(1)当梁的荷载和支承条件为已知时,可以计算出截面荷载弯矩设计值 M,根据荷载弯矩
设计值 M 与极限弯矩设计值 M_u 之间的相对大小,判断梁正截面强度是否安全;

(2)当梁的荷载形式(比如匀布荷载)和支承条件(比如简支梁)已知,根据荷载弯矩设计值
M 与极限弯矩设计值 M_u 相等,可以计算梁所能承受的最大荷载设计值;

(3)在上述例题中,改变某个量的数值大小(其他条件不变),可以看出该量对极限弯矩设
计值 M_u 的影响大小,进而分析影响单筋矩形截面梁极限弯矩设计值最大的因素。

5.3.4　截面设计

截面设计是钢筋混凝土结构设计中最常遇到的一种情况。

截面设计时,可在计算公式中令 $M = M_u$。另外,由于受拉钢筋重心到受拉区混凝土边缘
的距离 α_s 与所选的钢筋直径、数量、布置情况、梁所处的环境、混凝土等级等有关,虽然只有在
设计并布置好钢筋后才能确定,但其影响不大,可以事先估计。

根据混凝土截面是否已知,单筋矩形截面梁的设计有两种情况:

☆**情况一**：已知截面荷载弯矩设计值(M)、混凝土强度等级(f_c,f_t)、钢筋级别(f_y,相对界限受压区高度ξ_b)、混凝土截面尺寸($b\times h$)。

求：A_s,x。

对于这种情况，在估计纵向受拉钢筋重心到受拉混凝土边缘之间的距离a_s之后，仍为两个独立未知量而有两个独立的方程(公式)，可以直接求解。具体步骤如下。

由公式(5.2a)，有

$$\alpha_s=\frac{M}{\alpha_1 f_c b h_0^2} \tag{5.16}$$

再由$\alpha_s=\xi(1-0.5\xi)$，解出

$$\xi=1-\sqrt{1-2\alpha_s} \tag{5.17}$$

根据$\gamma_s=1-0.5\xi$计算γ_s的值，代入公式(5.3a)有

$$A_s=\frac{M}{\gamma_s h_0 f_y} \tag{5.18}$$

也可以在求出ξ之后，代入公式(5.1a)，计算

$$\rho=\alpha_1\xi\frac{f_c}{f_y} \tag{5.19}$$

再由配筋率的定义式计算纵向受拉钢筋面积A_s，即

$$A_s=\rho b h_0=\frac{\alpha_1\xi f_c b h_0}{f_y} \tag{5.20}$$

最后验算适筋条件并配置钢筋。上述过程也可改为直接求解式(5.1)、式(5.2)或式(5.3)。

【例题5.2】　已知某钢筋混凝土单筋矩形截面梁承受弯矩设计值$M=120$ kN·m，环境类别为一类，截面尺寸为$b\times h=200$ mm$\times 500$ mm，安全等级为二级，混凝土强度等级为C20，配置HRB335级纵向受拉钢筋。试设计纵向受拉钢筋截面面积A_s。

【解】　(1)基本数据准备

因混凝土强度等级为C20，所以$\alpha_1=1.0$。

查附表1有$f_c=9.6$ N/mm^2,$f_t=1.1$ N/mm^2。查附表6有$f_y=300$ N/mm^2。

由附表27知，环境类别为一类，混凝土强度等级为C20时，保护层厚度$c=25$ mm，预选纵向受拉钢筋直径为$\Phi 22$，布置成一排，则$a_s=25+6$(箍筋直径)$+\frac{22}{2}=42$ mm。

$$h_0=h-a_s=500-42=458\text{(mm)}$$

(2)计算纵向受拉钢筋面积A_s

由公式(5.16)有

$$\alpha_s=\frac{M}{\alpha_1 f_c b h_0^2}=\frac{120\times 10^6}{1.0\times 9.6\times 200\times 458^2}=0.298$$

由公式(5.17)有

$$\xi=1-\sqrt{1-2\alpha_s}=1-\sqrt{1-2\times 0.298}=0.364$$

由公式(5.20)有

$$A_s=\rho b h_0=\frac{\alpha_1\xi f_c b h_0}{f_y}=\frac{1.0\times 0.364\times 9.6\times 200\times 458}{300}=1\ 067\text{(mm}^2\text{)}$$

(3)验算适用条件

①查表5.3，$\xi_b=0.550$。

$$\xi = 0.364 < \xi_b = 0.550 (非超筋梁)$$

②由公式(5.13)有

$$\rho_{min} = \max\left(0.2\%, 0.45\frac{f_t}{f_y} \times 100\%\right) = \max\left(0.2\%, 0.45 \times \frac{1.1}{300} \times 100\%\right)$$
$$= \max(0.2\%, 0.165\%) = 0.2\%$$

由公式(5.14)知

$$\rho_1 = \frac{A_s}{bh} = \frac{1\,067}{200 \times 500} = 1.1\% > \rho_{min} = 0.2\% (非少筋梁)$$

既非超筋梁也非少筋梁,必然为适筋梁,故可按计算所需纵向受拉钢筋面积配筋。可选 $3 \oplus 22 (A_s = 1\,140\ mm^2)$,布置成一排。

【例题 5.3】 已知:一单跨钢筋混凝土现浇简支板,板厚为 80 mm,计算跨度为 $l = 2.4\ m$,承受永久荷载标准值 $g_k = 0.5\ kN/m^2$(不包括板的自重),可变荷载标准值为 $q_k = 2.5\ kN/m^2$,混凝土强度等级为 C30,配置 HRB335 级纵向受拉钢筋。永久荷载分项系数为 $\gamma_G = 1.2$,可变荷载分项系数为 $\gamma_Q = 1.4$,钢筋混凝土容重为 25 kN/m^3,环境类别为一类。试求:设计板的纵向受拉钢筋 A_s。

【解】 (1)基本数据准备

因混凝土强度等级为 C30,所以 $\alpha_1 = 1.0$。查附表 1 有 $f_c = 14.3\ N/mm^2$,$f_t = 1.43\ N/mm^2$。查附表 6 有 $f_y = 300\ N/mm^2$。

由附表 27 知,环境类别为一类,混凝土强度等级为 C30 时,$c = 15\ mm$,预选纵向受拉钢筋直径为 $\oplus 10$,布置成一排,则 $a_s = c + d/2 = 15 + 10/2 = 20 (mm)$。

$$h_0 = h - a_s = 80 - 20 = 60 (mm)$$

(2)荷载弯矩设计值计算

取 1 m 板宽作为计算单元。板自重标准值 $g_{k1} = 25 \times 0.08 = 2.0 (kN/m^2)$,则均布荷载设计值为

$$q = 1.2(g_k + g_{k1}) \times 1 + 1.4q_k \times 1 = 1.2 \times (0.5 + 2.0) + 1.4 \times 2.5 = 6.5 (kN/m)$$

跨中最大弯矩设计值为

$$M = \frac{1}{8}ql_0^2 = \frac{1}{8} \times 6.5 \times 2.4^2 = 4.68 (kN \cdot m)$$

(3)计算受拉钢筋面积 A_s

由公式(5.16)有

$$\alpha_s = \frac{M}{\alpha_1 f_c bh_0^2} = \frac{4.68 \times 10^6}{1.0 \times 14.3 \times 1\,000 \times 60^2} = 0.091$$

由公式(5.17)有

$$\xi = 1 - \sqrt{1 - 2\alpha_s} = 1 - \sqrt{1 - 2 \times 0.091} = 0.096$$

由公式(5.20)有

$$A_s = \rho bh_0 = \frac{\alpha_1 \xi f_c bh_0}{f_y} = \frac{1.0 \times 0.096 \times 14.3 \times 1\,000 \times 60}{300} = 275 (mm^2)$$

(4)验算适用条件

①查表 5.3,$\xi_b = 0.550$。

$$\xi=0.096<\xi_b=0.550（非超筋梁）$$

②由公式(5.13)有

$$\rho_{\min}=\max\left(0.2\%,0.45\frac{f_t}{f_y}\times100\%\right)=\max\left(0.2\%,0.45\times\frac{1.43}{300}\times100\%\right)$$
$$=\max(0.2\%,0.21\%)=0.21\%$$

由公式(5.14)知

$$\rho_1=\frac{A_s}{bh}=\frac{275}{1\,000\times80}=0.34\%>\rho_{\min}=0.21\%（非少筋梁）$$

既非超筋梁也非少筋梁,必然为适筋梁,故可按计算所需纵向受拉钢筋面积配筋。可选 $\underline{\Phi}8$ 钢筋,间距 170 mm(查附表25, $A_s=296$ mm$^2>275$ mm^2),如图 5.15 所示。

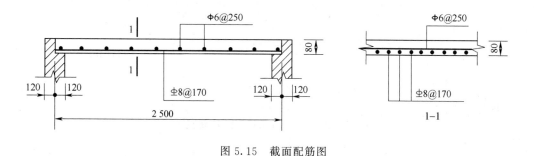

图 5.15　截面配筋图

☆**情况二**:已知截面荷载弯矩设计值(M)、混凝土强度等级(f_c,f_t)、钢筋级别(f_y,相对界限受压区高度 ξ_b)。

求: $b\times h,A_s,x$ 。

对于这种情况,在估计纵向受拉钢筋重心到受拉混凝土边缘之间的距离 a_s 之后,仍然有四个未知量,而只有两个独立的方程(公式),只有在确定其中两个未知量的情况下,才能得到唯一解答。

根据表5.1(或表5.2)可以初选梁(板)截面高度 h ,再由梁截面的高宽比初选截面宽度 b 。初定梁截面尺寸 $b\times h$ 后,余下的计算同情况一。当然,必要时需作适当修改。

【例题5.4】　已知某钢筋混凝土单筋矩形截面梁简支梁(主梁),计算跨度为 $l_0=6.9$ m,承受均布永久荷载设计值 $g=30$ kN/m,均布可变荷载设计值 $q=18$ kN/m,环境类别为一类,安全等级为二级,混凝土强度等级为C30,配置 HRB400 级纵向受拉钢筋。试设计混凝土截面 $b\times h$ 和纵向受拉钢筋 A_s 。

【解】　(1)初定梁的截面尺寸 $b\times h$

根据表5.1有

$$h=\frac{l_0}{12}=\frac{6\,900}{12}=575(\text{mm}),\quad 取\ h=600\ \text{mm}$$

取

$$b=\frac{h}{2}=300(\text{mm})$$

(2)基本数据准备

因混凝土强度等级为C30,所以 $\alpha_1=1.0$ 。查附表1有 $f_c=14.3$ N/mm^2 , $f_t=1.43$ N/mm^2 。查附表6有 $f_y=360$ N/mm^2 。

由附表27知,环境类别为一类,混凝土强度等级为C30时, $c=20$ mm,预选纵向受拉钢筋直径为$\Phi 20$,布置成一排,则 $a_s=20+6($箍筋直径$)+20/2=36(mm)$。

$$h_0=h-a_s=600-36=564(mm)$$

(3)最大弯矩设计值 M

$$M=\frac{1}{8}(g+q)l_0^2=\frac{1}{8}\times(30+18)\times 6.9^2=285.66(kN\cdot m)$$

(4)计算纵向受拉钢筋面积 A_s

由公式(5.16)有

$$\alpha_s=\frac{M}{\alpha_1 f_c b h_0^2}=\frac{285.66\times 10^6}{1.0\times 14.3\times 300\times 564^2}=0.209$$

由公式(5.17)有

$$\xi=1-\sqrt{1-2\alpha_s}=1-\sqrt{1-2\times 0.209}=0.237$$

由公式(5.20)有

$$A_s=\rho b h_0=\frac{\alpha_1 \xi f_c b h_0}{f_y}=\frac{1.0\times 0.237\times 14.3\times 300\times 564}{360}=1\,593(mm^2)$$

(5)验算适用条件

查表 5.3,$\xi_b=0.518$。

$$\xi=0.237<\xi_b=0.518(非超筋梁)$$

由式(5.13)有

$$\rho_{min}=\max\left(0.2\%,0.45\frac{f_t}{f_y}\times 100\%\right)=\max\left(0.2\%,0.45\times\frac{1.43}{360}\times 100\%\right)$$

$$=\max(0.2\%,0.18\%)=0.2\%$$

由公式(5.14)知

$$\rho_1=\frac{A_s}{bh}=\frac{1\,593}{300\times 600}=0.89\%>\rho_{min}=0.2\%(非少筋梁)$$

既非超筋梁也非少筋梁,必然为适筋梁,故可按计算所需纵向受拉钢筋面积配筋。可选 $2\Phi 25+2\Phi 20(A_s=982+628=1\,610\ mm^2>1\,596\ mm^2)$。

从上面例题可以看出,都需要验算适用条件。对单筋梁而言,适用条件就是适筋梁条件。其实,所有梁都必须满足适筋条件。当出现少筋梁时,说明混凝土截面尺寸过大,可以修改的话,应减小混凝土截面尺寸;若为了满足其他方面要求,比如,构造要求,混凝土截面不能改变,也必须按最小配筋率配足纵向受拉钢筋。当出现超筋梁时,修改设计的方法从理论上讲有:提高混凝土强度等级、增大混凝土截面尺寸或采用双筋梁。实用上多采用增大混凝土截面尺寸,必要时采用双筋梁。

5.4 双筋矩形截面梁

在正截面抗弯设计中,在受压区设置纵向钢筋(称为纵向受压钢筋)和受压区混凝土一起抵抗压力的梁称为双筋梁。就梁本身而言,设计成双筋梁是不经济的,故应少采用,通常只有在以下几种情况采用:

(1)当梁的截面尺寸受到限制,在已采用最大截面的情况下,设计成单筋梁时出现超筋。

(2)当梁截面受到变号弯矩作用时。

(3)因某种原因,在构件受压区已经布置了一定数量的钢筋。

第一种情况的双筋梁,更多是出于经济考虑,不过,不是对双筋梁本身,而是对整个工程而言。第二种情况的双筋梁,则是受力需要。第三种情况中,受压区的纵向钢筋实际上是要参与受力的,设计时考虑其受力不仅是合理的,也是经济的。

5.4.1　双筋矩形截面梁正截面承载力的计算简图

适筋双筋梁破坏时,受压区混凝土的应力分布和纵向受拉钢筋的应力状态与适筋单筋梁相同,区别仅在于有纵向受压钢筋。确定纵向受压钢筋的应力状态是确定双筋梁截面应力状态并进而得出其计算简图的关键。

纵向受压钢筋应力原则上可以利用平截面假定由钢筋应变求得,但实际上没有必要,因为为了更好发挥纵向受压钢筋的作用,常使其位置尽可能靠近受压区边缘($a_s' \leqslant x/2$),从而使其在截面破坏时应力达到其抗压强度设计值 f_y'(因为当混凝土等级≤C50时,受压区混凝土边缘的压应变为 $\varepsilon_{cu}=0.003\,3$,根据平截面假定和比例关系——对实际受压区高度 x_c 而言,当 $a_s' \leqslant x/2$ 时,纵向受压钢筋的应变不小于 $0.6\varepsilon_{cu} \approx 0.002$,相应的应力可达 400 MPa,超过了屈服强度标准值为 300 MPa、335 MPa、400 MPa 等级钢筋抗压强度设计值。HRB500、HRBF500级钢筋设计强度为 410 MPa,由于实际构件中混凝土变形受到钢筋约束,其极限压应变较素混凝土大,试验表明,$x \geqslant 2a_s'$ 时,HRB500、HRBF500 级钢筋能达到抗压强度设计值。所以,一般情况下双筋矩形截面的计算简图如图 5.16(a)所示。

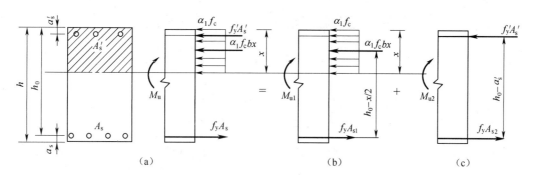

图 5.16　双筋矩形截面计算简图

5.4.2　基本计算公式及适用条件

1. 基本计算公式

根据静力平衡条件,可建立基本计算公式如下:

$$\sum N=0, \quad f_y A_s = \alpha_1 f_c bx + f_y' A_s' \tag{5.21}$$

$$\sum M=0, \quad M \leqslant M_u = \alpha_1 f_c bx\left(h_0 - \frac{x}{2}\right) + f_y' A_s'(h_0 - a_s') \tag{5.22}$$

或

$$f_y A_s = \alpha_1 f_c bh_0 \xi + f_y' A_s' \tag{5.21a}$$

$$M \leqslant M_u = \alpha_1 f_c bh_0^2 \xi(1-0.5\xi) + f_y' A_s'(h_0 - a_s') \tag{5.22a}$$

式中　A_s'——纵向受压钢筋截面面积;

其他符号意义同前。

将式(5.21a)两端除以 bh_0,并设 $f_y=f_y'$,$\rho'=A_s'/(bh_0)$,$\xi=\xi_b$ 可得矩形截面双筋梁最大

配筋率公式,即

$$\rho_{\max} = \frac{A_s}{bh_0} = \frac{\alpha_1 f_c \xi_b}{f_y} + \rho' \tag{5.6a}$$

与单筋矩形截面梁最大配筋率公式(5.6)比较,可知设置受压钢筋后,最大配筋率增大了,可在受拉区布置更多钢筋而不会超筋。

2. 适用条件

式(5.21)和式(5.22)的适用条件是保证构件必须为适筋梁。另外,式中纵向受压钢筋应力被认为达到其抗压强度设计值,应满足保证纵向受压钢筋达到其抗压强度设计值的条件。总而言之,双筋矩形截面梁基本计算公式的适用条件为

$$\rho_1 = \frac{A_s}{bh} \geqslant \rho_{\min}$$
$$x \leqslant \xi_b h_0$$
$$x \geqslant 2a'_s \tag{5.23}$$

当不满足 $x \leqslant \xi_b h_0$ 时,说明纵向受压钢筋截面面积过少,修改设计可增加纵向受压钢筋配置(情况允许时,也可增大混凝土截面尺寸)。

当不满足式(5.23)时,说明纵向受压钢筋可能达不到其抗压强度设计值 f'_y,这时,可近似且偏于安全地取 $x = 2a'_s$,如图 5.17 所示。

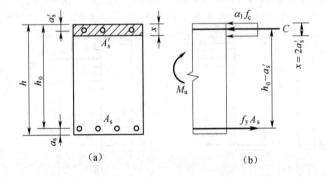

(a)　　　　　　　　(b)

图 5.17　不满足 $x \geqslant 2a'_s$ 时的情况

对纵向受压钢筋重心取矩,得

$$\sum M = 0, \quad M \leqslant M_u = f_y A_s (h_0 - a'_s) \tag{5.24}$$

应用公式(5.21)和式(5.22)进行计算(复核和设计)比较简洁,但双筋梁与单筋梁的关系不太清晰。为了更清楚地理解双筋梁与单筋梁的关系,可将纵向受拉钢筋 A_s 分解为 A_{s1} 和 $A_{s2}(A_s = A_{s1} + A_{s2})$,$A_{s1}$ 与受压区混凝土形成单筋矩形截面梁图,抵抗弯矩 M_{u1};A_{s2} 与受压钢筋抵抗弯矩 M_{u2}。两者抵抗弯矩之和即为双筋矩形截面梁的抗弯能力设计值 $M_u(= M_{u1} + M_{u2})$。

对前者,和单筋矩形截面梁一样建立计算公式如下:

$$\xi = \frac{x}{h_0} = \left(\frac{A_{s1}}{bh_0}\right) \frac{f_y}{\alpha_1 f_c} = \rho_1 \frac{f_y}{\alpha_1 f_c} \tag{5.25}$$

$$M_{u1} = \alpha_1 f_c bh_0^2 \xi (1 - 0.5\xi) = \alpha_s \alpha_1 f_c bh_0^2 \tag{5.26}$$

或
$$M_{u1} = f_y A_{s1} h_0 (1 - 0.5\xi) = \gamma_s h_0 f_y A_{s1} \tag{5.27}$$

对后者,很容易建立其平衡方程如下:

$$\sum N = 0, \quad f_y A_{s2} = f_y' A_s' \tag{5.28}$$

$$\sum M = 0, \quad M_{u2} = f_y A_{s2}(h_0 - a_s') \tag{5.29}$$

或

$$\sum M = 0, \quad M_{u2} = f_y' A_s'(h_0 - a_s') \tag{5.30}$$

一般而言,截面复核应用公式(5.21)和式(5.22)更为简洁,截面设计应用公式(5.25)～式(5.30)思路更清晰。

5.4.3 截面复核

已知:截面设计弯矩(M)、混凝土强度等级(f_c)、钢筋级别(f_y,相对界限受压区高度ξ_b)、混凝土截面尺寸($b \times h$)、纵向受拉和纵向受压钢筋面积及布置位置(A_s, A_s', a_s, a_s')。

求:M_u, x。

这种情况,有两个独立未知量,有两个独立的方程(公式),可以直接求解。

【例题 5.5】 已知某钢筋混凝土双筋矩形截面梁,承受荷载弯矩设计值 $M = 125$ kN·m,混凝土截面尺寸为 $b \times h = 200$ mm $\times 400$ mm,安全等级为二级,混凝土强度等级为 C25,配置 HRB335 级纵向受拉钢筋 3 $\underline{\Phi}$ 25($A_s = 1473$ mm²),HRB335 级纵向受压钢筋 2 $\underline{\Phi}$ 16($A_s' = 402$ mm²)。$a_s = 45$ mm,$a_s' = 39$ mm。试求:该梁所能承受的极限弯矩设计值 M_u 并判断是否安全。

【解】 (1)基本数据准备

因混凝土强度等级为 C25,所以 $\alpha_1 = 1.0$。查附表 1 有 $f_c = 11.9$ N/mm²,$f_t = 1.27$ N/mm²;查附表 6 有 $f_y = 300$ N/mm²,$f_y' = 300$ N/mm²。

$$h_0 = h - a_s = 400 - 45 = 355 \text{(mm)}$$

(2)计算极限弯矩设计值 M_u

由公式(5.21)有

$$x = \frac{f_y A_s - f_y' A_s'}{\alpha_1 f_c b} = \frac{300 \times 1\,473 - 300 \times 402}{1.0 \times 11.9 \times 200} = 135 \text{(mm)}$$

由公式(5.22)有

$$M_u = \alpha_1 f_c b x \left(h_0 - \frac{x}{2}\right) + f_y' A_s'(h_0 - a_s')$$

$$= 1.0 \times 11.9 \times 200 \times 135 \times \left(355 - \frac{135}{2}\right) + 300 \times 402 \times (355 - 39)$$

$$= 130.5 \times 10^6 \text{(N·mm)}$$

$$= 130.5 \text{(kN·m)}$$

(3)验算适用条件

① 查表 5.3,$\xi_b = 0.550$。

$$\xi = \frac{x}{h_0} = \frac{135}{355} = 0.380 < \xi_b \quad \text{(非超筋梁)}$$

② $x = 135$ mm $\geqslant 2a_s' = 2 \times 39 = 78$ (mm)(纵向受压钢筋应力能达到抗压强度设计值 f_y')。

③ $\rho_1 = \dfrac{A_s}{bh} = \dfrac{1\,437}{200 \times 400} = 1.8\% > \rho_{min} = \max(0.002, 0.45 f_t / f_y) = 0.002$(非少筋梁,即为适筋)。

上述分析计算表明,该梁所能承受的极限弯矩设计值为 130.5 kN·m,大于荷载弯矩设计值 125 kN·m,正截面抗弯安全。

5.4.4 截面设计

双筋矩形截面设计根据纵向受压钢筋 A_s' 是否已知,有两种情况。

☆**情况一**：已知截面荷载弯矩设计值(M)、混凝土强度等级(f_c,f_t)、钢筋级别$(f_y,f'_y$，相对界限受压区高度$\xi_b)$、混凝土截面尺寸$(b\times h)$、受压钢筋面积及布置位置(A'_s,a'_s)。

求：A_s,x。

对于这种情况，在估计纵向受拉钢筋重心到受拉混凝土边缘之间的距离a_s之后，仍为两个独立未知量而有两个独立的方程(公式)，也可以直接求解。具体步骤如下。

由公式(5.28)有

$$A_{s2}=\frac{f'_yA'_s}{f_y} \tag{5.31}$$

由公式(5.29)有

$$M_{u2}=f_yA_{s2}(h_0-a'_s)$$

令$M_u=M_{u1}+M_{u2}=M$，有$M_{u1}=M-M_{u2}$。再由公式(5.26)有

$$\alpha_s=\frac{M_{u1}}{\alpha_1 f_c bh_0^2} \tag{5.32}$$

由公式(5.17)计算相对受压区高度$\xi=1-\sqrt{1-2\alpha_s}$，进而计算$\gamma_s=1-0.5\xi$，再由公式(5.27)计算A_{s1}。

$$A_{s1}=\frac{M_{u1}}{\gamma_s h_0 f_y} \tag{5.33}$$

$$A_s=A_{s1}+A_{s2}$$

也可以按基本公式(5.21a)和式(5.22a)直接求解如下：

$$\alpha_s=\frac{M-f'_yA'_s(h_0-a'_s)}{\alpha_1 f_c bh_0^2} \tag{5.22b}$$

将$\xi=1-\sqrt{1-2\alpha_s}$代入式(5.21a)得

$$A_s=\frac{\alpha_1 f_c bh_0\xi+f'_yA'_s}{f_y} \tag{5.21b}$$

由公式(5.10)、式(5.14)和式(5.23)验算适用条件。当适用条件都满足时，选配纵向受拉钢筋。当条件式(5.10)不满足时，须作前述修改设计。当条件式(5.23)不满足时，由公式(5.24)计算纵向受拉钢筋面积。

【例题 5.6】 已知某钢筋混凝土双筋矩形截面梁，承受荷载弯矩设计值$M=380$ kN·m，混凝土截面尺寸$b\times h=250$ mm$\times 600$ mm，环境类别为一类，安全等级为二级，混凝土强度等级为C20，配置 HRB335 级纵向受压钢筋 $3\oplus 25(A'_s=1\,473$ mm$^2,a'_s=45.5$ mm)。试设计纵向受拉钢筋 A_s。

【解】 (1)基本数据准备

因混凝土强度等级为C20，所以 $\alpha_1=1.0$。查附表 1 有 $f_c=9.6$ N/mm^2，$f_t=1.1$ N/mm^2；查附表 6 有 $f_y=300$ N/mm^2，$f'_y=300$ N/mm^2。

估计受拉钢筋布置成两排，$a_s=65$ mm。

$$h_0=h-a_s=600-65=535(\text{mm})$$

(2)计算纵向受拉钢筋面积 A_s

由式(5.31)有

$$A_{s2}=\frac{f'_yA'_s}{f_y}=\frac{300\times 1\,473}{300}=1\,473(\text{mm}^2)$$

由式(5.29)有

$$M_{u2}=f_y A_{s2}(h_0-a'_s)=300\times1\,473\times(535-45.5)=216.3\times10^6(\text{N}\cdot\text{mm})=216.3(\text{kN}\cdot\text{m})$$
$$M_{u1}=M-M_{u2}=380-216.3=163.7(\text{kN}\cdot\text{m})$$

由式(5.32)有

$$\alpha_s=\frac{M_{u1}}{\alpha_1 f_c b h_0^2}=\frac{163.7\times10^6}{1.0\times9.6\times250\times535^2}=0.238$$

$$\xi=1-\sqrt{1-2\alpha_s}=1-\sqrt{1-2\times0.238}=0.276$$

$$\gamma_s=1-0.5\xi=1-0.5\times0.276=0.862$$

由式(5.33)有

$$A_{s1}=\frac{M_{u1}}{\gamma_s h_0 f_y}=\frac{163.7\times10^6}{0.862\times535\times300}=1\,183(\text{mm}^2)$$

$$A_s=A_{s1}+A_{s2}=1\,183+1\,473=2\,656(\text{mm}^2)$$

或直接按式(5.22b)和式(5.21b)计算:

$$\alpha_s=\frac{M-f'_y A'_s(h_0-a'_s)}{\alpha_1 f_c b h_0^2}=\frac{380\times10^6-300\times1\,473\times(535-45.5)}{1\times9.6\times250\times535^2}=0.238$$

$$\xi=1-\sqrt{1-2\alpha_s}=1-\sqrt{1-2\times0.238}=0.276$$

$$A_s=\frac{\alpha_1 f_c b h_0\xi+f'_y A'_s}{f_y}=\frac{1\times9.6\times250\times0.276\times535+300\times1\,473}{300}=2\,654(\text{mm}^2)$$

(3)验算适用条件

$$\rho_1=\frac{A_s}{bh}=\frac{2\,654}{250\times600}=1.8\%>\rho_{min}=\max(0.002,0.45f_t/f_y)=0.002,\text{非少筋}$$

查表5.3, $\xi_b=0.550$。

$$\xi=0.276<\xi_b\text{(非超筋梁,非少筋,即为适筋)}$$

$$x=\xi h_0=0.276\times535=147.7\ \text{mm}\geqslant2a'_s=2\times45.5=91\ \text{mm}$$

纵向受压钢筋应力能达到其抗压强度设计值。

可根据计算所需钢筋面积选配 $4\underline{\Phi}25+2\underline{\Phi}22(A_s=1\,964+760=2\,724\ \text{mm}^2)$,布置如图 5.18 所示。

按图 5.18 钢筋布置复核,$a_s=59\ \text{mm}\approx60\ \text{mm}$,$h_0=540\ \text{mm}$,按此重新计算得 $x=156.4\ \text{mm}$,$\xi=0.290<\xi_b$,$M_u=392.1\ \text{kN}\cdot\text{m}>M=380\ \text{kN}\cdot\text{m}$,合格。

☆**情况二:**已知截面荷载弯矩设计值(M)、混凝土强度等级(f_c,f_t)、钢筋级别(f_y,f'_y,相对界限受压区高度 ξ_b)、混凝土截面尺寸($b\times h$)。

求:A_s,A'_s,x。

由于独立方程只有两个,而未知量却有三个,因此,必须补充一个条件才能求解。为了节约钢筋,充分发挥混凝土的抗压强度,可以假定 $\xi=\xi_b$,并计算 $\alpha_s=\xi(1-0.5\xi)$,$\gamma_s=1-0.5\xi$,然后按如下步骤设计:

(1)由公式(5.26)计算 M_{u1};

(2)再由公式(5.33)计算 A_{s1};

(3)计算 $M_{u2}=M-M_{u1}$;

(4)由公式(5.29)计算 $\quad A_{s2}=\dfrac{M_{u2}}{f_y(h_0-a'_s)}\quad$ (5.34)

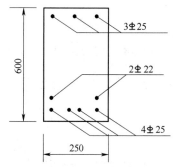

图 5.18 截面配筋图

（5）又由公式（5.28）计算

$$A'_s = \frac{f_y A_{s2}}{f'_y} \qquad (5.35)$$

（6）计算 $A_s = A_{s1} + A_{s2}$ 并最后选配纵向受拉、受压钢筋。

按基本公式（5.21a）和式（5.22a）计算更为简洁，即

$$A'_s = \frac{M - \alpha_1 f_c b h_0^2 \xi_b (1 - 0.5\xi_b)}{f'_y (h_0 - a'_s)} \qquad (5.22b)$$

$$A_s = \frac{\alpha_1 f_c b h_0 \xi + f'_y A'_s}{f_y} \qquad (5.21b)$$

对这种情况的设计可不验算适用条件。因为已取 $\xi = \xi_b$，必然满足式（5.23），在选配钢筋时，纵向受压钢筋适当多选点，必然满足 $\xi \leqslant \xi_b$。

值得指出的是，为了使构件具有较好的延性，有文献建议设计时取 $\xi = 0.75\xi_b \sim 0.8\xi_b$。虽然经济性稍差，但构件的性能可得到改善，尤其有利于结构抗震。

【例题 5.7】 已知条件除纵向受压钢筋外其余均与例题 5.6 相同。试设计纵向受拉钢筋 A_s、纵向受压钢筋 A'_s。

【解】 （1）基本数据准备（同例题 5.6）

（2）计算纵向受拉、受压钢筋面积

查表 5.3，取 $\xi = \xi_b = 0.550$。

$$\alpha_s = \xi(1 - 0.5\xi) = 0.55 \times (1 - 0.5 \times 0.55) = 0.399$$

$$\gamma_s = 1 - 0.5\xi = 1 - 0.5 \times 0.55 = 0.725$$

由式（5.26）有

$M_{u1} = \alpha_s \alpha_1 f_c b h_0^2 = 0.399 \times 1.0 \times 9.6 \times 250 \times 535^2 = 274 \times 10^6 (\text{N} \cdot \text{mm}) = 274 (\text{kN} \cdot \text{m})$

由公式（5.33）有

$$A_{s1} = \frac{M_{u1}}{\gamma_s h_0 f_y} = \frac{274 \times 10^6}{0.725 \times 535 \times 300} = 2\,355 (\text{mm}^2)$$

$$M_{u2} = M - M_{u1} = 380 - 274 = 106 (\text{kN} \cdot \text{m})$$

由公式（5.34）有

$$A_{s2} = \frac{M_{u2}}{f_y(h_0 - a'_s)} = \frac{106 \times 10^6}{300 \times (535 - 45.5)} = 722 (\text{mm}^2)$$

由公式（5.35）有

$$A'_s = \frac{f_y A_{s2}}{f'_y} = \frac{300 \times 722}{300} = 722 (\text{mm}^2)$$

$$A_s = A_{s1} + A_{s2} = 2\,355 + 722 = 3\,077 (\text{mm}^2)$$

也可以按式（5.22b）和式（5.21b）直接求解，即

$$A'_s = \frac{M - \alpha_1 f_c b h_0^2 \alpha_{s,\max}}{f'_y(h_0 - a'_s)} = \frac{380 \times 10^6 - 1 \times 9.6 \times 250 \times 535^2 \times 0.399}{300 \times (535 - 45.5)} = 721 (\text{mm}^2)$$

$$A_s = \frac{\alpha_1 f_c b h_0 \xi_b + f'_y A'_s}{f_y} = \frac{1 \times 9.6 \times 250 \times 535 \times 0.550 + 300 \times 721}{300} = 3\,075 (\text{mm}^2) > \rho_{\min} bh$$

比较例题 5.6 和例题 5.7 可见，前者的钢筋总需要量为 $A_s + A'_s = 2\,656 + 1\,473 = 4\,129$（$\text{mm}^2$），后者的钢筋总需要量为 $A_s + A'_s = 3\,075 + 721 = 3\,796 (\text{mm}^2)$。由此得出结论：充分利用混凝土的抗压能力所进行的设计，其总用钢量最省。

【例题 5.8】 一矩形截面框架梁，支座截面在不同荷载组合下承受正弯矩设计值 $M=370\ kN\cdot m$，负弯矩设计值 $M=160\ kN\cdot m$，截面尺寸 $b=250\ mm$，$h=550\ mm$；采用 C30 等级混凝土及 HRB400 级钢筋。试进行配筋。

【解】 （1）基本数据准备

$\alpha_1=1.0$，$f_c=14.3\ N/mm^2$，$f_t=1.43\ N/mm^2$，$f_y=f_y'=360\ N/mm^2$，$\xi_b=0.518$，$A_{s,min}=\max(0.002,0.45f_t/f_y)bh=0.002\times250\times550=275(mm^2)$。假定承受正弯矩的受拉钢筋排二层，$a_s=65\ mm$，$h_0=485\ mm$；承受负弯矩的受拉钢筋（梁顶层钢筋）排一排，$a_s=40\ mm$，$h_0=510\ mm$。

（2）计算梁顶受拉钢筋 A_s^T

因为负弯矩小，所以梁底配置的钢筋面积 A_s^B 必将大于 A_s^T，即（$A_s^T<A_s^B$），所以，

$$f_cbx=f_yA_s-f_y'A_s'=f_y(A_s^T-A_s^B)\rightarrow x<0<2a_s'$$

可以知道配置较小数值弯矩对应的钢筋，应该按式（5.24）计算，

$$A_s^T=\frac{M}{f_y(h_0-a_s')}=\frac{160\times10^6}{360\times(510-65)}=999(mm^2)>\rho_{min}bh=275(mm^2)$$

双筋梁 ξ 值很小时，可以忽略受压钢筋，按照单筋梁计算受拉钢筋，故也可按单筋梁计算较小弯矩对应的梁顶受拉钢筋 A_s^T。

$$\alpha_s=\frac{M}{\alpha_1f_cbh_0^2}=\frac{160\times10^6}{1\times14.3\times250\times510^2}=0.172$$

$$\xi=1-\sqrt{1-2\alpha_s}=1-\sqrt{1-2\times0.172}=0.190<\xi_b=0.518$$

$$A_s^T=\frac{\alpha_1f_cbh_0\xi}{f_y}=\frac{1\times14.3\times250\times510\times0.190}{360}=962(mm^2)$$

梁顶配置 4$\oplus$18 钢筋 $A_s=1\ 017\ mm^2$。

（3）计算正弯矩 370 kN·m 对应的梁底受拉钢筋 A_s^B（按照双筋梁设计）

$$\alpha_s=\frac{M-f_y'A_s'(h_0-a_s')}{\alpha_1f_cbh_0^2}=\frac{370\times10^6-360\times1\ 017\times(485-40)}{1\times14.3\times250\times485^2}=0.246$$

$$\xi=1-\sqrt{1-2\alpha_s}=1-\sqrt{1-2\times0.246}=0.287<\xi_b=0.518$$

$$x=\xi h_0=0.287\times485=139.2(mm)>2a_s'=80(mm)$$

$$A_s^B=\frac{\alpha_1f_cbh_0\xi+f_y'A_s'}{f_y}=\frac{1\times14.3\times250\times485\times0.287+360\times1\ 017}{360}=2\ 399(mm^2)$$

梁底配置 5$\oplus$25 钢筋 $A_s=2\ 454\ mm^2$。

讨论：

（1）按照单筋计算得到的梁顶层钢筋用量反而少于按照双筋计算得出的钢筋用量，这是由于采用的双筋计算公式为偏安全的近似公式；

（2）对称配筋的双筋梁，也应该按式（5.24）计算，因为此时必有 $x<2a_s'$。

5.5 T 形及 I 形截面梁

5.5.1 概　述

由于受拉区混凝土不参与抵抗弯矩，如果把矩形截面受弯构件受拉区的混凝土挖去一部分，

这就形成如图 5.19 的 T 形截面。这样,该 T 形截面的正截面受弯承载力与原矩形截面相同,但节省了混凝土,也减轻了构件自重(实际上,因采用 T 形截面,自重及其弯矩相应减少,抵抗外荷载及其弯矩的能力还会增加)。当然,T 形截面梁施工略为复杂。所以,从经济角度讲,荷载大、跨度大的梁,宜设计成 T 形截面梁。T 形截面由腹板(也称梁肋)$b \times h$ 和挑出的翼缘两部分组成,翼缘厚度用 h'_f 表示,翼缘宽度用 b'_f 表示。

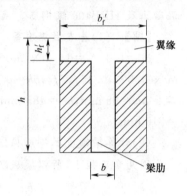

图 5.19 T 形截面

与 T 形截面相比,I 形截面多一个下翼缘,它主要便于布置纵向受拉钢筋。受拉翼缘在正截面抗弯中不起作用,所以,I 形截面梁的正截面抗弯计算同翼缘在受压区的 T 形截面。同理,箱形截面的受拉区对正截面抗弯也不起作用,两侧壁厚之和相当于 I 形截面腹板厚度,其正截面抗弯计算同 I 形截面,也即同翼缘在受压区的 T 形截面。翼缘在受拉区的 T 形截面的正截面抗弯计算同矩形截面。T 形截面梁是各种截面钢筋混凝土梁的代表,根据弯矩的性质和中和轴的位置,它可能有如图 5.20 所示的三种情况。

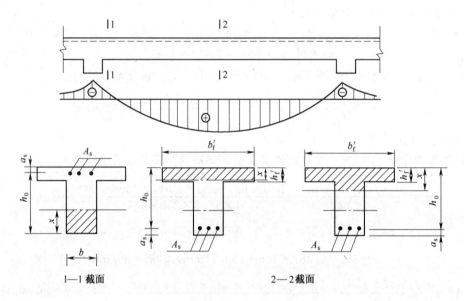

图 5.20 T 形截面梁可能出现的情况

在钢筋混凝土 T 形截面梁正截面抗弯计算中,因为受拉区混凝土不参与工作,按什么截面计算取决于受压区混凝土的截面形状,翼缘在受拉区的 T 形截面(称为倒 T 形截面)和中和轴通过翼缘的 T 形截面(称为第一类 T 形截面)受压区混凝土的面积图形均为矩形,按单筋矩形截面梁计算。值得注意的是,倒 T 形截面计算时应取梁肋宽度作为截面宽度,第一类 T 形截面梁抗弯强度计算公式中的宽度为翼缘宽度。另外,倒 T 形截面只需根据弯矩性质,一眼便知,不需经计算判断,所以,这种情况的 T 形截面往往不被视为 T 形截面(形式上的 T 形截面,实际上相当于矩形截面)。第一类 T 形截面与中和轴通过梁肋的 T 形截面(称为第二类 T 形截面),虽然前者也按矩形截面计算,但后者则是真正的 T 形截面,要判断到底属于哪一类 T 形截面,需要经过计算才能确定,即后面要介绍的两类 T 形截面的判断。

表面上，T形截面受压翼缘宽度 b_f' 越大，截面的抗弯性能越好。因为在相同的弯矩作用下，b_f' 越大，受压区高度越小，内力偶臂越大，所需的纵向受拉钢筋面积 A_s 就越小。问题在于受压翼缘的压应力在距中和轴同一距离的线上不均匀分布，距离腹板（梁肋）越近，应力越大，反之，距离腹板的距离越大，应力越小，如图 5.21 所示（这种现象称为剪力滞后，因为这种不均匀的应力分布是由于剪切变形导致的）。且不均匀分布的程度与翼缘板厚度 h_f'、梁的计算跨度 l_0、梁肋净距 S_n 等许多因素有关，按均匀分布考虑并以达到其抗压强度计算必然不安全。因此，《混规》把翼缘宽度限制在一定范围内，称为计算宽度 b_f'，取值详见表 5.4，在这一范围内，假定应力均匀分布，而在此范围外的那部分翼缘，认为对正截面抗弯不起作用。

表 5.4 T形及倒 L 形截面受弯构件翼缘计算宽度 b_f'

项 次	考 虑 情 况		T形截面		倒 L 形截面
			肋形梁（板）	独立梁	肋形梁（板）
1	计算跨度 l_0 考虑		$l_0/3$	$l_0/3$	$l_0/6$
2	按梁（肋）净距 S_n 考虑		$b+S_n$	—	$b+S_n/2$
3	按翼缘高度 h_f' 考虑	$h_f'/h_0 \geqslant 0.1$	—	$b+12h_f'$	—
		$0.1 > h_f'/h_0 \geqslant 0.05$	$b+12h_f'$	$b+6h_f'$	$b+5h_f'$
		$h_f'/h_0 < 0.05$	$b+12h_f'$	b	$b+5h_f'$

注：①表中 b 为梁腹板宽度；
②如肋形梁在梁跨内设有间距小于纵肋间距的横肋时，则可不遵守表列三种情况的规定；
③对有加肋的 T 形和倒 L 形截面，当受压区加肋的高度 $h_h \geqslant h_f'$ 且加肋的宽度 $b_h \leqslant 3h_f'$ 时，则其翼缘的宽度可按表列第三种情况规定分别增加 $2b_h$（T 形截面）和 b_h（倒 L 形截面）；
④独立梁受压区的翼缘板在荷载作用下验算沿纵肋方向可能产生裂缝时，其计算宽度应取用腹板宽度 b。

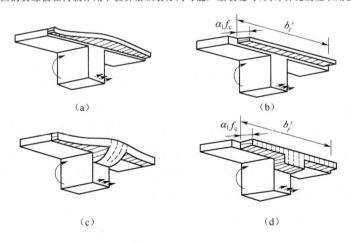

图 5.21 T形截面梁受压区的实际应力和计算应力图

5.5.2 两类 T 形截面的判别

前已述及，翼缘位于受压区的 T 形截面，按计算受压区高度 x 的不同，可分为：①第一类 T 形截面，计算中和轴在翼缘内，即 $x \leqslant h_f'$；②第二类 T 形截面，计算中和轴穿过梁肋，即 $x > h_f'$。

当计算中和轴恰好位于翼缘与梁肋交界处，即 $x = h_f'$ 时，是两类 T 形截面的分界情况，归入第一类 T 形截面，如图 5.22 所示。

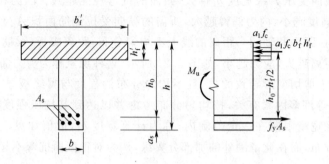

图 5.22 $x=h_{\mathrm{f}}'$ 的情况

$$\sum N=0, \quad \alpha_1 f_{\mathrm{c}} b_{\mathrm{f}}' h_{\mathrm{f}}' = f_{\mathrm{y}} A_{\mathrm{s}}$$

$$\sum M=0, \quad M_{\mathrm{u}}=\alpha_1 f_{\mathrm{c}} b_{\mathrm{f}}' h_{\mathrm{f}}'\left(h_0-\frac{h_{\mathrm{f}}'}{2}\right)$$

由上述两式可以得出 T 形截面梁的判别式如下。

在进行截面复核时,当

$$f_{\mathrm{y}} A_{\mathrm{s}} \leqslant \alpha_1 f_{\mathrm{c}} b_{\mathrm{f}}' h_{\mathrm{f}}' \tag{5.36}$$

为第一类 T 形截面;当

$$f_{\mathrm{y}} A_{\mathrm{s}} > \alpha_1 f_{\mathrm{c}} b_{\mathrm{f}}' h_{\mathrm{f}}' \tag{5.37}$$

为第二类 T 形截面。

在进行截面设计时,当

$$M \leqslant \alpha_1 f_{\mathrm{c}} b_{\mathrm{f}}' h_{\mathrm{f}}'\left(h_0-\frac{h_{\mathrm{f}}'}{2}\right) \tag{5.38}$$

为第一类 T 形截面;当

$$M > \alpha_1 f_{\mathrm{c}} b_{\mathrm{f}}' h_{\mathrm{f}}'\left(h_0-\frac{h_{\mathrm{f}}'}{2}\right) \tag{5.39}$$

为第二类 T 形截面。

实际应用时,可以更灵活。比如,在截面复核时,先假定属于某一类 T 形截面,并按相应的计算公式计算受压区高度 x,再根据 x 与 h_{f}' 的相对大小关系判断先前的假定是否正确,如果正确,说明 x 之值也正确,可据此计算 M_{u} 并判断截面是否安全。当与先前的假定不符时,说明不属于假定那类 T 形截面,由于只有两类 T 形截面,必然属于另外一类 T 形截面,按该类 T 形截面计算公式计算 x、M_{u} 并判断截面是否安全。

5.5.3 第一类 T 形截面

1. 计算公式

第一类 T 形截面的计算简图如图 5.23 所示。由于正截面承载力计算中受拉区混凝土不参与工作,第一类 T 形截面实际上相当于 $b=b_{\mathrm{f}}'$ 的矩形截面。用 b_{f}' 代替单筋矩形截面计算式 (5.1)、式(5.2)中的 b,即得到第一类 T 形截面的正截面强度计算公式如下:

$$\sum N=0, \quad \alpha_1 f_{\mathrm{c}} b_{\mathrm{f}}' x = f_{\mathrm{y}} A_{\mathrm{s}} \tag{5.40}$$

$$\sum M=0, \quad M \leqslant M_{\mathrm{u}}=\alpha_1 f_{\mathrm{c}} b_{\mathrm{f}}' x\left(h_0-\frac{x}{2}\right) \tag{5.41}$$

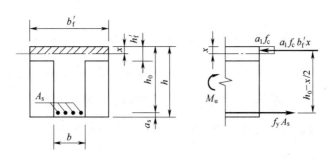

图 5.23　第一类 T 形截面

2. 适用条件

$$x \leqslant \xi_b h_0 \text{（非超筋）} \tag{5.10}$$

$$\rho_1 = \frac{A_s}{bh} \geqslant \rho_{\min} \text{（非少筋）} \tag{5.42}$$

值得一提的是,第一类 T 形截面在正截面承载力方面等同于宽度为翼缘宽度的矩形截面,所以正截面承载力计算公式只需用 b_f' 代替单筋矩形截面中的 b,但在验算非少筋时,根据最小配筋率的确定原则,截面宽度应为受拉区截面宽度,即梁肋宽度 b;另外,因为属第一类 T 形截面($x \leqslant h_f'$),非超筋条件 $x \leqslant \xi_b h_0$ 通常能满足,实用上可不验算。

【例题 5.9】　已知某钢筋混凝土 T 形截面梁,承受荷载弯矩设计值 $M = 280\text{ kN·m}$,混凝土截面尺寸为 $b_f' = 500\text{ mm}$,$b = 250\text{ mm}$,$h_f' = 80\text{ mm}$,$h = 600\text{ mm}$,安全等级为二级,混凝土强度等级为 C30,配置 HRB400 级纵向受拉钢筋($A_s = 1\,571\text{ mm}^2$),$a_s = 36\text{ mm}$。试求该梁所能承受的极限弯矩设计值 M_u 并判断是否安全。

【解】　(1)基本数据准备

因混凝土强度等级为 C30,所以 $\alpha_1 = 1.0$。查附表 1 有 $f_c = 14.3\text{ N/mm}^2$,$f_t = 1.43\text{ N/mm}^2$;查附表 6 有 $f_y = 360\text{ N/mm}^2$。

$$h_0 = h - a_s = 600 - 36 = 564\text{（mm）}$$

(2)判断所属截面类型

因为　$\alpha_1 f_c b_f' h_f' = 1.0 \times 14.3 \times 500 \times 80 = 572\,000\text{（N）} > f_y A_s = 360 \times 1\,571 = 565\,560\text{（N）}$

由式(5.36)知,属于第一类 T 形截面。

(3)计算极限弯矩设计值 M_u

由公式(5.40)有

$$x = \frac{f_y A_s}{\alpha_1 f_c b_f'} = \frac{565\,560}{1.0 \times 14.3 \times 500} = 79\text{（mm）}$$

由公式(5.41)有

$$M_u = \alpha_1 f_c b_f' x \left(h_0 - \frac{x}{2} \right) = 1.0 \times 14.3 \times 500 \times 79 \times \left(564 - \frac{79}{2} \right)$$

$$= 296.3 \times 10^6\text{（N·mm）} = 296.3\text{（kN·m）}$$

(4)验算适用条件

查表 5.3,$\xi_b = 0.518$。

$$\xi = \frac{x}{h_0} = \frac{79}{564} = 0.140 < \xi_b \text{（非超筋梁）}$$

由式(5.13)有

$$\rho_{\min}=\max\left(0.2\%,0.45\frac{f_{\mathrm{t}}}{f_{\mathrm{y}}}\times100\%\right)=\max\left(0.2\%,0.45\times\frac{1.43}{360}\times100\%\right)$$

$$=\max(0.2\%,0.18\%)=0.2\%$$

$$\rho_1=\frac{A_{\mathrm{s}}}{bh}=\frac{1\ 571}{250\times600}=1.05\%\geqslant\rho_{\min}(\text{非少筋梁})$$

该梁所能承受的极限弯矩设计值为 296.3 kN·m,大于荷载弯矩设计值 280 kN·m,正截面抗弯安全。

5.5.4　第二类 T 形截面

1. 计算公式

第二类 T 形截面的计算简图如图 5.24 所示,利用平衡条件可得计算公式如下:

$$\sum N=0,\quad \alpha_1 f_{\mathrm{c}}bx+\alpha_1 f_{\mathrm{c}}(b_{\mathrm{f}}'-b)h_{\mathrm{f}}'=f_{\mathrm{y}}A_{\mathrm{s}} \tag{5.43}$$

$$\sum M=0,\quad M\leqslant M_{\mathrm{u}}=\alpha_1 f_{\mathrm{c}}bx\left(h_0-\frac{x}{2}\right)+\alpha_1 f_{\mathrm{c}}(b_{\mathrm{f}}'-b)h_{\mathrm{f}}'\left(h_0-\frac{h_{\mathrm{f}}'}{2}\right) \tag{5.44}$$

$$\alpha_1 f_{\mathrm{c}}bh_0\xi+\alpha_1 f_{\mathrm{c}}(b_{\mathrm{f}}'-b)h_{\mathrm{f}}'=f_{\mathrm{y}}A_{\mathrm{s}} \tag{5.43a}$$

$$M\leqslant M_{\mathrm{u}}=\alpha_1 f_{\mathrm{c}}bh_0^2\xi(1-0.5\xi)+\alpha_1 f_{\mathrm{c}}(b_{\mathrm{f}}'-b)h_{\mathrm{f}}'\left(h_0-\frac{h_{\mathrm{f}}'}{2}\right) \tag{5.44a}$$

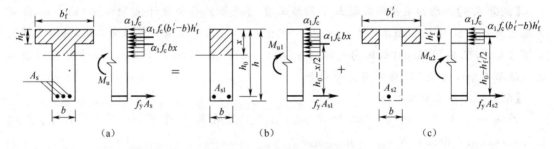

图 5.24　第二类 T 形截面

2. 适用条件

适用条件同第一类 T 形截面,即式(5.10)和式(5.42)。

值得注意的是:因为受压区高度 x 与纵向受拉钢筋数量有关,受压区高度越大,说明纵向受拉钢筋越多。既然已是第二类 T 形截面,说明受压区高度不是太小(即纵向受拉钢筋不是太少),不会出现少筋,可以不验算非少筋条件。

3. 截面复核

已知:截面设计弯矩(M)、混凝土强度等级(f_{c})、钢筋级别(f_{y},相对界限受压区高度 ξ_{b})、混凝土截面尺寸($b_{\mathrm{f}}',h_{\mathrm{f}}',b,h$)、纵向受拉钢筋面积及布置位置($A_{\mathrm{s}},a_{\mathrm{s}}$)。

求:M_{u},x。

两个方程式(5.43)、(5.44),两个未知量,可以直接求解。具体步骤如下:

(1)由式(5.37)判断属于第二类 T 形截面;

(2)由式(5.43)计算受压区高度:

$$x=\frac{f_{\mathrm{y}}A_{\mathrm{s}}-\alpha_1 f_{\mathrm{c}}(b_{\mathrm{f}}'-b)h_{\mathrm{f}}'}{\alpha_1 f_{\mathrm{c}}b} \tag{5.45}$$

（3）代如公式（5.44）计算 M_u；

（4）由式（5.10）、式（5.42）判断适筋梁条件；

（5）如果适筋梁条件满足，上述计算的 M_u 之值正确，最后根据其与荷载弯矩设计值之间的大小关系判断是否安全。

【例题 5.10】 已知某钢筋混凝土 T 形截面梁，承受荷载弯矩设计值 $M = 500$ kN·m，混凝土截面尺寸为 $b'_f = 600$ mm，$b = 250$ mm，$h'_f = 100$ mm，$h = 800$ mm，安全等级为二级，混凝土强度等级为 C20，配置 HRB335 级纵向受拉钢筋 $8 \oplus 20$（$A_s = 2513$ mm²），$a_s = 63.5$ mm。

试求：该梁所能承受的极限弯矩设计值 M_u 并判断是否安全。

【解】 （1）基本数据准备

因混凝土强度等级为 C20，所以 $\alpha_1 = 1.0$。查附表 1 有 $f_c = 9.6$ N/mm²，$f_t = 1.1$ N/mm²；查附表 6 有 $f_y = 300$ N/mm²。

$$h_0 = h - a_s = 800 - 63.5 = 736.5 \text{（mm）}$$

（2）判断所属截面类型

因为 $\alpha_1 f_c b'_f h'_f = 1.0 \times 9.6 \times 600 \times 100 = 576\,000（\text{N}） < f_y A_s = 300 \times 2513 = 753\,900（\text{N}）$

由式（5.37）知，属于第二类 T 形截面。

（3）计算极限弯矩设计值 M_u

由公式（5.45）有

$$x = \frac{f_y A_s - \alpha_1 f_c (b'_f - b) h'_f}{\alpha_1 f_c b}$$

$$= \frac{300 \times 2513 - 1.0 \times 9.6 \times (600 - 250) \times 100}{1.0 \times 9.6 \times 250} = 174 \text{（mm）}$$

由式（5.44）有

$$M_u = \alpha_1 f_c b x \left(h_0 - \frac{x}{2} \right) + \alpha_1 f_c (b'_f - b) h'_f \left(h_0 - \frac{h'_f}{2} \right)$$

$$= 1.0 \times 9.6 \times 250 \times 174 \times \left(736.5 - \frac{174}{2} \right) + 1.0 \times 9.6 \times (600 - 250) \times 100 \times \left(736.5 - \frac{100}{2} \right)$$

$$= 501.9 \times 10^6 （\text{N·mm}） = 501.9 （\text{kN·m}）$$

（4）验算适用条件

① 查表 5.3，$\xi_b = 0.550$。

$$\xi = \frac{x}{h_0} = \frac{174}{736.5} = 0.236 < \xi_b （\text{非超筋梁}）$$

② 由式（5.13）有

$$\rho_{min} = \max \left(0.2\%, 0.45 \frac{f_t}{f_y} \right) = \max \left(0.2\%, 0.45 \times \frac{1.1}{300} \right) = \max（0.2\%, 0.165\%） = 0.2\%$$

$$\rho_1 = \frac{A_s}{bh} = \frac{2513}{250 \times 800} = 1.257\% \geqslant \rho_{min} （\text{非少筋梁}）$$

该梁所能承受的极限弯矩设计值 501.9 kN·m，大于荷载弯矩设计值 500 kN·m，正截面抗弯安全。

4. 截面设计

已知截面荷载弯矩设计值（M）、混凝土强度等级（f_c，f_t）、钢筋级别（f_y，f'_y）、相对界限受压区高度 ξ_b）、混凝土截面尺寸（b'_f，h'_f，b，h）。

求：A_s，x。

对于这种情况,将挑出部分翼缘(截面尺寸已知)视为纵向受压钢筋,则其设计与受压钢筋面积及布置已知的双筋矩形截面梁设计类似,具体设计步骤如下(参见图 5.24):

(1)由图 5.24(c),$\sum N = 0$,则

$$A_{s2} = \frac{\alpha_1 f_c (b_f' - b) h_f'}{f_y} \qquad (5.46)$$

(2)由图 5.24(c),$\sum M = 0$,则

$$M_{u2} = f_y A_{s2} \left(h_0 - \frac{h_f'}{2} \right) \qquad (5.47)$$

(3)令 $M_u = M_{u1} + M_{u2} = M$,有 $M_{u1} = M - M_{u2}$。再由式(5.32)得

$$\alpha_s = \frac{M_{u1}}{\alpha_1 f_c b h_0^2} \qquad (5.32)$$

(4)由式(5.17),计算相对受压区高度 $\xi = 1 - \sqrt{1 - 2\alpha_s}$,进而计算 $\gamma_s = 1 - 0.5\xi$,再由式(5.27)计算 A_{s1},即

$$A_{s1} = \frac{M_{u1}}{\gamma_s h_0 f_y} \qquad (5.33)$$

$$A_s = A_{s1} + A_{s2} \qquad (5.33a)$$

也可以按照基本公式(5.44a)和式(5.43a)直接计算如下:

$$\alpha_s = \frac{M - \alpha_1 f_c (b_f' - b) h_f' (h_0 - 0.5 h_f')}{\alpha_1 f_c b h_0^2} \qquad (5.44b)$$

$$\xi = 1 - \sqrt{1 - 2\alpha_s}$$

$$A_s = \frac{\alpha_1 f_c b h_0 \xi + \alpha_1 f_c (b_f' - b) h_f'}{f_y} \qquad (5.43b)$$

(5)由式(5.10)、式(5.14)验算适用条件。当适用条件都满足时,选配纵向受拉钢筋。当条件式(5.10)不满足时,须作前述修改设计。

【例题 5.11】 已知某钢筋混凝土 T 形截面梁,承受荷载弯矩设计值 $M = 650 \text{ kN·m}$,混凝土截面尺寸为 $b_f' = 600 \text{ mm}$,$b = 300 \text{ mm}$,$h_f' = 120 \text{ mm}$,$h = 700 \text{ mm}$,安全等级为二级,混凝土强度等级为 C30,配置 HRB335 级纵向受拉钢筋。试求:所需纵向受拉钢筋的截面面积 A_s。

【解】 (1)基本数据准备

因混凝土强度等级为 C30,所以 $\alpha_1 = 1.0$。查附表 1 有 $f_c = 14.3 \text{ N/mm}^2$,$f_t = 1.43 \text{ N/mm}^2$;查附表 6 有 $f_y = 300 \text{ N/mm}^2$。

假设钢筋布置成两排,取 $a_s = 60 \text{ mm}$,则

$$h_0 = h - a_s = 700 - 60 = 640 (\text{mm})$$

(2)判断所属截面类型

因为

$$\alpha_1 f_c b_f' h_f' \left(h_0 - \frac{h_f'}{2} \right) = 1.0 \times 14.3 \times 600 \times 120 \times \left(640 - \frac{120}{2} \right)$$

$$= 597 \times 10^6 (\text{N·mm})$$

$$< M = 650 \times 10^6 (\text{N·mm})$$

由式(5.39)知,属于第二类 T 形截面。

(3)计算纵向受拉钢筋面积 A_s

由式(5.46)有

$$A_{s2} = \frac{\alpha_1 f_c (b'_f - b) h'_f}{f_y} = \frac{1.0 \times 14.3 \times (600 - 300) \times 120}{300} = 1\ 716 (\text{mm}^2)$$

由式(5.47)有

$$M_{u2} = f_y A_{s2} \left(h_0 - \frac{h'_f}{2} \right) = 300 \times 1\ 716 \times \left(640 - \frac{120}{2} \right) = 298.58 \times 10^6 (\text{N} \cdot \text{mm})$$

$$M_{u1} = M - M_{u2} = 650 - 298.58 = 351.42 (\text{kN} \cdot \text{m})$$

由式(5.32)有

$$\alpha_s = \frac{M_{u1}}{\alpha_1 f_c b h_0^2} = \frac{351.42 \times 10^6}{1.0 \times 14.3 \times 300 \times 640^2} = 0.2$$

$$\xi = 1 - \sqrt{1 - 2\alpha_s} = 1 - \sqrt{1 - 2 \times 0.2} = 0.225$$

$$\gamma_s = 1 - 0.5\xi = 1 - 0.5 \times 0.225 = 0.888$$

由式(5.33)有

$$A_{s1} = \frac{M_{u1}}{\gamma_s h_0 f_y} = \frac{351.42 \times 10^6}{0.888 \times 640 \times 300} = 2\ 061 (\text{mm}^2)$$

$$A_s = A_{s1} + A_{s2} = 2\ 061 + 1\ 716 = 3\ 777 (\text{mm}^2)$$

也可以按式(5.44b)和式(5.43b)直接求解如下:

$$\alpha_s = \frac{M - \alpha_1 f_c (b'_f - b) h'_f (h_0 - 0.5 h'_f)}{\alpha_1 f_c b h_0^2}$$

$$= \frac{650 \times 10^6 - 1 \times 14.3 \times (600 - 300) \times 120 \times (640 - 0.5 \times 120)}{1 \times 14.3 \times 300 \times 640^2} = 0.200$$

$$\xi = 1 - \sqrt{1 - 2\alpha_s} = 1 - \sqrt{1 - 2 \times 0.2} = 0.225$$

$$A_s = \frac{\alpha_1 f_c b h_0 \xi + \alpha_1 f_c (b'_f - b) h'_f}{f_y} = \frac{1 \times 14.3 \times [300 \times 640 \times 0.225 + (600 - 300) \times 120]}{300}$$

$$= 3\ 775 (\text{mm}^2)$$

(4) 验算适用条件

① 查表5.3,$\xi_b = 0.550$。

$$\xi = 0.225 < \xi_b (\text{非超筋梁})$$

② 由式(5.13)有

$$\rho_{min} = \max \left(0.2\%, 0.45 \frac{f_t}{f_y} \times 100\% \right) = \max \left(0.2\%, 0.45 \times \frac{1.43}{300} \times 100\% \right)$$

$$= \max(0.2\%, 0.215\%) = 0.215\%$$

$$\rho_1 = \frac{A_s}{bh} = \frac{3\ 777}{300 \times 700} = 1.80\% \geqslant \rho_{min} (\text{非少筋梁})$$

适用条件满足,可根据所需钢筋面积选配钢筋 8 ⚎ 25($A_s = 3\ 927\ \text{mm}^2$)。

【例题 5.12】 已知:某钢筋混凝土 T 形截面外伸梁,承受永久集中荷载标准值 $G_{k1} = 35\ \text{kN}$,$G_{k2} = 20\ \text{kN}$(包括 T 形截面梁翼板自重),可变集中荷载标准值 $Q_{k1} = 62\ \text{kN}$,$Q_{k2} = 31\ \text{kN}$。受力情况、计算简图及混凝土截面如图 5.25(a)所示。结构安全等级为二级,混凝土强度等级为 C20,配置 HRB335 级纵向受拉钢筋。试对各控制截面进行纵向受拉钢筋设计。

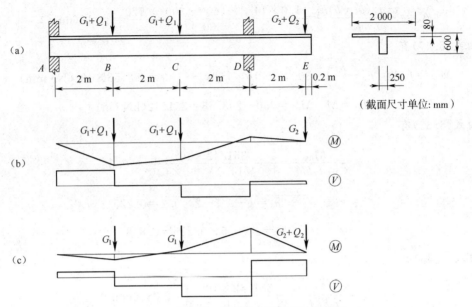

图 5.25　例 5.11 梁的受力情况及计算简图

【解】　控制截面有两个：一个是跨内最大正弯矩截面；一个是支座最大负弯矩截面。

梁肋自重实际是均匀分布的荷载，其标准值为 $25 \times 0.25 \times (0.6-0.08) = 3.25$(kN/m)，由于其值相对较小，为简化计算，可近似将其就近按集中荷载考虑，这样，折算至 G_1+Q_1 下的梁肋自重集中荷载标准值为 $2 \times 3.25 = 6.5$(kN)，折算至 G_2+Q_2 下的梁肋自重集中荷载标准值为 $(1+0.2) \times 3.25 = 3.9$(kN)。

(1)控制截面的弯矩设计值及弯矩包络图

由于涉及可变荷载是否应参与组合以及永久荷载分项系数的取值，必须首先搞清楚什么情况下什么荷载是有利荷载，什么荷载是不利荷载。

①对于该梁来说，跨内荷载越大，悬臂部分荷载越小，则跨内正弯矩值越大。所以跨内荷载为不利荷载，悬臂部分荷载为有利荷载。因此，当计算跨内最大正弯矩时，

$$G_1+Q_1 = 1.2 \times (35+6.5) + 1.4 \times 62 = 136.6(\text{kN})$$
$$G_2+Q_2 = 1.0 \times (20+3.9) = 23.9(\text{kN})$$

该荷载组合的弯矩图及剪力图(剪力图备后用)如图 5.26(b)所示。

②对于该梁来说，悬臂部分荷载越大，则支座截面负弯矩值越大，所以，悬臂部分荷载为不利荷载；跨内荷载大小并不影响支座截面负弯矩值，但要影响弯矩包络图(影响负弯矩区段的大小)，也要影响跨内截面剪力。所以，分两种情况计算。

情况一：将跨内荷载视为有利荷载，结合悬臂不利荷载，则

$$G_1+Q_1 = 1.0 \times (35+6.5) = 41.5(\text{kN})$$
$$G_2+Q_2 = 1.2 \times (20+3.9) + 1.4 \times 31 = 72.08(\text{kN})$$

该荷载组合的弯矩图及剪力图(剪力图备后用)如图 5.26(c)所示。

情况二：将跨内荷载视为不利荷载，结合悬臂不利荷载，则

$$G_1+Q_1 = 1.2 \times (35+6.5) + 1.4 \times 62 = 136.6(\text{kN})$$
$$G_2+Q_2 = 1.2 \times (20+3.9) + 1.4 \times 31 = 72.08(\text{kN})$$

该荷载组合的弯矩图及剪力图(剪力图备后用)如图 5.26(d)所示。

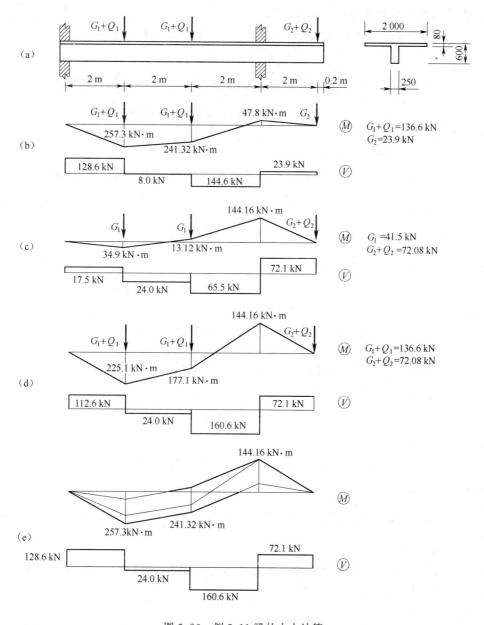

图 5.26 例 5.11 梁的内力计算

将图 5.25(b)、(c)、(d)的弯矩图(剪力图)按同一比例叠画在一张图上,就成为弯矩包络图(剪力包络图),如图 5.26(e)所示。

(2)基本数据准备

因混凝土强度等级为 C20,所以 $\alpha_1 = 1.0$。查附表 1 有 $f_c = 9.6 \text{ N/mm}^2$,$f_t = 1.1 \text{ N/mm}^2$。查附表 6 有 $f_y = 300 \text{ N/mm}^2$。

假设跨内正弯矩截面钢筋布置成两排,取 $a_s = 50 \text{ mm}$

$$h_0 = h - a_s = 600 - 50 = 550 \text{(mm)}$$

假设支座负弯矩截面钢筋布置一排,取 $a_s = 45 \text{ mm}$

$$h_0 = h - a_s = 600 - 45 = 555 \text{(mm)}$$

(3)判断跨内正弯矩截面所属截面类型

按表5.4,该梁翼缘计算宽度 $b'_f=b+12h'_f=250+12\times80=1\ 210\text{(mm)}$

因为

$$\alpha_1 f_c b'_f h'_f\left(h_0-\frac{h'_f}{2}\right)=1.0\times9.6\times1\ 210\times80\times\left(550-\frac{80}{2}\right)\times10^{-6}$$

$$=473.9\text{(kN}\cdot\text{m)}>M=257.3\ \text{kN}\cdot\text{m}$$

属于第一类 T 形截面。

(4)计算纵向受拉钢筋面积 A_s

①跨内正弯矩截面。由于属于第一类 T 形截面,按 $b'_f\times h$ 的矩形截面计算如下:

由式(5.16)有

$$\alpha_s=\frac{M}{\alpha_1 f_c b'_f h_0^2}=\frac{257.3\times10^6}{1.0\times9.6\times1\ 210\times550^2}=0.073$$

由式(5.17)有

$$\xi=1-\sqrt{1-2\alpha_s}=1-\sqrt{1-2\times0.073}=0.076$$

由式(5.20)有

$$A_s=\rho b'_f h_0=\frac{\alpha_1 \xi f_c b'_f h_0}{f_y}=\frac{1.0\times0.076\times9.6\times1\ 210\times550}{300}=1\ 618.5\text{(mm}^2)$$

②支座负弯矩截面。由于属于倒 T 形截面,按 $b\times h$ 的矩形截面计算如下:

由式(5.16)有

$$\alpha_s=\frac{M}{\alpha_1 f_c b h_0^2}=\frac{144.16\times10^6}{1.0\times9.6\times250\times555^2}=0.195$$

由式(5.17)有

$$\xi=1-\sqrt{1-2\alpha_s}=1-\sqrt{1-2\times0.195}=0.219$$

由式(5.20)有

$$A_s=\rho b h_0=\frac{\alpha_1 \xi f_c b h_0}{f_y}=\frac{1.0\times0.219\times9.6\times250\times555}{300}=972\text{(mm}^2)$$

(5)验算适用条件

查表5.3, $\xi_b=0.550$。跨内截面相对受压区高度 $\xi=0.076<\xi_b=0.550$(非超筋梁)。支座截面 $\xi=0.219<\xi_b=0.550$(非超筋梁)

由式(5.13)有

$$\rho_{\min}=\max\left(0.2\%,0.45\frac{f_t}{f_y}\times100\%\right)=\max\left(0.2\%,0.45\times\frac{1.1}{300}\times100\%\right)$$

$$=\max(0.2\%,0.165\%)=0.2\%$$

由式(5.14)知,跨内截面配筋率为

$$\rho_1=\frac{A_s}{bh}=\frac{1\ 618.5}{250\times600}=1.08\%>\rho_{\min}=0.2\%\text{(非少筋梁)}$$

支座截面配筋率:

$$\rho_1=\frac{972}{250\times520+2\ 000\times80}=0.34\%>\rho_{\min}=0.2\%\text{(非少筋梁)}$$

既非超筋梁也非少筋梁,必然为适筋梁,故可按计算所需纵向受拉钢筋面积配筋。跨内最大正弯矩截面可选配 7$\underline{\Phi}$18($A_s=1\ 781\ \text{mm}^2>1\ 618.5\ \text{mm}^2$,为了备用,计算出相应的抵抗弯

矩为 $M_u = 279\ \text{kN} \cdot \text{m}$）；支座最大负弯矩截面可选配 $5\,\underline{\Phi}\,18$（$A_s = 1\ 272\ \text{mm}^2 > 972\ \text{mm}^2$，为了备用，计算出相应的抵抗弯矩为 $M_u = 183\ \text{kN} \cdot \text{m}$）。钢筋布置情况如图 5.27、图 5.28 所示。

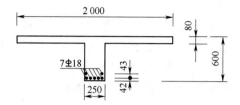

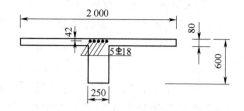

图 5.27　例 5.12 最大正弯矩截面配筋图　　　　图 5.28　例 5.12 最大负弯矩截面配筋

5.6　《公路桥规》关于受弯构件正截面受弯承载力计算简介

《公路桥规》和《混规》（GB 50010—2010）一样，设计方法均为极限状态法，加上受弯构件正截面受弯承载力计算方法较为成熟，所以，虽然两个规范不同，但计算方法甚至计算公式却相差无几。两个规范主要在两方面有所不同：①符号体系和名称不完全相同；②各量的取值大小和来源不同。现将两者不同之处的对应关系列出：

《混规》——————————————————————《公路桥规》

M（设计弯矩）——————————————— M_d（设计弯矩）

$\alpha_1 f_c$（混凝土抗压强度设计值）——————— f_{cd}（混凝土抗压强度设计值）

f_y, f_y'（钢筋抗拉、抗压强度设计值）——————— f_{sd}, f_{sd}'（钢筋抗拉、抗压强度设计值）

比如，《混规》关于单筋矩形截面梁正截面受弯承载力的计算式（5.1）、式（5.2）、式（5.3），对《公路桥规》则变为

$$\sum N = 0, \quad f_{cd}bx = f_{sd}A_s$$

$$\sum M = 0, \quad M_d \leqslant M_u = f_{cd}bx\left(h_0 - \frac{x}{2}\right)$$

或

$$M \leqslant M_u = f_{sd}A_s\left(h_0 - \frac{x}{2}\right)$$

计算公式的适用条件（非超筋、非少筋）、形式也与《混规》相同，余类推。

5.7　小　　结

（1）钢筋混凝土受弯构件正截面的破坏形态有三种：①适筋截面（梁）破坏——纵向受拉钢筋先屈服，然后受压区混凝土被压坏，破坏前有较大的裂缝宽度和挠度，有明显的预兆，破坏不突然，属于塑性破坏，钢筋混凝土梁必须设计成适筋梁。②超筋截面（梁）破坏——纵向受拉钢筋未屈服而受压区混凝土先被压坏。由于混凝土是脆性材料，破坏突然且没有明显预兆，属于脆性破坏，工程中不允许出现这种梁。③少筋截面（梁）破坏——受拉区混凝土一旦开裂，受拉钢筋就屈服，甚至进入强化阶段而破坏，破坏前不仅没有明显预兆，能承受的荷载也很小，也属于脆性破坏，工程中不允许出现这种梁。

（2）工程中既然只允许出现适筋梁，其正截面承载力就以适筋梁这种破坏模式来建立计算公式，以排除少筋、超筋作为计算公式的基本适用条件。

（3）适筋梁从加载到破坏的全过程可分为三个阶段：

第Ⅰ阶段为混凝土全截面整体工作阶段。在这一阶段初期，受拉、受压区混凝土都可认为是弹性的（钢筋自然是弹性的），混凝土截面应力为直线分布，这是预应力混凝土梁弹性阶段计算的依据；在这一阶段末，受压区混凝土接近弹性，应力可认为是按三角形分布，而受拉区混凝土的塑性已充分表现出来，应力接近均匀分布，它是抗裂（开裂弯矩）计算的依据。

第Ⅱ阶段为带裂工作阶段。在裂缝截面处，受拉区混凝土大部分都退出工作，受拉区的拉力由纵向受拉钢筋承担，受压区混凝土有一定的塑性表现，但仍可近似按弹性考虑。这一阶段是正常使用极限状态（裂缝宽度和挠度）计算的依据。

第Ⅲ阶段为破坏阶段。在这一阶段，纵向受拉钢筋先屈服，裂缝宽度开展，长度延伸，中和轴上移，受压区混凝土面积减少，应力趋于均匀。破坏前，受压区混凝土压应力的合力始终与受拉钢筋拉应力的合力平衡。由于受压区混凝土面积的减少，受压区混凝土应力分布趋于均匀，受压区混凝土压应力的合力作用线上移，从而增加内力偶臂，还可以进一步抵抗荷载，所以并不一定是钢筋一屈服构件就破坏，最后破坏是因为受压区混凝土被压坏。破坏时，受压区混凝土的塑性已充分表现出来，应力分布可简化为均匀分布，它是受弯构件正截面强度计算（承载能力极限状态）的依据。

（4）受弯构件正截面承载力计算的四个基本假定主要是为了得到受压区混凝土计算（简化）图形和界限相对受压区高度。

（5）钢筋级别、纵向受力钢筋的配筋量和混凝土强度等级对受弯构件正截面承载力有如下影响：在配筋率较低时，正截面受弯承载力随钢筋级别的提高和配筋率的增大而增大，几乎成线性关系。但随着配筋率的增大，正截面受弯承载力的增大幅度有所减小，当达到最大配筋率（适筋与超筋的界限状态）以后，再增大配筋率则不能有效增加受弯构件的正截面承载力，反而成为超筋。换言之，超筋梁（工程中当然不允许）虽然多配了纵向受拉钢筋，但其正截面承载力与界限配筋时相差不多。

在配筋率较低时，混凝土强度等级对正截面受弯承载力影响很小。随着配筋率的增加，其影响逐渐增加。当接近或达到最大配筋率时，混凝土强度等级成为影响受弯构件正截面承载力的决定因素之一。

（6）受弯构件正截面受弯承载力计算包括：①由计算简图建立平衡条件（基本计算公式），计算承载力并进行截面复核或设计；②检查适用条件。

任何截面形式的受弯构件有且只有两个独立的平衡方程，可以求解两个独立未知量。凡是只有两个独立未知量的情况，都可由基本计算公式直接求解；凡是独立未知量个数多于独立平衡方程个数时，都需要补充条件（方程）。补充条件可能是根据工程经验（比如混凝土截面尺寸的确定），也可能是理论分析上出于某方面的考虑（比如，双筋矩形截面梁当受拉、受压钢筋均需要设计，加上受压区高度，有三个未知量，只有两个独立方程，补充条件 $x = \xi_b h_0$ 是为了钢筋总用量最省）。

理论上讲，受弯构件的任何截面都必须是适筋截面。因此，适筋条件是钢筋混凝土构件任何截面都必须验算的条件——计算公式的适用条件，不妨叫做一级适用条件，即

$$\xi \leqslant \xi_b（非超筋），\quad \rho_1 \geqslant \rho_{\min}（非少筋）$$

工程实践中，可以判定满足的适用条件也可不验算（比如对双筋梁，可不验算是否少筋；比如对第二类 T 形截面，也可不验算是否少筋）。

有些计算公式的适用条件，只适用于特定的情况，不妨称为二级适用条件(比如，双筋矩形截面梁基本计算公式的适用条件 $x \geq 2a'_s$)。要搞清楚满足这些条件时用什么公式计算，不满足这些条件时又如何建立计算公式，如何计算。

(7)单筋矩形截面梁正截面承载力复核(未知量为 x 和 M_u)、混凝土截面已知的单筋矩形截面梁的设计(未知量为 x 和 A_s)、单筋矩形截面梁混凝土截面设计(在根据经验确定截面尺寸以后，未知量为 x 和 A_s)、A'_s 为已知的双筋矩形截面梁设计(未知量为 x 和 A_s)、T 形截面梁的复核(未知量为 x 和 M_u)及设计(未知量为 x 和 A_s)都是两个未知量，未知量个数等于独立平衡方程个数，可以联立求解两个独立基本计算公式(方程)直接求解，有的可以分解(比如双筋矩形截面梁、第二类 T 形截面梁)并用相应公式计算。受拉、受压钢筋面积均需设计的双筋矩形截面梁(未知量为 x、A_s、A'_s)，未知量有三个，而独立的基本公式(方程)只有两个，需要补充一个条件，较为经济的补充条件是 $x = \xi_b h_0$，然后可以根据基本公式直接求解，也可分解并按相应公式求解。

(8)单筋矩形截面梁、双筋矩形截面梁和 T 形截面梁(甚至任何截面梁)正截面承载力计算基本公式的适用条件都有适筋条件(基本计算公式的一级适用条件)；双筋矩形截面基本计算公式除满足适筋条件外，还应满足 $x \geq 2a'_s$(二级适用条件)。

T 形截面梁应该分清是哪一类 T 形截面(不管是事先判断还是后来确认)，所用的计算公式应与所属类别一致；不满足条件 $x \geq 2a'_s$ 的双筋矩形截面，可近似且偏安全地取 $x = 2a'_s$，并对纵向受压钢筋重心取矩建立计算公式进行计算。

 思 考 题

5.1　在外荷载作用下，受弯构件任意截面上存在哪些可能的内力？

5.2　钢筋混凝土梁有哪几种破坏形式？各自的破坏特点是什么？

5.3　适筋梁从加载到破坏经历了哪几个应力阶段？各是什么情况计算的依据？

5.4　什么是配筋率？配筋率对钢筋混凝土梁正截面破坏有何影响？

5.5　最小配筋率是根据什么原则确定的？界限受压区高度是根据什么情况得出的？

5.6　根据最小配筋率的确定原则如何计算开裂弯矩？又如何计算超筋梁的正截面受弯承载力？

5.7　受弯构件正截面承载力计算的基本假定有哪些？这些假定是否可用于其他构件的正截面承载力计算？

5.8　钢筋混凝土梁正截面承载力计算经由实际应力分布→理论应力分布→计算简图，从实际应力分布→理论应力分布的根据是什么？从理论应力分布→计算简图的根据(或原则)又是什么？

5.9　钢筋混凝土梁设计成单筋梁而出现超筋时，理论上修改设计的方法有哪些？工程中又有哪些方法？

5.10　双筋梁就其本身是不经济的，在什么情况采用双筋梁？各自可能出于什么方面的考虑？

5.11　T 形截面梁为什么要规定计算宽度？计算宽度考虑了哪些方面的因素？

5.12　外形上的 T 形截面梁有哪几类？何为倒 T 形截面？第一、二类 T 形截面如何判别？

习 题

5.1 已知某钢筋混凝土单筋矩形截面梁截面尺寸 $b \times h = 250 \text{ mm} \times 450 \text{ mm}$，安全等级为二级，环境类别为一类，混凝土强度等级为 C40，配置 HRB500 级纵向受拉钢筋 4 Φ 16($A_s = 804 \text{ mm}^2$)，$a_s = 35 \text{ mm}$。求该梁所能承受的极限弯矩设计值 M_u。

5.2 已知某钢筋混凝土单跨简支板，计算跨度为 2.18 m，承受匀布荷载设计值 $g + q = 6.4 \text{ kN/m}^2$ 筋(包括自重)，安全等级为二级，混凝土强度等级为 C20，配置 HRB335 级纵向受拉钢筋，环境类别为一类。试确定现浇板的厚度及所需受拉钢筋面积并配筋。

5.3 已知某钢筋混凝土单筋矩形截面梁截面尺寸 $b \times h = 250 \text{ mm} \times 500 \text{ mm}$，安全等级为二级，环境类别为一类，混凝土强度等级为 C20，配置 HRB335 级纵向受拉钢筋，承受荷载弯矩设计值 $M = 150 \text{ kN} \cdot \text{m}$。试计算受拉钢筋截面面积。

5.4 已知某钢筋混凝土简支梁，计算跨度 5.7 m，承受匀布荷载，其中：永久荷载标准值为 10 kN/m(不包括梁自重)，可变荷载标准值为 10 kN/m，安全等级为二级，环境类别为一类，混凝土强度等级为 C30，配置 HRB335 级纵向受拉钢筋。试确定梁的截面尺寸及纵向受拉钢筋的截面面积(钢筋混凝土容重为 25 kN/m³)。

5.5 已知某钢筋混凝土双筋矩形截面梁，承受荷载弯矩设计值 $M = 225 \text{ kN} \cdot \text{m}$，混凝土截面尺寸 $b \times h = 200 \text{ mm} \times 500 \text{ mm}$，安全等级为二级，混凝土强度等级为 C30，配置 HRB500 级纵向受拉钢筋 3 Φ 25($A_s = 1\,473 \text{ mm}^2$)，HRB500 级纵向受压钢筋 2 Φ 16($A'_s = 402 \text{ mm}^2$)。$a_s = 55.5 \text{ mm}$，$a'_s = 51 \text{ mm}$。试求该梁所能承受的极限弯矩设计值 M_u 并判断是否安全。

5.6 已知某钢筋混凝土双筋矩形截面梁，承受荷载弯矩设计值 $M = 420 \text{ kN} \cdot \text{m}$，混凝土截面尺寸 $b \times h = 300 \text{ mm} \times 600 \text{ mm}$，环境类别为一类，安全等级为二级，混凝土强度等级为 C20，配置 HRB335 级纵向受压钢筋 3 Φ 25($A'_s = 1\,473 \text{ mm}^2$，$a'_s = 45.5 \text{ mm}$)。试设计纵向受拉钢筋 A_s。

5.7 已知条件除纵向受压钢筋外与习题 5.6 相同。试设计纵向受拉钢筋 A_s、纵向受压钢筋 A'_s。

5.8 已知某钢筋混凝土 T 形截面独立梁，承受荷载弯矩设计值 $M = 220 \text{ kN} \cdot \text{m}$，混凝土截面尺寸 $b'_f = 500 \text{ mm}$，$b = 250 \text{ mm}$，$h'_f = 80 \text{ mm}$，$h = 600 \text{ mm}$，安全等级为二级，混凝土强度等级为 C30，配置 HRB335 级纵向受拉钢筋 5 Φ 20($A_s = 1\,571 \text{ mm}^2$)，$a_s = 38 \text{ mm}$。试求该梁所能承受的极限弯矩设计值 M_u 并判断是否安全。

5.9 已知某钢筋混凝土 T 形截面独立梁，承受荷载弯矩设计值 $M = 500 \text{ kN} \cdot \text{m}$，混凝土截面尺寸 $b'_f = 600 \text{ mm}$，$b = 250 \text{ mm}$，$h'_f = 100 \text{ mm}$，$h = 800 \text{ mm}$，安全等级为二级，混凝土强度等级为 C20，配置 HRB335 级纵向受拉钢筋 8 Φ 20($A_s = 2\,513 \text{ mm}^2$)，$a_s = 65.5 \text{ mm}$。试求该梁所能承受的极限弯矩设计值 M_u 并判断是否安全。

5.10 已知某钢筋混凝土 T 形截面独立梁，承受荷载弯矩设计值 $M = 600 \text{ kN} \cdot \text{m}$，混凝土截面尺寸 $b'_f = 600 \text{ mm}$，$b = 300 \text{ mm}$，$h'_f = 120 \text{ mm}$，$h = 700 \text{ mm}$，安全等级为二级，混凝土强度等级为 C25，配置 HRB335 级纵向受拉钢筋。试求所需纵向受拉钢筋的截面面积 A_s。

受弯构件斜截面承载力计算

6.1 概 述

通过上一章我们知道,钢筋混凝土受弯构件在主要承受弯矩的梁段,将产生竖直裂缝。如果其正截面抗弯承载力不足,它将沿正截面(竖直裂缝)方向发生破坏。所以,设计钢筋混凝土受弯构件时,必须满足正截面承载力要求。实际上,在主要承受弯矩的梁段,竖直裂缝由主拉应力引起并垂直于主拉应力方向(由于剪应力很小,主要是弯曲拉应力,主拉应力的大小和方向都与弯曲拉应力相近)。而在主要承受剪力的梁段(常常有弯矩作用),剪力产生剪应力(弯矩产生弯曲正应力),并进而产生主应力(主拉应力和主压应力)。由于混凝土的抗拉强度低,主拉区混凝土会在主拉应力作用下开裂。由于主拉应力是斜向的,所以垂直于主拉应力方向的裂缝也是斜向的,称为斜裂缝。与此相关的承载力计算,称为斜截面承载力计算。

如前一章所述,受弯构件正截面竖直裂缝出现后,需要纵向受拉钢筋(穿过竖直裂缝)来抵抗受拉区的拉力,约束竖直裂缝宽度的开展和长度的延伸。随着纵向受拉钢筋配置相对数量的不同,正截面有少筋截面、适筋截面和超筋截面。只有适筋截面的破坏是塑性的,也是允许的,少筋和超筋截面破坏都是脆性的,是不允许出现的。正截面承载力计算公式根据适筋截面来建立,避免少筋和超筋就是正截面承载力计算公式的适用条件。试想:在斜截面抗剪中,斜裂缝出现后,是否同样需要有穿过斜裂缝的钢筋来抵抗主拉区的拉力,来约束斜裂缝宽度的开展和长度的延伸?是否也会随着穿过斜裂缝的钢筋的相对数量不同,有类似于正截面抗弯中的少筋截面、适筋截面和超筋截面?是否只有"适筋"破坏是塑性的,而"少筋"和"超筋"破坏是脆性的?是否以"适筋"来建立斜截面受剪承载力计算公式,以避免"少筋"和"超筋"得到计算公式的适用条件?答案是肯定的,这也是本章内容的主线。

6.2 斜截面受力特点及破坏形态

上一章讲过,梁中的箍筋和弯起钢筋(斜筋)统称为腹筋。只有纵筋没有腹筋的梁称为无腹筋梁;既有纵筋又有腹筋的梁称为有腹筋梁。工程实际中的梁可以没有弯起钢筋,但不能没有箍筋。也就是说,无腹筋梁在工程实际中是不存在的,只是在研究工作中采用。为了探讨钢筋混凝土梁斜截面受剪破坏特性,在试验研究和理论分析中,经常把无腹筋梁(试验梁仍按构造要求配置箍筋,因为少,故不考虑其作用)作为出发点。

6.2.1 无腹筋梁斜裂缝出现前后的受力特点

1. 无腹筋梁斜裂缝出现前的受力特点

以图 6.1(a)所示的无腹筋钢筋混凝土简支梁为例,先介绍有关概念。

若作用有两个对称的集中荷载,集中荷载之间的 CD 段只有弯矩(当忽略自重时)没有剪力时,称为纯弯段。AC 和 DB 段既有弯矩又有剪力,称为弯剪段。

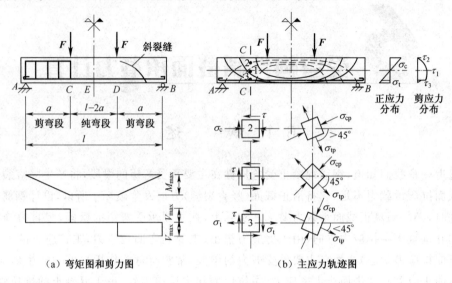

(a) 弯矩图和剪力图　　　　　(b) 主应力轨迹图

图 6.1　梁在开裂前的应力状态

当梁上荷载较小,受拉区混凝土尚未开裂时,可将混凝土视为匀质弹性体。钢筋本身就是匀质弹性体,但钢筋和混凝土是两种物理力学性能完全不同的材料,钢筋混凝土梁不是匀质体,不能直接按材料力学公式计算其应力。要用材料力学公式计算其应力,就必须将钢筋和混凝土这两种材料换算成同一种材料(通常是将钢筋换算成混凝土),即所谓的换算截面。换算截面的换算原则是:

(1)换算前后的变形不变,即 $\varepsilon_s = \varepsilon_{Ec}$($\varepsilon_s$ 为钢筋应变,ε_{Ec} 为换算成混凝土后的应变);

(2)换算前后的钢筋合力大小和作用位置不变,即 $A_s\sigma_s = A_{Ec}\sigma_{Ec}$($A_s$、$\sigma_s$ 分别为钢筋面积和钢筋应力,A_{Ec}、σ_{Ec} 分别为钢筋换算成混凝土后的面积和应力)。

由换算原则(1)有

$$\sigma_s = E_s\varepsilon_s = E_s\varepsilon_{Ec} = \frac{E_s}{E_c}\sigma_{Ec} = \alpha_E\sigma_{Ec} \tag{6.1}$$

由换算原则(2)有

$$A_s\sigma_s = A_s\alpha_E\sigma_{Ec} = A_{Ec}\sigma_{Ec}$$

从而

$$A_{Ec} = \alpha_E A_s \tag{6.2}$$

式中　E_s——钢筋的弹性模量;

　　　E_c——混凝土的弹性模量。

这样,换算后的钢筋混凝土截面就成为匀质混凝土截面——换算截面。

对换算截面上的任意点,都可用材料力学公式计算其弯曲正应力和剪应力。

$$\sigma = \frac{M}{I_0}y_0 \tag{6.3}$$

$$\tau = \frac{VS_0}{bI_0} \tag{6.4}$$

式中　I_0——换算截面惯性矩;

y_0——计算弯曲正应力位置到换算截面形心之间的距离；

S_0——计算剪应力位置以外或以内的换算截面面积对换算截面形心的面积矩。

由于正应力和剪应力的共同作用，产生主拉应力和主压应力，分别为

$$\sigma_{\mathrm{tp}} = \frac{\sigma}{2} - \sqrt{\left(\frac{\sigma}{2}\right)^2 + \tau^2} \tag{6.5}$$

$$\sigma_{\mathrm{cp}} = \frac{\sigma}{2} + \sqrt{\left(\frac{\sigma}{2}\right)^2 + \tau^2} \tag{6.6}$$

主应力作用方向与梁纵轴线的夹角为

$$\alpha = \frac{1}{2} \arctan\left(-\frac{2\tau}{\sigma}\right) \tag{6.7}$$

图 6.1(b)分别表示按上述公式计算所得的主应力迹线(实线表示主拉应力迹线，虚线表示主压应力迹线)以及集中荷载截面的应力分布图。从中可关注以下两点：

(1)在纯弯段(CD 段)，因为剪力为零，故剪应力也为零，主应力即为弯曲正应力，方向为平行梁纵轴的水平方向。最大主拉应力出现在截面的下缘。

(2)在弯剪段(AC 和 DB 段)的主拉应力方向为：在受拉区边缘，由于剪应力为零，主拉应力即是弯曲拉应力，方向为水平方向；在其他位置，既有弯曲正应力，又有剪应力，主拉应力方向是倾斜的，其与水平轴夹角从下边缘的 0°连续变化到中性轴处的 45°，再连续变化到上边缘的 90°(此处主拉应力数值变为 0)。

2. 无腹筋梁斜裂缝出现后的受力特点

在纯弯段(CD 段)，随着荷载增加，受拉区边缘的最大主拉应力(弯曲拉应力)首先达到并超过混凝土的极限抗拉强度，垂直于主拉应力方向的裂缝(竖直裂缝)从受拉边缘开始并竖直向上发展，相应的截面承载力计算为正截面承载力计算，这就是上一章讲述的内容。

在弯剪段(AC 和 DB 段)，如果受拉边缘的主拉应力最大，则裂缝将从这里开始，方向为竖直方向，并斜向向上发展，这样的斜裂缝称为弯剪斜裂缝[图 6.2(a)]。对 I 形截面梁，在受拉翼缘与腹板(梁肋)交界处既有较大的弯曲正应力，又有较大的剪应力，其主应力有可能大于受拉边缘的主拉应力(弯曲拉应力)，在这种情况下，斜裂缝将在受拉翼缘与腹板交界处开始出现，并斜向分别向上向下延伸(至受拉边缘时变为竖直)，这样的斜裂缝称为腹剪斜裂缝[图 6.2(b)]。不管出现哪一种斜裂缝，斜裂缝出现后，梁上的应力状态都发生了很大变化。

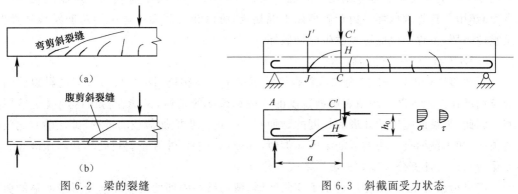

图 6.2　梁的裂缝　　　　　图 6.3　斜截面受力状态

(1)斜裂缝出现前，剪力 V 由整个截面 CC'(图 6.3)承担。但斜裂缝出现后，CH 面不再承受剪力，剪力 V 主要由 $C'H$ 面承担。$C'H$ 面既受剪又受压，所以称为剪压面(区)。

（2）斜裂缝出现前，JJ' 截面纵向受拉钢筋承受自身截面弯矩引起的拉力。但斜裂缝出现后，JJ' 截面的纵向受拉钢筋要承受 JC' 截面（即 CC' 截面）弯矩引起的拉力，且后者大于前者，故纵向受拉钢筋在斜裂缝出现后便产生了应力增量。

斜裂缝出现后，无腹筋梁可能立即破坏，也可能按新形成的剪力承载机构继续保持其承载能力。

6.2.2 无腹筋梁斜截面破坏形态

影响梁破坏的因素很多，单就剪跨比 $\lambda\left(\lambda=\dfrac{a}{h_0}=\dfrac{M}{Vh_0}\right)$[图 6.4（a）]的影响而言，剪跨比越大，弯矩的影响越大，越有可能因抗弯承载力不足而破坏。试验表明，当剪跨比大于 6 时，梁通常不会被剪坏而由正截面抗弯承载力控制；剪跨比越小，剪力的影响越大，越有可能因抗剪承载力不足而破坏。当剪跨比小于 6 时，才有可能发生剪坏（斜截面破坏）。斜截面剪坏又分三种情况：斜拉破坏、斜压破坏和剪压破坏（分别与正截面抗弯中的少筋梁、超筋梁和适筋梁破坏类似），如图 6.4 所示。

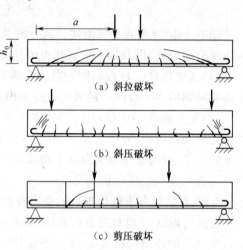

（a）斜拉破坏

（b）斜压破坏

（c）剪压破坏

图 6.4　无腹筋梁的剪切破坏形态

对于无腹筋梁，三种破坏形式的特征如下：

1. 斜拉破坏——"少筋破坏"

当剪跨比较大（3～6 之间）时，斜裂缝方向（大致沿支座到集中荷载作用点的连线方向）与梁纵轴线之间的夹角很小[图 6.4（a）]，斜裂缝很平，如果穿过斜裂缝的纵向受拉钢筋不能有效约束斜裂缝宽度的开展和长度的延伸，则出现和正截面抗弯中少筋梁类似的"一裂即坏"。它属于脆性破坏，工程中应避免发生此种破坏。

2. 斜压破坏——"超筋破坏"

当剪跨比过小（<1.0）时，斜裂缝很陡[图 6.4（b）]，被支座和集中荷载作用点连线附近两条大致平行的主要斜裂缝分割出来的混凝土斜柱在斜压力（集中荷载与剪压区混凝土压力的合力）作用下首先被压坏。由于破坏始于混凝土，所以和正截面抗弯中的超筋梁破坏类似，也是脆性破坏，工程中也应避免发生此种破坏。

3. 剪压破坏——"适筋破坏"

当剪跨比适度（1～3 之间）时，斜裂缝既不很平也不很陡[图 6.4（c）]，穿过斜裂缝的纵向受拉钢筋在一定程度上约束斜裂缝宽度的开展和长度的延伸，又能在剪压区混凝土破坏前屈服。因此，斜裂缝宽度的开展和长度的延伸有一个进一步增加荷载的过程，破坏前有比较明显的预兆，和正截面抗弯中的适筋梁破坏类似，其破坏时的延性好于斜拉破坏和斜压破坏。斜截面受剪承载力计算公式以此种破坏形式来建立。

需要指出的是，剪切变形远小于弯曲变形，剪切破坏中即便是破坏前变形最明显的剪压破坏，其破坏前的变形也很小，严格说来也应算脆性破坏。这里类比于正截面抗弯中的适筋梁，主要基于：第一，相对而言，剪压破坏变形较大；第二，斜截面抗剪计算公式以剪压破坏为依据，便于和正截面抗弯类比。

应该注意的是,上面仅仅是说明了无腹筋梁三种破坏形式的一些特征,并不是判断哪种形式破坏的方法。影响工程中有腹筋梁破坏形式的因素除了上述的剪跨比之外,还有很多其他因素,这就是下一小节的内容。

6.2.3 有腹筋梁斜截面承载力的主要影响因素

前面讨论了无腹筋梁的情况,对有腹筋梁,除了前面提到的剪跨比外,影响梁斜截面受剪承载力的因素还有混凝土强度等级、腹筋配置情况、纵向受拉钢筋的配筋率、混凝土截面形式及尺寸、荷载的作用方式、混凝土骨料的品种等。下面仅就计算中考虑的主要影响因素分述如下。

1. 剪跨比 λ

试验表明,剪跨比($\lambda = a/h_0 = M/Vh_0$)反映了截面上正应力 σ 和剪应力 τ 的相对关系。剪跨比大时,发生斜拉破坏,斜裂缝一旦出现就直通梁顶;剪跨比小时,荷载下的 σ_y 将会阻止斜裂缝的发展,使其发生剪压破坏,受剪承载力提高;剪跨比很小时,荷载与支座间被斜裂缝分割出来的混凝土像一根短柱,在 σ_y 作用下被压坏,即斜压破坏,其受剪承载力很高。

一方面,剪压区混凝土截面上的应力大致与其内力成正比(正应力大致与弯矩 M 成正比,而剪应力大致与剪力 V 成正比)。另一方面,剪跨比会影响 M 和 V 的相对大小。所以,剪跨比反映了截面上正应力和剪应力的相对大小关系,进而影响主应力的大小和方向,影响剪压区混凝土的抗剪强度,并最终影响梁的受剪承载力和斜截面受剪破坏的形态。

试验表明,剪跨比越大,梁的抗剪承载力越低(图6.5)。

试验还表明,当箍筋配置较多时,剪跨比对斜截面抗剪承载力的影响有所减弱;剪跨比 $\lambda > 3$ 时,剪跨比对斜截面抗剪承载力的影响也不明显。

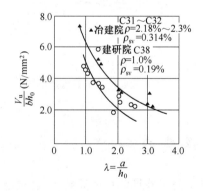

图6.5 剪跨比对有腹筋梁斜截面抗剪承载力的影响

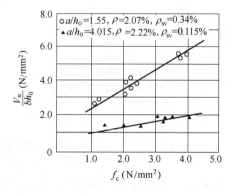

图6.6 混凝土强度等级对有腹筋梁斜截面抗剪承载力的影响

2. 混凝土强度等级

梁斜截面受剪破坏是因为混凝土应力达到极限强度而发生的,斜截面抗剪承载力自然随混凝土强度等级提高而提高(图6.6)。

3. 腹　筋

(1)箍筋的配筋率和强度

有腹筋梁斜裂缝出现后,箍筋不仅直接承担相当一部分剪力,还约束斜裂缝宽度的开展和长度的延伸,从而抑制了剪压区面积的减少,保证剪压区混凝土的抗剪能力。所以,箍筋数量越多,强度越高,梁斜截面的抗剪承载力就越高。箍筋数量通常用箍筋配筋率 ρ_{sv} 表示,即

$$\rho_{sv} = \frac{A_{sv}}{bs} \tag{6.8}$$

式中 ρ_{sv}——箍筋配筋率；

    A_{sv}——配置在同一截面内箍筋各肢的全截面面积，$A_{sv} = nA_{sv1}$，n 为在同一截面内箍筋的肢数，A_{sv1} 为单肢箍筋的截面面积；

    b——构件截面肋宽；

    s——沿构件长度箍筋间距。

图 6.7 所示为箍筋配筋率和箍筋强度的乘积与梁斜截面抗剪承载力之间的关系，两者大致成线性关系。

（2）弯起钢筋

穿过斜裂缝的弯起钢筋受拉，其竖向分力提供了抵抗剪力的能力。因此，弯起钢筋的截面面积越大，强度越高，斜截面的抗剪承载力就越大。

4. 纵向受拉钢筋的配筋率

纵向受拉钢筋穿过斜裂缝，对斜裂缝宽度的开展和长度的延伸有抑制作用，从而间接提高梁斜截面的抗剪能力，两者的大致关系如图 6.8 所示。

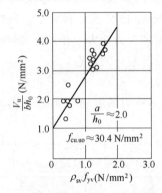

图 6.7   箍筋配筋率及箍筋强度对梁斜截面抗剪承载力的影响

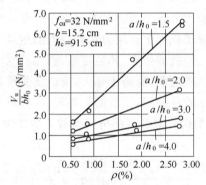

图 6.8   纵向受拉钢筋配筋率对梁斜截面抗剪承载力的影响

6.3   斜截面抗剪承载力

与防止正截面受弯三种破坏（通过正截面承载力计算公式验算防止适筋破坏、通过配筋率验算防止少筋破坏、通过相对受压区高度验算防止超筋破坏）类似，防止斜截面受剪三种破坏（剪压、斜拉和斜压破坏）分别是通过斜截面抗剪承载力公式计算防止剪压破坏，通过箍筋配筋率验算防止斜拉破坏，通过截面限制条件验算防止斜压破坏。据前者建立计算公式，据后两者得出计算公式的适用条件。

6.3.1   计算公式及适用条件

由于影响梁斜截面抗剪承载力的因素很多，影响机理也很复杂，精确计算相当困难。通常采用半经验半理论的方法解决梁斜截面的抗剪承载力计算问题。

1. 基本假定

（1）梁斜截面发生剪压破坏时，斜截面的抗剪承载力由以下三部分组成（图 6.9），即

$$V_u = V_c + V_{sv} + V_{sb} \tag{6.9}$$

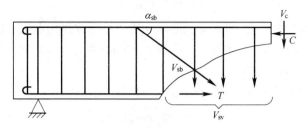

图 6.9　斜截面抗剪承载力计算简图

式中　　V_u——斜截面抗剪承载力；

　　　　V_c——剪压区混凝土(无腹筋梁)的抗剪能力；

　　　　V_{sv}——与斜裂缝相交的箍筋的抗剪能力总和；

　　　　V_{sb}——与斜裂缝相交的弯起钢筋的抗剪能力总和。

(2)斜截面发生剪压破坏时,与斜裂缝相交的箍筋和弯起钢筋的拉应力大多能达到其屈服强度,但应考虑拉应力可能不均匀,特别是靠近剪压区的腹筋有可能达不到屈服强度。

(3)为了简化计算,忽略剪跨比和纵向受拉钢筋对斜截面抗剪承载力的影响,仅对以集中荷载作用为主的梁才适当考虑剪跨比的影响。

2. 无腹筋梁的抗剪承载力

根据对无腹筋梁的试验结果(图 6.10 和图 6.11 所示)分析,其斜截面的抗剪承载力可按下面公式计算:

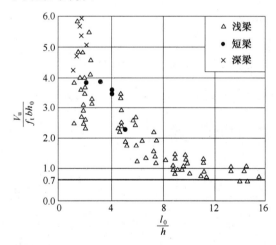

图 6.10　一般无腹筋梁的抗剪承载力试验结果与计算结果对比

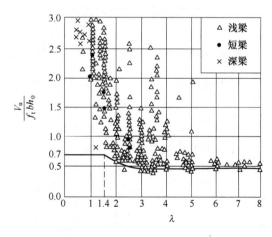

图 6.11　以集中荷载作用为主的梁的抗剪承载力试验结果与计算结果对比

(1)一　般　梁

$$V_c = 0.7 f_t b h_0 \tag{6.10}$$

式中　　f_t——混凝土轴心抗拉强度设计值。

(2)以集中荷载为主的独立梁(集中荷载在支座截面所产生的剪力占总剪力值的 75% 以上)

$$V_c = \frac{1.75}{\lambda + 1.0} f_t b h_0 \tag{6.11}$$

式中　λ——计算截面的剪跨比,可取 $\lambda = a/h_0$,a 为集中荷载作用点至支座截面或节点边缘的距离;当 $\lambda < 1.5$ 时,取 $\lambda = 1.5$;当 $\lambda > 3$ 时,取 $\lambda = 3$,此时,在计算截面与支座之间,箍筋应均匀布置。

　　(3)对不配置箍筋和弯起钢筋的一般板类(单向板)受弯构件

$$V_c = 0.7\beta_h f_t b h_0 \tag{6.12}$$

$$\beta_h = \left(\frac{800}{h_0}\right)^{1/4} \tag{6.13}$$

式中　β_h——截面高度影响系数:当 $h_0 < 800$ mm 时,取 $h_0 = 800$ mm;当 $h_0 > 2\,000$ mm 时,取 $h_0 = 2\,000$ mm。

　　3. 仅配有箍筋的梁的斜截面抗剪承载力

　　(1)箍筋的抗剪承载力

　　设箍筋间距为 s,一道箍筋的截面面积为 A_{sv}($A_{sv} = nA_{sv1}$,A_{sv1} 为单根箍筋截面面积),剪压破坏时,斜裂缝既不很平也不很陡,近似地取斜裂缝的水平投影长度为梁截面的有效高度 h_0,则穿过斜裂缝的箍筋道数为 h_0/s,进而得穿过斜裂缝的全部箍筋面积为 $(h_0/s)A_{sv}$。又由本节基本假定(2),可以认为穿过斜裂缝的箍筋应力达到其抗拉强度设计值 f_{yv},于是,斜截面上箍筋的抗剪承载力为

$$V_{sv} = \frac{h_0}{s} A_{sv} f_{yv} \tag{6.14}$$

　　(2)仅配有箍筋的梁的斜截面抗剪承载力

　　仅配有箍筋的梁的斜截面抗剪承载力由下式计算:

$$V_u = V_{cs} = V_c + V_{sv} \tag{6.15}$$

将各表达式(值)代入式(6.15),得仅有箍筋的梁的斜截面抗剪承载力计算公式如下:

对于一般梁

$$V \leqslant V_{cs} = 0.7 f_t b h_0 + \frac{h_0}{s} A_{sv} f_{yv} \tag{6.16}$$

或

$$\frac{V}{f_t b h_0} \leqslant \frac{V_{cs}}{f_t b h_0} = 0.7 + \frac{\rho_{sv} f_{yv}}{f_t} \tag{6.16a}$$

对以集中荷载为主的独立梁

$$V \leqslant V_{cs} = \frac{1.75}{\lambda + 1.0} f_t b h_0 + \frac{h_0}{s} A_{sv} f_{yv} \tag{6.17}$$

或

$$\frac{V}{f_t b h_0} \leqslant \frac{V_{cs}}{f_t b h_0} = \frac{1.75}{\lambda + 1.0} + \frac{\rho_{sv} f_{yv}}{f_t} \tag{6.17a}$$

式中　ρ_{sv}——箍筋配筋率,$\rho_{sv} = \dfrac{A_{sv}}{bs}$。

　　上式中,f_{yv} 按附表 6 中 f_y 值采用,其数值大于 360 N/mm² 时应取 360 N/mm²。

　　配置箍筋后,箍筋将限制斜裂缝的展开,增大了混凝土剪压区面积,从而提高了混凝土剪压区受剪承载力,即配置箍筋后,混凝土承载力大于 V_c,超过 V_c 的部分反映在 V_{sv} 项,即 V_{sv} 中大部分属于箍筋承载力,小部分属于混凝土承载力,因此,应该将 $V_u = V_{cs} = V_c + V_{sv}$ 理解为混凝土和箍筋共同承担的剪力。

　　图 6.12 为梁斜截面抗剪承载力计算结果与试验结果的比较。

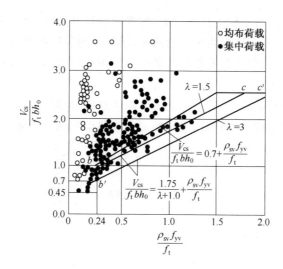

图 6.12　仅配箍筋的梁的斜截面抗剪承载力计算结果与试验结果比较

4. 既配有箍筋又配有弯起钢筋的梁的斜截面抗剪承载力

（1）弯起钢筋的抗剪承载力

为了承受较大的设计剪力，梁中除配置一定数量的箍筋外，有时还需要设置弯起钢筋。试验表明，弯起钢筋仅在穿过斜裂缝时才可能屈服，当弯起钢筋在斜裂缝顶端穿过时，因靠近受压区，弯起钢筋有可能达不到屈服强度，计算时应考虑这一不利因素，一般用一个 0.8 的应力不均匀系数来考虑该因素。所以，弯起钢筋所承受的剪力等于它的拉力在垂直于梁纵轴线方向的分力乘以 0.8，即

$$V_{sb} = 0.8 f_y A_{sb} \sin \alpha_{sb} \tag{6.18}$$

式中　A_{sb}——穿过计算斜截面的弯起钢筋截面面积；

α_{sb}——弯起钢筋与梁纵轴的夹角，一般取 $\alpha_{sb} = 45°$，当梁截面较高时，可取 $\alpha_{sb} = 60°$；

f_y——弯起钢筋的抗拉强度设计值。

（2）既配有箍筋又配有弯起钢筋的梁的斜截面抗剪承载力

对于同时配置箍筋和弯起钢筋的梁，其斜截面抗剪承载力等于仅配箍筋梁的抗剪承载力与弯起钢筋抗剪承载力之和。

对一般梁　　　　$V \leqslant V_u = 0.7 f_t b h_0 + \dfrac{h_0}{s} A_{sv} f_{yv} + 0.8 f_y A_{sb} \sin \alpha_{sb}$ 　　　(6.19)

对以集中荷载为主的独立梁

$$V \leqslant V_u = \frac{1.75}{\lambda + 1.0} f_t b h_0 + \frac{h_0}{s} A_{sv} f_{yv} + 0.8 f_y A_{sb} \sin \alpha_{sb} \tag{6.20}$$

5. 计算公式的适用条件

上述钢筋混凝土梁斜截面抗剪承载力计算公式是建立在剪压破坏基础之上的，因此，这些公式的适用条件也就是剪压破坏时所应具备的条件。从图 6.12 可知，计算公式适用于图中斜线部分（即图中 bc 段和 $b'c'$ 段）。也就是说，当配箍系数 $\rho_{sv} f_{yv} / f_t$ 大于或小于某一数值时，计算公式不再适用。所以，上述公式的适用条件即公式的上、下限。

（1）上限值——最小截面尺寸

试验和分析结果都表明，当梁的截面尺寸确定后，斜截面的抗剪承载力并不随腹筋用量的

增加而无限提高。这是因为当梁的截面过小，配置的腹筋过多时，腹筋在混凝土斜压破坏时达不到屈服强度，就像梁正截面抗弯当出现超筋时，增加纵向受拉钢筋用量并不能提高其抗弯能力一样。在这种情况下，决定梁斜截面抗剪承载力的主要因素是梁的截面尺寸和混凝土的轴心抗压强度。

根据工程实践经验及试验结果，为防止出现斜压破坏，并限制在使用荷载作用下斜裂缝的宽度，对矩形、T形、I形截面受弯构件，设计时必须满足下列截面尺寸限制条件：

对一般梁 $\left(\dfrac{h_\mathrm{w}}{b}\leqslant 4.0\right)$：$\qquad V\leqslant 0.25\beta_\mathrm{c}f_\mathrm{c}bh_0$ (6.21a)

对薄腹梁 $\left(\dfrac{h_\mathrm{w}}{b}\geqslant 6.0\right)$：$\qquad V\leqslant 0.2\beta_\mathrm{c}f_\mathrm{c}bh_0$ (6.21b)

当 $4.0<\dfrac{h_\mathrm{w}}{b}<6.0$ 时，按直线内插法计算，即

$$V\leqslant 0.025\left(14-\frac{h_\mathrm{w}}{b}\right)\beta_\mathrm{c}f_\mathrm{c}bh_0$$ (6.21c)

式中 V——构件斜截面上的最大剪力设计值；

β_c——混凝土强度影响系数，当混凝土强度等级不超过 C50 时，取 $\beta_\mathrm{c}=1.0$；当混凝土强度等级为 C80 时，取 $\beta_\mathrm{c}=0.8$，其间按直线内插法计算；

f_c——混凝土轴心抗压强度设计值；

b——矩形截面宽度，对于 T 形截面和 I 形截面为腹板宽度；

h_w——截面的腹板高度，对矩形截面取有效高度 h_0，对 T 形截面取有效高度减去上翼缘高度 $(h_0-h'_\mathrm{f})$，对 I 形截面取腹板净高度 $(h-h'_\mathrm{f}-h_\mathrm{f})$。

以上各式表示梁在相应情况下斜截面抗剪承载力的上限值。当上述条件满足时，说明不会出现斜压破坏，腹筋多少可根据其剪力设计值大小经计算确定。当上述条件不满足时，必须加大截面尺寸或提高混凝土的强度等级。

(2)下限值——箍筋最小配筋率

和规定纵向受拉钢筋的配筋率不小于其最小配筋率来保证不发生少筋梁破坏一样，为了避免发生斜拉破坏，穿过斜裂缝的钢筋(腹筋)不能太少，由于可能没有弯起钢筋，规范是通过规定箍筋的配筋率不低于箍筋的最小配筋率来防止发生斜拉破坏的，具体规定如下。

①当梁的剪力设计值满足 $V\leqslant V_\mathrm{c}$ 时，即

一般梁 $\qquad V\leqslant 0.7f_\mathrm{t}bh_0$ (6.22a)

以集中荷载为主的梁

$$V\leqslant \frac{1.75}{\lambda+1.0}f_\mathrm{t}bh_0$$ (6.22b)

理论上混凝土本身就能抵抗其剪力，不需要按计算设置腹筋，但工程上仍需按构造要求配置箍筋，即箍筋的最小直径应满足表 6.1 的构造要求，箍筋的最大间距应满足表 6.2 的构造要求。

②当梁的剪力设计值不满足 $V\leqslant 0.7f_\mathrm{t}bh_0$ 时，需要经计算来确定腹筋数量，其中，所选配的箍筋除满足表 6.1、表 6.2 关于直径和间距的构造要求外，还要满足下面关于最小配筋率的要求，即

$$\rho_\mathrm{sv}=\frac{A_\mathrm{sv}}{bs}\geqslant 0.24\frac{f_\mathrm{t}}{f_\mathrm{yv}}$$ (6.23)

表 6.1 梁内箍筋的最小直径

梁高 h	箍筋最小直径	梁高 h	箍筋最小直径
$h \leqslant 800$ mm	6 mm	$h > 800$ mm	8 mm
		有计算的纵向受压钢筋时	$d/4$（d 为受压钢筋直径）

表 6.2 梁中箍筋最大间距 s_{max}（mm）

项 次	梁 高 h(mm)	$V > 0.7f_t bh_0$	$V \leqslant 0.7f_t bh_0$
1	$150 < h \leqslant 300$	150	200
2	$300 < h \leqslant 500$	200	300
3	$500 < h \leqslant 800$	250	350
4	$h > 800$	300	400

6.3.2 斜截面抗剪承载力计算方法

1. 计算位置

控制梁斜截面抗剪承载力的位置应该是那些剪力设计值较大而抗剪承载力又较小的斜截面或斜截面抗剪承载力改变处的斜截面。设计中一般取下列斜截面作为梁抗剪承载力的计算截面。

(1)支座边缘处的截面[图 6.13(a)截面 1—1]；

(2)受拉区弯起钢筋起弯点截面[图 6.13(a)截面 2—2、3—3]；

(3)箍筋截面面积或间距改变处的截面[图 6.13(b)截面 4—4]；

(4)腹板宽度改变处的截面。

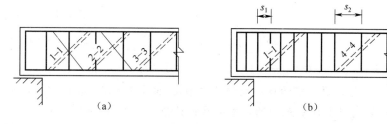

图 6.13 斜截面抗剪承载力的计算位置

2. 截面复核

已知：截面剪力设计值(V)，混凝土强度等级(f_c, f_t)，钢筋级别(f_y, f_{yv})，混凝土截面尺寸(b, h_0)，箍筋配置情况(n, A_{sv1}, s)，弯起钢筋截面面积及弯起角度(A_{sb}, α_{sb})。

求：V_u 并验算 $V \leqslant V_u$。

第一步：由公式(6.21)检查截面限制条件。如不满足，应修改截面尺寸；如满足则进行下一步计算。

第二步：验算箍筋直径和间距。当 $V > 0.7f_t bh_0$ 时，检查是否满足条件式(6.23)。如不满足，说明箍筋配置不符合规范要求，应修改箍筋配置；如满足要求，则进行下一步计算。

第三步：在以上检查都通过的情况下，对于既配有箍筋又配有弯起钢筋的梁，将各已知数据代入式(6.19)或式(6.20)，对于仅配有箍筋的梁，则代入式(6.16)或式(6.17)，检验不等式条件是否满足。若满足则斜截面抗剪承载力足够，否则需修改设计，重新复核。

【例题 6.1】　已知某承受均布荷载的钢筋混凝土矩形截面简支梁,混凝土截面尺寸为 $b \times h = 200 \text{ mm} \times 400 \text{ mm}$,$a_s = 40 \text{ mm}$,安全等级为二级,环境类别为一类,混凝土强度等级为 C20,箍筋采用 HPB300 级,双肢 $\Phi 8$,间距 $s = 200 \text{ mm}$。

求:(1)该梁所能承受的最大剪力设计值 V_u;

(2)若梁的净跨 $l_n = 4.26 \text{ m}$,求按斜截面抗剪条件所能承受的均布荷载设计值 q。

【解】　(1)基本数据准备

查附表 1 得 $f_t = 1.1 \text{ N/mm}^2$,$f_c = 9.6 \text{ N/mm}^2$。因为 C20<C50,所以 $\beta_c = 1.0$。查附表 6 得 $f_{yv} = 270 \text{ N/mm}^2$。

$$h_0 = h - a_s = 400 - 40 = 360 \text{(mm)}$$
$$A_{sv} = nA_{sv1} = 2 \times 50.3 = 100.6 \text{(mm}^2)$$

(2)验算适用条件

①上限值验算——非斜压破坏

由于此梁尚未计算出 V_u,可以先假定最小截面尺寸满足要求。

②下限值验算——非斜拉破坏

由表 6.1,知箍筋直径满足要求;由表 6.2,知箍筋间距满足要求。同样由于此梁没有明确荷载大小,加上已配置箍筋,可以认为属于 $V > V_c$ 的情况,因此应用式(6.23)判断:

$$\rho_{sv} = \frac{A_{sv}}{bs} = \frac{100.6}{200 \times 200} = 0.25\% \geqslant 0.24 \frac{f_t}{f_{yv}} = 0.24 \times \frac{1.1}{270} = 0.098\%$$

既非斜压破坏,又非斜拉破坏,斜截面只可能是剪压破坏。

(3)计算 V_u

将已知数据代入式(6.16),有

$$V_u = V_{cs} = 0.7 f_t b h_0 + \frac{h_0}{s} A_{sv} f_{yv}$$

$$= 0.7 \times 1.1 \times 200 \times 360 + \frac{360}{200} \times 100.6 \times 270 = 104\ 331.6 \text{ N} \approx 104.3 \text{(kN)}$$

[有了 V_u 后,按式(6.21a),有 $V_u = 104.3 \text{ kN} \leqslant 0.25 \beta_c f_c b h_0 = 0.25 \times 1.0 \times 9.6 \times 200 \times 360 = 172\ 800 \text{(N)} = 172.8 \text{ kN}$,说明前面最小截面尺寸满足,假定正确,其后的计算结果正确。]

(4)按抗剪承载力计算所能承受的均布荷载设计值 q

$$q = \frac{2V_u}{l_n} = \frac{2 \times 104.3}{4.26} = 49.0 \text{(kN/m)}$$

【例题 6.2】　已知某承受集中荷载的钢筋混凝土矩形截面简支梁(独立梁),$L = 3.2 \text{ m}$,集中荷载设计值 $P = 200 \text{ kN}$。荷载作用位置、混凝土截面尺寸、配筋情况如图 6.14 所示。已知:$a_s = 41 \text{ mm}$,安全等级为二级,环境类别为一类,混凝土强度等级为 C30,箍筋采用 HPB300 级,双肢 $\Phi 8$,间距 $s = 150 \text{ mm}$。试验算该梁的抗剪承载力。

【解】　(1)基本数据准备

查附表 1 得 $f_t = 1.43 \text{ N/mm}^2$,$f_c = 14.3 \text{ N/mm}^2$,因为 C30<C50,所以 $\beta_c = 1.0$;查附表 6 得 $f_{yv} = 270 \text{ N/mm}^2$。

$$h_0 = h - a_s = 500 - 41 = 459 \text{(mm)}$$
$$A_{sv} = nA_{sv1} = 2 \times 50.3 = 100.6 \text{(mm}^2)$$

截面最大剪力(A 截面)设计值为

$$V_{max} = \frac{2\ 000}{3\ 200} \times 200 = 125\ kN$$

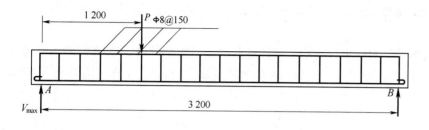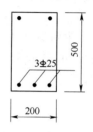

图 6.14 荷载布置及配筋情况

（2）验算适用条件

①下限值验算——非斜拉破坏

$$\lambda = \frac{1\ 200}{459} = 2.61, \quad 1.5 < 2.61 < 3.0,\ 取\ \lambda = 2.61$$

因为

$$\frac{1.75}{\lambda + 1} f_t bh_0 = \frac{1.75}{2.61 + 1} \times 1.43 \times 200 \times 459 = 63\ 637(N) \approx 63.6\ kN$$

$$V_{max} = 125\ kN > 63.6\ kN$$

由表 6.1 知箍筋直径满足要求，由表 6.2 知箍筋间距满足要求。

由式（6.23）判断如下：

$$\rho_{sv} = \frac{A_{sv}}{bs} = \frac{100.6}{200 \times 150} = 0.335\% \geqslant 0.24 \frac{f_t}{f_{yv}} = 0.24 \times \frac{1.43}{270} = 0.127\%$$

②上限值验算——非斜压破坏

$h_w/b = 459/200 = 2.3 < 4$，属一般梁。

$$0.25\beta_c f_c bh_0 = 0.25 \times 1 \times 14.3 \times 200 \times 459 = 328\ 185(N) \approx 328.2(kN)$$

所以 $\qquad V_u = V_{max} = 125\ kN < 0.25\beta_c f_c bh_0 = 328.2(kN)$

不会发生斜压破坏。既非斜压破坏，又非斜拉破坏，斜截面只可能是剪压破坏。

（3）验算抗剪承载力

$$V_u = \frac{1.75}{\lambda + 1} f_t bh_0 + f_{yv} \frac{h_0}{s} A_{sv} = \frac{1.75}{2.61 + 1} \times 1.43 \times 200 \times 459 + 270 \times \frac{459}{150} \times 100.6 \approx 146.8(kN)$$

$$V_u = 146.8kN > V_{max} = 125\ kN（安全）$$

3. 截面设计

已知：截面剪力设计值（V）、混凝土强度等级（f_c, f_t）、钢筋级别（f_y, f_{yv}）、混凝土截面尺寸（$b \times h, h_0$）。

试设计腹筋。

第一步：由条件式（6.21）检查截面限制条件，如不满足，应修改截面尺寸；如满足则进行下一步。

第二步：由条件式（6.22）检查是否需按计算设置腹筋。

第三步：设计箍筋。若不需按计算设置箍筋，则只需按构造要求选择箍筋肢数、直径和间距，箍筋直径、间距应分别满足表 6.1、表 6.2 要求。若需要按计算设置且仅配箍筋时，则先选定箍筋肢数、直径（箍筋直径应满足表 6.1 要求），然后由式（6.16）或式（6.17）计算箍筋间距，根据计算结果选定箍筋间距(选定的箍筋间距应满足表 6.2 的要求),箍筋最后应满足条件式(6.23)。若需要按计算设置腹筋且既配箍筋又配弯起钢筋时,则先选定箍筋肢数、直径(箍筋直径应满足表 6.1 要求)和箍筋间距(箍筋间距应满足表 6.2 的要求),设计的箍筋应满足条件式(6.23)。

第四步:设计弯起钢筋。对既设计箍筋又设计弯起钢筋的情况,根据已知条件和箍筋配置情况,由式(6.16)或式(6.17)计算 V_{cs},再根据式(6.19)或式(6.20)计算所需弯起钢筋面积,即

$$A_{sb} \geqslant \frac{V - V_{cs}}{0.8 f_y \sin \alpha_{sb}} \tag{6.24}$$

最后选择和布置弯起钢筋。

式(6.24)中的剪力 V 按如下规则取值:计算第一排弯起钢筋(从支座算起)时,取支座边缘处的剪力值。计算以后每一排弯起钢筋时,取前一排弯起钢筋起弯点处的剪力值。

【例题 6.3】 已知某承受均布荷载的钢筋混凝土矩形截面简支梁,净跨度 $l_n = 3.56$ m,均布荷载设计值(包括自重)$q = 96$ kN/m,混凝土截面尺寸 $b \times h = 200$ mm × 500 mm,$a_s = 44$ mm,安全等级为二级,混凝土强度等级为 C25,箍筋采用 HRB335 级。试配置箍筋。

【解】 (1)基本数据准备

查附表 1 得 $f_t = 1.27$ N/mm², $f_c = 11.9$ N/mm²,因为 C20 < C50,所以 $\beta_c = 1.0$;查附表 6 得 $f_{yv} = 300$ N/mm²。

$$h_0 = h - a_s = 500 - 44 = 456 \text{(mm)}$$

$$V_{max} = \frac{1}{2} q l_n = \frac{1}{2} \times 96 \times 3.56 = 170.88 \text{(kN)}$$

(2)验算截面限制条件

因为 $h_w/b = 456/200 = 2.28 < 4$,属于一般梁,由式(6.21a)有

$0.25 \beta_c f_c b h_0 = 0.25 \times 1.0 \times 11.9 \times 200 \times 456 = 271\ 320\ \text{N} = 271.32 \text{(kN)}$

$$V = 170.88 \text{ kN} \leqslant 0.25 \beta_c f_c b h_0 = 271.32 \text{(kN)} \quad \text{(可以)}$$

(3)检查是否需按计算设置箍筋

由式(6.22a),因为

$0.7 f_t b h_0 = 0.7 \times 1.27 \times 200 \times 456 = 81\ 076.8\ \text{N} = 81.076\ 8 \text{(kN)}$

$$V = 170.88 \text{ kN} > 0.7 f_t b h_0 = 81.076\ 8 \text{(kN)}$$

需要按计算配置箍筋。

(4)设计箍筋

选用双肢 $\Phi 8$ 箍筋(直径满足表 6.1 要求):

$$A_{sv} = n A_{sv1} = 2 \times 50.3 = 100.6 \text{(mm}^2)$$

由式(6.16)有

$$s \leqslant \frac{h_0 A_{sv} f_{yv}}{V - 0.7 f_t b h_0} = \frac{456 \times 100.6 \times 300}{170.88 \times 10^3 - 81\ 076.8} = 153 \text{(mm)}$$

选 $s = 150$ mm(由表 6.2,$s_{max} = 200$ mm,箍筋间距满足要求),由式(6.23)有

$$\rho_{sv} = \frac{A_{sv}}{bs} = \frac{100.6}{200 \times 150} = 0.34\% \geqslant 0.24 \frac{f_t}{f_{yv}} = 0.24 \times \frac{1.27}{300} = 0.1\% \quad \text{(可以)}$$

【例题 6.4】 已知条件同例 5.12。箍筋采用 HPB300 级。试设计箍筋和弯起钢筋。

【解】 (1)基本数据准备

查附表 1 得 $f_t = 1.1$ N/mm², $f_c = 9.6$ N/mm²，因为 C20＜C50，所以 $\beta_c = 1.0$；

查附表 6 得 $f_{yv} = 270$ N/mm², $f_y = 300$ N/mm²。

按图 5.27，$a_s = 55$ mm，$h_0 = 545$ mm。

(2)上限值验算——非斜压破坏

$$0.25\beta_c f_c b h_0 = 0.25 \times 1 \times 9.6 \times 250 \times 545 = 327\ 000\ \text{N} = 327(\text{kN})$$

$$V_{max} = 160.6\ \text{kN} \leqslant 0.25\beta_c f_c b h_0 = 327\ \text{kN}（可以）$$

(3)验算是否需按计算设计箍筋

$\lambda = 2\ 000/545 = 3.7 > 3$，取 $\lambda = 3$，由式(6.22b)知

$$\frac{1.75}{\lambda + 1.0} f_t b h_0 = \frac{1.75}{3 + 1} \times 1.1 \times 250 \times 545 = 65\ 570.3(\text{N}) \approx 65.57(\text{kN})$$

$$V_{max} = 160.6\ \text{kN} > \frac{1.75}{\lambda + 1.0} f_t b h_0 = 65.57(\text{kN})$$

需要按计算设置腹筋。

(4)箍筋设计

考虑到剪力值较大，也为了节约箍筋，同时采用箍筋和弯起钢筋。

全梁箍筋选用双肢Φ8@200(满足表 6.1、表 6.2 关于箍筋直径和间距要求)，由式(6.23)有

$$\rho_{sv} = \frac{A_{sv}}{bs} = \frac{2 \times 50.3}{250 \times 200} = 0.2\% > 0.24\frac{f_t}{f_{yv}} = 0.24 \times \frac{1.1}{270} = 0.098\%\quad（可以）$$

$$V_{cs} = \frac{1.75}{\lambda + 1} f_t b h_0 + \frac{h_0}{s} A_{sv} f_{yv}$$

$$= 65\ 570.3 + \frac{545}{200} \times 2 \times 50.3 \times 270 = 65\ 570.3 + 74\ 016.5 = 139\ 586.8(\text{N}) \approx 139.6(\text{kN})$$

因为 AB、CD 梁段剪力值 $V > V_{cs}$，需设计弯起钢筋。DE 梁段虽没精确计算 V_{cs}，但仅 h_0 不同，差别不会太大，不需要设计弯起钢筋。

(5) 弯起钢筋设计

因为 CD 梁段的剪力值最大，先由式(6.24)计算 CD 梁段的弯起钢筋如下(假定弯起角度为 45°)：

$$A_{sb} \geqslant \frac{V - V_{cs}}{0.8 f_y \sin \alpha_{sb}} = \frac{(160.6 - 139.6) \times 10^3}{0.8 \times 300 \times \sin 45°} = 123.7(\text{mm}^2)$$

每一排弯起一根Φ18($A_{sb} = 254.5$ mm²)。

因为 AB 梁段的剪力值小于 CD 梁段，又必须配置弯起钢筋，故可在 AB 梁段沿跨中对称布置。腹筋布置情况如图 6.16(见后)所示。

6.4　斜截面抗弯承载力

从图 6.3 可知，斜裂缝出现后，斜截面 JH 需要承受的弯矩 M_C 大于斜裂缝始端正截面 J

所承受的弯矩 M_J。可见,在梁的设计中,除了要保证正截面抗弯承载力和斜截面抗剪承载力外,还应保证斜截面抗弯承载力。为此,先介绍抵抗弯矩图。

6.4.1 抵抗弯矩图及纵向受力钢筋的弯起和截断——正截面抗弯承载力校核

抵抗弯矩图(也叫材料图)是在设计弯矩 M 图上按同一比例绘出的由实际配置的纵向受力钢筋所确定的梁上各正截面所能抵抗的弯矩 M_u 图形。如果抵抗弯矩图完全包围设计弯矩图(即任何截面都有 $M \leqslant M_u$),说明梁各正截面抗弯承载力满足要求;反之,抵抗弯矩图截入设计弯矩图(即有些截面出现 $M > M_u$),说明梁在截入处的抗弯承载力不满足要求。

1. 纵筋配置沿梁长不变的 M_u 图

图 6.15 所示为一均布荷载作用下的简支梁及其弯矩图。正截面抗弯承载力计算时已保证弯矩控制截面(即跨中截面)的抗弯承载力 $M_{max} \leqslant M_u$,由于是等截面梁且纵向受力钢筋沿梁长度方向没有变化(无弯起和截断),所以各截面的 M_u 值相同,故 M_u 图是矩形 aa' cc'。由于 M_u 完全包围设计弯矩图,梁的各正截面抗弯承载力满足要求。

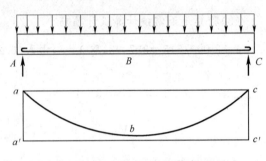

图 6.15 纵筋沿梁长不变的 M_u 图

2. 纵向受拉钢筋弯起和截断的 M_u 图

纵向受力钢筋沿梁长不变,虽然比较简单,但设计弯矩较小处,纵向受力钢筋富余较多。另一方面,斜截面抗剪又需要另外加设抗剪钢筋,很不经济。为了节约钢筋,将富余的纵向受拉钢筋弯起和截断是合理的。

现以图 6.16 所示梁(详见例题 5.12 和例题 6.4)中④号钢筋在跨内的弯起、③、④号钢筋在悬臂端的截断情况为例,其 M_u 图的画法如下:

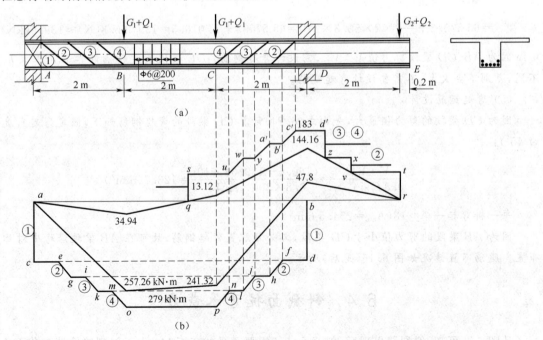

图 6.16 纵向受拉钢筋弯起和截断的 M_u 图及例题 5.12、例题 6.4 的配筋情况

首先,跨中实际配置纵向受拉钢筋 7 Φ 18,共能承受弯矩 $M_u = 279$ kN·m,按与设计弯矩图同一比例绘出水平线 op,此即跨内纵向受拉钢筋不弯起不截断的梁段的 M_u 图。近似地按纵向受拉钢筋截面面积的比例划分出各钢筋编号所能承担的极限弯矩(略去内力偶臂的不同),这样,每根钢筋所能承担的极限弯矩 $M_{ui} = M_u \dfrac{A_{si}}{A_s} = \dfrac{279}{7} = 39.86$ kN·m (A_{si} 为第 i 根钢筋的截面面积),据此绘出水平线 kl、gh 和 cd (因为弯起编号为④、③、②的三根钢筋,在图中每一根钢筋占一等格,共占三等格)。其余四根钢筋(即编号为①的四根钢筋)占四格,即图中 ac 段。

其次,因为把编号为④的钢筋从 p 点的竖直位置弯起,并在 n 点的竖直位置上与梁轴线相交(弯起点至该交点,④号钢筋被认为处于受拉区,因此可以抵抗弯矩,而一旦进入受压区,便被认为不再具备抵抗弯矩的能力),在抵抗弯矩图上,点 pn 之间用直线连接,n 点以右,④号钢筋便没有抵抗正弯矩那一格了。

同理,可绘出④号钢筋在左端弯起及其他编号钢筋弯起时的抵抗弯矩图。

对悬臂梁段,支座实际配置纵向受拉钢筋 5 Φ 18,共能承担弯矩 $M_u = 183$ kN·m,与绘 op 梁段相同的方法绘出 $c'd'$,因为从理论上讲,编号为③、④号的钢筋(在抵抗弯矩图共 5 格中占两格,即 $2M_u/5$)在 z 点的竖直位置上可以截断(z 点因此称为③、④号钢筋的"理论断点")。③、④号钢筋截断后,抵抗弯矩图突减 2 格至 z 点(由于在 z 点有 $M_u = M$,余下的钢筋包括②号钢筋必须充分发挥作用才能抵抗荷载弯矩,所以 z 点同时称为②号钢筋的"充分利用点")。

钢筋弯起和截断的先后顺序是,在同一排钢筋中先中间后两边;对不同排钢筋,先内排后外排。另外,应注意尽可能保持钢筋在截面上的对称性。抵抗弯矩图完全包围设计弯矩图为安全;抵抗弯矩图包围设计弯矩图且又接近,则既安全又经济。

6.4.2 保证斜截面受弯承载力的构造措施

1. 纵向受拉钢筋弯起时的构造措施

图 6.17 中②号钢筋在 G 点弯起时虽然满足了正截面受弯承载力要求,但未必能满足斜截面的受弯承载力要求,只有在满足了一定的构造要求后才能满足斜截面的受弯承载力要求。现说明如下:

如果在支座与弯起点 G 之间发生一条斜裂缝 AB,其顶端 B 恰好在②号钢筋的充分利用点 i(正截面 I 上),显然,斜截面的设计弯矩与正截面的设计弯矩是相同的,都是 M_I。

在正截面 I 上,②号钢筋的抵抗弯矩为

$$M_{2,u,I} = f_y A_2 Z$$

式中,Z 为正截面的内力偶臂。

②号钢筋弯起后,它在斜截面 AB 上的抵抗弯矩为

$$M_{2,u,AB} = f_y A_2 Z_b$$

式中,Z_b 为②号钢筋在斜截面的内力偶臂。

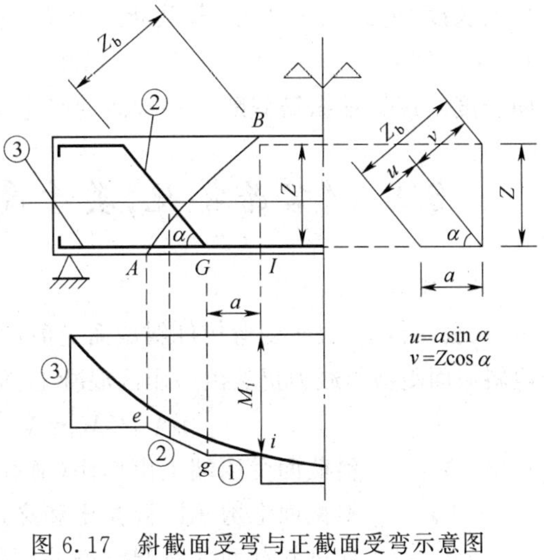

显然,为保证斜截面的受弯承载力,应满足 $M_{2,u,AB} \geqslant M_{2,u,I}$,即 $Z_b \geqslant Z$,由几何关系知

图 6.17 斜截面受弯与正截面受弯示意图

$$Z_b = a\sin\alpha + Z\cos\alpha$$

由 $Z_b \geqslant Z$ 得

$$a \geqslant \frac{Z(1-\cos\alpha)}{\sin\alpha}$$

弯起钢筋的弯起角 α 通常为 $45° \sim 60°$，一般情况下，$Z = 0.9h_0$，故上式中的 a 值约在 $0.37h_0 \sim 0.52h_0$ 之间，为了方便，近似地取

$$a \geqslant 0.5h_0 \tag{6.25}$$

可见，在确定弯起钢筋的弯起点时，必须将弯起钢筋伸过它在正截面中的充分利用点至少 $0.5h_0$ 后才能弯起。在保证了这个构造要求后，斜截面受弯承载力就有保证从而不必进行计算。

2. 纵向受力钢筋截断时的构造要求

纵向受拉钢筋一般不宜在受拉区截断，但是对于悬臂梁或连续梁等构件中承受支座负弯矩的纵向受拉钢筋，为了节约起见，通常按弯矩图形的变化，将计算上不需要的上部纵向受拉钢筋在跨中截断。

图 6.18 中，①号钢筋在截面 1—1 处强度全部得到发挥（充分利用点），在 2—2 截面处按正截面受弯承载力计算已完全不需要（理论断点）。但是，①号钢筋不能在 2—2 截面处截断，因为如果出现斜裂缝 $x—x_1$、$y—x_1$、…时，沿斜截面的弯矩将近似为 M_x，它大于理论断点截面 2—2 的弯矩 M_2，不过，这时斜截面截到的箍筋将参加斜截面的抗弯工作。但是，只有当①号钢筋延伸到足够长度，参加斜截面抗弯的箍筋数量才足以补偿由于①号钢筋截断后脱离工作引起的斜截面上外弯矩 M_x 与钢筋允许抵抗弯矩 M_2 之差额。《混规》取纵筋在受拉区截断时，所必须延伸的长度如图 6.18 所示（当 $V \leqslant 0.7f_t bh_0$ 时，应延伸至理论断点以外不小于 $20d$，且从该钢筋充分利用点伸出的长度 $w_1 \geqslant 1.2l_a$；当 $V > 0.7f_t bh_0$ 时，应延伸至理论断点以外至少 h_0 且不小于 $20d$，且从该钢筋充分利用点伸出的长度 $w_2 \geqslant 1.2l_a + h_0$，若截断点仍位于受拉区，则 $w_3 \geqslant 1.3h_0$ 且 $w_3 \geqslant 20d$，$w_2 \geqslant 1.2l_0 + 1.7h_0$。其中：$l_a$ 为纵向受力钢筋的锚固长度），以保证纵筋截断后斜截面的受弯承载力。

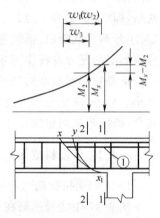

图 6.18　纵向受力钢筋截断时的构造要求

6.5　《公路桥规》关于受弯构件斜截面抗剪计算简介

1. 基本计算公式

《公路桥规》关于受弯构件斜截面受剪计算公式由于荷载情况的不同与《混规》有较大差异，但斜截面受剪承载力仍然由剪压区混凝土、穿过斜裂缝的箍筋和弯起钢筋承受，其表达式为

$$\gamma_0 V_d \leqslant V_u = V_c + V_{sv} + V_{sb} = V_{cs} + V_{sb} \tag{6.26}$$

式中　V_d——斜截面受压端上由作用（荷载）效应所产生的最大剪力组合设计值（kN）；

V_{cs}——斜截面上剪压区混凝土和穿过斜裂缝的箍筋的抗剪承载力设计值（kN）；

V_{sb}——穿过斜截面的弯起钢筋的抗剪承载力设计值（kN）。

斜截面上剪压区混凝土和穿过斜裂缝的箍筋的抗剪承载力设计值 V_{cs} 按下式计算：

$$V_{cs} = \alpha_1 \alpha_3 0.45 \times 10^{-3} bh_0 \sqrt{(2+0.6P)\sqrt{f_{cu,k}}\,\rho_{sv} f_{sv}} \tag{6.27}$$

式中 α_1——异号弯矩影响系数,计算剪支梁的斜截面抗剪承载力时,$\alpha_1=1.0$;

    α_3——受压翼缘的影响系数,取 $\alpha_3=1.1$;

    b——斜截面受压端正截面处,矩形截面宽度或 T 形、I 形截面腹板宽度(mm);

    h_0——斜截面受压端正截面的有效高度;

    P——斜截面内纵向受拉钢筋的配筋百分率,$P=100\rho$,$\rho=\dfrac{A_s}{bh_0}$,当 $P>2.5$ 时,

        取$P=2.5$;

  $f_{cu,k}$——边长为 150 mm 的混凝土立方体抗压强度标准值(MPa),即混凝土强度等级;

    ρ_{sv}——斜截面内箍筋的配筋率;

    f_{sv}——箍筋抗拉强度设计值。

穿过斜截面的弯起钢筋的抗剪承载力设计值 V_{sb} 按下式计算:

$$V_{sb}=0.75\times10^{-3}f_{sd}\sum A_{sb}\sin\theta_s \tag{6.28}$$

式中 θ_s——普通弯起钢筋的切线与梁轴线的夹角。

要用上述公式顺利进行斜截面抗剪计算,必须要知道斜裂缝的水平投影长度。与《混规》取梁的有效高度 h_0 不同,《公路桥规》要求按下式进行计算:

$$c=0.6mh_0 \tag{6.29}$$

式中 m——斜截面受压端正截面处的广义剪跨比,$m=\dfrac{M_d}{V_dh_0}$,当 $m>3$ 时,取 $m=3$;

    M_d——相应于最大剪力组合值的弯矩组合设计值。

2. 公式的适用条件

(1)上限值——最小截面尺寸

为了防止斜压破坏,矩形、T 形和 I 形截面受弯构件的抗剪截面应符合下列要求:

$$\gamma_0V_d\leqslant0.51\times10^{-3}\sqrt{f_{cu,k}}\,bh_0 \tag{6.30}$$

当不满足上述要求时,应考虑加大截面尺寸或提高混凝土强度等级。

(2)下限值——箍筋最小配筋率

为了防止斜拉破坏,梁内箍筋的配筋率不得小于最小配箍率,且箍筋间距不能过大。箍筋的配筋率要求如下:

$$\rho_{sv}\geqslant\rho_{sv,min} \tag{6.31}$$

《公路桥规》规定的箍筋最小配筋率为:R235 级钢筋 0.18%;HRB335 级钢筋 0.12%。

理论上,当剪力设计值不超过剪压区混凝土的抗剪能力设计值,就无需按计算配置箍筋,只需按构造要求设置箍筋。《公路桥规》规定,矩形、T 形和 I 形截面受弯构件,当满足下列条件时,无需进行抗剪承载力计算而按构造要求配置箍筋:

$$\gamma_0V_d\leqslant0.50\times10^{-3}f_{td}bh_0 \tag{6.32}$$

式中 f_{td}——混凝土抗拉强度设计值。

6.6 小 结

(1)斜截面受剪承载力、受弯承载力和正截面承载力一样重要,要引起高度重视。

(2)钢筋混凝土受弯构件的斜截面受剪破坏有三种,即斜拉破坏、斜压破坏和剪压破坏。它们的破坏特性和防止破坏的措施分别类似于正截面的三种破坏,即少筋破坏、超筋破坏和适筋

破坏。

①斜拉破坏——由于没有足够而有效的钢筋穿过斜截面而发生的"一裂即坏"，箍筋是能够有效约束斜裂缝长度延伸和宽度开展的钢筋，因此，防止该种破坏的措施是规定箍筋的最小配筋率（和间距）。

（少筋破坏——由于没有足够而有效的钢筋穿过正截面而发生的"一裂即坏"，纵向受拉钢筋是能够有效约束竖直裂缝长度延伸和宽度开展的钢筋，因此，防止该种破坏的措施是规定纵向受拉钢筋的最小配筋率。）

②斜压破坏——由于在穿过斜裂缝的腹筋屈服前，剪压区混凝土先被压坏，说明混凝土的受压承载力不足，防止该种破坏的措施是截面限制条件：

对一般梁 $\left(\dfrac{h_{\mathrm{w}}}{b} \leqslant 4.0\right)$：　　　　　　$V \leqslant 0.25\beta_{\mathrm{c}} f_{\mathrm{c}} b h_0$

对薄腹梁 $\left(\dfrac{h_{\mathrm{w}}}{b} \geqslant 6.0\right)$：　　　　　　$V \leqslant 0.2\beta_{\mathrm{c}} f_{\mathrm{c}} b h_0$

当 $4.0 < \dfrac{h_{\mathrm{w}}}{b} < 6.0$ 时，按直线内插法计算，即

$$V \leqslant 0.025\left(14 - \dfrac{h_{\mathrm{w}}}{b}\right)\beta_{\mathrm{c}} f_{\mathrm{c}} b h_0$$

（超筋破坏——由于在穿过竖直裂缝的纵向受拉钢筋屈服前，受压区混凝土先被压坏，说明混凝土的受压承载力不足，防止该种破坏的措施是增大混凝土的截面尺寸，或提高混凝土的强度等级，或采用双筋截面。）

③剪压破坏——剪压区混凝土破坏前，穿过斜裂缝的腹筋先屈服，破坏时延性好于斜拉和斜压破坏，但由于剪切变形本身较小，因此仍属于脆性破坏。防止该种破坏的方法是通过设计计算配置相应的腹筋。

（适筋破坏——受压区混凝土破坏前，穿过竖直裂缝的纵向受拉钢筋先屈服，破坏为延性破坏。防止该种破坏的方法是通过设计计算配置相应的纵向受拉钢筋。）

由剪压破坏形式建立计算公式，由防止斜拉破坏和斜压破坏的措施给出计算公式的适用条件。

（由适筋破坏形式建立计算公式，由防止少筋破坏和超筋破坏的措施给出计算公式的适用条件。）

（3）斜截面受剪承载力的计算位置有四种。

（4）通过抵抗弯矩图是否包住荷载弯矩图判断其他截面的正截面受弯承载力是否足够。

（5）保证斜截面受弯承载力可以通过构造要求实现。当纵向受拉钢筋弯起时，弯起钢筋的起弯点必须伸过它在正截面中被充分利用点至少 $0.5h_0$；当纵向受拉钢筋截断时，必须满足6.4.2 之 2 的构造要求。

（6）《公路桥规》关于受弯构件斜截面受剪承载力的计算公式与《混规》相差较大，但总体思想是类似的。

 思 考 题

6.1　所谓的无腹筋梁（试验用的无腹筋梁）是什么梁？

6.2　无腹筋简支梁斜裂缝出现后，受力情况发生了什么质的变化？

6.3　什么叫腹剪斜裂缝和弯剪斜裂缝？

6.4　什么叫剪跨比？它对无腹筋梁斜截面受剪破坏有何影响？

6.5　无腹筋梁斜截面受剪破坏有哪几种？

6.6　如何防止发生斜拉破坏和斜压破坏？

6.7　箍筋配筋率是如何定义的？

6.8　为什么要规定箍筋的最小配筋率而不规定弯起钢筋的最小配筋率？

6.9　在斜截面受剪计算时，应计算哪几种斜截面？哪种斜截面可能不只一个？

6.10　箍筋为什么既要满足最小配筋率要求，又要满足最大间距要求？

6.11　设计板时为何一般不进行斜截面受剪计算，不配置箍筋？

6.12　板中弯起钢筋与梁中弯起钢筋的作用有什么不同？

6.13　影响梁斜截面抗剪的主要因素有哪些？

6.14　何谓纵向受拉钢筋的"理论断点"和"充分利用点"？

6.15　纵向受拉钢筋弯起时，为什么要伸过其"充分利用点"至少 $0.5h_0$？

 习　题

6.1　已知某受均布荷载的钢筋混凝土矩形截面梁截面尺寸 $b \times h = 250\ \text{mm} \times 600\ \text{mm}$，$a_s = 40\ \text{mm}$，采用 C20 混凝土，箍筋为 HPB300 级钢筋。剪力设计值 $V = 150\ \text{kN}$，环境类别为一类。采用 $\phi 6$ 双肢箍筋。试设计箍筋间距 s。

6.2　某 T 形截面简支梁截面尺寸 $b \times h = 200\ \text{mm} \times 500\ \text{mm}$，取 $a_s = 40\ \text{mm}$，$b_f' = 400\ \text{mm}$，$h_f' = 100\ \text{mm}$；采用 C25 混凝土，箍筋为 HPB300 级钢筋；以承受集中荷载为主，支座边剪力设计值为 $V = 120\ \text{kN}$，剪跨比 $\lambda = 3$。环境类别为一类。试设计箍筋。

6.3　已知某均布荷载作用下的钢筋混凝土矩形截面简支梁，计算跨度 $l_0 = 6\ 000\ \text{mm}$，净跨 $l_n = 5\ 740\ \text{mm}$，截面尺寸 $b \times h = 250\ \text{mm} \times 550\ \text{mm}$，采用 C30 混凝土，HRB335 级纵向钢筋和 HPB300 级箍筋。若梁的纵向受拉钢筋为 $4\,\underline{\Phi}\,22(a_s = 37\ \text{mm})$。试求：当采用 $\phi 6@130$ 双肢箍筋时，梁所能承受的荷载设计值 $g + q$？

7 受扭构件承载力计算

7.1 概　述

在实际工程中,钢筋混凝土构件除了承受弯矩、剪力、轴向拉力与压力之外,还要承受扭矩的作用,因此受扭也是钢筋混凝土结构构件的一种基本受力方式。

引起钢筋混凝土构件受扭的原因有很多,按照不同的受扭原因,大致可以将扭转分成两类:平衡扭转与协调扭转。

凡是构件所承受的扭矩可以由静力平衡条件计算求得,且与受扭构件本身抗扭刚度无关的,称之为平衡扭转。在平衡扭转的情况下,受扭构件属于静定结构,如果受扭构件的抗扭承载力不足,构件就会发生破坏。图 7.1 所示房屋建筑工程中雨棚等悬挑构件的支承梁、吊车梁等均属于平衡扭转情况。

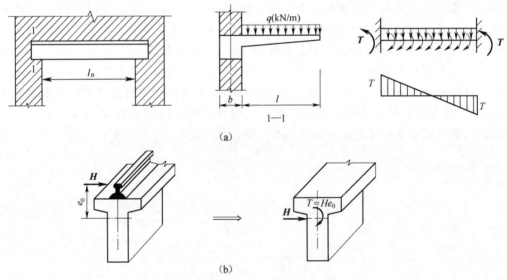

图 7.1　实际工程中的受扭构件示例

另一类受扭构件中,作用在构件上的扭矩是由于与其相邻的构件发生了变形且要满足变形协调条件而引起的,扭矩不能单独由静力平衡条件求得,还必须要考虑构件之间的变形协调条件;扭矩的大小由受扭构件与相邻构件的刚度比决定,构件属于超静定结构,必须要通过力的平衡、变形协调与物理关系才能求出,此类受扭构件称之为协调扭转,图 7.2 所示房屋建筑工程中楼层结构的边梁属于此类扭转,此外螺旋形楼梯以及桥梁工程中的曲线形桥也属于此类扭转。

在协调扭转中,受扭构件承担的扭矩是变化的。如图 7.2,当边梁(CD)承担的扭矩达到一定值后,边梁将出现裂缝;出现裂缝后由于边梁的扭转刚度明显降低,扭转角急剧增大,产生了内力重分布现象,作用在边梁上的扭矩也很快随之减小。对于这类扭转,由于受力情况较复杂,其扭矩的大小是变化的且不易计算,工程上一般采用一些抗扭的构造措施予以解决,而不进行受扭计算。因此,本章所讨论的受扭构件均属于第一类受扭构件,即平衡扭转。

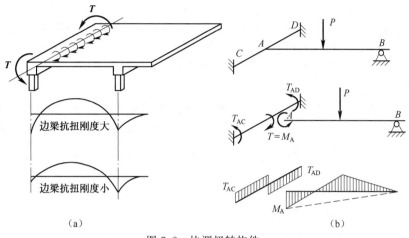

图 7.2　协调扭转构件

7.2　纯扭构件的受力性能

7.2.1　素混凝土纯扭构件的受力性能

类似于受剪无腹筋钢筋混凝土构件可以承担一定的剪力,素混凝土受扭构件也能够承担一定的扭矩。

图 7.3(a)所示为一素混凝土矩形截面构件,在扭矩 T 作用下,截面上将产生剪应力 τ 及相应的主拉应力 σ_{tp} 与主压应力 σ_{cp},根据微元体平衡条件可知:

$$\sigma_{tp} = \sigma_{cp} = \tau \tag{7.1}$$

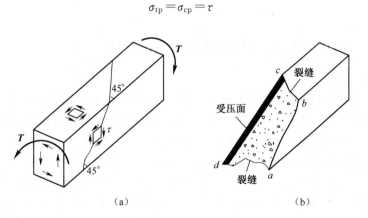

图 7.3　矩形截面纯扭构件的应力分布及破坏形态

当主拉应力超过混凝土抗拉强度时,混凝土将在垂直于主拉应力方向开裂。由弹性理论分析可知,矩形截面长边中点的剪应力最大,因此裂缝首先发生在长边中点附近混凝土抗拉薄弱部位,其方向与构件纵轴线形成 45°角。这条初始斜裂缝很快向构件的上下边缘延伸,接着沿顶面和底面继续发展,最后构件三面开裂[图 7.3(b)中的 ab、bc、ad 裂缝],背面沿 cd 两点连线的混凝土被压碎，从而形成一个空间扭曲面。由于混凝土的抗拉强度远低于其抗压强度，因此素混凝土纯扭构件开裂扭矩较小，并且一旦开裂，构件很快形成空间扭曲破坏面，最后导致构件断裂。这种破坏形态称为沿空间扭曲面的斜弯型破坏，属于脆性破坏。

7.2.2　素混凝土纯扭构件的承载力计算

由于素混凝土纯扭构件一经开裂后，很快就达到承载力极限状态而破坏，因此开裂扭矩 T_{cr} 和极限扭矩 T_u 甚为接近，可以认为 $T_{cr} \approx T_u$。

分析素混凝土纯扭构件的开裂扭矩有弹性和塑性两种方法。

1. 弹性分析方法

用弹性分析方法分析混凝土纯扭构件承载力时，将混凝土视为单一匀质弹性材料，在扭矩作用下，矩形截面中的剪应力分布如图 7.4(a)所示。离中心最远四个角点上的剪应力为零，最大剪应力 τ_{max} 发生在截面长边的中点，其开裂扭矩 T_{cr} 即受扭承载力为

$$T_{cr} = \tau_{max} W_{te} = f_t W_{te} \tag{7.2}$$

式中　W_{te}——截面抗扭弹性抵抗矩；

　　　f_t——混凝土抗拉强度设计值；

　　　τ_{max}——截面中的最大剪应力。

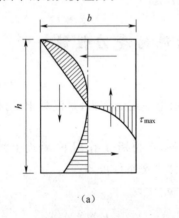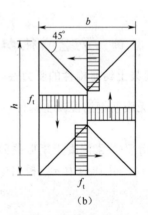

图 7.4　矩形截面纯扭构件截面上的剪应力分布

2. 塑性分析方法

用塑性分析方法分析混凝土纯扭构件承载力时，将混凝土视为理想弹塑性材料。按塑性分析方法，当截面上某一点的最大剪应力或者主拉应力达到混凝土抗拉强度时，构件并不立即破坏，而是保持屈服强度继续变形，扭矩仍可继续增长，直至截面上的剪应力全部达到屈服强度时，构件才达到极限承载能力。此时截面上的剪应力分布图为矩形，如图 7.4(b)所示，截面处于全塑性状态，由此剪应力产生的扭矩即为构件所能承担的开裂扭矩或极限扭矩。为了计算此开裂扭矩，可以将图 7.4(b)所示界面划分成四个区，取屈服剪应力 $\tau_y = f_t$，分别计算各区合力及其对截面形心（扭心）的力偶之和，可求得塑性极限扭矩为

$$T_{cp} = f_t W_t = f_t \frac{b^2}{6}(3h-b) \tag{7.3}$$

式中　W_t——截面抗扭塑性抵抗矩，$W_t = \dfrac{b^2}{6}(3h-b)$。

实际上混凝土材料既非完全弹性也非理想弹塑性，而是介于两者之间的弹塑性材料，

达到开裂极限状态时截面的应力分布介于弹性与理想弹塑性之间,因此开裂扭矩也应介于 T_{cr} 和 T_{cp} 之间,试验结果也证明了这一点。为简便实用,可以按照塑性剪应力分布计算构件的开裂扭矩,并引入修正降低系数以考虑非完全塑性剪应力分布的影响。根据试验结果,修正系数值在 $0.87\sim0.97$ 之间,《混规》为偏于安全起见,取修正系数值为 0.7,即开裂扭矩的计算公式为

$$T_{cr}=0.7f_tW_t \tag{7.4}$$

7.2.3 钢筋混凝土纯扭构件的受力性能

如上所述,素混凝土纯扭构件一旦开裂就很快发生破坏,受扭承载力较低,且属于脆性破坏。因此实际工程中的受扭构件一般均应配置钢筋,配筋受扭构件的承载力与延性将明显提高。

根据扭矩在构件中引起的主拉应力方向,最有效的配筋方式应将受扭钢筋布置成为与构件纵轴线大致呈 $45°$ 交角的螺旋形钢筋,使得螺旋形钢筋与斜裂缝方向垂直。但由于螺旋钢筋施工复杂,并且单向螺旋形钢筋也不能适应扭矩方向的改变,因此实际工程中一般都采用纵向钢筋和箍筋作为受扭钢筋。

值得指出的是,纵向抗扭钢筋必须要沿截面四周对称布置。试验结果表明,非对称配置的纵向抗扭钢筋在受扭中不能充分发挥作用。抗扭箍筋应沿构件长度布置,并采用封闭箍。纵向钢筋和箍筋的布置方向虽然与斜裂缝的方向不垂直,但也能发挥抗扭作用。

由于受扭钢筋由纵向钢筋和封闭箍筋两部分组成,因此构件的受扭性能及其极限承载力不仅与配筋量有关,还与两部分钢筋的配筋强度比有关。因此,在这里有必要引入配筋强度比 ζ 的概念。

1. 纵向钢筋和箍筋配筋强度比 ζ

定义纵筋与箍筋的配筋强度比 ζ 为

$$\zeta=\frac{A_{stl}f_y/u_{cor}}{A_{st1}f_{yv}/s}=\frac{A_{stl}s}{A_{st1}u_{cor}}\cdot\frac{f_y}{f_{yv}} \tag{7.5}$$

式中　A_{stl}——对称布置的全部受扭纵筋截面面积;

　　　　A_{st1}——抗扭箍筋的单肢截面面积;

　　　　f_y——纵筋的抗拉强度设计值;

　　　　f_{yv}——箍筋的抗拉强度设计值;

　　　　s——箍筋沿构件纵轴线的间距;

　　　　u_{cor}——截面核心部分的周长,$u_{cor}=2\times(b_{cor}+h_{cor})$,$b_{cor}$ 和 h_{cor} 分别为从箍筋内表面计算的截面核心部分的短边和长边尺寸,见图 7.5。

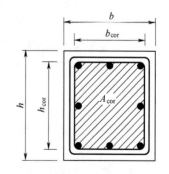

图 7.5　截面核心

试验表明,当 $0.5\leqslant\zeta\leqslant2.0$ 时,受扭破坏时纵筋和箍筋基本上都能达到屈服强度。但是,由于两种钢筋配筋量的差别,屈服的次序是有先后的,配筋量少的钢筋往往先屈服。《混规》建议取 $0.6\leqslant\zeta\leqslant1.7$,具体的工程设计中,可取 $\zeta=1.0\sim1.2$ 之间。

2. 钢筋混凝土纯扭构件的破坏特征

类似于受弯构件,根据配筋率的大小,受扭构件的破坏特征可以分成为适筋破坏、少筋破坏、部分超筋破坏与完全超筋破坏。

（1）少筋破坏：当抗扭纵筋和箍筋都配置过少，或者两者中有一种配置过少时，一旦开裂，配筋不能足以承担混凝土开裂后释放的拉应力，将导致扭转角迅速增大，与构件中的受弯少筋梁类似，"一裂即坏"，极限扭矩与开裂扭矩非常接近。这种少筋构件的破坏特征与极限承载力其实与不配钢筋的素混凝土构件没有本质差别，其破坏过程迅速而突然，无预兆，属受拉脆性破坏。工程设计中应避免少筋构件，因此《混规》分别规定了抗扭纵向钢筋与箍筋的最小配筋率以防止少筋破坏。

（2）适筋破坏：对于抗扭纵筋和箍筋都合适的情况，构件开裂后，与斜裂缝相交的纵筋与箍筋承担了大部分的拉应力。随着扭矩的增大，这两种钢筋都能够达到屈服强度，然后混凝土被压坏，构件宣告破坏。与受弯适筋梁类似，适筋抗扭构件的破坏具有一定的延性性质，其受扭极限承载力大小与配筋量有关，工程中应尽可能设计此类适筋构件。

（3）部分超筋破坏：当抗扭纵筋和箍筋的配筋量相差过大，或者配筋强度比 ζ 不适当时，构件在破坏时，会出现一种钢筋达到屈服而另一种钢筋未达到屈服的情况。构件的受扭承载力受配筋量少的那一种钢筋控制，而另一种多配的钢筋不能充分发挥作用，故称为部分超筋破坏。尽管这种破坏的延性性能要比适筋梁差，但在工程设计中部分超筋梁还是允许采用的，只是因为部分超配的钢筋得不到充分利用，所以部分超筋是一种不经济的配筋方式。

（4）完全超筋破坏：当纵筋与箍筋都比较多时，即使配筋强度比 ζ 在合适的范围内，构件也会在抗扭纵筋和箍筋均未达到屈服强度前，由于混凝土被压坏而导致破坏。这种破坏类似于受弯构件中的超筋梁，破坏前无预兆，属于脆性破坏，工程设计中应避免出现完全超筋抗扭构件。

7.3 纯扭构件的承载力计算

7.3.1 变角空间桁架计算模型

变角空间桁架理论是目前钢筋混凝土构件受扭极限承载力分析计算的理论基础。

对比试验研究表明，在其他参数均相同的情况下，钢筋混凝土实心截面与空心截面构件的极限受扭承载力基本相同。这是由于截面中心部分混凝土的剪应力较小，且距截面扭转中心的距离较小，故该中心部分混凝土对抗扭能力的贡献基本上可以忽略。

如图 7.6(a) 所示，开裂后的箱形截面受扭构件的受力可比拟为空间桁架模型，纵筋为受拉弦杆，箍筋为受拉腹杆，斜裂缝之间的混凝土为斜压腹杆。设达到极限扭矩时混凝土斜压杆与构件轴线的夹角为 ϕ，斜压杆的压应力为 σ_c，则根据图 7.6(b)，箱形截面长边板壁混凝土斜压杆的合力为

$$C_h = \sigma_c h_{cor} t \cos \phi \tag{7.6}$$

同样，短边板壁混凝土斜压杆的合力为

$$C_b = \sigma_c b_{cor} t \cos \phi \tag{7.7}$$

C_h 和 C_b 沿板壁方向的分力 V_h 和 V_b（图 7.6a）分别为

$$V_h = C_h \sin \phi \tag{7.8}$$

$$V_b = C_b \sin \phi \tag{7.9}$$

V_h 和 V_b 分别对截面中心取矩得受扭承载力为

$$T_u = V_h b_{cor} + V_b h_{cor} = 2\sigma_c t h_{cor} b_{cor} \sin \phi \cos \phi = 2\sigma_c t A_{cor} \sin \phi \cos \phi \tag{7.10}$$

式中　A_{cor}——核心截面面积，$A_{cor} = h_{cor} b_{cor}$；

　　　t——板壁有效厚度。

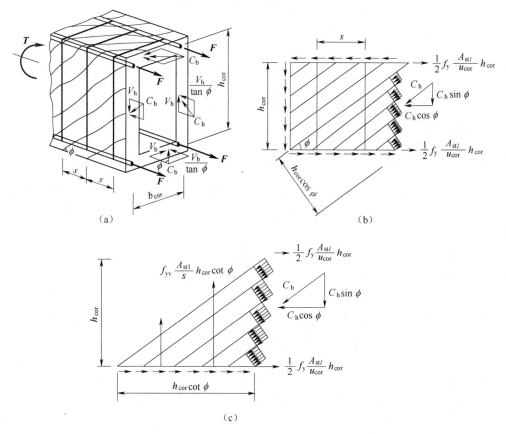

图 7.6 变角空间桁架模型

斜压杆的倾斜角 ϕ 与纵筋和箍筋的配筋强度比有关。从图 7.6(b)可知,抗扭纵筋在高度 h_{cor} 范围内承受的纵向力为

$$N_{stl} = \frac{A_{stl}}{u_{cor}} f_y h_{cor} \tag{7.11}$$

承受竖向拉力 N_{sv} 的箍筋,应取与斜裂缝相交的箍筋。沿构件纵向能计及的箍筋范围是 $h_{cor}\cot\phi$,当箍筋间距为 s 时,在此范围内单侧箍筋承受的总拉力为

$$N_{sv} = \frac{A_{st1}}{s} f_{yv} h_{cor} \cot\phi \tag{7.12}$$

在 h_{cor} 范围内 N_{stl}、N_{sv} 和 C_h 构成了一个如图 7.6(c)所示的平面平衡力系,其中

$$\cot\phi = \frac{N_{stl}}{N_{sv}} \tag{7.13}$$

将式(7.11)和式(7.12)代入式(7.13)后,整理可得

$$\cot\phi = \sqrt{\frac{A_{stl} f_y s}{A_{st1} f_{yv} u_{cor}}} = \sqrt{\zeta} \tag{7.14}$$

由式(7.14)可见,斜压杆与斜裂缝的倾角 ϕ 将随配筋强度比 ζ 而变化,当取 $\zeta=1$ 时,$\phi=45°$。古典桁架模型取斜压杆的倾角为 45°,这只是 $\zeta=1$ 时的一个特定情况。试验表明,斜压杆倾角 ϕ 一般在 30°~45°之间变化,故称之为变角空间桁架模型。

由图 7.6 及式(7.6)可知

$$C_{h} = N_{sv}/\sin \phi = \sigma_{c} h_{cor} t \cos \phi \tag{7.15}$$

由式(7.15)可得

$$\sigma_{c} = N_{sv}/(h_{cor} t \cdot \cos \phi \cdot \sin \phi) \tag{7.16}$$

将式(7.12)和式(7.16)代入式(7.10)后可得

$$T_{u} = 2\sqrt{\zeta} \frac{A_{st1} f_{yv}}{s} A_{cor} \tag{7.17}$$

上式即为根据变角空间桁架模型导出的截面受扭承载力计算公式。

7.3.2 《混规》采用的受扭承载力计算公式

大量的试验结果表明,如果完全按由变角空间桁架模型导出的公式(7.17)计算构件的受扭承载力,则其计算结果小于实测值。这是由于忽略不计的核心混凝土部分还有一定的抗扭贡献,此外斜裂缝间混凝土的骨料咬合作用也能提供一定的抗扭贡献。

因此,我国《混规》以大量试验研究为基础,采用了一个类似于斜截面受剪承载力计算的半理论半经验统计公式。《混规》认为受扭承载力由钢筋承受的扭矩 T_{s} 和混凝土承受的扭矩 T_{c} 两项组成,即

$$T_{u} = T_{s} + T_{c} \tag{7.18}$$

钢筋承受的扭矩 T_{s} 采用由变角空间桁架模型导出的公式(7.17)中的参数为基本参数,将式(7.17)中的系数 2 改为由试验确定的经验系数 β,即得

$$T_{s} = \beta\sqrt{\zeta} \frac{A_{st1} f_{yv}}{s} A_{cor} \tag{7.19}$$

由试验实测与理论分析结果可知,混凝土的强度等级越高,构件的抗扭能力越大;截面的抗扭塑性矩越大,核心部分混凝土的抗扭能力越显著,对构件的抗扭的贡献也就越大。因此混凝土承受的扭矩主要与混凝土的强度等级和截面的抗扭塑性矩有关,可以表达为

$$T_{c} = \alpha f_{t} W_{t} \tag{7.20}$$

式中　f_{t}——混凝土抗拉强度设计值。

将式(7.19)和式(7.20)代入式(7.18),可得到受扭承载力为

$$T_{u} = T_{c} + T_{s} = \alpha f_{t} W_{t} + \beta\sqrt{\zeta} \frac{A_{st1} f_{yv}}{s} A_{cor} \tag{7.21}$$

可将上式改为如下形式:

$$\frac{T_{u}}{f_{t} W_{t}} = \alpha + \beta\sqrt{\zeta} \frac{A_{st1} f_{yv}}{s f_{t} W_{t}} A_{cor} \tag{7.21a}$$

图 7.7 给出适筋抗扭构件及少量部分超筋配筋构件的实测结果与《混规》取值。《混规》结合大量的试验结果,并考虑可靠性要求后,分别取 $\alpha = 0.35, \beta = 1.2$,给出受纯扭构件的承载力计算公式为

$$T_{u} = 0.35 f_{t} W_{t} + 1.2\sqrt{\zeta} \frac{A_{st1} f_{yv}}{s} A_{cor} \tag{7.22}$$

式中,ζ 值应符合 $0.6 \leqslant \zeta \leqslant 1.7$ 的要求。当 $\zeta < 0.6$ 时,应改变配筋来提高 ζ 值(增加纵筋或减少箍筋);当 $\zeta > 1.7$ 时,取 $\zeta = 1.7$。$W_{t} = \dfrac{b^{2}}{6}(3h - b)$。

与受弯构件类似,为避免配筋过多产生超筋脆性破坏,在试验结果的基础上,《混规》规定受扭截面应该满足以下限制条件:

$$T \leqslant 0.2\beta_{c} f_{c} W_{t} \tag{7.23}$$

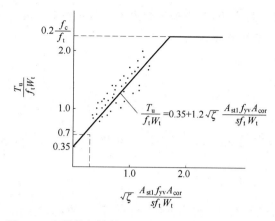

图 7.7　配筋抗扭构件承载力实测结果及《混规》取值

式中　β_c——高强混凝土强度的影响(折减)系数,见第 6 章。

为防止少筋破坏,受扭箍筋和纵筋应分别满足以下最小配筋率的要求:

$$\rho_{sv} = \frac{2A_{st1}}{bs} \geqslant \rho_{sv,min} = 0.28 \frac{f_t}{f_{yv}} \tag{7.24}$$

$$\rho_{tl} = \frac{A_{stl}}{bh} \geqslant \rho_{tl,min} = 0.85 \frac{f_t}{f_y} \tag{7.25}$$

式中,f_t 为混凝土的轴心抗拉强度设计值,f_{yv}、f_y 分别为箍筋与纵筋的抗拉强度设计值。

当荷载引起的扭矩小于开裂扭矩时,即满足

$$T \leqslant 0.7 f_t W_t \tag{7.26}$$

时,构件可以按上述的最小配筋率以及构造要求配置受扭钢筋。

【例题 7.1】　已知受扭钢筋混凝土构件截面尺寸 $b = 300$ mm,$h = 500$ mm,混凝土采用 C30,纵筋采用 HRB335 级钢筋,箍筋采用 HPB300 级钢筋,纵向钢筋保护层厚度 $c = 33$ mm,扭矩设计值 $T = 20$ kN·m。试计算所需要配置的箍筋和纵筋。

【解】　查附表 1 有 $f_c = 14.3$ N/mm²,$f_t = 1.43$ N/mm²;查附表 6 有 $f_y = 300$ N/mm²,$f_{yv} = 270$ N/mm²。

$$h_{cor} = (500 - 2 \times 33) = 434 \text{ (mm)}, \quad b_{cor} = (300 - 2 \times 33) = 234 \text{ (mm)}$$

$$A_{cor} = h_{cor} b_{cor} = 434 \times 234 = 101\ 556 \text{ (mm}^2)$$

$$u_{cor} = 2(h_{cor} + b_{cor}) = 2 \times (234 + 434) = 1\ 336 \text{ (mm)}$$

(1)验算截面尺寸

$$W_t = \frac{b^2}{6}(3h - b) = \frac{300^2}{6}(3 \times 500 - 300) = 18 \times 10^6 \text{ (mm}^3)$$

$$0.2\beta_c f_c W_t = 0.2 \times 1.0 \times 14.3 \times 18 \times 10^6 = 51.48 \times 10^6 \text{ (N·mm)}$$

$$0.7 f_t W_t = 0.7 \times 1.43 \times 18 \times 10^6 = 18.0 \times 10^6 \text{ (N·mm)}$$

$$0.7 f_t W_t < T = 20 \times 10^6 < 0.2\beta_c f_c W_t$$

计算结果表明,截面尺寸满足要求,但需按计算进行配筋。

(2)计算箍筋

实际工程中单纯受扭的构件很少出现,因此一般情况下,在进行梁的箍筋配置计算时,必须同时考虑抗扭及抗剪的箍筋。由于本节仅仅涉及纯扭构件的问题,因此只需考虑抗扭箍筋配置,在计算时不考虑剪力的影响,关于如何考虑剪力与扭矩甚至与弯矩共同作用下的箍筋计算问题将在本章的第 7.4 节中详细阐述。

取 $\zeta=1.0$,则根据式(7.22)可得

$$\frac{A_{st1}}{s}=\frac{T-0.35f_tW_t}{1.2\sqrt{\zeta}f_{yv}A_{cor}}=\frac{20\times10^6-0.35\times1.43\times18\times10^6}{1.2\sqrt{1.0}\times270\times101\,556}=0.335$$

选用 ϕ 8 箍筋,$A_{st1}=50.3\,mm^2$,$s=\dfrac{50.3}{0.335}=150.1\,mm$,取 $s=150\,mm$。

验算配箍率:

$$\rho_{sv}=\frac{2A_{st1}}{bs}=\frac{2\times50.3}{300\times150}=0.22\%>\rho_{sv,min}=0.28\frac{f_t}{f_{yv}}=0.28\times\frac{1.43}{270}=0.148\%$$

满足最小配箍要求,可以。

(3)计算纵筋

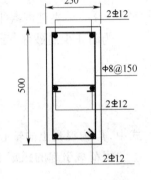

图 7.8　例题 7.1 截面配筋

$$A_{stl}=\zeta\frac{A_{st1}}{s}\cdot\frac{f_{yv}}{f_y}u_{cor}=1.0\times\frac{50.3}{150}\times\frac{270}{300}\times1\,336=403.2\ (mm^2)$$

验算受扭纵筋最小配筋率:

$$\rho_{tl}=\frac{A_{stl}}{bh}=\frac{403.2}{300\times500}=0.27\%<\rho_{tl,min}=0.85\frac{f_t}{f_y}=0.85\times\frac{1.43}{300}$$
$$=0.41\%$$

因此按最小配筋率要求,取 $A_{stl}=\rho_{tl,min}bh=0.41\%\times300\times500=$ 607.8 mm^2,纵筋选用纵筋选用 6ϕ12,$A_{stl}=678.6\,mm^2$,配筋见图 7.8。

7.3.3　带翼缘截面的受扭承载力计算

对于工程中带翼缘的 T 形、I 形和 L 形构件,可将其截面划分为几个矩形截面,划分的原则是按截面的总高度确定腹板截面,然后划分受压翼缘或受拉翼缘(见图 7.9)。为简化计算,《混规》采用按照各矩形截面的受扭塑性抵抗矩的比例分配截面总扭矩的方法,来确定矩形截面部分所承受的扭矩,即

$$T_w=\frac{W_{tw}}{W_t}T;\quad T'_f=\frac{W'_{tf}}{W_t}T;\quad T_f=\frac{W_{tf}}{W_t}T \tag{7.27}$$

$$W_t=W_{tw}+W'_{tf}+W_{tf} \tag{7.28}$$

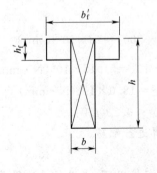
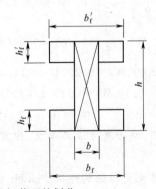

图 7.9　T 形和 I 形纯扭截面的划分

式中　　W_{tw}——腹板矩形截面的抗扭塑性抵抗矩，$W_{tw}=\dfrac{b^2}{6}(3h-b)$；

$\qquad W_{tf}$——受拉翼缘矩形截面的抗扭塑性抵抗矩，$W_{tf}=\dfrac{h_f^2}{2}(b_f-b)$；

$\qquad W_{tf}'$——受压翼缘矩形截面的抗扭塑性抵抗矩，$W_{tf}'=\dfrac{h_f'^2}{2}(b_f'-b)$；

$\qquad T$——带翼缘截面所承受的总扭矩设计值；

$\qquad T_w$——腹板所承受的扭矩设计值；

T_f',T_f——受压、受拉翼缘截面所承受的扭矩设计值。

7.4　弯—剪—扭构件的承载力计算 *

7.4.1　弯—剪—扭构件的破坏形态

受弯矩、剪力和扭矩共同作用的构件，与受单一作用力的构件相比，受力性能十分复杂。构件的破坏形态与三个外力之间的比例和配筋情况有关，主要有以下三种破坏形态。

1. 弯型破坏

当构件上作用的弯矩 M 较大，而扭矩 T 和剪力相对较小时，弯矩起主导作用。构件在弯矩 M 作用下，截面下部纵筋产生拉应力，上部纵筋产生压应力。在扭矩 T 的作用下，根据变角空间桁架理论，截面的上下部纵筋都将产生拉应力；两种应力叠加后，截面上部纵筋的压应力有所减少，但仍然是压应力；截面下部纵筋的拉应力将增大，导致下部纵筋加速屈服，使得构件的承载力降低。因此，对于这种弯型破坏，由于扭矩的存在，总是使构件的抗弯能力降低，并且随着扭矩的增加，构件的抗弯能力也随之降低。

2. 扭型破坏

当构件上作用的扭矩 T 较大，而弯矩 M 和剪力相对较小，且此时截面的上部纵筋少于下部纵筋（即 $\gamma>1$，$\gamma=f_yA_s/(f_y'A_s')>1$）时，扭矩 T 引起的上部纵筋拉应力很大，而由弯矩引起的上部纵筋压应力较小，两者叠加后，拉应力还是较大；而在截面下部，由于纵筋的数量多于上部纵筋，因此由 T 和 M 叠加产生的拉应力将小于上部纵筋，构件的承载力由上部拉应力控制，构件的破坏是由于上部纵筋先达到屈服，然后截面下部混凝土压碎，这种破坏称为扭型破坏。在一定范围内，随着 M 的增大，构件的抗扭承载力是增加的。此外，在 $\gamma\leqslant1$（即下部纵筋配筋等于或者弱于上部配筋）的情况下，扭型破坏是不可能出现的，只能出现下部纵筋先达到屈服的弯型破坏。

扭型破坏和弯型破坏的相关关系见图 7.10。图中 T_0 和 M_0 分别为扭矩和弯矩单独作用时的承载力。

3. 剪扭型破坏

当弯矩较小，对构件的承载力不起控制作用时，构件将在扭矩 T 和剪力 V 的共同作用下产生剪扭型或者扭剪型的受剪破坏。裂缝从一个长边（T 产生的剪应力与 V 产生的剪应力方向一致的一侧）中点开始出现，并向顶面和底面延伸，最后另一侧长边的混凝土被压碎而达到破坏。

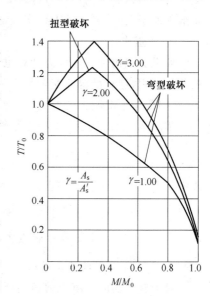

图 7.10　构件弯—扭相关关系图

如配筋合适,破坏时与斜裂缝相交的纵筋和箍筋达到屈服。当扭矩 T 较大时,以扭型破坏为主;当剪力 V 较大时,以受剪破坏为主。由于扭矩 T 和剪力 V 产生的剪应力总是会在截面的一侧产生叠加,因此承载力小于剪力和扭矩单独作用时的承载力。

　　国内外试验表明,素混凝土构件在不同扭剪比($\lambda = T/V$)作用下承载力的相关关系大致符合 1/4 圆的变化规律,如图 7.11(a)所示。图中的 T_{c0} 和 V_{c0} 分别表示在扭矩和剪力单独作用下的素混凝土构件的承载力。试验表明配筋混凝土剪扭构件也有相类似的相关关系。

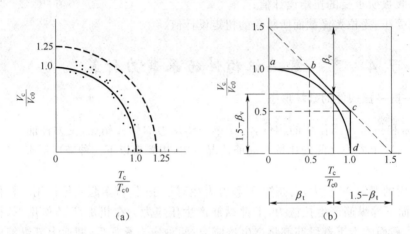

图 7.11　剪—扭相关关系

7.4.2　弯—剪—扭构件承载力的计算方法

1. 弯扭构件

如前所述,由于弯扭构件的承载力受到多种因素的影响,如弯扭比(M/T)、上下部配筋强度比 γ 等,要进行准确的计算是比较复杂的。因此,《混规》采用将单纯受弯所需的纵筋与单纯受扭所需的纵筋分别计算后进行简单叠加的办法,这种弯扭构件的计算方法不但简单,而且计算结果偏于安全,多年的工程实践证明这种方法是可行的。

2. 剪扭构件

如果剪扭构件的承载力计算也采用简单叠加的办法,那么混凝土部分对抗扭的贡献将会被重复利用,这对结构的安全是不利的。因此,对剪扭构件不能采用类似弯扭构件的简单叠加法,必须要考虑混凝土的剪扭相关作用,而仅对箍筋部分的抗扭贡献采用简单的叠加方法。

如图 7.11(a)所示,对无腹筋剪扭构件,其剪—扭相关关系可近似取 1/4 圆,即

$$\left(\frac{T_c}{T_{c0}} \right)^2 + \left(\frac{V_c}{V_{c0}} \right)^2 = 1.0 \tag{7.29}$$

式中　T_c,V_c——考虑剪扭相互作用时无腹筋剪扭构件的受扭和受剪承载力;

　　　　T_{c0}——仅受扭时混凝土部分的抗扭承载力, $T_{c0} = 0.35 f_t W_t$;

　　　　V_{c0}——仅受剪时混凝土部分的抗剪承载力, $V_{c0} = 0.7 f_t b h_0$ 或者 $V_{c0} = \frac{1.75}{\lambda+1} f_t b h_0$

　　　　（见第 6 章）。

对于有腹筋的混凝土剪扭构件也可近似地采用如图 7.11(a)所示的相同相关关系。为了简化处理起见,也可以采用图 7.11(b)所示的 ab、bc、cd 三段直线来近似式(7.29)的相关关系。

令 $\beta_t = T_c/T_{c0}$, $\beta_v = V_c/V_{c0}$; 在 cd 段, $\beta_v \leqslant 0.5$, 剪力对受扭承载力影响较小, 取 $\beta_t = T_c/T_{c0} = 1.0$; 在 ab 段, $\beta_t \leqslant 0.5$, 扭矩对受扭承载力影响较小, 取 $\beta_v = V_c/V_{c0} = 1.0$; 在 bc 段则为

$$\frac{T_c}{T_{c0}} + \frac{V_c}{V_{c0}} = 1.5 \tag{7.30a}$$

或

$$\frac{T_c}{T_{c0}} \left(1 + \frac{V_c}{T_c} \cdot \frac{T_{c0}}{V_{c0}} \right) = 1.5 \tag{7.30b}$$

近似以剪力和扭矩设计值之比 V/T 代替承载力比值 V_c/T_c, 则相应的 β_t, β_v 可分别表示为

$$\beta_t = \frac{1.5}{1 + \dfrac{V}{T} \cdot \dfrac{T_{c0}}{V_{c0}}} \tag{7.31a}$$

$$\beta_v = 1.5 - \beta_t \tag{7.31b}$$

对于一般有腹筋的剪扭构件, 其受扭和受剪承载力可分别表示为无腹筋部分和箍筋部分的叠加, 即

$$T_u = T_c + T_s = \beta_t T_{c0} + T_s \tag{7.32a}$$

$$V_u = V_c + V_s = \beta_v V_{c0} + V_s \tag{7.32b}$$

式中, T_s、V_s 分别为箍筋承担的扭矩和剪力, 不考虑两者的相关作用, 而直接采用纯扭和纯剪情况下箍筋的贡献, 分别计算各自的配箍后叠加得到的总配箍量, 这样处理既简单, 又偏于安全。

因此, 对于矩形截面剪扭构件,《混规》给出的承载力计算公式为

$$T_u = 0.35\beta_t f_t W_t + 1.2\sqrt{\zeta} f_{yv} \frac{A_{st1}}{s} A_{cor} \tag{7.33a}$$

$$V_u = 0.7(1.5 - \beta_t) f_t b h_0 + f_{yv} \frac{n A_{sv1}}{s} h_0 \tag{7.33b}$$

式中 β_t —— 剪扭构件混凝土受扭承载力降低系数。

对于一般剪扭构件, 将 $T_{c0} = 0.35 f_t W_t$ 和 $V_{c0} = 0.7 f_t b h_0$ 代入式(7.31a)得

$$\beta_t = \frac{1.5}{1 + 0.5 \dfrac{V}{T} \cdot \dfrac{W_t}{b h_0}} \tag{7.34}$$

当 $\beta_t < 0.5$ 时, 取 $\beta_t = 0.5$; 当 $\beta_t > 1.0$ 时, 取 $\beta_t = 1.0$。

对于集中荷载作用下的矩形截面剪扭构件, 应考虑剪跨比的影响, 式(7.33b)应改为

$$V_u = \frac{1.75}{\lambda + 1} (1.5 - \beta_t) f_t b h_0 + f_{yv} \frac{n A_{sv1}}{s} h_0 \tag{7.35}$$

将 $T_{c0} = 0.35 f_t W_t$ 和 $V_{c0} = \dfrac{1.75}{\lambda + 1} f_t b h_0$ 代入式(7.31a)得

$$\beta_t = \frac{1.5}{1 + 0.2(\lambda + 1) \dfrac{V}{T} \cdot \dfrac{W_t}{b h_0}} \tag{7.36}$$

同样, 当 $\beta_t < 0.5$ 时, 取 $\beta_t = 0.5$; 当 $\beta_t > 1.0$ 时, 取 $\beta_t = 1.0$。

为了避免配筋过多产生超筋破坏, 剪扭构件的截面尺寸应满足:

当 $h_w/b \leqslant 4$ 时,

$$\frac{V}{b h_0} + \frac{T}{0.8 W_t} \leqslant 0.25 \beta_c f_c \tag{7.37a}$$

当 $h_w/b = 6$ 时,

$$\frac{V}{b h_0} + \frac{T}{0.8 W_t} \leqslant 0.20 \beta_c f_c \tag{7.37b}$$

当 $4<h_w/b<6$ 时,按线性内插法确定。式中 h_w 为腹板的高度,与第 6 章的 h_w 定义相同,h_0 为截面的有效高度。

如不满足以上条件,应增大截面尺寸或者提高混凝土的强度等级。

当满足条件:

$$\frac{V}{bh_0}+\frac{T}{W_t}\leqslant 0.7f_t \tag{7.38}$$

时,可不进行构件剪扭承载力计算,仅按受扭构件最小纵筋配筋率、配箍率和构造要求配筋。

《混规》规定了弯—剪—扭构件的最小配筋率,受扭纵筋的最小配筋率为

$$\rho_{tl,\min}=0.6\sqrt{\frac{T}{Vb}}\cdot\frac{f_t}{f_y} \tag{7.39}$$

其中当 $\dfrac{T}{Vb}>2$ 时,取 $\dfrac{T}{Vb}=2$;弯曲受拉边纵向受拉钢筋的最小配筋量不应小于按弯曲受拉钢筋最小配筋率计算出的钢筋截面面积与按受扭纵向受力钢筋最小配筋率计算并且布置到弯曲受拉边的钢筋截面面积之和。

受剪扭构件按截面面积计算的最小配箍率:

$$\rho_{sv,\min}=0.28\frac{f_t}{f_y} \tag{7.40}$$

为进一步简化计算,《混规》还规定:

(1)当构件承受的剪力 V 小于纯剪混凝土构件承载力的 1/2 时,即当均布荷载作用时,

$$V\leqslant 0.35f_tbh_0 \tag{7.41}$$

对以集中荷载为主的矩形截面独立梁,当

$$V\leqslant\frac{0.875}{\lambda+1}f_tbh_0 \tag{7.42}$$

时,则认为作用的剪力值不大,可略去其影响,仅按受弯构件的正截面受弯承载力和纯扭构件的受扭承载力分别进行计算,然后将配筋叠加。

(2)当构件承受的扭矩 T 小于纯扭混凝土构件承载力的 1/2 时,即当

$$T\leqslant 0.175f_tW_t \tag{7.43}$$

时,则认为作用的扭矩不大,可略去其影响,仅按受弯构件的正截面受弯承载力和斜截面受剪承载力分别进行计算,然后配置纵筋与箍筋。

当不符合以上规定时,应按弯—剪—扭构件计算。

7.4.3　弯—剪—扭构件截面设计方法

弯—剪—扭构件截面设计的方法和步骤归纳如下:

(1)根据荷载计算截面最大弯矩、剪力和扭矩设计值。

(2)选定截面形式和尺寸、钢筋等级和混凝土强度等级。

(3)按式(7.41)~式(7.43)检查简化计算条件。

当 $T\leqslant 0.175f_tW_t$ 时,按弯剪构件计算;

当 $V\leqslant 0.35f_tbh_0$(均布荷载)或 $V\leqslant\dfrac{0.875}{\lambda+1}f_tbh_0$(以集中荷载为主的矩形截面独立梁)时,按弯扭构件计算;

不符合以上规定时,应按弯—剪—扭构件计算。

(4)按式(7.37a)和式(7.37b)验算上限值——截面限制条件,如不满足,应加大截面尺寸

或提高混凝土强度等级。

（5）按式(7.38)验算是否需按计算配筋。

$$\frac{V}{bh_0} + \frac{T}{W_t} \leqslant 0.7 f_t$$

如果不满足上式，则需按计算配置钢筋，否则可按构造要求配置箍筋，但需满足 $\rho_{sv,min}$ 的要求。

（6）计算箍筋用量：

①选定配筋强度比 ζ，ζ 宜在 1.0～1.2 之间选用；

②混凝土强度降低系数 β_t 按式(7.34)或式(7.36)计算；

③根据剪扭构件受剪承载力计算所需的受剪箍筋用量。

均布荷载作用时[根据式(7.32)]：

$$\frac{nA_{sv1}}{s} = \frac{V - 0.7(1.5 - \beta_t)f_t bh_0}{f_{yv}h_0}$$

对以集中荷载为主的矩形截面独立梁[根据式(7.35)]：

$$\frac{nA_{sv1}}{s} = \frac{V - \dfrac{1.75}{\lambda+1}(1.5 - \beta_t)f_t bh_0}{f_{yv}h_0}$$

④根据式(7.32b)剪扭构件受扭承载力计算所需的受扭箍筋用量：

$$\frac{A_{st1}}{s} = \frac{T - 0.35\beta_t f_t W_t}{1.2\sqrt{\zeta}f_{yv}A_{cor}}$$

⑤叠加以上③和④两项计算结果，即得剪扭共同作用时所需的单肢箍筋用量。

（7）计算纵向受力钢筋：

①由计算所得受扭箍筋用量，通过配筋强度比计算式(7.5)计算受扭纵筋 A_{stl}，即

$$A_{stl} = \zeta \frac{A_{st1}}{s} \cdot \frac{f_{yv}}{f_y}u_{cor}$$

②按弯矩设计值 M 进行受弯计算，确定受弯纵筋 A_s 和 A_s'；

③将受弯钢筋 A_s 和分配在截面底部的抗扭纵筋叠加，然后选定其钢筋的直径和根数。

（8）验算最小配筋率。箍筋的最小配筋率按式(7.40)进行验算。纵筋的最小配筋率不得小于按受弯构件计算得到的最小配筋率与按受扭构件计算式(7.39)得到的最小配筋率之和。

（9）钢筋配置方法：

①纵筋配置。受弯纵筋 A_s 和 A_s' 分别布置在截面的受拉侧(底部)和受压侧(顶部)，见图7.12(a)；受扭纵筋必须沿截面四周均匀布置，见图 7.12(b)，叠加结果见图 7.12(c)。

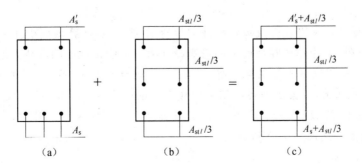

图 7.12　受扭构件纵向钢筋配置

②箍筋配置。假设受剪箍筋为四肢箍,受剪箍筋 nA_{sv1}/s 的布置见图 7.13(a);受扭箍筋 A_{st1}/s 必须要配置在截面周边,见图 7.13(b),叠加结果见图 7.13(c)。

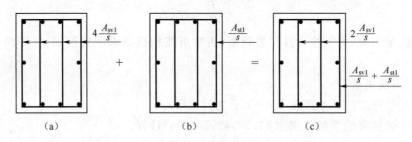

(a) 　　　　　　　　(b) 　　　　　　　　(c)

图 7.13　受扭构件箍筋配置

7.4.4　截面承载力的复核

弯—剪—扭钢筋混凝土构件的复核步骤如下:

1. 验算适用条件和简化计算条件

(1)验算截面限制条件

如果不满足式(7.37a)及式(7.37b)的要求,表明截面尺寸过小或者混凝土等级过低,不必再进行截面承载力复核,需要修改原设计。

(2)验算简化计算条件

按式(7.41)~式(7.43)分别进行验算,以便确定按弯剪、弯扭或弯—剪—扭构件进行截面承载力复核。

如果满足 $\dfrac{V}{bh_0}+\dfrac{T}{W_t}\leqslant 0.7f_t$ 的验算条件,只需按受弯构件正截面承载力进行复核,但所配的箍筋和抗扭纵筋均需满足最小配箍率和最小配筋率的要求,即式(7.40)和式(7.39)的要求。

2. 复核截面承载力

(1)选择若干个扭矩、剪力或弯矩均较大的截面进行复核;

(2)根据已知弯矩,按受弯构件正截面承载力计算公式计算出受弯所需要的纵向钢筋 A_s,再根据已知剪力,按剪扭构件的受剪承载力计算式(7.33)~式(7.36)计算出受剪所需要的箍筋 A_{sv1}/s;

(3)从实配纵向钢筋的总用量中减去计算所得受弯纵筋 A_s,即为抗扭纵向钢筋 A_{stl},应检查 A_{stl} 是否对称布置,否则只能取对称配置的那部分作为部分抗扭的纵向钢筋;

(4)从实际配置箍筋的总用量(不含配置在截面中间部分的箍筋)中减去受剪箍筋 A_{sv1}/s 后,即为抗扭箍筋的用量 A_{st1}/s;

(5)根据抗扭箍筋和抗扭纵筋用量按式(7.5)计算配筋强度比 ζ;

(6)将 ζ、β_t 及 A_{st1}/s 代入剪扭构件承载力计算式(7.33a)计算截面受扭承载力 T_u,如果满足 $T_u\geqslant T$ 的条件(T 为作用在截面上的扭矩设计值),表明该截面的承载力是满足要求的。

【例题 7.2】　钢筋混凝土框架梁如图 7.14 所示,截面尺寸 $b=400$ mm,$h=500$ mm,净跨 6.0 m,跨中有一短挑梁,挑梁上作用有距梁轴线 500 mm 的集中荷载,设计值 $P=200$ kN,梁上均布荷载(包括自重)设计值 $q=10$ kN/m,混凝土为 C30,纵筋采用 HRB335 级钢筋,箍筋采用 HPB300 级钢筋。试计算梁的配筋。

【解】　(1)内力计算

考虑支座为固定端,支座截面弯矩:

$$M = -\frac{Pl}{8} - \frac{ql^2}{12} = -\frac{200 \times 6.0}{8} - \frac{10 \times 6.0^2}{12} = -180.0 \ (\text{kN} \cdot \text{m})$$

跨中截面弯矩：$M = \dfrac{Pl}{8} + \dfrac{ql^2}{24} = \dfrac{200 \times 6.0}{8} + \dfrac{10 \times 6.0^2}{24} = 165.0 \ (\text{kN} \cdot \text{m})$

扭矩：
$$T = \frac{Pa}{2} = \frac{200 \times 0.5}{2} = 50 \ (\text{kN} \cdot \text{m})$$

支座截面剪力：
$$V = \frac{P}{2} + \frac{ql}{2} = \frac{200}{2} + \frac{10 \times 6.0}{2} = 130.0 \ (\text{kN})$$

跨中截面剪力：
$$V = \frac{P}{2} = \frac{200}{2} = 100 \ (\text{kN})$$

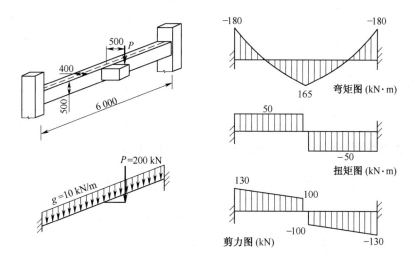

图 7.14 例题 7.2 示图

（2）验算截面尺寸

材料强度：$f_c = 14.3 \ \text{N/mm}^2$，$f_t = 1.43 \ \text{N/mm}^2$，$f_y = 300 \ \text{N/mm}^2$，$f_{yv} = 270 \ \text{N/mm}^2$。

$\alpha_{s,\max} = 0.384$。

纵向钢筋保护层厚度：$c = 25 \ \text{mm}$，$h_{cor} = 500 - 2 \times 25 = 450 \ (\text{mm})$，$b_{cor} = 400 - 2 \times 25 = 350 \ (\text{mm})$，$A_{cor} = h_{cor} b_{cor} = 157\ 500 \ \text{mm}^2$，$u_{cor} = 2(h_{cor} + b_{cor}) = 1\ 600 \ \text{mm}$。

取 $a_s = 35 \ \text{mm}$，$h_0 = 500 - 35 = 465 \ (\text{mm})$。

$$W_t = \frac{b^2}{6}(3h - b) = \frac{400^2}{6}(3 \times 500 - 400) = 29.33 \times 10^6 \ (\text{mm}^3)$$

$$\frac{V}{bh_0} + \frac{T}{0.8W_t} = \frac{130 \times 10^3}{400 \times 465} + \frac{50 \times 10^6}{0.8 \times 29.33 \times 10^6} = 2.83 < 0.25\beta_c f_c$$

$$= 0.25 \times 1.0 \times 14.3 = 3.58 \ (\text{MPa})$$

$$\frac{V}{bh_0} + \frac{T}{W_t} = \frac{130 \times 10^3}{400 \times 465} + \frac{50 \times 10^6}{29.33 \times 10^6} = 2.404 > 0.7f_t$$

$$= 0.7 \times 1.43 = 1.001 \ (\text{MPa})$$

截面尺寸满足要求，但需按计算进行配筋。

（3）受弯承载力计算

支座截面：$\alpha_s = \dfrac{M}{\alpha f_c bh_0^2} = \dfrac{180 \times 10^6}{1.0 \times 14.3 \times 400 \times 465^2} = 0.146 < \alpha_{s,\max} = 0.384$

$$\gamma_s = \frac{1 + \sqrt{1 - 2\alpha_s}}{2} = 0.921$$

$$A_s = \frac{M}{\gamma_s f_y h_0} = \frac{180 \times 10^6}{0.921 \times 300 \times 465} = 1\,401\,(\text{mm}^2)$$

$$\rho_{s,\min} = \max\left(45\frac{f_t}{f_y}, 0.2\right)\% = 0.214\,5\%$$

$$A_s = 1\,401\,\text{mm}^2 > \rho_{s,\min}bh = 0.214\,5\% \times 400 \times 500 = 429\,(\text{mm}^2)$$

跨中截面：$\alpha_s = \dfrac{M}{\alpha f_c bh_0^2} = \dfrac{165 \times 10^6}{1.0 \times 14.3 \times 400 \times 465^2} = 0.133 < \alpha_{s,\max} = 0.384$

$$\gamma_s = \frac{1 + \sqrt{1 - 2\alpha_s}}{2} = 0.928$$

$$A_s = \frac{M}{\gamma_s f_y h_0} = \frac{165 \times 10^6}{0.921 \times 300 \times 465} = 1\,284.3\,(\text{mm}^2)$$

$$A_s = 1\,284.3\,\text{mm}^2 > \rho_{s,\min}bh = 0.214\,5\% \times 400 \times 500 = 429\,(\text{mm}^2)$$

(4)确定剪扭构件计算方法

集中荷载在支座截面产生的剪力为 100 kN，占支座截面总剪力 130 kN 的 76.9%，大于 75%，需要考虑剪跨比的影响。$\lambda = 3\,000/465 = 6.52 > 3$，取 $\lambda = 3$。

$$\frac{0.875}{\lambda + 1} f_t bh_0 = \frac{0.875}{3 + 1} \times 1.43 \times 400 \times 465 = 58.18\,(\text{kN})$$

$$V = 130\,\text{kN} > \frac{0.875}{\lambda + 1} f_t bh_0 = 58.18\,(\text{kN})$$

$$0.175 f_t W_t = 0.175 \times 1.43 \times 29.33 \times 10^6 = 7.43\,(\text{kN} \cdot \text{m})$$

$$T = 50\,\text{kN} \cdot \text{m} > 0.175 f_t W_t = 7.43\,(\text{kN} \cdot \text{m})$$

计算结果表明，需按剪扭共同作用计算配筋。

(5)受剪计算

由式(7.36)知

$$\beta_t = \frac{1.5}{1 + 0.2(\lambda + 1)\dfrac{V}{T} \cdot \dfrac{W_t}{bh_0}} = \frac{1.5}{1 + 0.2 \times 4 \times \dfrac{130 \times 10^3}{50 \times 10^6} \times \dfrac{29.33 \times 10^6}{400 \times 465}} = 1.13 > 1.0$$

取 $\beta_t = 1.0$，计算受剪箍筋，设箍筋肢数 $n = 4$，则

$$\frac{A_{sv1}}{s} = \frac{V - \dfrac{1.75}{\lambda + 1}(1.5 - \beta_t)f_t bh_0}{n f_{yv} h_0} = \frac{130 \times 10^3 - \dfrac{1.75}{4} \times 0.5 \times 1.43 \times 400 \times 465}{4 \times 270 \times 465} = 0.143$$

(6)受扭计算

受扭箍筋：设 $\zeta = 1.2$，则

$$\frac{A_{st1}}{s} = \frac{T - 0.35\beta_t f_t W_t}{1.2\sqrt{\zeta}f_{yv}A_{cor}} = \frac{50 \times 10^6 - 0.35 \times 1.0 \times 1.43 \times 29.33 \times 10^6}{1.2\sqrt{1.2} \times 270 \times 157\,500} = 0.632$$

受扭纵筋：

$$A_{stl} = \zeta\frac{A_{st1}}{s} \cdot \frac{f_{yv}}{f_y}u_{cor} = 1.2 \times 0.632 \times \frac{270}{300} \times 1\,600 = 1\,092.1\,(\text{mm}^2)$$

受扭纵筋最小配筋率：

$$\frac{T}{Vb} = \frac{50 \times 10^6}{130 \times 10^3 \times 400} = 0.962 < 2$$

$$\rho_{tl,\min} = 0.6 \sqrt{\frac{T}{Vb} \cdot \frac{f_t}{f_y}} = 0.6 \times \sqrt{0.962} \times \frac{1.43}{300} = 0.281\%$$

$$A_{stl} = 1\,901.3\ mm^2 > \rho_{tl,\min}bh = 0.002\,81 \times 400 \times 500 = 562\ (mm^2)$$

（7）验算最小配筋率及配筋

最小配箍率验算：

$$\rho_{sv,\min} = 0.28 \frac{f_t}{f_y} = 0.28 \times \frac{1.43}{270} = 0.148\%$$

$$\rho_{sv} = \frac{2\left(\dfrac{A_{st1}}{s} + \dfrac{A_{sv1}}{s}\right)}{b} = \frac{2 \times (0.812 + 0.184)}{400} = 0.498\% > \rho_{sv,\min} \quad （满足要求）$$

箍筋选用双肢 6Φ12，单肢面积为 $A_1 = 113.1\ mm^2$，则箍筋间距为 $s = \dfrac{113.1}{0.632 + 0.143} =$

145.9 mm，取 $s = 140$ mm，受扭纵筋分三排（纵筋间距为 215 mm，满足$\leqslant 200$ mm 的要求）。

$$支座截面顶部配筋 = A_s（支座） + \frac{A_{stl}}{3} = 1\,401 + \frac{1\,091.3}{3} = 1\,764.8（mm^2）$$

$$跨中截面底部配筋 = A_s（跨中） + \frac{A_{stl}}{3} = 1\,284.3 + \frac{1\,091.3}{3} = 1\,648.1（mm^2）$$

支座截面顶部配筋均选用 4Φ25，$A_s = 1\,964\ mm^2$。

跨中截面底部配筋均选用 2Φ22+2Φ25，$A_s = 1\,742\ mm^2$。

截面中部配筋 $= A_{stl}/3 = 1\,091.3/3 = 363.8（mm^2）$，选配 2$\Phi$16，$A_s = 402\ mm^2$。

跨中和支座截面配筋见图 7.15。

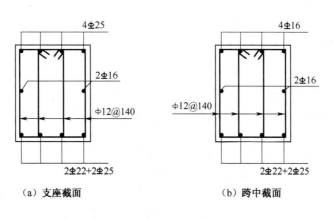

（a）支座截面   （b）跨中截面

图 7.15   例题 7.2 截面配筋

7.4.5 带翼缘截面和箱形截面钢筋混凝土弯剪扭构件

带翼缘截面构件主要是指 T 形和 I 形截面的钢筋混凝土构件。《混规》采用简单实用的处理方法，与 T 形和 I 形截面钢筋混凝土纯扭构件的处理方法相同，先按图 7.9 将截面划分成几个矩形截面部分，并按式(7.27)分配扭矩。对于腹板部分要考虑剪扭相关作用，按矩形截面的有关公式计算，但在计算受扭承载力降低系数 β_t 时，式(7.34)和式(7.36)中的 T 和 W_t 分别用 T_w 和 W_{tw} 代替；翼缘部分则根据分配得到的扭矩设计值按纯扭情况进行计算。此外，在验算 T 形和 I 形截面的剪扭构件尺寸限制条件时，式(7.37a)和式(7.37b)中的截面有效高度 h_0

应采用 h_w 代替,对于 T 形截面 h_w 为截面有效高度减去翼缘高度;对于 I 形截面和箱形截面 h_w 取腹板净高,见图 7.16。

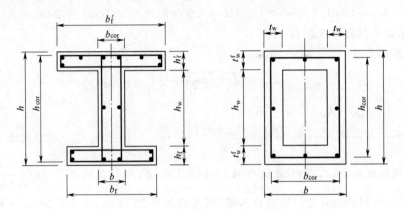

图 7.16　T 形及箱形截面
（中轴线表示弯矩、剪力作用平面）

箱形截面的剪扭承载力按下列公式计算:

(1)一般剪扭构件

$$V=0.7(1.5-\beta_t)f_t(2t_w)h_0+f_{yv}\frac{nA_{sv1}}{s}h_0 \tag{7.44a}$$

$$T=0.35\alpha_h\beta_t f_t W_t+1.2\sqrt{\zeta}f_{yv}\frac{A_{st1}}{s}A_{cor} \tag{7.44b}$$

式中　α_h——箱形截面壁厚影响系数,$\alpha_h=2.5t_w/b_h$,当 $\alpha_h>1.0$ 时,取 $\alpha_h=1.0$。

受扭承载力降低系数 β_t 按下式确定:

$$\beta_t=\frac{1.5}{1+0.5\dfrac{V}{T}\cdot\dfrac{\alpha_h W_t}{bh_0}} \tag{7.45}$$

(2)集中荷载作用下的独立剪扭构件

$$V=(1.5-\beta_t)\frac{1.75}{\lambda+1}f_t(2t_w)h_0+f_{yv}\frac{nA_{sv1}}{s}h_0 \tag{7.46}$$

受扭承载力按式(7.44b)计算,其中 β_t 按下式计算:

$$\beta_t=\frac{1.5}{1+0.2(\lambda+1)\dfrac{V}{T}\cdot\dfrac{\alpha_h W_t}{bh_0}} \tag{7.47}$$

7.5　压—弯—剪—扭钢筋混凝土构件 *

7.5.1　压扭钢筋混凝土构件

当有轴向压力 N 作用时,一定大小的轴向压力 N 将会限制受扭斜裂缝的发展,提高受扭承载力。《混规》规定压扭构件的受扭承载力计算公式如下:

$$T=0.35f_t W_t+1.2\sqrt{\zeta}f_{yv}\frac{A_{st1}}{s}A_{cor}+0.07\frac{N}{A}W_t \tag{7.48}$$

式中　N——与受扭设计值 T 相应的轴向压力设计值,当 $N>0.3f_c A$ 时,取 $N=0.3f_c A$;

A——构件截面面积。

式(7.48)中的 $0.07\dfrac{N}{A}W_t$ 是轴向压力对混凝土部分受扭承载力的贡献。当扭矩 $T \leqslant 0.7f_tW_t + 0.07\dfrac{N}{A}W_t$ 时,可按最小配筋率和构造要求配置受扭钢筋。

7.5.2 压—弯—剪—扭钢筋混凝土构件

《混规》规定,在轴向压力、弯矩、剪力和扭矩共同作用下的钢筋混凝土矩形截面框架柱,其剪扭承载力按下式(考虑剪扭相关作用)计算确定配筋,然后再将钢筋叠加:

$$V = (1.5 - \beta_t)\left(\frac{1.75}{\lambda + 1}f_tbh_0 + 0.07N\right) + f_{yv}\frac{nA_{sv1}}{s}h_0 \tag{7.49a}$$

$$T = \beta_t\left(0.35f_t + 0.07\frac{N}{A}\right)W_t + 1.2\sqrt{\zeta}f_{yv}\frac{A_{st1}}{s}A_{cor} \tag{7.49b}$$

式中,β_t 按式(7.36)计算。当 $\dfrac{V}{bh_0} + \dfrac{T}{W_t} \leqslant 0.7f_t + 0.07\dfrac{N}{bh_0}$ 时,可按最小配筋率和构造要求配置受力钢筋。

当扭矩 $T \leqslant \left(0.175f_tW_t + 0.035\dfrac{N}{A}\right)W_t$,可仅按偏心受压构件的正截面受压承载力和框架斜截面受剪承载力分别进行计算。

压弯剪扭构件的钢筋配置方法与弯剪扭构件类似,纵向钢筋截面面积 A_s 和 A'_s 应该分别按偏心受压构件的正截面受压承载力(详见第 8 章)和剪扭构件的受扭承载力计算,并应在相应位置上叠加配置。箍筋截面面积应分别按剪扭构件的受剪承载力和受扭承载力计算,并在相应位置叠加配置。

7.6 受扭钢筋的构造要求

1. 受扭纵筋

沿截面周边布置的受扭纵向钢筋之间的间距不应大于 200 mm 和梁截面短边长度;除应在梁四角设置受扭纵向钢筋外,其余受扭纵向钢筋宜沿截面周边均匀并对称布置;受扭纵筋的搭接和锚固均按受拉钢筋的相应要求进行处理;受扭纵筋应该满足最小配筋率的要求。

2. 受扭箍筋

受扭箍筋的配筋率不应小于其最小配筋率;受扭箍筋应做成封闭形,箍筋末端应弯折 135°,弯折后直线长度不应小于 10 倍箍筋直径,并沿截面周边布置;箍筋最大间距不应大于按钢筋混凝土梁抗剪构造要求的规定,当采用复合箍时,位于截面内部的箍筋不应计入受扭箍筋所需的箍筋面积。受扭构件的配筋要求见图 7.17。

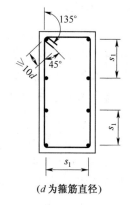

$(d$ 为箍筋直径$)$

图 7.17 受扭构件的配筋要求

7.7 小 结

(1)素混凝土纯扭构件在扭矩作用下,首先在截面的长边开裂,随即发生脆性破坏。破坏时构件三面拉裂而一面混凝土被压坏,形成一个空间扭曲破坏面。构件的实际抗扭承载力介于按弹性分析与按塑性分析的结果之间。

(2)配置抗扭钢筋的纯扭构件,在开裂前其受力性能与素混凝土构件没有明显的差别,但开裂后不会立即破坏,而是形成多条呈 $45°$ 方向的螺旋裂缝。裂缝处由钢筋继续承担拉力,并与裂缝之间的混凝土斜压杆共同构成空间桁架抗扭机构。配置抗扭钢筋对提高构件的抗扭承载力有很大作用,但对构件裂扭矩的影响很小。

(3)钢筋混凝土纯扭构件的破坏可归纳为四种类型:少筋破坏、适筋破坏、部分超配筋破坏和完全超筋破坏。其中少筋破坏和完全超筋破坏属于明显的脆性破坏,设计中应当避免。为了使抗扭纵筋和箍筋相互匹配,有效地发挥抗扭作用,《混规》建议两者的配筋强度比 $\zeta=0.6\sim1.7$,具体工程设计中 ζ 可取 $1.0\sim1.2$。

(4)矩形截面纯构件的抗扭承载力计算公式,是在变角空间桥架理论基础上,根据试验实测数据分析建立起来的经验公式,它综合考虑了混凝土和抗扭钢筋两部分的抗扭作用,反映了各主要因素的影响。

(5)剪扭构件的承载力计算考虑了剪扭相关作用,即以受弯构件斜截面抗剪承载力和纯扭构件抗扭承载力计算公式为基础,对计算公式中混凝土部分的承载力考虑了剪扭相互影响并进行了修正(折减)。

(6)弯扭构件的弯扭相关规律比较复杂,《混规》建议对弯扭构件采用简便实用并偏于保守的"叠加法"进行计算。

(7)受扭构件承载力的计算公式有其相应的适用条件。为防止出现"完全超筋"脆性破坏,构件应符合截面限制条件;为了防止"少筋破坏"则应满足有关的最小配筋要求。当符合一定条件时,可简化计算步骤。此外,受扭构件还必须满足有关的构造要求。

(8)对工程中最常见的弯矩、剪力和扭矩同时作用的构件,《混规》建议其箍筋数量由考虑剪扭相关性的抗剪和抗扭计算结果进行叠加,而纵筋数量则由抗弯和抗扭计算的结果进行叠加。

思 考 题

7.1 矩形素混凝土构件在扭矩作用下,裂缝是如何形成和发展的? 最后的破坏形态是什么样? 与配筋混凝土构件比较有何异同?

7.2 钢筋混凝土纯扭构件的开裂扭矩 T_{cr} 如何计算? 什么是截面的抗扭塑性抵抗矩? 矩形截面的抗扭塑性抵抗矩如何计算?

7.3 什么是配筋强度比 ζ,写出其表达式,工程中常用的 ζ 取值范围是多少?

7.4 钢筋混凝土受扭构件有哪几种破坏形态? 试说明其发生的条件及破坏特征。

7.5 在受扭构件中,如何避免少筋和完全超筋破坏? 试比较正截面受弯、斜截面受剪、受纯扭和剪扭设计中防止超筋和少筋的措施?

7.6 什么是变角空间桁架模型?

7.7 在受扭构件中是否可以只配受扭纵筋而不配受扭箍筋? 或只配受扭箍筋而不配受扭纵筋? 受扭纵筋为什么要对称配置,并且在截面四角必须要设置?

7.8 构件在弯矩和扭矩共同作用下有哪几种破坏形态? 试说明其发生的条件及破坏特征。《混规》如何处理开裂弯—扭承载力的相关关系?

7.9 试说明剪扭构件的剪—扭承载力相关关系有何特点。

习　题

7.1　有一钢筋混凝土矩形截面构件,截面尺寸 $b \times h = 250\ mm \times 400\ mm$;承受的扭矩设计值为 $T = 12.5\ kN \cdot m$;混凝土强度等级采用 C25,纵向钢筋采用 HRB335 钢筋,箍筋采用 HPB300 钢筋。环境类别为二 a 类,结构安全等级为二级。试计算所需要的受扭纵向钢筋和箍筋,并画出截面的配筋图。

7.2　已知钢筋混凝土矩形构件截面尺寸 $b \times h = 300\ mm \times 700\ mm$;承受的扭矩设计值 $T = 12.5\ kN \cdot m$;混凝土强度等级采用 C30,纵筋采用 HRB335 钢筋,箍筋采用 HPB300 钢筋;均布荷载作用下的剪力设计值 $V = 245\ kN$;假定纵向受力钢筋为两排,取 $h_0 = 640\ mm$,混凝土的保护层厚度为 25 mm。结构安全等级为二级。试计算截面配筋。

7.3　已知某一均布荷载作用下的钢筋混凝土矩形构件的截面尺寸 $b \times h = 250\ mm \times 400\ mm$;承受的弯矩设计值 $T = 52\ kN \cdot m$,扭矩设计值 $T = 3.5\ kN \cdot m$,剪力设计值 $V = 35\ kN$;混凝土强度等级采用 C25,纵筋采用 HRB335 钢筋,箍筋采用 HPB300 钢筋;混凝土的保护层厚度为 25 mm。结构安全等级为二级。试计算截面配筋,并画出截面配筋图。

偏心受力构件正截面承载力计算

当构件截面上作用一偏心的纵向力（即纵向力作用点与换算截面形心轴不相重合），或同时作用有轴心力 N 和弯矩 M 时，称为偏心受力构件。若纵向力作用点仅对构件截面的一个主轴偏心，称为单向偏心受力构件，若纵向力对构件截面两个主轴都有偏心，称为双向偏心受力构件，见图 8.1。本章若无特殊说明，均指单向偏心受力构件。若作用在构件截面上的纵向力为压力，则称为偏心受压构件。因为偏心压力可以分解成轴心压力和弯矩（图 8.2），所以也称之为压弯构件。若纵向力为拉力，则称为偏心受拉构件，或称拉弯构件。对于单向偏心受力构件，为更加有效地承担偏心轴力，纵向受力钢筋应沿截面短边布置（图 8.2）。

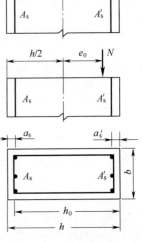

图 8.2　受压构件的受力形式和配筋图

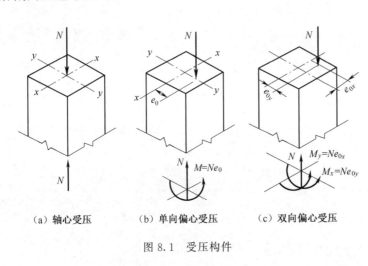

（a）轴心受压　　　（b）单向偏心受压　　　（c）双向偏心受压

图 8.1　受压构件

8.1　偏心受压构件

8.1.1　短柱的破坏类型

钢筋混凝土偏心受压构件随相对偏心距大小及钢筋配筋率等因素的不同，按破坏原因和破坏性质的不同，可以分为受拉破坏[图 8.3（a）]和受压破坏[图 8.3（b）]两类破坏形态（这里只述及材料破坏，细长柱属于失稳破坏，将在后面讲述）。

图 8.4 和图 8.5 为偏心受压构件受力简图，和第 5 章受弯构件类似，图中用等效矩形应力分布替代了截面混凝土实际应力分布。用 A_s 和 σ_s 表示距离偏心压力 N 较远一侧的钢筋面积和应力，用 A'_s 和 σ'_s 表示距离偏心压力 N 较近一侧的钢筋面积和应力，用 e_0 表示轴向压力对截面几何中心的偏心距，$e_0 = M/N$。

1. 受拉破坏——大偏心受压破坏

图 8.4 为受拉破坏的受力简图,当相对偏心距 e_0/h_0 较大,且受拉钢筋 A_s 配置得不过多时,在荷载作用下,构件截面靠近偏心力 N 的一侧受压,而远离 N 的一侧受拉。荷载较小时,构件截面受拉区和受压区混凝土及钢筋应力都较小,构件处于弹性阶段。随着荷载不断增大,受拉区混凝土首先出现横向裂缝而退出工作,裂缝的开展使受拉钢筋应力增长很快,首先达到屈服强度,截面中和轴向受压边移动,混凝土受压区残留面积不断减小,混凝土受压应力和应变迅速增大,最后受压区钢筋屈服,受压混凝土达到极限压应变被压碎,构件破坏,见图 8.4(a)。

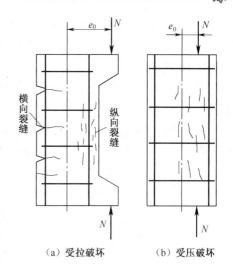

（a）受拉破坏　　（b）受压破坏

图 8.3　柱的破坏形式

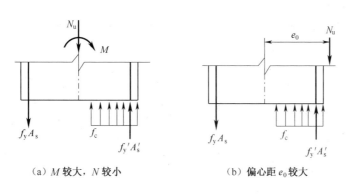

（a）M 较大,N 较小　　　（b）偏心距 e_0 较大

图 8.4　受拉破坏(受拉钢筋 A_s 用量合适)

这种破坏过程和特征与适筋的双筋受弯构件相似,有明显的预兆,为延性破坏。由于这种破坏一般发生于相对偏心距较大的情况,故习惯上称为大偏心受压破坏。又由于其破坏始于受拉钢筋屈服,又称为受拉破坏。

2. 受压破坏——小偏心受压破坏

图 8.5 为受压破坏的受力简图,依据相对偏心距 e_0/h_0 的大小及受拉(或受压较小)纵向钢筋配筋率大小,小偏心受压构件破坏形态可以分为如下几种情况:

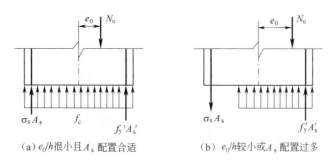

（a）e_0/h 很小且 A_s 配置合适　　　（b）e_0/h 较小或 A_s 配置过多

图 8.5　受压破坏

(1)当相对偏心距 e_0/h_0 很小，且配置的距离偏心压力 N 较远一侧钢筋的 A_s 不过少时，构件截面全部受压，构件不出现横向裂缝[图8.5(a)]。破坏时，靠近压力 N 一侧(简称近力侧)的混凝土压应变达到极限值，同时，该侧钢筋 A'_s 应力达到受压屈服强度，而远离压力 N 的一侧(简称远力侧)受压钢筋可能达到其抗压屈服强度，也可能未达到其抗压屈服强度。

(2)当相对偏心距 e_0/h_0 较小，或者 e_0/h_0 虽不太小，但配置的远力侧钢筋 A_s 很多时，在荷载作用下，截面部分受压，部分受拉。受拉区虽然可能出现横向裂缝，但出现较迟，开展也不大。临近破坏时，在压力较大的混凝土受压边缘附近出现纵向裂缝[图8.5 (b)]。当受压边缘混凝土压应变达到其极限值时，混凝土被压碎，同时该侧钢筋 A'_s 应力达到屈服，而另一侧钢筋 A_s 可能受拉也可能受压，但一般其应力未达到受拉或受压屈服强度。

(3)当相对偏心距 e_0/h_0 很小，且配置的远力侧钢筋 A_s 相对近力侧钢筋 A'_s 较少时，从图8.6可以看出，换算截面形心轴有可能靠近 A'_s 一侧，偏心压力位于截面形心轴和截面几何中心之间，这样，在 A_s 布置得过少的一侧的混凝土反而负担较大的压应力，其压应变首先达到极限值而破坏，同时，该侧钢筋达到受压屈服强度，但靠近偏心力一侧的钢筋 A'_s 应力有可能达不到屈服强度。

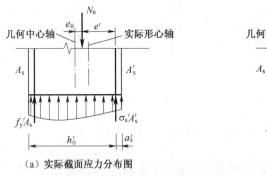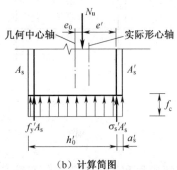

（a）实际截面应力分布图　　　　　　　　　（b）计算简图

图8.6　e_0 很小，同时 A_s 配置过少时截面应力分布

总之，小偏心受压构件的破坏是受压区边缘混凝土应变达到极限压应变被压碎，同一侧钢筋压应力达到屈服强度，而另一侧钢筋，可能受拉也可能受压，但若受拉其应力达不到受拉屈服强度。破坏前构件横向变形无明显增长，属于脆性破坏。由于这种破坏一般发生于相对偏心距较小的情况，故习惯上称为小偏心受压破坏。又由于其破坏始于混凝土被压碎，故又称为受压破坏。

3. 大、小偏心受压的界限

偏心受压构件的破坏属于上述哪种形态，可以由破坏时截面混凝土相对受压区高度 ξ 界定。

类似于受弯构件，如果截面受压边缘混凝土应变达到极限压应变时($\varepsilon_c = \varepsilon_{cu}$)，距离轴向压力较远一侧钢筋 A_s 的应变恰好达到受拉屈服应变($\varepsilon_s = \varepsilon_y$)，这种破坏称为界限破坏，界限破坏时混凝土相对受压区高度仍然用 ξ_b 表示，称为界限相对受压区高度。

偏心受压构件从加载到破坏，截面应变近似符合平截面假定，图8.7表示截面应变分布图。图中斜线 ac 代表界限破坏时的应变,由该图按 $\varepsilon_c = \varepsilon_{cu}$ 及 $\varepsilon_s = \varepsilon_y$ 可求出 ξ_b,计算公式与受弯构件计算 ξ_b 的公式(5.4)完全相同;图中斜线 ab 代表大偏心受压,显然大偏心受压破坏时,受拉钢筋应变能够达到屈服应变 ε_y,而受压区混凝土相对高度 $\xi < \xi_b$,反之亦然;图中斜线 ad、ae 代表小偏心受压,由图可知,小偏心受压破坏时,距离轴向力较远一侧钢筋 A_s 的应变没有达到受拉屈服应变 ε_y(相应的钢筋应力也达不到受拉屈服强度),且 $\xi > \xi_b$,反之亦然。

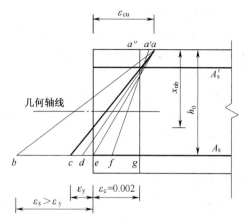

图 8.7 偏心受压构件截面应变分布图

如果破坏时为全截面受压,混凝土受压较大一侧的极限压应变将随着纵向力 N 的偏心距减小而逐步下降,其截面应变分布如斜线 ae、$a'f$ 和 $a''g$ 所示顺序变化,在变化过程中,受压边缘的极限压应变将由 ε_{cu} 逐步下降到接近轴心受压时的 0.002。

8.1.2 计算基本假定与附加偏心距

1. 计算基本假定

偏心受压构件正截面强度计算原理与第 5 章的受弯构件基本相同,因而计算基本假设也与受弯构件相同。此外,计算用的混凝土压应力图形也采用等效矩形应力图,其强度为 $\alpha_1 f_c$,矩形应力图高度 $x = \beta_1 x_n$,x_n 为受压区混凝土实际高度。混凝土界限相对受压区高度 $\xi_b = x_b/h_0$ 的计算公式与受弯构件相同。

对偏心受压构件,当 $\xi \leqslant \xi_b$(即受压区实际相对高度 $\xi_n \leqslant \xi_{nb}$)时,为大偏心受压构件,破坏时受拉钢筋应力达到受拉屈服强度;当 $\xi > \xi_b$ 时(即 $\xi_n > \xi_{nb}$),为小偏心受压构件,破坏时受拉钢筋应力未达到屈服强度。

2. 附加偏心距

考虑工程中荷载作用位置的偏差、混凝土质量的非均匀性、配筋不对称以及施工制造误差等因素都可能使荷载的偏心距增大,设计计算时引入构件附加偏心距对以上因素加以修正。当偏心距 e_0 较小时,引入附加偏心距更为必要。附加偏心距取 20 mm 和偏心方向截面尺寸的 1/30 两者中的较大值,即

$$e_a = \max(20 \text{ mm}, h/30) \tag{8.1}$$

式中,h 为截面高度(环形截面取外直径,圆形截面取直径)。

因此,轴向压力的计算初始偏心距应为

$$e_i = e_0 + e_a \tag{8.2}$$

式中,e_0 为轴向压力对截面几何中心的偏心距,$e_0 = M/N$。

8.1.3 偏心受压构件的二阶效应

如图 8.8 和图 8.9 所示,受压构件受荷后会产生侧向挠曲变形,有侧移结构受荷后会产生侧移(层间位移),轴向荷载在产生了上述变形的结构中会引起附加内力,即所谓的二阶效应。

从图 8.8 中可明显看出,由于侧向挠曲位移 a_f 的存在,轴向力 N 会在构件跨中产生附加的弯矩 Na_f,而该附加弯矩又会产生附加的挠度,使得 a_f 增大,二者相互影响。再以框架结构为例(图 8.9),在有侧移框架中,二阶效应主要是竖向荷载在产生了侧移的框架中引起的附加弯矩,通常称为 $P—\Delta$ 效应。在框架的各个柱段中,$P—\Delta$ 效应将增大柱端截面的弯矩。在无侧移框架中,二阶效应主要是轴向压力在产生了挠曲变形的柱中引起的附加弯矩,通常称为 $P—\delta$ 效应。$P—\delta$ 效应将增大柱段中部的弯矩,但并不增大柱端截面的弯矩。

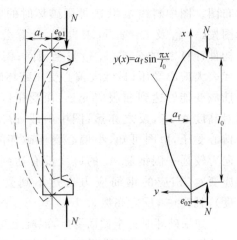

图 8.8　标准柱的侧向挠度

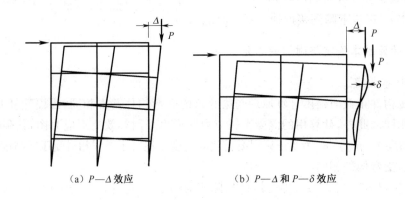

（a）$P—\Delta$ 效应　　　　　　（b）$P—\Delta$ 和 $P—\delta$ 效应

图 8.9　受压构件的侧向变形

1. 由侧移产生的 $P—\Delta$ 二阶效应

准确计算包含 $P—\Delta$ 效应的结构内力十分复杂,对于有侧移的框架结构、剪力墙结构、框架-剪力墙结构及筒体结构,《混规》在附录中给出了近似计算偏心受压构件侧移二阶效应的增大系数法,该方法将未考虑 $P—\Delta$ 效应的一阶弹性分析所得的结构杆端弯矩乘以适当的增大系数 η_s 来考虑 $P—\Delta$ 效应。

随着计算机技术的深入发展,在结构体系层面直接计算出包括 $P—\Delta$ 效应的内力,会比近似方法更接近实际。可采用能反映钢筋混凝土构件在极限状态下实际变形特性的非线性有限单元方法分析计算结构二阶效应,也可以采用经过一定折减的弹性刚度来代替钢筋混凝土构件的实际变形特性,按弹性分析(考虑结构的几何非线性)方法计算包括二阶效应在内的结构实际内力。按考虑 $P—\Delta$ 效应分析方法计算出的结构内力可直接用于截面配筋,不需要再引入弯矩增大系数。

2. 由偏心受压构件自身挠曲产生的 $P—\delta$ 二阶效应

偏心受压构件在杆端同号弯矩 M_1、M_2($M_2 \geqslant M_1$)和轴力 P 共同作用下,产生单曲率弯曲,如图 8.10 所示。

若不存在轴向荷载 P,构件中弯矩图如图 8.10(b)所示,最大弯矩为 M_2。轴向荷载 P 作用时,由于受压构件自身挠曲,构件任意截面将产生附加的弯矩 $P\delta$[二阶效应,图 8.10(c)],与

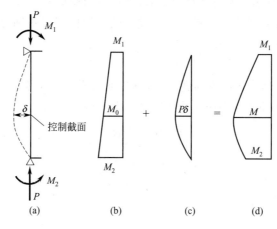

图 8.10　杆端弯矩同号时的二阶效应（P—δ 效应）

一阶弯矩 M_0 相加，任意截面总弯矩图为：$M = M_0 + P\delta$，如图 8.10(d)所示。

如果杆件较细长，且轴压比 $N/(f_c A)$ 比较大，$P\delta$ 值就较大，叠加 P—δ 二阶效应后，$M(= M_0 + P\delta)$ 值有可能超过杆端弯矩 M_2，M_1 值接近甚至等于 M_2 时，M 将超过 M_2 较多。此时必须考虑 P—δ 效应，采用 M 作为设计弯矩。

如果杆端弯矩符号相反，杆件为双曲率弯曲，杆端长度内有反弯点，如图 8.11 所示。轴向压力 P 对杆件长度内各截面仍将产生附加弯矩 $P\delta$，但是叠加附加弯矩后的总弯矩一般不会超过杆端弯矩 M_2[图 8.11(d)]，或者少许超过 M_2[图 8.11(e)]。

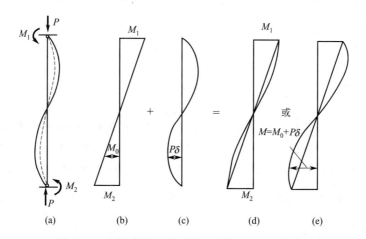

图 8.11　杆端弯矩异号时的二阶效应（P—δ 效应）

杆件长度范围内某截面的弯矩是否会超过杆端弯矩，与杆件长细比、轴压比 $N/(f_c A)$ 以及杆件两端弯矩比值 M_1/M_2 有关。《混规》规定，同时满足下列三个条件时，可不考虑轴向压力在该方向挠曲杆件中产生的附加弯矩影响：

$$M_1/M_2 \leqslant 0.9 \tag{8.3a}$$

$$N/(f_c A) \leqslant 0.9 \tag{8.3b}$$

$$l_0/i \leqslant 34 - 12(M_1/M_2) \tag{8.3c}$$

式中　M_1, M_2——已考虑侧移影响的偏心受压构件两端截面按结构弹性分析确定的对同一主轴的组合弯矩设计值，绝对值较大端为 M_2，绝对值较小端为 M_1，当构件按单曲率弯曲时，M_1/M_2 取正值，否则取负值；

l_0——构件的计算长度，可近似取偏心受压构件相应主轴方向上下支撑点之间的距离（图 8.13 和图 8.14）；

i——偏心方向的截面回转半径。

当式(8.3)中任意一个公式得不到满足时，应按下列公式计算考虑轴向压力在挠曲杆件中产生的二阶效应后控制截面的弯矩设计值（排架柱除外）：

$$M = C_m \eta_{ns} M_2 \tag{8.4a}$$

$$C_m = 0.7 + 0.3 \frac{M_1}{M_2} \tag{8.4b}$$

$$\eta_{ns} = 1 + \frac{1}{1\ 300(M_2/N + e_a)/h_0} \left(\frac{l_0}{h}\right)^2 \zeta_c \tag{8.4c}$$

$$\zeta_c = \frac{0.5 f_c A}{N} \tag{8.4d}$$

（当 $C_m \eta_{ns}$ 小于 1.0 时取 1.0；对剪力墙及核心筒墙，由于 P—δ 效应不明显，取 $C_m \eta_{ns} = 1.0$）

式中 C_m——构件端截面偏心距调节系数，当小于 0.7 时取 0.7；

η_{ns}——弯矩增大系数；

N——与弯矩设计值 M_2 相应的轴向压力设计值；

ζ_c——截面曲率修正系数，当大于 1.0 时取 1.0；

h——截面高度：对环形截面，取外直径；对圆形截面，取直径；

h_0——截面有效高度：对环形截面，取 $h_0 = r_2 + r_s$；对圆形截面，取 $h_0 = r + r_s$；r、r_2、r_s 见图 8.26 和图 8.27；

A——构件截面面积。

3. 弯矩增大系数 η_{ns}

首先分析标准柱的弯矩增大系数，标准柱是指两端铰支且轴向压力为等偏心距的压杆（$M_1 = M_2$）。

如图 8.8 所示，柱在偏心压力作用下，会产生侧向挠曲变形 $y(x)$，因此柱中的内力除柱端弯矩 $M_0 = N e_{02}$ 外，压力 N 还对侧向挠曲变形引起附加弯矩 $\Delta M = N \cdot y(x)$，称为二阶弯矩。对于标准柱，柱跨中截面侧向挠曲变形最大，记为 a_f（图 8.8），因此柱控制截面的实际弯矩为

$$M = M_0 + \Delta M = N(e_{02} + a_f) = N e_{02} \frac{e_{02} + a_f}{e_{02}} = M_0 \left(1 + \frac{a_f}{e_{02}}\right) \tag{8.5}$$

令 η_{ns} 为弯矩增大系数，即

$$\eta_{ns} = 1 + \frac{a_f}{e_{02}} \tag{8.6}$$

则控制截面弯矩设计值为 $M = \eta_{ns} M_0$。

试验表明，两端铰接柱的挠曲线很接近正弦曲线，即假定侧向挠度 $y = a_f \sin \frac{\pi x}{l_0}$，则柱跨中截面曲率为

$$\phi = \frac{d^2 y}{dx^2} = \frac{a_f \pi^2}{l_0^2} \approx 10 \frac{a_f}{l_0^2} \tag{8.7}$$

将上式代入式(8.6)得

$$\eta_{ns} \approx 1 + \frac{\phi l_0^2}{10 e_{02}} \qquad (8.8)$$

根据平截面假定(图 8.12),截面曲率可表示为

$$\phi = \frac{\varepsilon_c + \varepsilon_s}{h_0} \qquad (8.9)$$

对于界限破坏情况,$\varepsilon_c = \varepsilon_{cu} = 0.003\,3$,$\varepsilon_s = \varepsilon_y = f_y/E_s =$

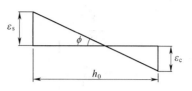

图 8.12　柱截面曲率与应变的关系

$450/(2 \times 10^5) = 0.002\,25$(近似按 HRB400 和 HRB500 级钢筋屈服强度标准值的平均值考虑),取考虑徐变后的混凝土应变增大系数为 1.25,故界限破坏时的截面曲率为

$$\phi_b = \frac{0.003\,3 \times 1.25 + 0.002\,25}{h_0} = \frac{1}{156.9} \cdot \frac{1}{h_0} \qquad (8.10)$$

如果不是界限破坏,构件达到极限状态时,截面曲率按下式修正:

$$\phi = \zeta_c \phi_b \qquad (8.11)$$

ζ_c 为截面曲率修正系数。试验表明,在大偏心受压时,实测极限曲率与 ϕ_b 相差不多;小偏心受压时,曲率随偏心距减小而降低,即小偏心受压构件达到承载力极限状态时受拉侧钢筋未达受拉屈服,其应变小于 $\varepsilon_y = f_y/E_s$,而受压边缘混凝土应变一般也小于 ε_{cu}。《混规》用 N 的大小反映偏心距对极限曲率的影响。取 $\zeta_c = N_b/N$,N_b 为偏心受压构件界限破坏时的承载力。界限破坏时,对于常用的 HPB300、HRB335、HRB400、HRB500 级钢筋和 C50 及以下等级混凝土,界限受压高度为 $x_b = \xi_b h_0 = (0.491 \sim 0.576) h_0$,取 $h_0 = 0.9h$,则 $x_b = \xi_b h_0 = (0.442 \sim 0.518)h$,近似取 $x_b = 0.5h$,则界限破坏时 $N_b = f_c b x_b = 0.5 f_c b h = 0.5 f_c A$(见 8.1.9 节),所以 $\zeta_c = 0.5 f_c A/N$。

将上述结果代入式(8.8)并取 $h = 1.1 h_0$,得到弯矩增大系数为

$$\eta_{ns} = 1 + \frac{1}{1\,300 e_{02}/h_0} \left(\frac{l_0}{h}\right)^2 \zeta_c \qquad (8.12)$$

若杆端弯矩不相同,同时考虑附加偏心距影响,用 $M_2/N + e_a$ 代替上式的 e_{02},就得到式(8.4c)。

4. 柱的计算长度 l_0

实际结构中的柱不一定是标准柱,但是可以根据实际柱的受力和变形特点将其等效为标准柱,其等效长度称为柱的计算长度 l_0。l_0 的具体取值请参考相关规范,或按基础力学分析确定。图 8.13 和图 8.14 给出了一些独立构件和框架柱的压屈方式和计算长度,图中 $kl = l_0$。

8.1.4　矩形截面偏心受压构件正截面承载力计算基本公式

矩形截面是工程中应用最广泛的构件,其截面长边边长为 h,短边边长为 b。设计中,应该以长边方向的截面主轴面为弯矩作用平面。纵向钢筋一般集中沿短边布置。A_s 代表离偏心压力较远一侧的钢筋面积,A_s' 代表离偏心压力较近一侧的钢筋面积。

偏心受压构件正截面承载力计算的一般原理与受弯构件相同,仍采用与受弯构件相同的基本计算假设。

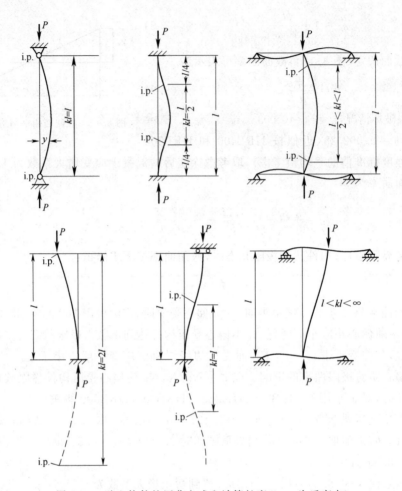

图 8.13　独立构件的压曲方式和计算长度(i. p. 为反弯点)

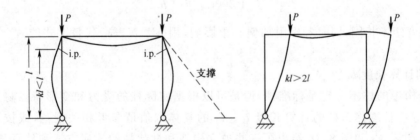

图 8.14　基础铰接框架的压曲方式和计算长度(i. p. 为反弯点)

1. 大偏心受压(ξ≤ξ_b)

根据正截面破坏时的计算图形(图 8.15),可写出大偏心受压构件基本计算公式为

$$\sum N=0, \quad \gamma_0 N \leqslant N_u = \alpha_1 f_c bx + f'_y A'_s - f_y A_s \qquad (8.13a)$$

$$\sum M_{A_s}=0, \quad \gamma_0 Ne \leqslant N_u e = \alpha_1 f_c bx\left(h_0 - \frac{x}{2}\right) + f'_y A'_s(h_0 - a'_s) \qquad (8.13b)$$

或

$$\gamma_0 N \leqslant N_u = \alpha_1 f_c b\xi h_0 + f'_y A'_s - f_y A_s \qquad (8.14a)$$

$$\gamma_0 Ne \leqslant N_u e = \alpha_1 f_c b h_0^2 \xi(1-0.5\xi) + f_y' A_s'(h_0-a_s') \tag{8.14b}$$

式中 e——轴向力 N 作用点到受拉钢筋合力点之间的距离。

$$e = e_i + h/2 - a_s \tag{8.15}$$

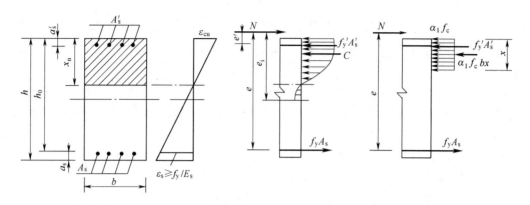

图 8.15 矩形截面大偏心受压构件正截面受压承载力计算图($x \geqslant 2a_s'$)

以上公式适用条件为：

(1) $\xi \leqslant \xi_b$——确认为大偏心受压构件。

(2) $x \geqslant 2a_s'$——截面破坏时,在保证正确配置箍筋的前提下,受压钢筋应力达到抗压强度设计值。

(3) 配筋率。一侧纵筋:

$$\rho = \frac{A_s}{bh} \geqslant \rho_{min} = 0.002 \tag{8.16}$$

$$\rho' = \frac{A_s'}{bh} \geqslant \rho_{min}' = 0.002 \tag{8.17}$$

全部纵筋: $\quad A_s + A_s' \geqslant \rho_{min}'bh = \begin{cases} 0.005bh \cdots\cdots\cdots\cdots\cdots (f_{yk}=500 \text{ MPa}) \\ 0.005\ 5bh \cdots\cdots\cdots (f_{yk}=400 \text{ MPa}) \\ 0.006bh \cdots\cdots\cdots (f_{yk}=300\text{、}335 \text{ MPa}) \end{cases} \tag{8.18}$

"一侧纵筋"指弯矩作用平面的柱的两对边之一的纵筋(图 8.15 中 A_s 或 A_s');"全部纵筋"指柱截面内全部受力纵筋。式(8.18)中,混凝土为 C60 及以上强度等级时,最小配筋率应增大 0.1%。

当 $x < 2a_s'$(不考虑 A_s' 作用时例外)时,因受压钢筋距离中和轴很近,破坏时其应力不能达到抗压强度设计值,此时有如下两种处理方法。

(1)《混规》推荐的近似计算方法

受压钢筋合力点与受压混凝土合力点之间的距离小于 $0.5x$,且 $x < 2a_s'$ 时,两合力点之间的距离小于 a_s',考虑到 a_s' 数值较小,可以偏安全地假定混凝土合力中心与 A_s' 形心重合,则依据图 8.16 得

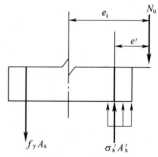

图 8.16 矩形截面大偏心受压构件正截面受压承载力计算图($x < 2a_s'$)

$$\sum M_{A_s'} = 0, \quad \gamma_0 Ne' \leqslant N_u e' = f_y A_s(h_0 - a_s') \tag{8.19}$$

式中　e'——轴向力 N 作用点到受压钢筋 A'_s 合力点之间的距离,即

$$e' = e_i - \frac{h}{2} + a'_s \tag{8.20}$$

（2）按平截面假定,可以求出受压钢筋应力

$$\sigma'_s = E_s \varepsilon_{cu}(1 - \beta_1 a'_s / x) \tag{8.21}$$

若 $|\sigma'_s| > f'_y$,取 $\sigma'_s = f'_y$。用式（8.21）替换式（8.13）或式（8.14）中的 f'_y,即可求得其他未知数。

把上述大偏心受压构件承载力公式中的 Ne、Ne' 改为 M,可以发现它与双筋截面受弯构件承载力公式完全一致。因此大偏心受压构件的计算步骤与双筋截面受弯构件基本相同。

2. 小偏心受压破坏构件（$\xi > \xi_b$）

（1）基本计算公式

图 8.17 所示是小偏心受压构件破坏时最常见的截面应力分布形式所对应的计算图。与此图对应的基本计算公式为

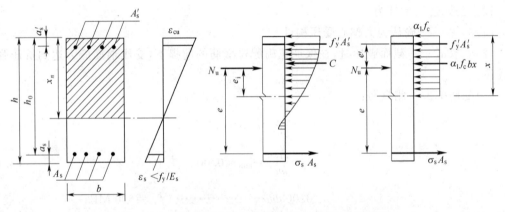

图 8.17　矩形截面小偏心受压构件受压承载力计算图

$$\sum N = 0, \quad \gamma_0 N \leqslant N_u = \alpha_1 f_c bx + f'_y A'_s - \sigma_s A_s \tag{8.22a}$$

$$\sum M_{A_s} = 0, \quad \gamma_0 Ne \leqslant N_u e = \alpha_1 f_c bx\left(h_0 - \frac{x}{2}\right) + f'_y A'_s(h_0 - a'_s) \tag{8.22b}$$

或

$$\gamma_0 N \leqslant N_u = \alpha_1 f_c b\xi h_0 + f'_y A'_s - \sigma_s A_s \tag{8.23a}$$

$$\gamma_0 Ne \leqslant N_u e = \alpha_1 f_c bh_0^2 \xi\left(1 - \frac{\xi}{2}\right) + f'_y A'_s(h_0 - a'_s) \tag{8.23b}$$

有时为方便计算,可对近力侧受压钢筋取矩:

$$\sum M_{A'_s} = 0, \quad \gamma_0 Ne' \leqslant N_u e' = \alpha_1 f_c bh_0^2 \xi\left(\frac{\xi}{2} - \frac{a'_s}{h_0}\right) - \sigma_s A_s(h_0 - a'_s) \tag{8.23c}$$

$$e' = h/2 - a'_s - e_i \tag{8.24}$$

式中 σ_s 为正值时为拉应力,σ_s 为负值时为压应力。

小偏心受压构件破坏时应力图与超筋受弯构件相似,远离轴向压力一侧的钢筋应力 σ_s 可能受拉,也可能受压,但达不到受拉屈服强度。需要补充 σ_s 的计算式才能联立求解式（8.22）或式（8.23）。

按照应变图的平截面假定(图 8.17)并注意 $x=\beta_1 x_n$,可以得出 σ_s 的计算公式,即

$$\sigma_{si}=E_s\varepsilon_{cu}\left(\frac{\beta_1 h_{0i}}{x}-1\right) \qquad (8.25a)$$

式中 h_{0i} 为第 i 层钢筋截面重心到构件截面压应变最大边缘距离。上式表明,σ_s—ξ 关系为双曲线。将上式与式(8.22)联立求解时会出现关于 x 的 3 次方程,使用相关的数学计算软件求解没有任何困难。《公路桥规》推荐上式为计算小偏心受压构件钢筋应力的基本公式。但是用手算求解 3 次方程比较繁琐,大量试验资料和分析表明,小偏心受压情况下,受拉边或受压较小边的钢筋应力 σ_s 与 ξ 接近线性关系。考虑到 $\xi=\xi_b$ 时 $\sigma_s=f_y$,及 $\xi=\beta_1$ 时 $\sigma_s=0$,将其作为边界条件,取 σ_s 与 ξ 之间为线性关系,允许按照下式计算 σ_s:

$$\sigma_s=\begin{cases} f_y \cdots\cdots\cdots\cdots\cdots\cdots\cdots\cdots\cdots\cdots\cdots \xi\leqslant\xi_b \\ \dfrac{(\beta_1-\xi)}{(\beta_1-\xi_b)}f_y \cdots\cdots\cdots\cdots\cdots \xi_b<\xi\leqslant 2\beta_1-\xi_b \\ -f'_y \cdots\cdots\cdots\cdots\cdots\cdots\cdots 2\beta_1-\xi_b\leqslant\xi\leqslant h/h_0 \end{cases} \qquad (8.25b)$$

注意,在式(8.25a)和式(8.25b)中,σ_s—ξ 为分段函数(见图 8.18),计算时要根据 ξ 取值范围选取适当的计算公式。当 σ_s 为拉应力且其值大于 f_y 时,取 $\sigma_s=f_y$;当 σ_s 为压应力且其绝对值大于 f'_y 时,取值为 $\sigma_s=-f'_y$,同时应满足 $x\leqslant h$。

图 8.18 将 σ_s 计算式(8.25a)和式(8.25b)的图形画在一起,以资比较。对于强度等级不超过 C50 的混凝土,取 $\beta_1=0.8$,按式(8.25b)计算,当 $\xi\geqslant 1.6-\xi_b$ 时,$\sigma_s=f'_y$,用式(8.25a)计算,当 $\xi\approx 1.47$、1.76、2.11 时(分别对应 $f_{yk}=300$ MPa、400 MPa、500 MPa 等级钢筋),$\sigma_s=f'_y$。所以当 σ_s 值接近受压屈服强度时,式(8.25a)与式(8.25b)计算结果相差较大。

显然,式(8.22)和式(8.23)可以作为大小偏心受压构件的统一计算公式,大偏心受压时,取 $\sigma_s=f_y$,小偏心受压时按式(8.25)计算 σ_s。

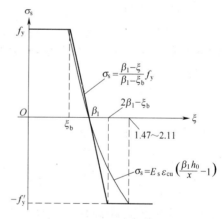

图 8.18　ξ—σ_s 关系曲线

(2)"反向破坏"时的计算公式

当小偏心受压构件轴向力的偏心距 e_0 很小,且远离轴向压力一侧的钢筋 A_s 又配得不够多时,偏心压力有可能位于换算截面形心轴和截面几何中心之间(图 8.6)。这时,远离轴向压力一侧的混凝土反而承担较大的压应力首先被压坏(俗称"反向破坏",对称配筋截面不会发生这种破坏),远力侧钢筋 A_s 受压,其应力可达到抗压屈服强度设计值 f'_y。图 8.19 为与这种情况相对应的受力简图,相应的计算公式为

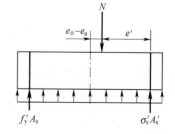

$$\gamma_0 Ne'\leqslant N_u e'=f_c bh\left(h'_0-\frac{h}{2}\right)+f'_y A_s(h'_0-a_s) \qquad (8.26)$$

$$e'=h/2-a'_s-(e_0-e_a) \qquad (8.27)$$

图 8.19　矩形截面小偏心受压构件受压承载力计算图("反向破坏")

式中 $h_0'=h-a_s'$。从上式可以看出,为保证安全,应该取附加偏心距为负偏差,初始偏心距为 $e_i=e_0-e_a$,不考虑 $P—\delta$ 效应。

对采用非对称配筋的小偏心受压构件,《混规》规定,当 $N>f_cA$(A 为构件截面面积)时,可能发生上述远力侧钢筋 A_s 被压坏的情况,为保证 A_s 的用量不太少,应按式(8.26)加以验算。《公路桥规》规定,当轴向力作用在纵向钢筋 A_s' 合力点与 A_s 合力点之间时,也应按"反向破坏"加以验算。

小偏心受压构件计算公式的适用条件是:①$\xi_b<\xi\leqslant h/h_0$;②配筋率需满足式(8.16)~式(8.18)。

偏心受压构件除了应该计算弯矩作用平面内的受压承载力外,还应该按轴心受压构件验算垂直于弯矩作用平面的受压承载力,此时可不计入弯矩作用。按轴心受压构件计算时,应考虑稳定系数的影响。

8.1.5　截面承载力 $N—M$ 相关曲线

截面达到承载力极限状态时,其轴向压力和弯矩是相互关联的,如图 8.20 所示。给定材料、截面形式和尺寸、配筋、计算长度的偏心受压构件,$N—M$ 相关曲线是唯一确定的。$N—M$ 相关曲线可以由试验结果得到,也可以由计算得到。

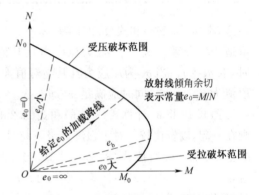

图 8.20　$N—M$ 曲线,偏心距对承载力的影响

1. 直接求解方程*

以符合条件 $A_s=A_s'$,$a_s=a_s'$,$f_y=f_y'$ 的对称配筋矩形截面偏心受压构件为例,σ_s 计算采用式(8.25b)。

(1)大偏心受压构件

①符合条件 $2a_s'\leqslant x\leqslant\xi_bh_0$ 时,由式(8.14a)解出 ξ 并代入式(8.14b)得

$$N(e_i+0.5h-a_s)=\alpha_1f_cbh_0^2\frac{N}{\alpha_1f_cbh_0}\left(1-0.5\frac{N}{\alpha_1f_cbh_0}\right)+f_y'A_s'(h_0-a_s')$$

为方便起见,把上式两端除以 $\alpha_1f_cbh_0^2$,将其无量纲化,再令

$$\overline{M}=\frac{Ne_0}{\alpha_1f_cbh_0^2},\quad\overline{N}=\frac{N}{\alpha_1f_cbh_0},\quad\rho'=A_s'/(bh_0)$$

并整理得

$$\overline{M}=-0.5\overline{N}^2+\frac{0.5h-e_a}{h_0}\overline{N}+\rho'\left(1-\frac{a_s'}{h_0}\right)\frac{f_y'}{\alpha_1f_c}\tag{8.28a}$$

以 $\overline{M}$ 为横坐标,$\overline{N}$ 为纵坐标,即可绘出 $\overline{N}—\overline{M}$ 相关曲线的一段,显然 $\overline{N}—\overline{M}$ 与 $N—M$ 的规律是一致的,为二次抛物线。

②$x<2a_s'$ 时,计算公式为(8.19),即 $N(e_i-0.5h+a_s')=f_yA_s(h_0-a_s')$,将其无量纲化并整理得

$$\overline{M}=\left(\frac{0.5h-a_s'-e_a}{h_0}\right)\overline{N}+\rho'\frac{h_0-a_s'}{h_0}\cdot\frac{f_y}{\alpha_1f_c}\tag{8.28b}$$

(2)小偏心受压构件

①当 $\xi_b < \xi < 2\beta_1 - \xi_b$ 时,将式(8.23b)无量纲化并整理得

$$\overline{M} = -\frac{0.5h - a_s + e_a}{h_0}\overline{N} + \xi(1 - 0.5\xi) + \rho'\frac{f_y}{\alpha_1 f_c}(1 - a_s'/h_0) \tag{8.28c}$$

将式(8.25b)代入式(8.23a)并无量纲化可解出

$$\overline{N} = \xi + \rho'\frac{f_y'}{\alpha_1 f_c} \cdot \frac{\xi - \xi_b}{\beta_1 - \xi_b}$$

由此式解得

$$\xi = \cfrac{\overline{N}}{1 + \cfrac{\rho' f_y'}{\alpha_1 f_c} \cdot \cfrac{1}{\beta_1 - \xi_b}} + \cfrac{\xi_b}{1 + \cfrac{\alpha_1 f_c}{\rho f_y} \cdot (\beta_1 - \xi_b)} \tag{8.28d}$$

将上式代入式(8.28c),即可得到 $\overline{N} - \overline{M}$ 关系式,仍为二次抛物线。

②当 $2\beta_1 - \xi_b \leqslant \xi \leqslant h/h_0$ 时,可将 $\sigma_s = -f_y'$ 代入式(8.23)解得

$$\overline{M} = -0.5\overline{N}^2 + \left(1 + \frac{2f_y'}{\alpha_1 f_c}\rho' - \frac{0.5h - a_s' + e_a}{h_0}\right)\overline{N}$$

$$-\frac{2f_y\rho'}{\alpha_1 f_c} - 2\left(\frac{f_y\rho'}{\alpha_1 f_c}\right)^2 + \frac{f_y'}{\alpha_1 f_c}\rho'\left(1 - \frac{a_s}{h_0}\right) \tag{8.28e}$$

采用其他截面形式及非对称配筋的构件,计算公式的推导方法和上面完全相似。

2. 试 算 法*

对某一给定的偏心距,联立求解式(8.22)和式(8.25)可得到唯一的 N_u 和 M_u 值,把其点画在 $N-M$ 相关曲线图上。设偏心距为不同的值(从零到无穷大),可按基本公式得出一系列与特定偏心距相应的 N_u 和 M_u 值,即可绘出图8.20的 $N-M$ 相关曲线。

实际计算时,对每一个选定的 x 值,可根据方程组(8.22)和(8.25)解出相应的 N_u 和 M_u 值。可以逐次假定截面中和轴距离 x[从无限大(对应偏心距为零)到很小的值,直到 $N_u=0$(纯弯)],用上述方法计算出与每一个 x 值对应的 N_u 和 M_u 值,于是可以绘出 $N-M$ 相关曲线图。

3. $N-M$ 相关曲线图反映出的偏心受压构件基本特点

(1)$N-M$ 曲线是基本计算方程的图形化,借助 $N-M$ 图形容易了解影响构件受力特征的各参数内在的综合关系。

(2)在已知截面(截面形状、尺寸,配筋数量,材料强度,构件计算长度已知)时,$N-M$ 曲线是唯一确定的。

(3)一组内力组合 (M,N) 在曲线内侧,说明截面未达到承载能力极限状态(指材料破坏,失稳破坏参见后面章节);如在曲线外侧,则表明截面承载力不足。

(4)图8.21中 A 点弯矩为零,轴向承载力达到最大,属于轴心受压破坏;C 点轴力为零,为受纯弯破坏;B 点属于界限破坏,与 B 点相对应的纵坐标即为界限轴

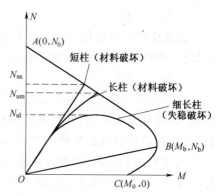

图 8.21 柱长细比对承载力的影响

力 $N_b = \alpha_1 f_c b h_0 \xi_b + f'_y A'_s - f_y A_s$, B 点将曲线分为两段, AB 为小偏心受压, BC 为大偏心受压。

(5)小偏心受压时(受压破坏),轴向压力越大,截面能同时承受的弯矩就越小。也就是,相同的 M 值, N 越大越不安全;大偏心受压时(受拉破坏),情况正好相反,轴向压力越大,截面能同时承受的弯矩承载力就越大。即对同一 M 值, N 越大越安全, N 越小越不安全,需要配更多的钢筋。

这很容易理解,小偏心受压是混凝土压应变过大导致的受压破坏,轴向压力引起的压应变越大,则允许弯矩引起的附加压应变的余量就越小;相反,大偏心受压是由钢筋受拉屈服引起的破坏,轴向压力可以减小钢筋的受拉应变,所以可以提高承载力。

截面设计时,可以利用以上 $N_u - M_u$ 变化规律找到一组或几组最不利的荷载组合。

这里关键要记住,对大偏心受压破坏,轴向压力在一定范围内有可能会成为有利荷载(请回顾有利荷载的概念)。

(6)如果截面尺寸和材料强度保持不变, $N-M$ 相关曲线随配筋率的增大而向外增大(见后图 8.28)。

(7)对于对称配筋截面,界限破坏时的轴力 $N_b = \alpha_1 f_c \xi_b b h_0$ 与配筋率无关,而 $M_b = N_b e_0$ 随配筋率的增大而增大。

(8)给定截面尺寸、材料强度、配筋数量和计算长度的偏心受压构件,在不同的荷载偏心距 e_0 下,会得到不同的破坏荷载 N_u,即构件的承载力 N_u 及破坏特征取决于偏心距 e_0。

(9)给定轴向压力 N,有唯一对应的 M,使该截面达到承载力极限状态;给定弯矩 M,使截面达到承载力极限状态的轴向压力值有两个(N_{min} 和 N_{max}), N_{min} 对应于大偏心受压情况, N_{max} 对应小偏心受压情况。

8.1.6 破坏类型与长细比的关系

图 8.21 所示为已知截面尺寸、材料强度、配筋的短柱($C_m \eta_{ns} = 1$)的 $N-M$ 相关曲线图,图中不同计算长度的三根柱具有相同的偏心距 e_0,随着长细比的增大,其承载力依次降低。长细比是影响构件承载力和破坏特征(材料破坏还是失稳破坏,受拉破坏还是受压破坏)的重要参数。偏心受压构件可以按照长细比分为短柱、长柱和细长柱。

1. 短　　柱

对短柱可忽略偏心力产生的侧向变形,认为弯矩与轴力呈线性关系。柱截面的破坏属于材料达到其极限强度而发生的破坏,称为材料破坏。在 $N-M$ 相关图中,从加载到破坏的路线为直线(图 8.21)。

2. 长　　柱

长细比较大的柱称为长柱。对于这类柱子,随着轴向力 N 的增大,截面弯矩 M 也将增大,但二者的关系是非线性的。在 $N-M$ 相关图中,从加载到破坏的加载路径为曲线。

3. 细　长　柱

长细比很大的柱称为细长柱。对于此类柱子,当偏心压力达到最大值时,侧向变形突然剧增,荷载急剧下降,但在最大荷载时,截面混凝土和钢筋应变均未达到材料破坏的极限值,即柱在其控制截面材料强度尚未耗尽时,达到最大承载力,这种破坏形态为失稳破坏。在荷载达到最大值后,如能控制荷载使其逐渐降低以保持构件的继续变形,则随着侧向挠度的增大和荷载的降低,截面也可以达到材料破坏,但此时的荷载已显著小于失稳破坏荷载。

【例题 8.1】 已知矩形截面偏心受压短柱$(C_{\text{m}}\eta_{\text{ns}}=1)$，截面尺寸及配筋如图 8.22(a)所示，$b=400$ mm，$h=600$ mm，采用 C25 混凝土，HRB335 级钢筋，对称配筋，远力侧及近力侧钢筋均为 5$\pm$18，$A_{\text{s}}=A_{\text{s}}'=1\ 272$ mm²，$a_{\text{s}}=a_{\text{s}}'=40$ mm。

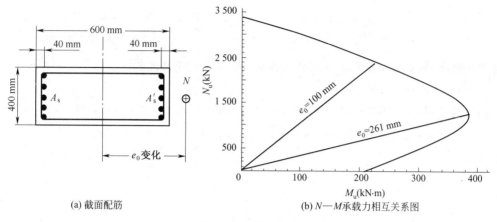

(a) 截面配筋   (b) N—M 承载力相互关系图

图 8.22 例题 8.1 图

求：(1)界限破坏时的压力 N_{b}、弯矩 M_{b} 及相应的偏心距 e_0；

    (2)画此柱的 N—M 承载力相互关系图*。

【解】 按《混规》，本例所需相关数据为 $f_{\text{c}}=11.9$ N/mm²，$f_{\text{y}}=f_{\text{y}}'=300$ N/mm²。根据第 5 章相关内容知 $\alpha_1=1.0$，$\beta_1=0.8$，$\xi_{\text{b}}=0.550$。由式(8.1)知 $e_{\text{a}}=20$ mm。

1. 用试算法求解

(1)界限破坏(平衡破坏)时，$\varepsilon_{\text{c}}=\varepsilon_{\text{cu}}=0.003\ 3$，$\varepsilon_{\text{s}}=\varepsilon_{\text{y}}=f_{\text{y}}/E_{\text{s}}=300/(2\times10^5)=0.001\ 5$。

相应的截面混凝土受压区实际高度为

$$x_{\text{n}}=x_{\text{nb}}=\frac{\varepsilon_{\text{cu}}}{\varepsilon_{\text{cu}}+\varepsilon_{\text{y}}}\cdot h_0=\frac{0.003\ 3}{0.003\ 3+0.001\ 5}\times560=0.687\ 5\times560=385\ (\text{mm})$$

截面受压区混凝土计算高度为

$$x=x_{\text{b}}=\beta_1 x_{\text{nb}}=0.8\times385=308\ (\text{mm})$$

[当然也可以利用第 5 章式(5.4)得到，$x=x_{\text{b}}=\xi_{\text{b}}h_0=0.550\times560=308\ (\text{mm})$]

$$\sigma_{\text{s}}=f_{\text{y}}=300\ \text{N/mm}^2$$

$$\sigma_{\text{s}}'=E_{\text{s}}\varepsilon_{\text{cu}}\left(1-\frac{\beta_1 a_{\text{s}}'}{x}\right)=2\times10^5\times0.003\ 3\times\left(1-\frac{0.8\times40}{308}\right)=591.4\ (\text{N/mm}^2)$$

因为 $|\sigma_{\text{s}}'|>f_{\text{y}}'$，所以 $\sigma_{\text{s}}'=f_{\text{y}}'=300$ N/mm²。也可以从 $x>2a_{\text{s}}'$ 大致判断 $\sigma_{\text{s}}'=f_{\text{y}}'=300$ N/mm²。

$$N=\alpha_1 f_{\text{c}}bx+\sigma_{\text{s}}'A_{\text{s}}'-\sigma_{\text{s}}A_{\text{s}}$$

$$=1.0\times11.9\times400\times308+300\times1\ 272-300\times1\ 272=1\ 466\ 080\ (\text{N})=1\ 466.08\ (\text{kN})$$

$$Ne=N[(e_0+e_{\text{a}})+0.5h-a_{\text{s}}]=\alpha_1 f_{\text{c}}bx(h_0-0.5x)+\sigma_{\text{s}}'A_{\text{s}}'(h_0-a_{\text{s}}')$$

可解得：

$$e_0=\frac{1.0\times11.9\times400\times308\times(560-0.5\times308)+300\times1\ 272\times(560-40)}{1\ 466\ 080}$$

$$-0.5\times600+40-20=261.3\ (\text{mm})$$

$$M=e_0N=261.3\times1\,466\,080\times10^{-6}=383.09\,(\mathrm{kN\cdot m})$$

这样就得到了 N—M 相关曲线图上的一个点。

（2）选择一个小于 x_b 的 x 值，如 $x=56$ mm，因为 $x<x_b=\xi_bh_0$，为大偏心受压，所以

$$\sigma_s=f_y$$

$$\sigma_s'=E_s\varepsilon_{cu}\left(1-\frac{\beta_1a_s'}{x}\right)=2\times10^5\times0.003\,3\times\left(1-\frac{0.8\times40}{56}\right)=282.86\,(\mathrm{N/mm^2})$$

这说明破坏时，距离轴向力较近一侧的钢筋应力没有达到受压屈服。

$$N=\alpha_1f_cbx+\sigma_s'A_s'-\sigma_sA_s$$
$$=1.0\times11.9\times400\times56+282.86\times1\,272-300\times1\,272=244\,758\mathrm{N}=244.76\,(\mathrm{kN})$$

$$Ne=N[(e_0+e_a)+0.5h-a_s]=\alpha_1f_cbx(h_0-0.5x)+\sigma_s'A_s'(h_0-a_s')$$

可解得：

$$e_0=\frac{1.0\times11.9\times400\times56\times(560-0.5\times56)+282.86\times1\,272\times(560-40)}{244\,758}$$

$$-0.5\times600+40-20=1\,063.80\,(\mathrm{mm})$$

$$M=e_0N=1\,063.8\times244\,758\times10^{-6}=260.37\,(\mathrm{kN\cdot m})$$

若选择 $x=2a_s'=80$ mm，则

$$\sigma_s'=E_s\varepsilon_{cu}\left(1-\frac{\beta_1a_s'}{x}\right)=2\times10^5\times0.003\,3\times\left(1-\frac{0.8\times40}{80}\right)=396\,(\mathrm{N/mm^2})>f_y'$$

所以，当 $x\geqslant2a_s'$ 时，可取 $\sigma_s'=f_y'$。

本例中，当 $x>59$ mm，就可以取 $\sigma_s'=f_y'$。而按照式（8.19）计算则偏于安全。

（3）继续选择一个小于 x_b 的 x 值，如选择 $x=150$ mm，因为 59 mm$<x<x_b$，仍然为大偏心受压，所以 $\sigma_s=f_y$，且 $\sigma_s'=f_y'=300$ N/mm^2，用和上面完全相同的方法解出，$e_0=482.9$ mm，$N=714$ kN。

$$M=e_0N=482.9\times714\,000\times10^{-6}=344.8\,(\mathrm{kN\cdot m})$$

（4）如果 $N=0$，即为受弯构件，与双筋梁相似，按式（8.19）有

$$M=300\times1\,272\times(560-40)=198.432\,(\mathrm{kN\cdot m})$$

（5）选择 $x=390$ mm$>\xi_bh_0=x_b=308$ mm，为小偏心受压。

$$\sigma_s=E_s\varepsilon_{cu}\left(\frac{\beta_1h_0}{x}-1\right)=2\times10^5\times0.003\,3\times\left(\frac{0.8\times560}{390}-1\right)=98.2\,(\mathrm{N/mm^2})$$

说明破坏时，距离轴向压力较远一侧钢筋仍然受拉，但没有达到受拉屈服。

因为 $|\sigma_s'|>f_y'$，所以 $\sigma_s'=f_y'=300$ N/mm^2。

$$N=\alpha_1f_cbx+\sigma_s'A_s'-\sigma_sA_s=1.0\times11.9\times400\times390+300\times1\,272-98.2\times1\,272$$
$$=2\,113\,090(\mathrm{N})=2\,113.09\,(\mathrm{kN})$$

$$Ne=N[(e_0+e_a)+0.5h-a_s]=\alpha_1f_cbx(h_0-0.5x)+\sigma_s'A_s'(h_0-a_s')$$

可解得：

$$e_0=\frac{1\times11.9\times400\times390\times(560-0.5\times390)+300\times1\,272\times(560-40)}{2\,113\,090}$$

$$-0.5\times600+40-20=134.6\,(\mathrm{mm})$$

$$M = e_0 N = 134.6 \times 2\ 113\ 090 \times 10^{-6} = 283.2\ (\text{kN} \cdot \text{m})$$

如果利用式(8.25b)计算钢筋应力,$\sigma_s = 124.29\ \text{N/mm}^2$,则 $N = 2\ 080.0\ \text{kN}$,$e_0 = 141.2\ \text{mm}$,$M = 293.7\ \text{kN} \cdot \text{m}$。

(6)选择 $x = \beta_1 h_0 = 0.8 h_0 = 448\ (\text{mm}) > \xi_b h_0 = x_b = 308\ (\text{mm})$,为小偏心受压。

按式(8.25a)和式(8.25b)计算均得到 $\sigma_s = 0$,说明破坏时,距离轴向压力较远一侧的钢筋应力为 0。此时,$\sigma_s' = f_y' = 300\ \text{N/mm}^2$。

按与上面类似的步骤计算出,$e_0 = 83.9\ \text{mm}$,$N = 2\ 514.1\ \text{kN}$,$M = 210.9\ \text{kN} \cdot \text{m}$。

(7)取 $x = 500\ \text{mm}$,按式(8.25a)计算,则 $\sigma_s = -68.64\ \text{N/mm}^2$(受压),$e_0 = 48.6\ \text{mm}$,$N = 2\ 848.9\ \text{kN}$,$M = 138.5\ \text{kN} \cdot \text{m}$;按式(8.25b)计算,则 $\sigma_s = -111.43\ \text{N/mm}^2$(受压),$e_0 = 42.5\ \text{mm}$,$N = 2\ 903.3\ \text{kN}$,$M = 123.4\ \text{kN} \cdot \text{m}$。

继续增大 x 值,则柱逐渐进入全截面受压,x 值越大,式(8.25a)与式(8.25b)的计算结果相差越大。

(8)如果柱为轴心受压,即 $e_0 = 0$,则需进行如下计算。

①按照轴心受压构件式(4.13)计算,即

$$N = 0.9[f_c bh + f_y'(A_s' + A_s)]$$
$$= 0.9 \times [11.9 \times 400 \times 600 + 300 \times (1\ 272 + 1\ 272)] \times 10^{-3} = 3\ 257.28\ (\text{kN})$$

若按照式(4.12)计算,不考虑上式的系数 0.9,则 $N = 3\ 619.2\ \text{kN}$。

②按照 $e_0 = 0$ 的偏心受压构件计算,显然破坏时有

$$\sigma_s' = f_y' = 300\ \text{N/mm}^2, \quad \sigma_s = -f_y = -300\ \text{N/mm}^2$$

按式(8.22a)和式(8.22b)有

$$\begin{cases} N = 1 \times 11.9 \times 400x + 300 \times 1\ 272 + 300 \times 1\ 272 \\ N(0 + 20 + 0.5 \times 600 - 40) = 1 \times 11.9 \times 400x(560 - 0.5x) + 300 \times 1\ 272 \times (560 - 40) \end{cases}$$

联立求解得到,$x = 548.3\ \text{mm}$,$N = 3\ 373.1\ \text{kN}$。

若不考虑附加偏心距,则解出,$x = 600\ \text{mm}$,$N = 3\ 619.2\ \text{kN}$。

继续设定更多的 x 值,继续重复以上计算,则可以得到短柱承载力相互关系曲线图。

2. 用解析法求解

将已知数据代入基本方程,并无量纲化[为简化计算工作量,σ_s 按式(8.25b)计算],经整理得到:

(1)大偏心受压,且 $\sigma_s' = f_y'$ 时

$$\overline{M} = 0.153\ 9 + 0.5\ \overline{N} - 0.5\ \overline{N}^2$$

(2)大偏心受压,A_s' 未达到受压屈服强度(本例 $x < 59\ \text{mm}$ 时,$\sigma_s' < f_y'$)

$$\overline{M} = 0.153\ 9 + 0.428\ 6\ \overline{N}$$

(3)小偏心受压,A_s 未达到受压屈服强度时

$$\overline{M} = 0.349\ 2 + 0.008\ 5\ \overline{N} - 0.202\ 2\ \overline{N}^2$$

（4）小偏心受压，A_s 达到受压屈服强度时

$$\overline{M} = -0.232\,6 + 0.786\,3\,\overline{N} - 0.5\,\overline{N}^2$$

按以上四个方程，可以画出 $\overline{N}$—$\overline{M}$ 相关曲线图（图 8.23），该曲线与图 8.22 的 N—M 图完全相似，但有 2 点不同：①$\overline{N}$—$\overline{M}$ 为无量纲形式，坐标比例与图 8.22 的 N—M 图不同；②本例采用式（8.25b）计算 σ_s，而试算法采用式（8.25a）计算 σ_s。具体设计中可根据需要决定采用何种形式。

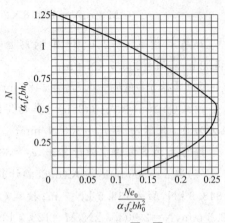

图 8.23　例题 8.1 的 $\overline{N}$—$\overline{M}$ 相关曲线图

8.1.7　矩形截面偏心受压构件非对称配筋设计

设计截面时，通常荷载产生的内力 N 和 M（或 N 和 e_0）及材料设计强度为已知，构件计算长度也已经知道，截面形状和尺寸可按照刚度与构造要求参照同类建筑物预先选定。接下来要做的就是利用基本公式计算截面需要的配筋。这时，首先需要判断构件属于哪一种偏心受压，才能利用相应的公式进行计算。

1. 界限偏心距

两种偏心受压的判别条件是：$\xi \leqslant \xi_b$ 为大偏压（受拉破坏），$\xi > \xi_b$ 为小偏压（受压破坏）。但当配筋 A_s 和 A_s' 未知时，ξ 无法计算。通过以下分析，可对构件破坏特征（属于大偏心受压还是小偏心受压柱）做出初步判断。

界限破坏时，$\xi = \xi_b$，将之代入式（8.14），经整理得到界限偏心距 e_{ib} 为

$$e_{ib} = \frac{\alpha_{sb} + \rho' \dfrac{f_y'}{\alpha_1 f_c}\left(1 - \dfrac{a_s'}{h_0}\right)}{\xi_b + \rho' \dfrac{f_y'}{\alpha_1 f_c} - \rho \dfrac{f_y}{\alpha_1 f_c}} \cdot h_0 - 0.5\left(1 - \frac{a_s}{h_0}\right) \cdot h_0 \qquad (8.29)$$

式中，$\rho = \dfrac{A_s}{bh_0}$，$\rho' = \dfrac{A_s'}{bh_0}$，$\alpha_{sb} = \xi_b(1 - 0.5\xi_b)$。

给定截面尺寸、材料强度和配筋率时，界限偏心距 e_{ib} 为定值。当偏心距 $e_i \geqslant e_{ib}$ 时为大偏心受压；当 $e_i < e_{ib}$ 时，为小偏心受压。计算截面承载力时可直接用该条件判断大小偏心归属，但在截面配筋计算时，因为钢筋未知，无法直接利用该条件作出判断。

分析上面的式（8.29），当截面尺寸和材料强度给定时，界限偏心距 e_{ib} 取决于截面配筋数量，当 A_s 和 A_s' 取最小配筋率时，e_{ib} 为最小值，即

$$e_{ib,min} = \frac{\alpha_{sb} + \rho_{min}' \dfrac{f_y'}{\alpha_1 f_c}\left(1 - \dfrac{a_s'}{h_0}\right)}{\xi_b + \rho_{min}' \dfrac{f_y'}{\alpha_1 f_c} - \rho_{min} \dfrac{f_y}{\alpha_1 f_c}} \cdot h_0 - 0.5\left(1 - \frac{a_s}{h_0}\right) \cdot h_0 \qquad (8.30)$$

计算配筋之前，只要材料和截面为已知，即可以求出 $e_{ib,min}$。因为截面实际配筋总是大于最小配筋率的，所以，若 $e_i \leqslant e_{ib,min} \leqslant e_{ib}$（$e_i$ 与配筋率无关；e_{ib} 为确定配筋后的截面实际界限偏心距），可按小偏心受压设计；若 $e_i \geqslant e_{ib,min}$，则 e_i 可能大于 e_{ib}，也可能小于 e_{ib}，可暂按大偏心受压设计。设计配筋时，每次都按式（8.30）计算过于繁琐，还可以进一步简化。

将常用材料的强度、最小配筋率和常用的尺寸 a_s/h_0 数值代入上式(a_s/h_0 通常近似取为 $0.05 \sim 0.1$),可以得出最小相对界限偏心距 $e_{ib,min}/h_0$ 的数值。计算表明,对于常用混凝土强度等级和 HRB335、HRB400、RRB400 级钢筋,相对界限偏心距 $e_{ib,min}/h_0 \approx 0.310 \sim 0.424$。截面设计时可近似按 $e_{ib,min}/h_0 = 0.3$ 初步判断大小偏心,即 $e_i/h_0 > 0.3$ 时,可先按大偏心受压构件设计,计算出实际的受压区高度后,再判断是否满足条件 $\xi \leqslant \xi_b$。若满足则前面的计算正确,否则按小偏心受压构件重新计算。$e_i/h_0 \leqslant 0.3$,按小偏心受压构件设计。

2. 大偏心受压构件配筋计算

(1)受压钢筋 A_s' 及受拉钢筋 A_s 均未知

有两个基本公式,但有 3 个未知数:A_s'、A_s 及 x,所以不能得出唯一解。有多种设计方法可以用来求解该问题。

设计方法之一是采用配筋总量 $A_s + A_s'$ 最小作为附加条件,求出此条件下的 x 值,然后再计算 A_s'、A_s。

将大偏心柱两个基本计算式(8.14)联立求解可得

$$A_s + A_s' = \frac{2Ne - N(h_0 - a_s') - f_c b h_0 (h_0 + a_s')\xi + f_c b h_0^2 \xi^2}{f_y'(h_0 - a_s')}$$

将上式对 ξ 求导,并令导数为零,可得到 $A_s + A_s'$ 最小时对应的 ξ 值(ξ_0)。

令 $\dfrac{d(A_s + A_s')}{d\xi} = 0$,解出

$$\xi_0 = \frac{h_0 + a_s'}{2h_0} \approx \frac{h}{2h_0} \tag{8.31}$$

即 $\xi = h/2h_0$ 时,$A_s + A_s'$ 达到最小值。若设 $h = 1.1h_0$,可得 $\xi_0 = 0.55$。对常用材料,ξ_0 与 ξ_b 大致相等。故设计时,一般取 $\xi = \xi_b$ 作为使 $A_s + A_s'$ 最小的条件。在大偏心受压范围内,$\xi = \xi_b$ 时混凝土受力面积最大,纵筋强度又能够充分利用,所以与混凝土共同承担外荷载的纵筋面积最小,这是容易理解的。

将 $\xi = \xi_b$ 代入式(8.14b)可得

$$A_s' = \frac{Ne - \alpha_1 f_c b h_0^2 \xi_b(1 - 0.5\xi_b)}{f_y'(h_0 - a_s')} \geqslant \rho_{min}' bh \tag{8.32}$$

若上式算出的 $A_s' < \rho_{min}' bh$ 或 A_s' 为负值时,应按照 $A_s' \geqslant \rho_{min}' bh$ 选择并布置钢筋,然后按 A_s' 为已知的情况,重新计算 A_s。

若计算的 $A_s' \geqslant \rho_{min}' bh$,将 A_s 代入式(8.14a)可得

$$A_s = \frac{\alpha_1 f_c b h_0 \xi_b + f_y' A_s' - N}{f_y} \geqslant \rho_{min} bh \tag{8.33}$$

若 $A_s < \rho_{min} bh$ 或者 A_s 为负值,可以按最小配筋率配筋,但是需要做截面承载力复核,因为按实际选取的 A_s 肯定超过计算值,其应力很可能达不到屈服强度设计值,这时截面为小偏心受压,可按小偏心受压设计。

(2)已知受压钢筋 A_s',求 A_s

如果问题仍属于大偏心受压,$\xi < \xi_b$,受压区混凝土面积会小于 $\xi = \xi_b$ 时的情况,所以纵筋总量会大于按 $\xi = \xi_b$ 设计的配筋。

由式(8.14b)可解出

$$\alpha_s = \xi(1 - 0.5\xi) = \frac{\gamma_0 Ne - f_y' A_s'(h_0 - a_s')}{\alpha_1 f_c b h_0^2} \tag{8.34}$$

而
$$\xi = 1 - \sqrt{1 - 2\alpha_s} \tag{8.35}$$

若 $2a_s'/h_0 \leqslant \xi \leqslant \xi_b$，即 $2a_s' \leqslant x \leqslant \xi_b h_0$，将 ξ 代入式(8.14a)得

$$A_s = \frac{\alpha_1 f_c \xi b h_0 + f_y' A_s' - N}{f_y} \geqslant \rho_{\min} bh \tag{8.36}$$

当计算的 $\xi \leqslant \xi_b$ 且 $\xi < 2a_s'/h_0$（即 $x < 2a_s'$）时，则应按式(8.19)确定受拉钢筋。

$$A_s = \frac{Ne'}{f_y(h_0 - a_s')} \geqslant \rho_{\min} bh \tag{8.37}$$

若按式(8.36)、式(8.37)求出的受拉钢筋 $A_s < \rho_{\min} bh$，截面很可能属于小偏心受压构件。此时可以先取 $A_s = \rho_{\min} bh$，按式(8.13)或式(8.14)重新解出 ξ 和 N_u（注意这时 N_u 是未知数，见 8.1.8 节），若 $\xi \leqslant \xi_b$，设计合格；若 $\xi > \xi_b$，应按小偏心受压构件重新设计配筋。

【例题 8.2】 已知矩形截面偏心受压构件，截面尺寸 $b = 400$ mm，$h = 600$ mm，承受轴向力设计值 $N = 1\,550$ kN，杆端弯矩设计值 $M_1 = M_2 = 375.2$ kN·m；构件计算长度 $l_0 = 6.6$ m。采用 C25 混凝土，HRB335 级钢筋。结构重要性系数 $\gamma_0 = 1.0$。求纵向钢筋截面面积。

【解】 查《混规》，本例所需相关数据为 $f_c = 11.9$ N/mm²，$f_y = f_y' = 300$ N/mm²。根据第五章相关内容知 $\alpha_1 = 1.0$，$\xi_b = 0.550$。设 $a_s = a_s' = 40$ mm，则 $h_0 = h - a_s = 600 - 40 = 560$ (mm)。

(1)计算弯矩设计值 M

因 $M_1/M_2 = 1 > 0.9$，需要考虑 P—δ 效应。

$$C_m = 0.7 + 0.3 M_1/M_2 = 0.7 + 0.3 \times 1 = 1.0$$

$$\zeta_c = \frac{0.5 f_c A}{N} = \frac{0.5 \times 11.9 \times 400 \times 600}{1\,550 \times 10^3} = 0.921$$

$$e_a = \max\{20, h/30\} = \max\{20, 600/30\} = 20 \text{ (mm)}$$

$$\eta_{ns} = 1 + \frac{1}{1\,300\left(\dfrac{M_2}{N} + e_a\right)/h_0} \left(\frac{l_0}{h}\right)^2 \zeta_c = 1 + \frac{1}{1\,300\left(\dfrac{375.2 \times 10^3}{1\,550} + 20\right)/560} \times \left(\frac{6\,600}{600}\right)^2 \times 0.921$$

$$= 1.183$$

$$M = C_m \eta_{ns} M_2 = 1 \times 1.183 \times 375.2 = 443.86 \text{ (kN·m)}$$

(2)初步判断大、小偏心

$$e_0 = \frac{M}{N} = \frac{443.86}{1\,550} \times 10^3 = 286.4 \text{ (mm)}$$

$e_i = e_0 + e_a = 286.4 + 20 = 306.4$ (mm) $> 0.3 h_0 = 168$ (mm)，可按大偏心计算。

$$e = e_i + 0.5h - a_s = 306.4 + 0.5 \times 600 - 40 = 566.4 \text{ (mm)}$$

(3)计算配筋

为充分利用受压区混凝土的抗压强度，设 $\xi = \xi_b = 0.550$。

$$A_s' = \frac{\gamma_0 Ne - \alpha_1 f_c b h_0^2 \xi_b (1.0 - 0.5\xi_b)}{f_y'(h_0 - a_s')}$$

$$= \frac{1.0 \times 1\,550 \times 10^3 \times 566.4 - 1.0 \times 11.9 \times 400 \times 560^2 \times 0.550 \times (1 - 0.5 \times 0.550)}{300 \times (560 - 40)}$$

$$= 1\,812 \text{ (mm}^2) > 0.002 bh = 480 \text{ (mm}^2)$$

$$A_s = \frac{\alpha_1 f_c b h_0 \xi_b + f_y' A_s' - \gamma_0 N}{f_y}$$

$$= \frac{1.0 \times 11.9 \times 400 \times 560 \times 0.550 + 300 \times 1\,812 - 1.0 \times 1\,550\,000}{300}$$

$$= 1\,532 \text{ (mm}^2) > 0.002 bh = 480 \text{ (mm}^2)$$

$$\frac{A_s+A'_s}{bh}=\frac{1\,532+1\,812}{400\times600}=0.014>\rho'_{\min}=0.006$$

(4)垂直于弯矩作用平面内的承载力复核

$$l_0/b=6\,600/400=16.5,取\,\varphi=0.86$$

$$N_u=0.9\varphi[f_cA+f'_y(A_s+A'_s)]$$

$$=0.9\times0.86\times[11.9\times400\times600+300\times(1\,533.4+1\,813.1)]\times10^{-3}$$

$$=2\,987.6\,(kN)>N=1\,550\,(kN)(合格)$$

因为全部纵筋配筋率小于3%,故上式可用截面外形面积替代混凝土截面面积。

选配钢筋(直径、根数)并布置,应满足相关规范规定的构造要求。之后应进行承载力与稳定性复核。

【例题8.3】　已知偏心受压构件,截面柱尺寸$b=300$ mm,$h=400$ mm,构件计算长度$l_0=2$ m。承受轴向压力设计值$N=300$ kN,杆端弯矩设计值$M_1=0.9M_2$,$M_2=150$ kN·m。采用C30混凝土,HRB400钢筋,结构重要性系数为1.0。求纵向钢筋截面面积。

【解】　按《混规》,本例所需相关数据为:$f_c=14.3$ N/mm^2,$f_y=f'_y=360$ N/mm^2。根据第五章相关内容知,$\alpha_1=1.0$,$\xi_b=0.518$。设$a_s=a'_s=40$ mm,则$h_0=h-a_s=400-40=360$ (mm)。

(1)计算弯矩设计值M

$M_1/M_2=0.9$,

$$N/(f_cA)=300\times10^3/(14.3\times300\times400)=0.17<0.9$$

$$\frac{l_0}{i}=\frac{l_0}{\sqrt{\dfrac{I}{A}}}=\frac{l_0}{\sqrt{\dfrac{bh^3/12}{bh}}}=\sqrt{12}\frac{l_0}{h}=\sqrt{12}\times\frac{2\,000}{400}=17.3<34-12\frac{M_1}{M_2}=23.2$$

所以,可不考虑$P-\delta$效应,$M=M_2=150$ kN·m。

(2)初步判断大、小偏心

$$e_0=\frac{M}{N}=\frac{150}{300}\times10^3=500\,(mm)$$

$e_i=e_0+e_a=500+20=520$ (mm)$>0.3h_0=108$ (mm),可按大偏心计算。

$$e=e_i+0.5h-a_s=520+0.5\times400-40=680\,(mm)$$

(3)计算纵向钢筋截面面积

为充分利用受压区混凝土的抗压强度,设$\xi=\xi_b=0.518$。

$$A'_s=\frac{\gamma_0Ne-\alpha_1f_cbh_0^2\xi_b(1-0.5\xi_b)}{f'_y(h_0-a'_s)}$$

$$=\frac{1.0\times300\,000\times680-1.0\times14.3\times300\times360^2\times0.518(1-0.5\times0.518)}{360\times(360-40)}=-941\,(mm^2)$$

表明无须设置受压钢筋,但是应按构造配筋。

按最小配筋率设置受压钢筋,即

$$A'_s=\rho'_{\min}bh=0.002\times300\times400=240\,(mm^2)$$

按式(8.34)有

$$\alpha_s=\xi(1-0.5\xi)=\frac{\gamma_0Ne-f'_yA'_s(h_0-a'_s)}{\alpha_1f_cbh_0^2}$$

$$=\frac{1.0\times300\times10^3\times680-360\times240\times(360-40)}{1.0\times14.3\times300\times360^2}=0.317$$

$$\xi = 1 - \sqrt{1 - 2\alpha_s} = 1 - \sqrt{1 - 2 \times 0.317} = 0.395 < \xi_b(确认为大偏心)$$

$$x = \xi h_0 = 0.395 \times 360 = 142.3 \ (mm) > 2a_s' = 80 \ (mm)$$

按式(8.13a)有

$$A_s = \frac{\alpha_1 f_c bx + f_y' A_s' - N}{f_y} = \frac{1 \times 14.3 \times 300 \times 142.3 + 360 \times 240 - 300 \times 10^3}{360}$$

$$= 1\,102.4 \ (mm^2) > 0.002bh = 240 \ (mm^2)$$

根据式(8.18)有

$$\frac{A_s + A_s'}{bh} = \frac{1\,102.4 + 240}{300 \times 400} = 0.011\,2 > \rho_{min}' = 0.005\,5$$

(4)垂直于弯矩作用平面内的承载力复核(从略)

【例题8.4】 其他条件同例题8.3,但轴向压力增大为 $N = 400$ kN。求纵向钢筋截面面积。

【解】 (1)计算弯矩设计值 M

$N/(f_c A) = 400 \times 10^3/(14.3 \times 300 \times 400) = 0.23 < 0.9$,再结合上题计算结果,可不考虑 $P-\delta$ 效应,$M = M_2 = 150$ kN·m。仍设 $h_0 = 360$ mm。

(2)初步判断大、小偏心

$$e_0 = \frac{M}{N} = \frac{150}{400} \times 10^3 = 375 \ (mm)$$

$e_i = e_0 + e_a = 375 + 20 = 395 \ (mm) > 0.3h_0 = 108 \ (mm)$,可按大偏心计算。

$$e = e_i + 0.5h - a_s = 395 + 0.5 \times 400 - 40 = 555 \ (mm)$$

(3)计算纵向钢筋截面面积

为充分利用受压区混凝土的抗压强度,设 $\xi = \xi_b = 0.518$。

$$A_s' = \frac{\gamma_0 Ne - \alpha_1 f_c bh_0^2 \xi_b(1 - 0.5\xi_b)}{f_y'(h_0 - a_s')}$$

$$= \frac{1.0 \times 400\,000 \times 555 - 1.0 \times 14.3 \times 300 \times 360^2 \times 0.518(1 - 0.5 \times 0.518)}{360 \times (360 - 40)}$$

$$= 75 \ (mm^2) < \rho_{min}' bh = 0.002 \times 300 \times 400 = 240 \ (mm^2)$$

所以应按最小配筋率设置受压钢筋,即

$$A_s' = \rho_{min}' bh = 0.002 \times 300 \times 400 = 240 \ (mm^2)$$

按式(8.14b)有

$$\alpha_s = \xi(1 - 0.5\xi) = \frac{\gamma_0 Ne - f_y' A_s'(h_0 - a_0')}{\alpha_1 f_c bh_0^2}$$

$$= \frac{1.0 \times 400 \times 10^3 \times 555 - 360 \times 240 \times (360 - 40)}{1.0 \times 14.3 \times 300 \times 360^2} = 0.350$$

$$\xi = 1 - \sqrt{1 - 2\alpha_s} = 1 - \sqrt{1 - 2 \times 0.350} = 0.452 < \xi_b(确认为大偏心)$$

$$x = \xi h_0 = 0.452 \times 360 = 162.7 \ (mm) > 2a_s' = 80 \ (mm)$$

按式(8.13a)有

$$A_s = \frac{\alpha_1 f_c bx + f_y' A_s' - N}{f_y} = \frac{1.0 \times 14.3 \times 300 \times 162.7 + 360 \times 240 - 400 \times 10^3}{360}$$

$$= 1\,067.7 \ (mm^2) > 0.002bh = 240 \ (mm^2)$$

$$\frac{A_s + A_s'}{bh} = \frac{1\,067.7 + 240}{300 \times 400} = 0.010\,9 > \rho_{min}' = 0.005$$

（4）垂直于弯矩作用平面内的承载力复核（从略）

与例题 8.3 比较，本题轴向压力增加了 100 kN，但是所需钢筋总量反而减少了，说明在大偏心受压状态下，轴向压力在一定范围内可以提高构件的承载力。设计时，要注意轴向压力可能是有利荷载。这与前面讨论 N—M 相关曲线时的分析相吻合。

【例题 8.5】 已知矩形截面偏心受压构件，截面尺寸 $b=300$ mm，$h=500$ mm，承受轴向压力设计值 $N=185$ kN，杆端弯矩设计值 $M_1=M_2=300$ kN·m，构件计算长度 $l_0=6$ m，采用 C40 混凝土，HRB400 级钢筋，近力侧已设置 4Φ22 钢筋（$A_s'=1\ 520$ mm^2），结构重要性系数为 1.0。求纵向钢筋截面面积。

【解】 按《混规》，本例所需相关数据为 $f_c=19.1$ N/mm^2，$f_y=f_y'=360$ N/mm^2，$\alpha_1=1.0$，$\xi_b=0.518$。

设 $a_s=a_s'=40$ mm，则 $h_0=h-a_s=500-40=460$（mm）。

（1）计算弯矩设计值 M

因 $M_1/M_2=1>0.9$，需要考虑 P—δ 效应。

$$C_m=0.7+0.3M_1/M_2=0.7+0.3\times1=1.0$$

$$\zeta_c=\frac{0.5f_cA}{N}=\frac{0.5\times19.1\times300\times500}{185\times10^3}=7.7>1,\ \text{取}\ \zeta_c=1.0$$

$$e_a=\max\{20,h/30\}=\max\{20,500/30\}=20\ (\text{mm})$$

$$\eta_{ns}=1+\frac{1}{1\ 300\left(\dfrac{M_2}{N}+e_a\right)/h_0}\left(\frac{l_0}{h}\right)^2\zeta_c=1+\frac{1}{1\ 300\left(\dfrac{300\times10^3}{185}+20\right)/460}\times\left(\frac{6\ 000}{500}\right)^2\times1=1.031$$

$$M=C_m\eta_{ns}M_2=1\times1.031\times300=309.3\ (\text{kN·m})$$

（2）初步判断大、小偏心

$$e_0=\frac{M}{N}=\frac{309.3}{185}\times10^3=1\ 672\ (\text{mm})$$

$e_i=e_0+e_a=1\ 672+20=1\ 692$（mm）$>0.3h_0=0.3\times460=138$（mm），可按大偏心设计。

（3）计算纵向钢筋截面面积

$$e=e_i+0.5h-a_s=1\ 692+0.5\times500-40=1\ 902\ (\text{mm})$$

按式（8.14b）有

$$\alpha_s=\frac{Ne-f_y'A_s'(h_0-a_s')}{\alpha_1f_cbh_0^2}=\frac{185\times10^3\times1\ 902-360\times1\ 520\times(460-40)}{1\times19.1\times300\times460^2}=0.101$$

$\xi=1-\sqrt{1-2\alpha_s}=1-\sqrt{1-2\times0.101}=0.107<\xi_b$，确认为大偏心受压。

$x=\xi h_0=0.107\times460=49.2$（mm）$<2a_s'=2\times40=80$（mm），不满足公式（8.14）适用条件，应该按式（8.19）求解，即

$$e'=e_i-0.5h+a_s'=1\ 692-0.5\times500+40=1\ 482\ (\text{mm})$$

$$A_s=\frac{Ne'}{f_y(h_0-a_s')}=\frac{185\times10^3\times1\ 482}{360\times(460-40)}=1\ 813\ (\text{mm}^2)>0.002bh=300\ (\text{mm}^2)$$

$$\frac{A_s+A_s'}{bh}=\frac{1\ 813+1\ 520}{300\times500}=0.022>0.005\ 5$$

（4）垂直于弯矩作用平面的承载力复核（从略）

3. 小偏心受压构件配筋计算

（1）按基本方程直接求解

基本方程(8.22)有三个未知数 A_s、A_s'、ξ，无唯一解。对于小偏心受压，当 $\xi_b < \xi < 2\beta_1 - \xi_b$ 时，A_s 无论配筋多少，都不能达到屈服，钢筋强度无法充分利用，所以可按最小配筋率确定 A_s。

当偏心距很小或 A_s 配置过少时(图 8.19)，远离轴向力一侧的混凝土可能先被压坏，此时通常为全截面受压，A_s 按式(8.26)计算，即

$$A_s = \frac{Ne' - f_c bh(h - a_s' - 0.5h)}{f_y'(h - a_s' - a_s)} \tag{8.38}$$

式中

$$e' = 0.5h - a_s' - (e_0 - e_a) \tag{8.39}$$

综合上述两种情况，设计时可首先按照下式确定 A_s：

$$A_s = \max \begin{cases} \rho_{\min} bh \\[2mm] \dfrac{Ne' - f_c bh(h - a_s' - 0.5h)}{f_y'(h - a_s' - a_s)} \\[2mm] \rho_{\min}' bh \end{cases} \tag{8.40}$$

注意 A_s 与 ξ 及 A_s' 无关。

确定 A_s 后，就只有 A_s'、x(或 ξ)两个未知数了，可按照基本方程(8.22)或式(8.23)求解[基本公式中的 σ_s 可按式(8.25)确定]。

具体求解 x 时，可将式(8.25b)及 $\xi = x/h_0$ 代入式(8.23c)，得到关于 x 的一元二次方程：

$$0.5\alpha_1 f_c bx^2 + \left(-\alpha_1 f_c ba_s' + f_y A_s \frac{1 - a_s'/h_0}{\beta_1 - \xi_b}\right)x - Ne' - f_y A_s \frac{\beta_1(h_0 - a_s')}{\beta_1 - \xi_b} = 0 \tag{8.41}$$

令

$$A = 0.5\alpha_1 f_c b \tag{8.42a}$$

$$B = -\alpha_1 f_c ba_s' + f_y A_s \frac{1 - a_s'/h_0}{\beta_1 - \xi_b} \tag{8.42b}$$

$$C = -Ne' - f_y A_s \frac{\beta_1(h_0 - a_s')}{\beta_1 - \xi_b} \tag{8.42c}$$

则

$$x = \frac{-B \pm \sqrt{B^2 - 4AC}}{2A} \tag{8.42d}$$

根据解得的 x 值，可分为以下三种情况：

① 若 $\xi_b < \xi = x/h_0 \leqslant 2\beta_1 - \xi_b$，将求得的 x 代入式(8.22)，可求出 A_s'。

② 若 $\xi = x/h_0 > 2\beta_1 - \xi_b$，按式(8.41)或式(8.42)计算的 x 值不正确，因为此时 σ_s 的绝对值已经超过钢筋抗压强度设计值 f_y'，所以应该取 $\sigma_s = -f_y'$，并代入式(8.23c)得

$$x^2 - 2a_s'x + \frac{2}{\alpha_1 f_c b}[f_y' A_s(h_0 - a_s') - Ne'] = 0 \tag{8.43}$$

令

$$B = -2a_s' \tag{8.44a}$$

$$C = \frac{2}{\alpha_1 f_c b}[f_y' A_s(h_0 - a_s') - Ne'] \tag{8.44b}$$

式中 e' 按式(8.24)计算，则

$$x = \frac{-B + \sqrt{B^2 - 4C}}{2} \tag{8.44c}$$

将上式计算得到的 x 代入式(8.22)确定 A_s'。以上计算结果应满足 $\xi \leqslant h/h_0$ 及 $A_s' \geqslant \rho_{\min}' bh$。

③ 若 $x > h$，结果不合理。说明全截面受压，应该取 $x = h$、$\sigma_s = -f_y'$[参见式(8.25b)]，代入式(8.22b)得

$$A'_s = \frac{\gamma_0 Ne - \alpha_1 f_c bh (0.5h - a_s)}{f'_y (h_0 - a'_s)} \tag{8.45}$$

式中 e' 应按式(8.27)确定。以上求得的 $A'_s < \rho'_{\min} bh$ 时，取 $A'_s = \rho'_{\min} bh$。

计算小偏心受压构件时，远离轴向压力一侧钢筋的应力 σ_s 应满足 $|\sigma_s| \leqslant f_y$ 及 $x \leqslant h$，否则会得到错误的结果。

（2）近似计算

手算求解 ξ 和 A'_s 比较繁琐，可用迭代方法求解。式(8.23)中 $\alpha_s = \xi(1 - 0.5\xi)$ 变化范围较小。对小偏压构件，ξ 在 $\xi_b \sim 1.1$ 之间变化（$x = h$ 时，$\xi = h/h_0 \approx 1.1$），对常用材料，ξ_b 最小值为 0.429，即 $\xi = 0.429 \sim 1.1$，所以 $\alpha_s = \xi(1 - 0.5\xi) = 0.337 \sim 0.495$，可近似取平均值 0.43 代入式(8.23b)得到 A'_s 的第一次近似值为

$$A'^{(1)}_s = \frac{Ne - 0.43\alpha_1 f_c bh_0^2}{f'_y (h_0 - a'_s)} \tag{8.46a}$$

将此值代入式(8.23a)得到 ξ 的近似值为

$$\xi^{(1)} = \frac{N - f'_y A'^{(1)}_s - f_y \dfrac{\beta_1}{\xi_b - \beta_1} \cdot A_s}{\alpha_1 f_c bh_0 - f_y A_s \dfrac{1}{\xi_b - \beta_1}} \tag{8.46b}$$

再代入式(8.23b)，求得 A'_s 的第二次近似值为

$$A'^{(2)}_s = \frac{Ne - \alpha_1 f_c bh_0^2 \xi^{(1)} (1 - 0.5\xi^{(1)})}{f'_y (h_0 - a'_s)} \tag{8.46c}$$

继续迭代直到满意的精度。迭代计算的优点之一是可以及时发现某些计算错误，如果计算错误，结果会发散。

【例题 8.6】　已知矩形截面偏心受压构件，截面尺寸 $b = 400$ mm，$h = 500$ mm，构件计算长度 $l_0 = 8.5$ m，承受轴向力设计值 $N = 3\,500$ kN，杆端弯矩设计值 $M_1 = M_2 = 245$ kN·m，采用 C60 混凝土，HRB400 钢筋，结构重要性系数为 1.0。求纵向钢筋截面面积。

【解】　按《混规》，本例所需材料强度为 $f_c = 27.5$ N/mm²，$f_t = 2.04$ N/mm²，$f_y = f'_y = 360$ N/mm²。根据 5.3 节相关内容，受力简图的等效矩形图形系数 $\alpha_1 = 0.98$，$\beta_1 = 0.78$，$\xi_b = 0.499$，$\alpha_{sb} = \xi_b(1 - 0.5\xi_b) = 0.375$，设 $a_s = a'_s = 40$ mm，则 $h_0 = h - a_s = 500 - 40 = 460$ (mm)。

（1）计算弯矩设计值 M

因 $M_1 / M_2 = 1 > 0.9$，需要考虑 $P - \delta$ 效应。

$$C_m = 0.7 + 0.3 M_1 / M_2 = 0.7 + 0.3 \times 1 = 1.0$$

$$\zeta_c = \frac{0.5 f_c A}{N} = \frac{0.5 \times 27.5 \times 400 \times 500}{3\,500 \times 10^3} = 0.786$$

$$e_a = \max\{20, h/30\} = \max\{20, 500/30\} = 20 \text{ (mm)}$$

$$\eta_{ns} = 1 + \frac{1}{1\,300 \left(\dfrac{M_2}{N} + e_a\right)/h_0} \left(\frac{l_0}{h}\right)^2 \zeta_c = 1 + \frac{1}{1\,300 \left(\dfrac{245 \times 10^3}{3\,500} + 20\right)/460} \times \left(\frac{8\,500}{500}\right)^2 \times 0.786$$

$$= 1.893$$

$$M=C_{\mathrm{m}}\eta_{\mathrm{ns}}M_2=1\times1.893\times245=463.785\ (\mathrm{kN\cdot m})$$

（2）初步判断大、小偏心

$$e_0=\frac{M}{N}=\frac{463.785}{3\ 500}\times10^3=132.5\ (\mathrm{mm})$$

$e_{\mathrm{i}}=e_0+e_{\mathrm{a}}=132.5+20=152.5\ (\mathrm{mm})>0.3h_0=0.3\times460=138\ (\mathrm{mm})$，但是因为 e_{i} 超过 $0.3h_0$ 不多，本题材料强度较高，可能属于大偏心，也可能属于小偏心。

（3）按大偏心计算纵向钢筋截面面积

按 $\xi=\xi_{\mathrm{b}}$ 计算配筋，则

$$e=e_{\mathrm{i}}+0.5h-a_{\mathrm{s}}=152.5+0.5\times500-40=362.5\ (\mathrm{mm})$$

$$A_{\mathrm{s}}'=\frac{\gamma_0Ne-\alpha_1f_cbh_0^2\xi_{\mathrm{b}}(1-0.5\xi_{\mathrm{b}})}{f_{\mathrm{y}}'(h_0-a_{\mathrm{s}}')}$$

$$=\frac{1\times3\ 500\ 000\times362.5-0.98\times27.5\times400\times460^2\times0.499\times(1-0.5\times0.499)}{360\times(460-40)}$$

$$=2\ 741\ (\mathrm{mm}^2)>0.002bh=400\ (\mathrm{mm}^2)$$

$$A_{\mathrm{s}}=\frac{\alpha_1f_cbh_0\xi_{\mathrm{b}}+f_{\mathrm{y}}'A_{\mathrm{s}}'-\gamma_0N}{f_{\mathrm{y}}}$$

$$=\frac{0.98\times27.5\times400\times460\times0.499+360\times2\ 741-1\times3\ 500\ 000}{360}$$

$$=-108\ (\mathrm{mm}^2)<0.002bh$$

计算结果说明应该按小偏心受压构件设计，或取 $A_{\mathrm{s}}=\rho_{\mathrm{min}}bh=400\ \mathrm{mm}^2$。

［取 $A_{\mathrm{s}}=400\ \mathrm{mm}^2$，$A_{\mathrm{s}}'=2\ 741\ \mathrm{mm}^2$，按8.1.8节方法做截面复核，计算结果为小偏心受压。按小偏心做截面复核：按 $e_{02}=M_2/N=70\ \mathrm{mm}$，联立求解小偏心受压方程式（8.23）及附加弯矩计算式（8.4）得，$\zeta_{\mathrm{c}}=0.721$，$\eta_{\mathrm{ns}}=1.819$，$\xi=0.590>\xi_{\mathrm{b}}=0.499$，$N_{\mathrm{u}}=3\ 815\ \mathrm{kN}>N=3\ 500\ \mathrm{kN}$，属于小偏心受压且承载力合格；或者按已知 $N=3\ 500\ \mathrm{kN}$，按式（8.23）及（8.4）解出 $\xi=0.532$ 及 $M_2=320.4\ \mathrm{kN\cdot m}>245\ \mathrm{kN\cdot m}$，合格。］

（4）按小偏心受压构件设计

①先确定距离轴向力较远一侧钢筋 A_{s}。因为

$$N=3\ 500\ \mathrm{kN}<f_cbh=27.5\times400\times500\times10^{-3}=5\ 500\ (\mathrm{kN})$$

所以，远力侧钢筋不会压坏，应按最小配筋率确定配筋，即

$$A_{\mathrm{s}}=\rho_{\mathrm{min}}bh=0.002\times400\times500=400\ (\mathrm{mm}^2)$$

实际配置 $2\underline{\Phi}18$，$A_{\mathrm{s}}=509\ \mathrm{mm}^2$。

事实上，按远离轴向压力一侧纵筋被压坏确定纵筋，则

$$e'=0.5h-a_{\mathrm{s}}'-(e_0-e_{\mathrm{a}})=160\ \mathrm{mm}$$

$$A_{\mathrm{s}}=\frac{Ne'-f_cbh(h-a_{\mathrm{s}}'-0.5h)}{f_{\mathrm{y}}(h-a_{\mathrm{s}}'-a_{\mathrm{s}})}$$

$$=\frac{3\ 500\times10^3\times160-27.5\times400\times500\times(500-40-250)}{360\times(500-40-40)}<0$$

也说明应该按最小配筋率确定 A_{s}。

②计算 A_{s}'。依据式（8.42）计算 x 如下：

$$e' = \frac{h}{2} - a'_s - e_i = 250 - 40 - 152.5 = 57.5 \text{ (mm)}$$

$$A = 0.5\alpha_1 f_c b = 0.50 \times 0.98 \times 27.5 \times 400 = 5\,390$$

$$B = -\alpha_1 f_c b a'_s + f_y A_s \frac{1 - a'_s/h_0}{\beta_1 - \xi_b}$$

$$= -0.98 \times 27.5 \times 400 \times 40 + 360 \times 509 \times \frac{1 - 40/460}{0.78 - 0.499} = 164\,195.32$$

$$C = -Ne' - f_y A_s \frac{\beta_1 (h_0 - a'_s)}{\beta_1 - \xi_b}$$

$$= -3\,500 \times 10^3 \times 57.5 - 360 \times 509 \times \frac{0.78 \times (460 - 40)}{0.78 - 0.499} = -414\,877\,843.4$$

则

$$x = \frac{-B + \sqrt{B^2 - 4AC}}{2A} = 262.6 \text{ mm}$$

$$\xi = x/h_0 = 262.6/460 = 0.571 > \xi_b, \text{确定为小偏心受压构件}$$

因为 $\xi < 2\beta_1 - \xi_b = 2 \times 0.78 - 0.499 = 1.061$，即 $|\sigma_s| \leqslant f_y$，故以上计算所采用的 σ_s 公式有效。

将 x 代入式(8.22b)解得

$$A'_s = \frac{Ne - \alpha_1 f_c b x (h_0 - 0.5x)}{f'_y (h_0 - a'_s)}$$

$$= \frac{3\,500 \times 10^3 \times 362.5 - 0.98 \times 27.5 \times 400 \times 267.7 \times (460 - 0.5 \times 267.7)}{360 \times (460 - 40)}$$

$$= 2\,237 \text{ (mm}^2) > \rho'_{\min} bh = 400 \text{ (mm}^2)$$

实际配置 6 $\underline{\Phi}$ 22，$A'_s = 2\,281 \text{ mm}^2$。

$$\frac{A_s + A'_s}{bh} = \frac{509 + 2\,281}{400 \times 500} = 0.014 > \rho'_{\min} = 0.005\,5$$

(5)采用迭代法计算配筋

$$A'^{(1)}_s = \frac{Ne - 0.43\alpha_1 f_c b h_0^2}{f'_y (h_0 - a'_s)} = \frac{3\,500 \times 10^3 \times 362.5 - 0.43 \times 0.98 \times 27.5 \times 400 \times 460^2}{360 \times (460 - 40)} = 1\,904 \text{ (mm}^2)$$

$$\xi^{(1)} = \frac{N - f'_y A'^{(1)}_s - f_y \dfrac{\beta_1}{\xi_b - \beta_1} A_s}{\alpha_1 f_c b h_0 - f_y A_s \dfrac{1}{\xi_b - \beta_1}} = \frac{3\,500\,000 - 360 \times 1\,904 - 360 \times \dfrac{0.78 \times 509}{0.499 - 0.78}}{0.98 \times 27.5 \times 400 \times 460 - 360 \times 509 \times \dfrac{1}{0.499 - 0.78}} = 0.592$$

$$A'^{(2)}_s = \frac{Ne - \alpha_1 f_c b h_0^2 \xi^{(1)} (1 - 0.5\xi^{(1)})}{f'_y (h_0 - a'_s)}$$

$$= \frac{3\,500 \times 10^3 \times 362.5 - 0.98 \times 27.5 \times 400 \times 460^2 \times 0.592 \times (1 - 0.5 \times 0.592)}{360 \times (460 - 40)}$$

$$= 2\,104 \text{ (mm}^2)$$

$A'^{(2)}_s$ 与 $A'^{(1)}_s$ 相差较大，再迭代一次，则

$$\xi^{(2)} = \frac{N - f'_y A'^{(2)}_s - f_y \dfrac{\beta_1}{\xi_b - \beta_1} A_s}{\alpha_1 f_c b h_0 - f_y A_s \dfrac{1}{\xi_b - \beta_1}} = \frac{3\,500\,000 - 360 \times 2\,104 - 360 \times \dfrac{0.78 \times 509}{0.499 - 0.78}}{0.98 \times 27.5 \times 400 \times 460 - 360 \times 509 \times \dfrac{1}{0.499 - 0.78}} = 0.579$$

$$A_s'^{(3)} = \frac{Ne - \alpha_1 f_c b h_0^2 \xi^{(2)} (1 - 0.5\xi^{(1)})}{f_y'(h_0 - a_s')}$$

$$= \frac{3\,500 \times 10^3 \times 362.5 - 0.98 \times 27.5 \times 400 \times 460^2 \times 0.579 \times (1 - 0.5 \times 0.579)}{360 \times (460 - 40)}$$

$$= 2\,185\,(\text{mm}^2)$$

$A_s'^{(3)}$与$A_s'^{(2)}$相差已经很小,迭代法与直接求解基本方程的结果很接近,如果增加迭代次数,二者的计算结果没有区别。

(6)垂直于弯矩作用平面的承载力复核(从略)

8.1.8 矩形截面偏心受压构件正截面承载力复核

截面形式、尺寸、配筋、材料强度以及构件长细比已知时,可以求出构件承载力。截面复核计算比配筋计算繁琐,因为需要联立求解方程。对于长柱,承载力N_u和弯矩增大系数η_{ns}相互影响,可能需要反复迭代计算。

截面复核首先需要判别大、小偏心受压。可先假设为大偏心受压,用大偏心受压公式(8.22a)求出x,若$x \leqslant \xi_b h_0$,则确定是大偏心,否则,按小偏心求解。也可以按本节下面将要叙述的方法判断大、小偏心。

截面复核分为如下两种情况:

1. 给定轴力设计值N,求弯矩作用平面内的弯矩设计值M

未知数为x和M。可以$\xi = \xi_b$代入式(8.14a)求得界限轴向压力N_b,若给定的轴力设计值$N \leqslant N_b$,为大偏心受压,可按式(8.14a)求出x。如$x \geqslant 2a_s'$,将x代入式(8.14b)解出e_0;若$x < 2a_s'$,则按式(8.19)求解e_0。求出e_0后,弯矩设计值$M = Ne_0$。

若$N > N_b$,为小偏心受压,将σ_s计算公式(8.25)代入式(8.22a)解出x,再将x代入式(8.22b)解出e_0,同时按式(8.26)计算另一个e_0,取二者的小值确定$M = Ne_0$。

以上求出的$M = Ne_0$为柱控制截面的最大弯矩值,若已知杆端弯矩比值M_1/M_2,则可将$e_0 = C_m \eta_{ns} M_2/N$与二阶效应计算公式(8.4)联立解出杆端弯矩值。

2. 给定轴向压力的偏心距e_0,求轴向压力设计值N

若不考虑$P-\delta$效应,未知数为x和N。首先按式(8.29)求出界限偏心距,即能判断属于大偏心受压还是小偏心受压。若为大偏心受压,由式(8.13)联立求解x和N_u,若求得$x < 2a_s'$,应按式(8.19)求解N_u。若为小偏心受压,由式(8.22)联立求解x和N_u,同时还应考虑A_s一侧可能先被压坏的情况,按式(8.26)求解另一个N_u,取二者的较小值。

若考虑$P-\delta$效应,除基本未知数x和N外,η_{ns}也未知,而计算η_{ns}值又需要知道ζ_c和N。此时需要将$P-\delta$效应计算公式(8.4)与大偏心受压构件基本公式(8.13)或小偏心受压构件基本公式(8.22)联立求解。但直接求解需要专门数学工具,否则非常繁琐。若手算时,可利用迭代法进行:先假设一个ζ_c值,仍按式(8.30)判断截面属于大偏心受压还是小偏心受压(因为ζ_c及η_{ns}为估算值,所以有可能出现误判,需要根据后续计算结果进行相应调整),再选择相应的基本公式求得轴力N,用解出的N重新计算ζ_c,然后重新迭代计算轴力N,直到两次计算的轴力相差很小为止。ζ_c初始值可假设为1,或者用下式确定ζ_c初始值:

$$\zeta_c = 0.2 + 2.7 \frac{e_0}{h_0} \tag{8.47}$$

上式是《公路桥规》推荐的计算公式。

以上求得 N 值后,还应按式(4.13)计算轴心受压构件受压承载力,取二者的较小值作为最后解。

【例题8.7】 已知柱同时承受轴心压力和弯矩,截面尺寸 $b=400$ mm, $h=500$ mm,远力侧钢筋采用 $2\oplus20$, $A_s=628$ mm², 近力侧钢筋采用 $4\oplus20$, $A_s'=1\,256$ mm², $a_s=a_s'=40$ mm。构件计算长度 $l_0=6$ m。采用 C30 混凝土,HRB335 级纵筋。问:轴心压力设计值为多大时,柱所能承受的弯矩设计值为最大,该最大弯矩设计值为多少?(已知配筋率符合要求,不考虑弯矩作用平面外的计算)

【解】 (1)查《混规》,相关材料强度为 $f_c=14.3$ N/mm², $f_y=f_y'=300$ N/mm²。

受力简图的等效矩形图形系数 $\alpha_1=1.0$, $\xi_b=0.550$, $\alpha_{sb}=\xi_b(1-0.5\xi_b)=0.399$。

$$h_0=h-a_s=500-40=460\,(\text{mm})$$

(2)计算承载力。按照 N—M 相关曲线,界限破坏即 $\xi=\xi_b$ 时,柱承受的弯矩设计值为最大,所以,界限轴力为

$$N_b=\alpha_1 f_c b\xi_b h_0+f_y'A_s'-f_y A_s$$
$$=1.0\times14.3\times400\times0.55\times460+300\times(1\,256-628)$$
$$=1\,635.56\times10^3\,(\text{N})=1\,635.56\,(\text{kN})$$

$$e_a=\max\{20,h/30\}=20\,(\text{mm})$$

将 $e=e_0+e_a+\dfrac{h}{2}-a_s$ 及 $\xi=\xi_b$ 代入式(8.14b),即

$$1\,635.56\times10^3\times(e_0+20+250-40)=14.3\times400\times460^2\times0.550\times(1-0.5\times0.550)+$$
$$300\times1\,256\times(460-40)$$

解得 $e_0=162.0$ mm,构件所能承受的最大弯矩 $M=e_0 N_b=162\times10^{-3}\times1\,635.56=265.0$ kN·m。

以上所求弯矩为柱控制截面所能承受的最大弯矩,若此柱杆端弯矩符合 $M_1/M_2=1$(或其他比值),在考虑 P—δ 效应后,可求出杆端弯矩设计值。

$$C_m=0.7+0.3M_1/M_2=0.7+0.3\times1=1.0$$

$$\zeta_c=\frac{0.5 f_c A}{N}=\frac{0.5\times14.3\times400\times500}{1\,635\,560}=0.874$$

$$\eta_{ns}=1+\frac{1}{1\,300\left(\dfrac{M_2}{N}+e_a\right)/h_0}\left(\frac{l_0}{h}\right)^2\zeta_c=1+\frac{\left(\dfrac{6\,000}{500}\right)^2\times0.874}{1\,300\left(\dfrac{M_2}{1\,635\,560}+20\right)/460}$$

$$e_0=\frac{M}{N}=\frac{C_m\eta_{ns}M_2}{N}=\frac{1\times\eta_{ns}M_2}{1\,635\,560}=162\,(\text{mm})$$

联立求解上面两式得 $\eta_{ns}=1.310$, $M_2=202.3$ kN·m。

说明:若 $C_m\eta_{ns}<1$($M_1/M_2<1$ 时,容易出现这种情况),应取 $C_m\eta_{ns}=1$,此时 $M_2=M$。

【例题8.8】 已知偏心受压构柱截面尺寸 $b=400$ mm, $h=500$ mm,远力侧设置 $2\oplus20$ 钢筋, $A_s=628$ mm², 近力侧设置 $4\oplus20$ 钢筋, $A_s'=1\,256$ mm², $a_s=a_s'=40$ mm,采用 C30 混凝土,HRB400 级钢筋,轴向压力距离截面重心距离 $e_{02}=M_2/N=100$ mm。针对以下情形,求该柱能承受的轴向压力设计值 N_u。(已知配筋率符合规范要求)

①若该柱杆端弯矩符合 $M_1=M_2$;

②若该柱为框架柱，即 $M_1/M_2 = -1$。

【解】 查《混规》，相关数据为 $\alpha_1 = 1.0$，$f_c = 14.3\ \text{N/mm}^2$，$f_y = f'_y = 360\ \text{N/mm}^2$，$\xi_b = 0.518$，$\alpha_{sb} = 0.384$，$\rho_{min} = \rho'_{min} = 0.002$。$h_0 = h - a_s = 500 - 40 = 460\ (\text{mm})$。

(1)界限偏心距

$$\rho = A_s/(bh_0) = 0.003\ 4,\ \rho' = A'_s/(bh_0) = 0.006\ 8$$

由式(8.29)有

$$e_{ib} = \dfrac{\alpha_{sb} + \rho'\dfrac{f'_y}{\alpha_1 f_c}\left(1 - \dfrac{a'_s}{h_0}\right)}{\xi_b + \rho'\dfrac{f'_y}{\alpha_1 f_c} - \rho\dfrac{f_y}{\alpha_1 f_c}} \cdot h_0 - 0.5\left(1 - \dfrac{a_s}{h_0}\right) \cdot h_0$$

$$= \dfrac{0.384 + 0.006\ 8 \times \dfrac{360}{14.3} \times \left(1 - \dfrac{40}{460}\right)}{0.518 + 0.006\ 8 \times \dfrac{360}{14.3} - 0.003\ 4 \times \dfrac{360}{14.3}} \times 460 - 0.5 \times \left(1 - \dfrac{40}{460}\right) \times 460 = 201.8\ (\text{mm})$$

(2)计算轴向承载力

①杆端弯矩符合 $M_1 = M_2$

因为 $M_1/M_2 = 1 > 0.9$，需要考虑 $P-\delta$ 效应，$C_m = 1$。下面采用迭代法计算。

a. 第一次迭代

假设截面曲率修正系数为 $\zeta_c = 0.787$，则

$$\eta_{ns} = 1 + \dfrac{1}{1\ 300\left(\dfrac{M_2}{N} + e_a\right)/h_0}\left(\dfrac{l_0}{h}\right)^2 \zeta_c = 1 + \dfrac{(6\ 000/500)^2 \times 0.787}{1\ 300(100 + 20)/460} = 1.334$$

$$e_0 = \dfrac{C_m \eta_{ns} M_2}{N} = 1 \times 1.334 \times 100 = 133.4\ (\text{mm})$$

$e_i = e_0 + e_a = 133.4 + 20 = 153.4\ (\text{mm}) < e_{ib} = 201.8\ (\text{mm})$，应按小偏心受压构件计算。

$e = e_i + 0.5h - a_s = 153.4 + 0.5 \times 500 - 40 = 363.4\ (\text{mm})$

将以上数据代入式(8.23)，并联立求解，得到第一次近似值为 $\xi = 0.624 > \xi_b$（确为小偏心受压），$N_u = 1\ 952.2\ \text{kN}$。

b. 第二次迭代

按第一次迭代计算出的 $N_u = 1\ 952.2\ \text{kN}$ 重新计算 ζ_c，即

$$\zeta_c = \dfrac{0.5 f_c A}{N} = \dfrac{0.5 \times 14.3 \times 400 \times 500}{1\ 952.2 \times 10^3} = 0.733$$

重复上面的步骤解出，$\eta_{ns} = 1.311$，$e_0 = 131.1\ \text{mm}$，$e_i = 151.1\ \text{mm} < e_{ib} = 201.8\ \text{mm}$（小偏心），$\xi = 0.630 > \xi_b$（确为小偏心受压），$N_u = 1\ 971.77\ \text{kN}$，与上次结果相差很小，结果可以接受。

借助专门数学工具，可直接将相关数据代入式(8.23)及式(8.4)，联立求解，结果为 $\xi = 0.630 > \xi_b$，$N_u = 1\ 974.78\ \text{kN}$，可见迭代计算的精度足够，且收敛很快。

②若该柱为框架柱，$M_1/M_2 = -1$

框架柱反弯点在柱中部，可以不考虑 $P-\delta$ 效应，即 $C_m \eta_{ns} = 1.0$，所以，$e_0 = M/N = C_m \eta_{ns} M_2/N = 100\ \text{mm}$，$e = e_0 + e_a + 0.5h - a_s = 330\ \text{mm}$。

将相关数据代入式(8.23)得

$N = 14.3 \times 400 \times 460\xi + 360 \times 1\ 256 - 628 \times 360 \times (0.8 - \xi)/(0.8 - 0.518)$

$330N = 14.3 \times 400 \times 460^2\xi(1 - 0.5\xi) + 360 \times 1\ 256 \times (460 - 40)$

联立求解上式得 $\xi=0.713>\xi_b$（确为小偏心受压）,$N_u=2258.21$ kN。

（3）垂直于弯矩作用平面承载力计算（从略）

讨论：

①若将已知数据代入小偏心受压构件基本公式(8.23)及二次弯矩计算公式(8.4),可解出 $C_m\eta_{ns}=0.7\times1.255=0.879<1$,应取 $C_m\eta_{ns}=1$,即可忽略 $P—\delta$ 效应。

②因为 $N_u=2258.21$ kN$<f_cbh=14.3\times400\times500=2860$ (kN),不会发生"反向破坏"。

8.1.9 矩形截面对称配筋偏心受压构件

按 $A_s=A'_s$,$f_y=f'_y$,$a_s=a'_s$ 配筋的截面,称为对称配筋截面。实际工程中,承受正负弯矩作用的偏心受压构件应该设计成对称配筋。采用对称配筋不会在施工中产生差错,有时为方便施工,也采用对称配筋。

求已知截面承载力的问题（截面复核）与上节方法一致。本节介绍按对称配筋要求设计配筋的问题。

1. 破坏特征判别

将 $A_s=A'_s$,$f_y=f'_y$ 代入大偏心受压构件基本公式(8.14),得 $\xi=N/(\alpha_1 f_cbh_0)$ 及界限轴力 $N_b=\alpha_1 f_cbh_0\xi_b$,若 $\xi\leqslant\xi_b$ 或 $N\leqslant N_b$,按大偏心受压构件设计截面配筋;若 $\xi>\xi_b$ 或 $N>N_b$,按小偏心受压构件设计截面配筋。但应注意,若按小偏心受压构件设计,$\xi\neq N/(\alpha_1 f_cbh_0)$,需要按小偏心受压构件公式重新计算 ξ 值。

2. 大偏心受压

按式(8.14a)得 $x=N/(\alpha_1 f_cb)$,若 $2a'_s\leqslant x\leqslant\xi_bh_0$,将其代入式(8.14b)得

$$A_s=A'_s=\frac{\gamma_0 Ne-\alpha_1 f_cbx(h_0-0.5x)}{f'_y(h_0-a'_s)} \tag{8.48}$$

若 $x<2a'_s$,可偏安全地按式(8.19)计算即

$$A_s=A'_s=\frac{\gamma_0 Ne'}{f_y(h_0-a'_s)} \tag{8.49}$$

3. 小偏心受压

联立求解式(8.23)和式(8.25b)得

$$\gamma_0 Ne\frac{\xi-\xi_b}{\beta_1-\xi_b}=\alpha_1 f_cbh_0^2\xi(1-0.5\xi)\frac{\xi-\xi_b}{\beta_1-\xi_b}+(\gamma_0 N-\alpha_1 f_cbh_0\xi)(h_0-a'_s) \tag{8.50}$$

这是一个关于 ξ 的三次方程,可以直接求解,也可以按下述方法简化后近似求解。

对小偏心受压构件,ξ 值的变化范围从 ξ_b（与大偏心受压的界限）到 1.1（与轴心受压的界限,轴心受压时 $x=h$,$\xi=x/h_0=h/h_0\approx1.1$）,$\xi_b$ 最小值为 0.429,故 $\xi=0.429\sim1.1$,$\xi(1-0.5\xi)=0.337\sim0.495$,取其平均值 $\xi(1-0.5\xi)=0.43$ 代入式(8.50)得

$$\xi=\frac{\gamma_0 N-\xi_b\alpha_1 f_cbh_0}{\frac{\gamma_0 Ne-0.43\alpha_1 f_cbh_0^2}{(\beta_1-\xi_b)(h_0-a'_s)}+\alpha_1 f_cbh_0}+\xi_b \tag{8.51}$$

将求得的 ξ 代入式(8.23b),即可解出配筋：

$$A_s=A'_s=\frac{\gamma_0 Ne-\alpha_1 f_cbh_0^2\xi(1-0.5\xi)}{f'_y(h_0-a'_s)} \tag{8.52}$$

按式(8.51)计算结果应满足 $\xi_b<\xi\leqslant2\beta_1-\xi_b$。若 $\xi\leqslant\xi_b$,需要按大偏心受压构件重新求解;若 $\xi>2\beta_1-\xi_b$,应将 $\sigma_s=-f'_y$ 代入式(8.23),重新求解。

按以上诸式求得的 A_s 和 A_s' 若小于最小配筋率,可按最小配筋率配筋,之后作截面承载力复核,或者修改截面尺寸。

对称配筋的小偏心受压构件,因为截面几何中心与换算截面形心轴相重合,因此不会发生"反向破坏"。

【例题 8.9】 已知条件同例题 8.2,但采用对称配筋方案,求所需配置的钢筋截面面积。

【解】 (1)例题 8.2 计算出的结果为 $a_s = a_s' = 40$ mm, $h_0 = h - a_s = 600 - 40 = 560$ (mm).

$$C_m \eta_{ns} = 1.183, e_i = 306.4 \text{ mm}, e = e_i + \frac{h}{2} - a_s = 306.4 + 300 - 40 = 566.4 \text{ (mm)}.$$

(2)判断大小偏心

虽然 $e_i = 306.4$ mm$> 0.3 h_0 = 168$ mm,但是 $N = 1\ 550$ kN$> N_b = \alpha_1 f_c b \xi_b h_0 = 1 \times 11.9 \times 400 \times 560 \times 0.55 \times 10^{-3} = 1\ 466$ (kN),故应按小偏心受压构件计算。

(3)计算配筋

由式(8.51)有

$$\xi = \frac{\gamma_0 N - \xi_b \alpha_1 f_c b h_0}{\dfrac{\gamma_0 N e - 0.43 \alpha_1 f_c b h_0^2}{(\beta_1 - \xi_b)(h_0 - a_s')} + \alpha_1 f_c b h_0} + \xi_b$$

$$= \frac{1 \times 1\ 550 \times 10^3 - 0.55 \times 11.9 \times 400 \times 560}{\dfrac{1 \times 1\ 550 \times 10^3 \times 566.4 - 0.43 \times 11.9 \times 400 \times 560^2}{(0.8 - 0.55) \times (560 - 40)} + 11.9 \times 400 \times 560} + 0.55$$

$$= 0.569 > \xi_b (属于小偏心受压)$$

$$A_s = A_s' = \frac{\gamma_0 N e - \alpha_1 f_c b h_0^2 \xi (1 - 0.5\xi)}{f_y'(h_0 - a_s')}$$

$$= \frac{1\ 550 \times 10^3 \times 566.4 - 11.9 \times 400 \times 560^2 \times 0.569 \times (1 - 0.5 \times 0.569)}{300 \times (560 - 40)}$$

$$= 1\ 732 \text{ (mm}^2) > 0.002 bh = 480 \text{ (mm}^2)$$

直接解基本方程的结果为 $\xi = 0.568$, $A_s = A_s' = 1\ 738$ mm², 上面近似计算精度足够。

$$\frac{A_s + A_s'}{bh} = \frac{1\ 732 + 1\ 732}{400 \times 600} = 0.014 > \rho_{min}' = 0.006 \text{ (合格)}$$

(4)垂直于弯矩作用平面的承载力复核(从略)

与例题 8.2 比较,可以看到:①配筋方式的变化导致构件由大偏心受压转换成了小偏心受压;②虽然破坏时受压混凝土面积大于例题 8.2,但钢筋应力小于其屈服强度,所以钢筋总量仍然稍大于例题 8.2。

【例题 8.10】 已知矩形截面偏心受压构件 $b = h = 600$ mm,承受轴向压力设计值 $N = 2\ 000$ kN,杆端弯矩设计值 $M_1 = 0.8 M_2$, $M_2 = 600$ kN·m,构件计算长度 $l_0 = 3$ m,采用 C40 混凝土,HRB400 级钢筋。要求:按对称配筋确定钢筋截面面积。

【解】 查《混规》,相关数据为 $f_c = 19.1$ N/mm², $f_y = f_y' = 360$ N/mm²。由第 5 章相关内容知,$\alpha_1 = 1.0, \xi_b = 0.518$。

(1)计算弯矩设计值

$$M_1 / M_2 = 0.8 < 0.9$$

$$N/(f_c A) = 2\ 000 \times 10^3 / (19.1 \times 600 \times 600) = 0.3 < 0.9$$

$$i = \frac{l_0}{\sqrt{\dfrac{I}{A}}} = \sqrt{12} \frac{l_0}{h} = \sqrt{12} \frac{3000}{600} = 17.3 < 34 - 12 \frac{M_1}{M_2} = 34 - 12 \times 0.8 = 24.4$$

故不需要考虑 $P-\delta$ 效应，$M=M_2$。

$$e_0=\frac{M}{N}=\frac{600}{2\,000}\times10^3=300\ (\text{mm}),\quad e_\mathrm{a}=\max\left(20\ \text{mm},\frac{h}{30}\right)=20\ (\text{mm})$$

$$e_\mathrm{i}=e_0+e_\mathrm{a}=300+20=320\ (\text{mm})$$

取 $a_\mathrm{s}=a_\mathrm{s}'=40$ mm，则 $h_0=h-a_\mathrm{s}=600-40=560\ (\text{mm})$

$$e_\mathrm{i}=320\ \text{mm}>0.3h_0=180\ (\text{mm})$$

$$e=e_\mathrm{i}+\frac{h}{2}-a_\mathrm{s}=320+300-40=580\ (\text{mm})$$

（2）判断破坏形态

$$x=\frac{N}{\alpha_1 f_\mathrm{c}b}=\frac{2\,000\,000}{19.1\times600}=174.5\ (\text{mm})<\xi_\mathrm{b}h_0=0.518\times560=290.1\ (\text{mm})$$

为大偏心受压构件（条件 $\xi<\xi_\mathrm{b}$ 与条件 $N<N_\mathrm{b}$ 等价）

（3）计算 $A_\mathrm{s}(A_\mathrm{s}')$

$$A_\mathrm{s}=A_\mathrm{s}'=\frac{\gamma_0 Ne-\alpha_1 f_\mathrm{c}bx(h_0-0.5x)}{f_\mathrm{y}'(h_0-a_\mathrm{s}')}$$

$$=\frac{2\,000\times10^3\times580-1.0\times19.1\times600\times174.5(560-0.5\times174.5)}{360\times(560-40)}$$

$$=1\,146.4\ (\text{mm}^2)>0.002\,bh=720\ (\text{mm}^2)$$

同时 $$\frac{A_\mathrm{s}+A_\mathrm{s}'}{bh}=\frac{1\,146.4+1\,146.4}{600\times600}=0.006\,4>\rho_\mathrm{min}'=0.005\,5$$

（4）垂直于弯矩作用平面的承载力复核（从略）

8.1.10 I 形及 T 形截面偏心受压构件正截面承载力计算[*]

采用 I 形及 T 形截面能节省混凝土和减轻构件自重，其破坏特征、采用的受力简图、承载力和配筋计算方法与矩形截面基本相同，区别只在于增加了翼缘参与受力。受压翼缘计算宽度 b_f' 的确定与受弯构件一致。与受弯构件相似，依据破坏前瞬间受压区混凝土高度 x 的不同，正截面承载力计算基本公式可分为如下几种情形（图 8.24 及图 8.25）。

1. 当受压区高度 $x\leqslant h_\mathrm{f}'$ 时[图 8.24(a)]，受压区在受压翼缘内，应按宽度为受压翼缘计算宽度的矩形截面 $b_\mathrm{f}'\times h$ 计算。因 $h_\mathrm{f}'<\xi_\mathrm{b}h_0$，所以此时多为大偏心受压构件（$\xi\leqslant\xi_\mathrm{b}$）。

2. 当受压高度 $x>h_\mathrm{f}'$ 时，受压区高度进入腹板内，可按下列公式计算：

$$\gamma_0 N\leqslant N_\mathrm{u}=\alpha_1 f_\mathrm{c}A_\mathrm{c}+f_\mathrm{y}'A_\mathrm{s}'-\sigma_\mathrm{s}A_\mathrm{s} \tag{8.53a}$$

$$\gamma_0 Ne\leqslant N_\mathrm{u}e=\alpha_1 f_\mathrm{c}S_\mathrm{c}+f_\mathrm{y}'A_\mathrm{s}'(h_0-a_\mathrm{s}') \tag{8.53b}$$

式中　A_c——混凝土受压区面积；

　　　S_c——混凝土受压区对受拉钢筋 A_s 合力点的面积矩。

当 $x<h-h_\mathrm{f}$ 时[图 8.24(b)]

$$A_\mathrm{c}=bx+(b_\mathrm{f}'-b)h_\mathrm{f}'$$

$$S_\mathrm{c}=bx(h_0-0.5x)+(b_\mathrm{f}'-b)h_\mathrm{f}'(h_0-0.5h_\mathrm{f}')$$

当 $h-h_\mathrm{f}<x\leqslant h$ 时

$$A_\mathrm{c}=bx+(b_\mathrm{f}'-b)h_\mathrm{f}'+(b_\mathrm{f}-b)(x-h+h_\mathrm{f})$$

$$S_\mathrm{c}=bx(h_0-0.5x)+(b_\mathrm{f}'-b)h_\mathrm{f}'(h_0-0.5h_\mathrm{f}')$$

$$+(b_\mathrm{f}-b)(x-h+h_\mathrm{f})[h_\mathrm{f}-a_\mathrm{s}-0.5(x-h+h_\mathrm{f})]$$

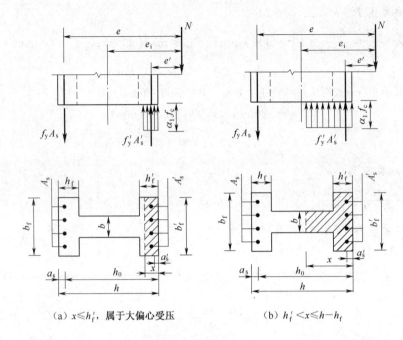

(a) $x \leqslant h_f'$，属于大偏心受压　　　(b) $h_f' < x \leqslant h - h_f$

图 8.24　I 形及 T 形截面偏心受压构件正截面受压承载力计算图

当 $(h-h_f) < x \leqslant h$ 时（图 8.25），受压区进入受拉翼缘（或称受压较小翼缘）内，《混规》要求计入受压较小边翼缘受压部分的作用。此时受拉翼缘位于零应力轴附近，混凝土应力较小，其合力数值也不大，如果不计入受拉翼缘的作用，按 $x < h - h_f$ 情形计算，结果偏于安全。

若按上述公式计算：

（1）当 $\xi \leqslant \xi_b$ 时，为大偏心受压，取 $\sigma_s = f_y$；

（2）当 $\xi > \xi_b$ 时，为小偏心受压，σ_s 按式（8.25）计算；

（3）对称配筋截面，取 $A_s = A_s'$，$a_s = a_s'$，$f_y = f_y'$。

3. 采用非对称配筋的小偏心受压构件，当 $N > f_c A$ 时，有可能距离轴向力远侧的钢筋被压坏，所以尚应按下列公式进行验算：

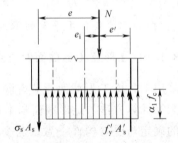

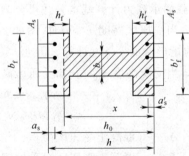

图 8.25　$h - h_f < x \leqslant h$ 时 I 形及 T 形截面偏心受压构件正截面受压承载力计算图

$$\gamma_0 N e' \leqslant N_u e' =$$

$$f_c \left[bh \left(h_0' - \frac{h}{2} \right) + (b_f - b) h_f \left(h_0' - \frac{h_f}{2} \right) \right.$$

$$\left. + (b_f' - b) h_f' \left(\frac{h_f'}{2} - a_s' \right) \right] + f_y' A_s (h_0' - a_s)$$

$$(8.54)$$

式中，$e' = y' - a_s' - (e_0 - e_a)$，$y'$ 为截面重心至离轴向压力较近一侧受压边的距离，当截面对称时，$y' = h/2$。

T 形截面偏心受压构件的计算仍采用以上公式,对仅在轴向压力较近一侧有翼缘的 T 形截面,可取 $b_f'=b$;对仅在轴向压力较远一侧有翼缘的 T 形截面,可取 $b_f'=b$。

大偏心受压和小偏心受压,对称配筋截面和非对称配筋截面,I 形截面和 T 形截面,均可按以上基本公式计算,具体计算步骤与矩形截面完全相似,不再详细列举。

计算对称配筋的小偏心受压构件时,直接联立求解式(8.53)会出现 ξ 的三次方程,与矩形截面相似,可按下式计算 ξ 的近似值:

$$\xi=\frac{\gamma_0 N-\alpha_1 f_c[\xi_b bh_0+(b_f'-b)h_f']}{\dfrac{\gamma_0 Ne-\alpha_1 f_c[0.43bh_0^2+(b_f'-b)h_f'(h_0-0.5h_f')]}{(\beta_1-\xi_b)(h_0-a_s')}+\alpha_1 f_c bh_0}+\xi_b \tag{8.55}$$

将计算结果代入式(8.53b),即可求出钢筋面积的近似值 A_s' 及 A_s。

【例题 8.11】 已知 I 形截面偏心受压柱,承受轴向压力设计值 $N=1\,900$ kN,杆端弯矩设计值 $M_1=M_2=800$ kN·m。截面尺寸 $b_f=b_f'=500$ mm,$b=100$ mm,$h_f=h_f'=120$ mm,$h=1\,000$ mm,柱的计算长度 $l_0=12.5$ m。采用 C40 混凝土,HRB400 级钢筋。结构重要性系数 $\gamma_0=1$。试按对称配筋计算柱截面配筋面积。

【解】 估算 $a_s=a_s'=45$ mm,所以 $h_0=h-a_s=1\,000-45=955$(mm)。

由《混规》可知,相关数据为 $f_c=19.1$ N/mm^2,$f_y=f_y'=360$ N/mm^2,$\xi_b=0.518$,$\alpha_{sb}=0.384$。

(1)计算弯矩设计值 M

因 $M_1/M_2=1>0.9$,需要考虑 P—δ 效应。

$$C_m=0.7+0.3M_1/M_2=0.7+0.3\times1=1.0$$

构件截面面积为

$$A=bh+2(b_f'-b)h_f'=100\times1\,000+2(500-100)=196\,000\ (\text{mm}^2)$$

$$\zeta_c=\frac{0.5f_c A}{N}=\frac{0.5\times19.1\times196\,000}{1\,900\times10^3}=0.985$$

$$e_a=\max\{20,h/30\}=\max\{20,1\,000/30\}=33.3(\text{mm})$$

$$\eta_{ns}=1+\frac{1}{1\,300\left(\dfrac{M_2}{N}+e_a\right)/h_0}\left(\frac{l_0}{h}\right)^2\zeta_c$$

$$=1+\frac{1}{1\,300\left(\dfrac{800\times10^3}{1\,900}+33.3\right)/955}\times\left(\frac{12\,500}{1\,000}\right)^2\times0.985=1.249$$

$$M=C_m\eta_{ns}M_2=1\times1.1249\times800=999.2\ (\text{kN}\cdot\text{m})$$

$$e_0=\frac{M}{N}=\frac{999.2}{1\,900}\times10^3=525.9\ (\text{mm})$$

$$e_i=e_0+e_a=525.9+33.3=559.2\ (\text{mm})$$

$$e=e_i+0.5h-a_s=559.2+0.5\times1\,000-45=1\,014.2\ (\text{mm})$$

(2)初步判断破坏特征

对称配筋 I 形截面界限破坏时的轴力为

$$N_b=\alpha_1 f_c[\xi_b bh_0+(b_f'-b_f)h_f']$$

$$=1.0\times19.1\times[0.518\times100\times955+(500-100)\times120]\times10^{-3}=1\,861.66\ (\text{kN})$$

$N>N_b$,虽然 $e_i>0.3h_0$,但仍属于小偏心受压,且受压区已进入腹板(不难验证,当 $N>\alpha_1 f_c b_f' h_f'$,则 $x>h_f'$,受压区进入腹板)。

(3)计算配筋

$$\xi=\frac{\gamma_0 N-\alpha_1 f_c\left[\xi_{\mathrm{b}}bh_0+(b_{\mathrm{f}}'-b)h_{\mathrm{f}}'\right]}{\dfrac{\gamma_0 Ne-\alpha_1 f_c\left[0.43bh_0^2+(b_{\mathrm{f}}'-b)h_{\mathrm{f}}'(h_0-0.5h_{\mathrm{f}}')\right]}{(\beta_1-\xi_{\mathrm{b}})(h_0-a_{\mathrm{s}}')}+\alpha_1 f_c bh_0}+\xi_{\mathrm{b}}$$

$$=\frac{1\,900\times10^3-19.1\times\left[0.518\times100\times955+(500-100)\times120\right]}{\dfrac{1\,900\times10^3\times1\,014.2-19.1\times\left[0.43\times100\times955^2+(500-100)\times120\times(955-0.5\times120)\right]}{(0.8-0.518)\times(955-45)}+19.1\times100\times955}$$

$$+0.518=0.530>\xi_{\mathrm{b}},确为小偏心受压$$

$x=\xi h_0=0.530\times955=506.1<h-h_{\mathrm{f}}=880\ \mathrm{mm}$,受压区未进入受拉翼缘内

$S_{\mathrm{c}}=bx(h_0-0.5x)+(b_{\mathrm{f}}'-b)h_{\mathrm{f}}'(h_0-0.5h_{\mathrm{f}}')$

$\quad=100\times506.1\times(955-0.5\times506.1)+(500-100)\times120\times(955-0.5\times120)$

$\quad=78\,485\,689.5\ (\mathrm{mm}^3)$

$$A_{\mathrm{s}}=A_{\mathrm{s}}'=\frac{\gamma_0 Ne-\alpha_1 f_c S_{\mathrm{c}}}{f_{\mathrm{y}}'(h_0-a_{\mathrm{s}}')}=\frac{1\,900\,000\times1\,014.2-19.1\times78\,485\,689.5}{360\times(955-45)}$$

$$\qquad=1\,306\ (\mathrm{mm}^2)>\rho_{\min}'A,且满足\frac{A_{\mathrm{s}}+A_{\mathrm{s}}'}{A}>\rho_{\min}' \tag{a}$$

以上为采用近似公式(8.55)的计算结果。作为比较,直接联立求解公式(8.25b)和(8.53)的结果为

$$\xi=0.529,\ A_{\mathrm{s}}=A_{\mathrm{s}}'=1\,309\ \mathrm{mm}^2 \tag{b}$$

直接联立求解公式(8.25a)和(8.53)的结果为

$$\xi=0.527,\ A_{\mathrm{s}}=A_{\mathrm{s}}'=1\,315\ \mathrm{mm}^2 \tag{c}$$

可见,以上两组结果($A_{\mathrm{s}}=1\,310\ \mathrm{mm}$,$A_{\mathrm{s}}=1\,316\ \mathrm{mm}^2$)与近似公式的计算结果(1 307 mm^2)相差不大。实际选用 4$\oplus$22,$A_{\mathrm{s}}=A_{\mathrm{s}}'=1\,520\ \mathrm{mm}^2$。

(4)验算垂直于弯矩作用平面的轴心受压承载力

惯性矩:$I=\dfrac{1}{12}\times(1\,000-2\times120)^3+\dfrac{1}{12}\times2\times120\times500^3=2.536\times10^9\ (\mathrm{mm}^4)$

回转半径:$\qquad i=\sqrt{\dfrac{I}{A}}=\sqrt{\dfrac{2.536\times10^9}{196\,000}}=113.8\ (\mathrm{mm})$

$\qquad\qquad l_0/i=12\,500/113.8=109.8\approx110$,查表 4.1 得 $\varphi=0.49$

$N_{\mathrm{u}}=0.9\varphi\left[f_c A+f_{\mathrm{y}}'(A_{\mathrm{s}}+A_{\mathrm{s}}')\right]$

$\qquad=0.9\times0.49\times\left[19.1\times196\,000+360\times(1\,520+1\,520)\right]\times10^{-3}$

$\qquad=2\,133.558\ (\mathrm{kN})$

满足 $\gamma_0 N<N_{\mathrm{u}}$,安全。

8.1.11 环形及圆形截面偏心受压构件正截面承载力计算*

计算环形及圆形截面偏心受压构件承载力采用的基本假定与矩形截面相同,受压混凝土应力图为等效矩形应力图,其强度取 $\alpha_1 f_c$,不考虑受拉混凝土强度。纵向受力钢筋一般沿周边均匀布置,按照应变图的平截面假定,可以求出各位置上的钢筋应力 $\sigma_{\mathrm{s}i}$,然后根据静力平衡方程求解截面承载力。但这种计算方法工作量太大,不便于实际应用。为计算方便,当纵向钢筋的根数不少于 6 根时,可将分散布置的钢筋折算成总面积为 A_{s},半径为 r_{s} 的钢环。

由于纵向钢筋沿周边均匀布置,使得轴心受压、小偏心受压、大偏心受压的破坏界限不再明显,计算时可采用统一的公式。

1. 环形截面偏心受压构件

环形截面如图 8.26 所示,外径为 r_2,内径为 r_1,r_s 为纵筋形心所在的圆的半径,构件截面面积 $A = \pi(r_2^2 - r_1^2)$。当壁厚 $(r_2 - r_1)$ 不大于 $0.5r_2$(即 $r_1/r_2 \geqslant 0.5$)时,可将混凝土受压区面积 A_c 近似取为对应于圆心角 $2\pi\alpha$ 的扇形面积,即 $\alpha = A_c/A$,称为混凝土相对受压区面积。

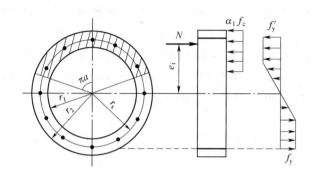

图 8.26 环形截面偏心受压构件正截面受压承载力计算图

正截面破坏时,钢环应力分布为梯形,受压和受拉边缘部分的钢环应力分别达到 f_y' 和 f_y,中和轴附近区段内钢环应力仍为弹性应力,其数值从 f_y' 过渡到 f_y。为简化计算,可将钢环实际应力分布简化为强度各为 f_y' 和 f_y 的等效矩形应力分布。等效矩形应力分布的受压区钢环面积为 αA_s,受拉区钢环面积为 $\alpha_t A_s$,α_t 为纵向受拉钢筋截面面积与全部纵向钢筋截面面积的比值。

根据静力平衡条件,可写出正截面承载力计算基本公式(各几何参数之间的关系推导从略),即

$$\gamma_0 N \leqslant N_u = \alpha \alpha_1 f_c A + (\alpha - \alpha_t) f_y A_s \tag{8.56a}$$

$$\gamma_0 N e_i \leqslant N_u e_i = \alpha_1 f_c A (r_1 + r_2) \frac{\sin\pi\alpha}{2\pi} + f_y A_s r_s \frac{\sin\pi\alpha + \sin\pi\alpha_t}{\pi} \tag{8.56b}$$

式中

$$\alpha_t = 1 - 1.5\alpha \tag{8.56c}$$

当 $\alpha > 2/3$ 时,取 $\alpha_t = 0$。

当 $\alpha < \arccos\left(\dfrac{2r_2}{r_1 + r_2}\right)\Big/\pi$ 时,截面实际受压区为环内弓形面积,按简化公式(8.56)计算会低估截面承载力,此时可按圆形截面偏心受压构件计算。

计算截面配筋时,只有两个未知数 α 和 A_s;计算承载力时,也只有两个未知数 α 和 N_u,均可以由式(8.56)联立求解,也可以按迭代法求解。

按迭代法计算截面配筋时,可按以下步骤进行:

(1)选定钢筋直径和根数,直径不小于 12 mm,根数不少于 6 根,确定 A_s。

(2)将公式(8.56c)代入公式(8.56a),计算混凝土相对受压区面积,即

$$\alpha = \frac{N + f_y A_s}{\alpha_1 f_c A + 2.5 f_y A_s} \tag{8.57}$$

(3)若上式算出的 $\alpha < 2/3$,表示截面部分受压、部分受拉,可按式(8.56c)算出 α_t,将算出的 α 和 α_t 代入式(8.56a),计算出承载力 N_u。

若算出的 $\alpha > 2/3$，表示全截面受压，将 $\alpha_t = 0$ 代入式(8.56a)重新计算 α 值，即

$$\alpha = \frac{N}{\alpha_1 f_c A + f_y A_s} \tag{8.58}$$

将结果代入式(8.56b)，计算出承载力 N_u。

(4)要求满足 $\gamma_0 N \leqslant N_u$，若二者相差过大，需重新选择 A_s，重复以上计算，直到满足要求为止。当然，也可以首先假定 α 值进行迭代计算，步骤与上面类似。

【例题 8.12】 已知环形截面偏心受压构件，承受轴向压力设计值 $N = 450$ kN，杆端弯矩设计值 $M_1 = M_2 = 90$ kN·m；截面尺寸为 $r_2 = 200$ mm，$r_1 = 140$ mm，$r_s = 170$ mm，构件计算长度 $l_0 = 5$ m；采用 C40 级混凝土，HRB335 级钢筋，结构重要性系数 $\gamma_0 = 1.0$。求纵向钢筋截面面积 A_s。

【解】 查《混规》，相关数据为 $f_c = 19.1$ N/mm^2，$f_y = f_y' = 300$ N/mm^2。$\alpha_1 = 1.0$。

(1)计算弯矩设计值

因 $M_1/M_2 = 1.0$，需要考虑 P—δ 效应。

截面面积为 $A = \pi(r_2^2 - r_1^2) = \pi(200^2 - 140^2) = 64\ 088\ (\text{mm}^2)$

$$e_a = \max\{20, 2r/30\} = \max\{20, 2 \times 200/30\} = 20\ (\text{mm})$$

$$C_m = 0.7 + 0.3 M_1/M_2 = 0.7 + 0.3 \times 1 = 1.0$$

$$\zeta_c = \frac{0.5 f_c A}{N} = \frac{0.5 \times 19.1 \times 64\ 088}{450 \times 10^3} = 1.36 > 1，取 \zeta_c = 1.0$$

$$\frac{l_0}{h} = \frac{l_0}{2r} = \frac{5\ 000}{2 \times 200} = 12.5$$

$$\eta_{ns} = 1 + \frac{1}{1\ 300(M_2/N + e_a)/(r_2 + r_s)} \left(\frac{l_0}{2r}\right)^2 \zeta_c$$

$$= 1 + \frac{1}{1\ 300 \times (900 \times 10^3/450) + 20} \times 12.5^2 \times 1 = 1.20$$

$$M = C_m \eta_{ns} M_2 = 1 \times 1.2 \times 90 = 108\ (\text{kN·m})$$

$$e_0 = M/N = 108 \times 10^3/450 = 240\ (\text{mm})$$

$$e_i = e_0 + e_0 = 240 + 20 = 260\ (\text{mm})$$

(2)选定钢筋直径和根数

试选用钢筋 6 $\underline{\Phi}$ 20，$A_s = 1\ 884$ mm^2。

(3)迭代计算

$$\alpha = \frac{N + f_y A_s}{\alpha_1 f_c A + 2.5 f_y A_s} = \frac{450\ 000 + 300 \times 1\ 884}{19.1 \times 64\ 088 + 2.5 \times 300 \times 1\ 884} = 0.385 < 2/3$$

$$\alpha_t = 1 - 1.5\alpha = 1 - 1.5 \times 0.385 = 0.423$$

$$N_u = \frac{1}{e_i} \left[\alpha_1 f_c A (r_1 + r_2) \frac{\sin\pi\alpha}{2\pi} + f_y A_s r_s \frac{\sin\pi\alpha + \sin\pi\alpha_t}{\pi} \right]$$

$$= \frac{1}{260} \times \left[19.1 \times 64\ 088 \times (140 + 200) \times \frac{\sin(0.385\pi)}{2\pi} \right.$$

$$+300\times1\,884\times170\times\frac{\sin(0.385\pi)+\sin(0.423\pi)}{\pi}\Big]\times10^{-3}=462.6\ (\mathrm{kN})>N=450\ (\mathrm{kN})$$

符合要求。

作为比较,直接联立求解方程(8.56)的结果为 $\alpha=0.385$,$A_s=1\,891\ \mathrm{mm}^2$。

垂直于弯矩作用平面的轴心受压承载力计算从略。

2. 圆形截面偏心受压构件

圆形截面偏心受压构件正截面承载力计算的计算假定与环形截面相同,只是受压区混凝土面积为弓形。图 8.27 为其受力简图。圆形截面的半径为 r,面积为 $A(A=\pi r^2)$,弓形混凝土受压区面积为 A_c,A_c 对应的圆心角为 $2\pi\alpha$。与环形截面类似,将沿截面梯形应力分布的受压及受拉钢筋应力简化为等效矩形应力图,仍用 αA_s 代表等效矩形应力分布的受压区钢环面积;α_t 代表受拉区钢环面积。

按计算简图根据静力平衡条件写出承载力计算基本公式(相应几何参数之间的关系推导从略)为

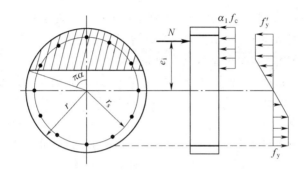

图 8.27　圆形截面偏心受压构件正截面受压承载力计算图

$$\gamma_0 N\leqslant N_u=\alpha\alpha_1 f_c A\left(1-\frac{\sin2\pi\alpha}{2\pi\alpha}\right)+(\alpha-\alpha_t)f_y A_s \tag{8.59a}$$

$$\gamma_0 N e_i\leqslant N_u e_i=\frac{2}{3}\alpha_1 f_c A r\frac{\sin^3\pi\alpha}{\pi}+f_y A_s r_s\frac{(\sin\pi\alpha+\sin\pi\alpha_t)}{\pi} \tag{8.59b}$$

式中

$$\alpha_t=1.25-2\alpha \tag{8.59c}$$

当 $\alpha>0.625$ 时,取 $\alpha_t=0$。

以上两个方程都是超越方程,求解繁琐,当 $\alpha>0.3$ 时,可将 $\alpha\left(1-\dfrac{\sin2\pi\alpha}{2\pi\alpha}\right)$ 近似拟合为 $1-2(\alpha-1)^2$,则公式(8.59a)可简化为

$$\gamma_0 N\leqslant N_u=\alpha_1 f_c A[1-2(\alpha-1)^2]+(\alpha-\alpha_t)f_y A_s \tag{8.59d}$$

计算截面承载力及配筋时,可以采用和环形截面同样的迭代方法:

(1)首先选择一个 α 值,用式(8.59a)或式(8.59d)求出 A_s;

(2)将 α 和 A_s 值代入式(8.59b)计算承载力 N_u;

(3)要求满足 $\gamma_0 N\leqslant N_u$,若二者相差过大,需重新选择 α 值,重复以上计算,直到满足要求为止。

【例题 8.13】　已知圆形截面偏心受压构件,承受轴向压力设计值 $N=1\,696.5\ \mathrm{kN}$,杆端弯矩设计值 $M_1=M_2=83.06\ \mathrm{kN\cdot m}$。$r=200\ \mathrm{mm}$,$r_s=165\ \mathrm{mm}$,构件计算长度 $l_0=3.2\ \mathrm{m}$。采

用 C30 混凝土，HRB335 级钢筋，结构重要性系数 $\gamma_0=1.0$。求纵向钢筋面积 A_s。

【解】　查《混规》，相关数据为 $f_c=14.3\ \text{N/mm}^2$，$f_y=f'_y=360\ \text{N/mm}^2$。

因 $M_1/M_2=1.0$，需要考虑 P—δ 效应。

$$e_a=\max\{20,2r/30\}=\max\{20,2\times200/30\}=20\ (\text{mm})$$

按式(8.4)计算得

$$c_m\eta_{ns}=1.138$$

$$M=C_m\eta_{ns}M_2=1.138\times83.06=94.52\ (\text{kN}\cdot\text{m})$$

$$e_0=M/N=94.52\times10^3/1\,696.5=55.7\ (\text{mm})$$

$$e_i=e_0+e_a=55.7+20=75.7\ (\text{mm})$$

截面面积 $A=\pi r^2=125\,664\ \text{mm}^2$。假设 $\alpha<0.625$，将公式(8.59c)代入式(8.59d)有

$$1\,696.5\times10^3=14.3\times125\,664\times[1-2(\alpha-1)^2]+360\times(3\alpha-1.25)A_s$$

将上式代入公式(8.59b)得到只包含未知数 α 的超越方程。利用迭代法或相关数学工具，可解得：$\alpha=0.589<0.625$，符合假设，将 α 值代入上式解得 $A_s=2\,722\ \text{mm}^2$。

垂直于弯矩作用平面的轴心受压承载力计算从略。

采用迭代计算仍嫌繁琐，除非借助专门数学工具。《公路桥规》依据相关计算公式编制了"诺模图"(图 8.28)，设计时，可根据对应的诺模图直接查出截面配筋或承载力，详见例题 8.14。

【例题 8.14】　已知圆形截面偏心受压构件，承受轴向压力设计值 $N_d=11\,500\ \text{kN}$，弯矩设计值 $M_d=2\,415\ \text{kN}\cdot\text{m}$，截面直径 $r=1.2\ \text{m}$，构件计算长度 $l_0=5.2\ \text{m}$；采用 C25 级混凝土 $(f_{cd}=11.5\ \text{N/mm}^2)$，HRB335 级钢筋 $(f_{sd}=280\ \text{N/mm}^2)$。结构重要性系数 $\gamma_0=1.0$。要求按《公路桥规》确定截面配筋 A_s。

【解】　《公路桥规》采用的材料强度和相关符号，与《混规》有所不同，可参见第 5 章及附录，其设计计算原理与《混规》相同。

混凝土保护层厚度取为 60 mm，拟选用 Φ 28 钢筋，则 $r_s=600-60-28/2=526\ (\text{mm})$。

截面回转半径 $i=d/4=300\ \text{mm}$，$l_0/i=5\,200/300=17.3<17.5$，所以取 $\eta=1$。

$\eta e_0=1\times\dfrac{2\,415\times10^6}{11\,500\times10^3}=210\ (\text{mm})$（《公路桥规》对二次弯矩的计算方法与 GB 50010—2002 相同，但不考虑附加偏心距）

利用诺模图计算配筋的方法是，过纵坐标 $K=\dfrac{\gamma_0 N_d}{f_{cd}r^2}$ 引水平线与斜线 $\eta e_0/r$ 相交，交点的 ρ 值曲线即为所求。

本题中，　$\eta e_0/r=210/600=0.35$，　$K=\dfrac{\gamma_0 N_d}{f_{cd}r^2}=\dfrac{1\times11\,500\times10^3}{11.5\times600^3}=2.78$

图 8.28 为《公路桥规》采用的圆形截面偏心受压构件抗压承载力计算诺模图，适用于 C25 混凝土，HRB335 级钢筋。根据 $K=2.78$，$\eta e_0/r=0.35$ 查诺模图得到 $\rho=0.015\,4$，所以

$$A_s=\rho\pi r^2=0.015\,4\times\pi\times600^2=17\,417\ (\text{mm}^2)$$

选 29 根 Φ 28 钢筋，钢筋实际截面面积 $A_s=17\,856\ \text{mm}^2$。

诺模图有助于理解影响偏心受压构件受压承载力各参数之间的综合关系。

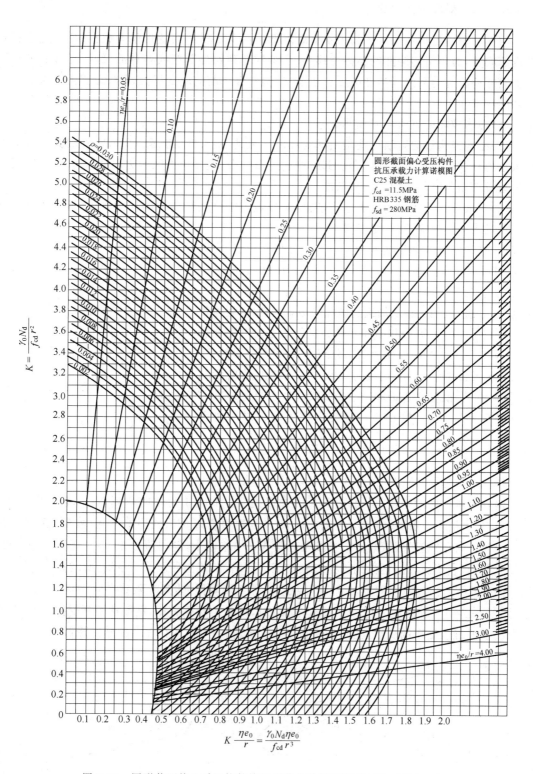

图 8.28　圆形截面偏心受压构件抗压承载力计算诺模图(C25,HRB335)

8.1.12 受压构件的延性

构件的延性是指在保持承载力不显著降低的情况下材料的变形能力(变形能力是指材料的内部应变,而非结构构件的整体位移)。当结构遇到意外荷载或各种故障时,延性有助于结构仍然维持原有的某些基本性能。一般说来,构件破坏前的应变越大,延性就越好。提高结构延性的意义在于:

(1)结构破坏前有明显的预兆。

(2)结构或构件的脆断往往是由薄弱环节导致的,脆断时,最薄弱环节之外的其余部分的承载潜力往往被浪费。延性则会引起结构内力重分布,使高应力区应力向低应力区释放,最大限度地发挥全部材料及构件的承载能力。

(3)吸收或耗散更多的地震输入能量,减弱地震能量在结构中的任意传播,即减小地震作用下的动力作用效应,减轻地震破坏。

(4)在超静定结构中,能更好地适应诸如偶然荷载、反复荷载、基础沉降、温度变化等因素产生的附加内力和变形。

图 8.29 表示受弯构件截面的弯矩—曲率(M—ϕ)曲线,由第 5 章知道,受弯构件从加载到破坏经历了弹性、带裂缝和破坏三个应力阶段,屈服状态和承载力极限状态的弯矩分别为 M_y 和 M_u,对应的截面变形曲率分别为 ϕ_y 和 ϕ_u。显然,受拉纵筋屈服后截面才会有较大的变形,所以第三应力阶段越长,即 ϕ_y 与 ϕ_u 相差越大,破坏时的变形就越大,延性越好。

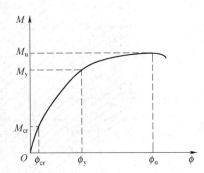

图 8.29 受弯构件 ϕ—M 关系曲线

受弯构件和偏心受压构件的变形能力均可以用曲率延性系数表示:

$$\mu_\phi = \phi_u / \phi_y \tag{8.60}$$

延性系数越大,结构的延性越好,吸收的变形能也越大。

偏心受压构件的延性,可通过图 8.30 加以说明。曲线 1 为轴向荷载 N 与极限弯矩 M_u、极限曲率 ϕ_u 相互关系图;曲线 2 为轴向荷载 N 与屈服弯矩 M_y、屈服曲率 ϕ_y 相互关系图。轴向压力较小时,虽然屈服弯矩 M_y 和极限弯矩 M_u 相差较小,但屈服曲率 ϕ_y 与极限曲率 ϕ_u 却有较大差别,表明破坏是延性的。随着轴向压力的增加,截面屈服曲率 ϕ_y 有所增加,而截面的极限曲率 ϕ_u 却迅速减小,即 $\mu_\phi = \phi_u / \phi_y$ 减小,延性不断降低,达到界限状态时($\xi = \xi_b$),$\phi_y = \phi_u$,延性系数 $\mu_\phi = 1$。轴向压力超过界限轴力 N_b 时,构件为受压破坏,钢筋达不到受拉屈服,延性只取决于混凝土受压的变形能力,延性很小。总之,轴向压力的存在会使延性降低。

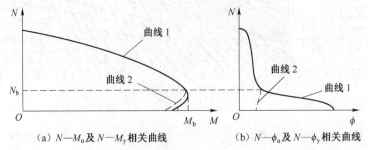

(a) N—M_u 及 N—M_y 相关曲线   (b) N—ϕ_u 及 N—ϕ_y 相关曲线

图 8.30 构件横向变形没有受到有效约束时的相关曲线

在横向约束(配箍及支座约束等)相同的情况下,影响构件延性的主要因素是混凝土相对受压区高度 ξ,ξ 越小,延性越大。对受弯构件和偏心受压构件,在其他条件不变的情况下,增加受压钢筋,可以减小 ξ,提高延性。而轴向压力的增加,将导致 ξ 增加,降低构件破坏时的延性。因此抗震结构中需要对柱子的轴压比 $n = N/f_cA$ 数值加以限制。

受压区受到普通箍筋和螺旋箍筋的有效约束,或者因加载或支承条件引起的附加约束时,会使延性得到改善。

对于 $\xi > \xi_b$ 的小偏心受压构件,很难通过配置纵向受力钢筋改善延性,而需要增加箍筋来约束混凝土,提高混凝土的变形能力来改善延性。

斜截面受剪破坏都具有明显的脆性性质,为保证截面破坏时有足够的延性,设计中常按照"强剪弱弯"原则设计受压构件。

8.2   偏心受拉构件正截面承载力计算

偏心受拉构件纵筋布置方式和偏心受压构件相同,但离纵向力较远一侧的钢筋用 A_s' 表示,离纵向力较近一侧的钢筋用 A_s 表示。

根据轴向拉力在截面作用位置的不同,偏心受拉构件有两种破坏形态:(1)轴向拉力 N 在 A_s 与 A_s' 之间时,为小偏心受拉破坏[图 8.31(a)];(2)轴向拉力 N 在 A_s 外侧时为大偏心受拉破坏[图 8.31(b)]。

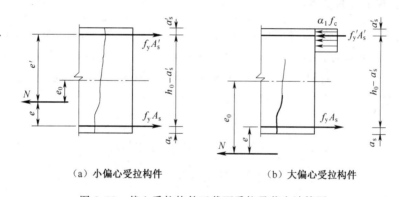

（a）小偏心受拉构件   （b）大偏心受拉构件

图 8.31   偏心受拉构件正截面受拉承载力计算图

8.2.1   小偏心受拉构件($e_0 \leqslant h/2 - a_s$)

若轴向拉力 N 距离截面几何中心偏心距 $e_0 \leqslant h/2 - a_s$,则轴向力 N 作用在钢筋 A_s 合力点与 A_s' 合力点之间,在拉力作用下,全截面受拉,但 A_s 一侧拉应力较大,A_s' 一侧拉应力较小。随着拉力的增大,A_s 一侧首先开裂,且裂缝很快贯通整个截面,破坏时,混凝土全部退出工作,拉力全部由钢筋承担,且 A_s 和 A_s' 均能达到屈服强度(对于非对称配筋)。这种构件称为小偏心受拉构件。当偏心距 $e_0 = 0$ 时,就是轴心受拉构件。

在图 8.31(a)中,分别对 A_s 合力点与 A_s' 合力点取矩,得到小偏心受拉构件正截面极限承载力计算公式,即

$$Ne \leqslant N_u e = f_y A_s'(h_0 - a_s') \tag{8.61a}$$

$$Ne' \leqslant N_u e' = f_y A_s(h_0' - a_s) \tag{8.61b}$$

式中，e、e'分别为N至A_s合力点和A_s'合力点的距离，计算公式如下：

$$e = 0.5h - a_s - e_0 \qquad (8.62a)$$

$$e' = 0.5h - a_s' + e_0 \qquad (8.62b)$$

将e、e'及$e_0 = M/N$代入式(8.61)，同时设$a_s = a_s'$，则有

$$A_s = \frac{N(h-2a_s')}{2f_y(h_0-a_s')} + \frac{M}{f_y(h_0-a_s)} = \frac{N}{2f_y} + \frac{M}{f_y(h_0-a_s)} \qquad (8.63a)$$

$$A_s' = \frac{N(h-2a_s')}{2f_y(h_0-a_s')} - \frac{M}{f_y(h_0-a_s)} = \frac{N}{2f_y} - \frac{M}{f_y(h_0-a_s)} \qquad (8.63b)$$

上式第一项代表轴心受拉构件所需要的配筋，第二项反映了弯矩对配筋的影响。显然弯矩使A_s增大，使A_s'减小。因此，设计中若有不同内力组合(M,N)时，应选取使A_s为最大的荷载组合计算配筋，同时还应选取使A_s'为最大的荷载组合计算配筋。请回顾"有利荷载"和"不利荷载"的概念，计算A_s'时，M为有利荷载。

对称配筋时，远离轴向力N一侧的钢筋A_s'应力达不到屈服强度，故设计时可按式(8.61b)计算配筋，即

$$A_s' = A_s = \frac{Ne'}{f_y(h_0-a_s')} \qquad (8.64)$$

以上设计应满足最小配筋率要求，即A_s和A_s'均不能小于$\rho_{\min}A$，A为构件的全截面面积，$\rho_{\min} = \max(0.45f_t/f_y, 0.002)$。

8.2.2 大偏心受拉构件($e_0 > h/2 - a_s$)

若轴向拉力N距离截面几何中心的偏心距$e_0 > h/2 - a_s$，则轴向力N作用在A_s合力点与A_s'合力点之外，根据截面内力平衡可知，截面必然存在受压区，混凝土开裂后不会形成贯通整个截面的裂缝，截面远离轴向力较近的一侧受拉，另一侧受压。破坏时，钢筋应力达到屈服强度，受压区混凝土压碎，承载力公式如下：

$$N \leqslant N_u = f_y A_s - f_y' A_s' - \alpha_1 f_c bx \qquad (8.65a)$$

$$Ne \leqslant N_u e = \alpha_1 f_c bx\left(h_0 - \frac{x}{2}\right) + f_y' A_s'(h_0 - a_s') \qquad (8.65b)$$

式中，e为轴力N至受拉钢筋A_s合力点的距离，$e = e_0 - 0.5h + a_s$。

上式的适用条件：

(1)$x \leqslant \xi_b h_0$——保证受拉钢筋A_s应力达到屈服强度；

(2)$x \geqslant 2a_s'$——保证受压钢筋A_s'应力达到屈服强度。

若$\xi = x/h_0 > \xi_b$，受拉钢筋不屈服，说明受拉钢筋配置过多，与超筋梁类似，应避免采用。

若$x < 2a_s'$，可取$x = 2a_s'$，并对A_s'形心取矩，则

$$Ne' \leqslant N_u e' = f_y A_s(h_0 - a_s') \qquad (8.66)$$

式中，$e' = e_0 + 0.5h - a_s'$。

对称配筋时，由式(8.65a)可知，x为负值，故$x < 2a_s'$，所以应按式(8.66)计算。

以上设计仍应满足最小配筋率要求，即

对受拉钢筋： $\rho = A_s/A \geqslant \rho_{\min} = \max(0.45f_t/f_y, 0.002)$

式中，A为构件全截面面积扣除受压翼缘面积$(b_f' - b)h_f'$后的截面面积。

对受压钢筋：

$$\rho' = A_s'/A \geqslant \rho_{\min}' = 0.002$$

式中,A 为构件的全截面面积。

大偏心受拉构件一般为受拉破坏,轴向力 N 和弯矩 M 越大,截面越危险。所以,应选取一组或若干组最不利荷载组合计算配筋。

大偏心受拉构件与大偏心受压构件计算公式相似,其计算方法与设计步骤可参照大偏心受压构件,具体如下:

(1)截面设计

当 A_s 和 A'_s 均未知时,可取 $x = \xi_b h_0$,代入式(8.65b)解出钢筋截面面积。若求得的 $A'_s <$ $\rho'_{\min} bh$,取 $A'_s = \rho'_{\min} bh$,再将其代入式(8.65b)解出 x 值,若 $x \geq 2a'_s$,按式(8.65a)计算 A_s,否则,按式(8.66)计算 A_s。

(2)截面复核

联立求解式(8.65)求出 x,如满足 $2a'_s \leq x \leq \xi_b h_0$,可将 x 代入式(8.65a)求出承载力 N_u。如 $x < 2a'_s$,则按式(8.66)求解 N_u。如 $x > \xi_b h_0$,说明受拉钢筋 A_s 配置过多,破坏时其拉力未达到屈服强度,此时,用式(8.25)计算受拉钢筋应力 σ_s,用 σ_s 代替基本公式(8.65)中的 f_y,重新求解 x 和 N_u。

【例题 8.15】 矩形截面偏心受拉构件,截面尺寸 $b = 300$ mm,$h = 400$ mm,承受轴向拉力设计值 $N = 600$ kN,弯矩设计值 $M = 45$ kN·m。采用 C25 混凝土,HRB335 级钢筋。试计算构件截面配筋面积。

【解】 查《混规》,相关数据为 $f_c = 11.9$ N/mm²,$f_y = f'_y = 300$ N/mm²。根据第 5 章相关内容知,$\alpha_1 = 1.0$。

取 $a_s = a'_s = 40$ mm,则 $h_0 = 360$ mm。

$$\rho_{\min} = \max(0.45 f_t / f_y, 0.002) = \max(0.45 \times 1.27/300, 0.002) = 0.002$$

$$e_0 = \frac{M}{N} = \frac{45}{600} \times 10^3 = 75 \text{ (mm)} < \frac{h}{2} - a_s = 160 \text{ (mm)},\text{为小偏心受拉}$$

$$e' = 0.5h - a'_s + e_0 = 200 - 40 + 75 = 235 \text{ (mm)}$$

$$e = 0.5h - a'_s - e_0 = 200 - 40 - 75 = 85 \text{ (mm)}$$

代入式(8.61)有

$$A_s = \frac{Ne'}{f_y(h'_0 - a_s)} = \frac{600 \times 10^3 \times 235}{300 \times 320} = 1\,468 \text{ (mm}^2)$$

$$A'_s = \frac{Ne}{f_y(h_0 - a'_s)} = \frac{600 \times 10^3 \times 85}{300 \times 320} = 531 \text{ (mm}^2) > \rho_{\min} bh = 240 \text{ (mm}^2)$$

实际选用 $A_s = 1\,473$ mm²(3Φ25),$A'_s = 760$ mm²(2Φ22)。

【例题 8.16】 矩形截面偏心受拉构件,截面尺寸 $b = 250$ mm,$h = 400$ mm,承受轴向拉力设计值 $N = 30$ kN,弯矩设计值 $M = 45$ kN·m。采用 C25 混凝土,HRB335 级钢筋。试计算构件截面配筋面积。

【解】 查《混规》,相关数据为 $f_c = 11.9$ N/mm²,$f_y = f'_y = 300$ N/mm²。根据第 5 章相关内容知,$\alpha_1 = 1.0$,$\xi_b = 0.550$。

取 $a_s = a'_s = 40$ mm,则 $h_0 = 360$ mm。

$$\rho_{\min} = \max(0.45 f_t / f_y, 0.002) = \max(0.45 \times 1.27/300, 0.002) = 0.002$$

$$\alpha_{sb} = \xi_b(1 - 0.5\xi_b) = 0.55(1 - 0.5 \times 0.55) = 0.399$$

$$e_0 = \frac{M}{N} = \frac{45}{30} \times 10^3 = 1\,500\,(\text{mm}) > \frac{h}{2} - a_s = 160\,(\text{mm}), \text{为大偏心受拉构件}$$

$$e = e_0 - 0.5h + a_s' = 1\,500 - 200 + 40 = 1\,340\,(\text{mm})$$

$$e' = 0.5h - a_s' + e_0 = 200 - 40 + 1\,500 = 1\,660\,(\text{mm})$$

按式(8.65b)得

$$A_s' = \frac{Ne - \alpha_1 f_c b h_0^2 \alpha_{sb}}{f_y'(h_0 - a_s')}$$

$$= \frac{30\,000 \times 1\,340 - 11.9 \times 250 \times 360^2 \times 0.399}{300 \times (360 - 40)} = -1\,183\,(\text{mm})^2 < 0$$

按最小配筋率配筋,则

$$A_s' = \rho_{min}' bh = 0.002 \times 250 \times 400 = 200\,(\text{mm}^2)$$

受压钢筋选 2Φ12,$A_s' = 226\,\text{mm}^2$。将 $A_s' = 226\,\text{mm}^2$ 及 $\alpha_s = \xi(1 - 0.5\xi)$ 代入式(8.65)得

$$\alpha_s = \frac{Ne - f_y' A_s'(h_0 - a_s')}{\alpha_1 f_c b h_0^2}$$

$$= \frac{30\,000 \times 1\,340 - 300 \times 226 \times 320}{1 \times 11.9 \times 250 \times 360^2} = 0.048$$

解出 $\xi = 0.049$,则

$$x = \xi h_0 = 0.049 \times 360 = 17.6\,(\text{mm}) < 2a_s' = 80\,(\text{mm})$$

所以应按式(8.66)计算 A_s,即

$$A_s = \frac{Ne'}{f_y(h_0 - a_s')} = \frac{30 \times 10^3 \times 1\,660}{300 \times 320} = 518\,(\text{mm}^2) > 0.002\,bh$$

受拉钢筋实际选取 3Φ16,$A_s = 603\,\text{mm}^2$。

8.3 偏心受力构件斜截面承载力计算

8.3.1 偏心受压构件斜截面受剪承载力计算

1. 轴向压力对斜截面受剪承载力的影响

偏心受压构件斜截面受剪承载力除了与受弯构件一样,考虑剪跨比、混凝土强度等级、箍筋配筋率和纵向钢筋配筋率等因素外,还要考虑轴向压力的影响。轴向压力对受剪承载力起着有利作用,即轴向压力增加,受剪承载力增加。

试验还表明,轴向压力对受剪承载力的有利作用是有限的。当轴压比 $N/f_c bh = 0.3 \sim$ 0.5 时,斜截面受剪承载力达到最大。当轴压比继续增大时,受剪承载力将降低,并转为带有斜裂缝的小偏心受压破坏。

2. 计算公式及适用条件

(1)计算公式

为了与梁的受剪承载力协调,偏心受压构件斜截面受剪承载力按下式计算:

$$V_{cs} = V_0 + V_N \tag{6.67}$$

式中 V_0——无轴向力构件(受弯构件)的受剪承载力;

V_N——轴向力对斜截面承载力的提高值。

根据试验结果分析,V_N 可按下式计算:

$$V_N = 0.07\,N \tag{8.68}$$

式中　N——相应于剪力设计值的轴向压力设计值,当 $N>0.3f_cA$ 时,取 $N=0.3f_cA$;

　　　A——构件的截面面积。

于是,对于矩形、T形和I形截面的钢筋混凝土偏心受压构件,其斜截面受剪承载力应符合下列规定:

$$V \leqslant V_u = \frac{1.75}{\lambda+1}f_tbh_0 + \frac{h_0}{s}A_{sv}f_{yv} + 0.07N \tag{8.69}$$

式中　λ——计算剪跨比:对框架柱,有反弯点时取 $\lambda=H_n/2h_0$,此处 H_n 为柱的净高;对一般框架柱,取 $\lambda=M/Vh_0$($\lambda<1$ 时取 $\lambda=1$,$\lambda>3$ 时取 $\lambda=3$);对其他柱,承受均布荷载时取 $\lambda=1.5$,集中荷载剪力大于 75% 时取 $\lambda=a/h_0$,且 $1.5\leqslant\lambda\leqslant3$。

对于钢筋混凝土框架柱,剪跨比一般大于3,则公式(8.69)可进一步简化为

$$V \leqslant V_u = 0.44f_tbh_0 + \frac{h_0}{s}A_{sv}f_{yv} + 0.07N \tag{8.70}$$

(2)适用条件

试验表明,$\rho_{sv}f_{yv}/f_c$ 过大时,箍筋不能充分发挥作用,这时增加箍筋用量几乎不能提高构件的斜截面受剪承载力。对于截面尺寸过小的偏心受压构件,不能仅靠增加箍筋提高受剪承载力,因此截面尺寸应满足本教材第 6 章式(6.21)的要求。

8.3.2 偏心受拉构件斜截面受剪承载力计算

1. 轴向拉力对构件斜截面受剪承载力的影响

当轴向拉力先作用于构件上时,构件将产生横贯全截面的裂缝。再施加横向荷载时,截面受压区裂缝闭合,受拉区裂缝加宽。与无轴向拉力相比,有轴向拉力的构件的裂缝宽度较大,斜裂缝末端剪压区高度较小,甚至没有剪压区,因此,其斜截面受剪承载力也较低。

2. 计算公式及适用条件

(1)计算公式

与偏心受压构件类似,偏心受拉构件斜截面受剪承载力仍然按公式(8.67)计算,不过,这时的 V_N 为轴向拉力对斜截面受剪承载力的降低值。根据试验结果分析,按下式计算:

$$V_N = -0.2N \tag{8.71}$$

式中　N——相应于剪力设计值的轴向拉力设计值。

于是,对于矩形、T形和I形截面的钢筋混凝土偏心受拉构件,其斜截面受剪承载力应符合下列规定:

$$V \leqslant V_u = \frac{1.75}{\lambda+1}f_tbh_0 + \frac{h_0}{s}A_{sv}f_{yv} - 0.2N \tag{8.72}$$

式中　λ——计算剪跨比,其定义及取值同受弯构件,即 $\lambda=a/h_0$,a 为集中荷载到支座之间的距离;$\lambda<1.5$ 时取 $\lambda=1.5$;$\lambda>3$ 时取 $\lambda=3$。

(2)适用条件

当式(8.72)右边的计算值小于 $\frac{h_0}{s}A_{sv}f_{yv}$ 时,取 $V_u=\frac{h_0}{s}A_{sv}f_{yv}$,且 $\frac{h_0}{s}A_{sv}f_{yv}$ 值不得小于 $0.36f_tbh_0$。

8.4　小　　结

(1)偏心受压构件正截面破坏有受拉破坏和受压破坏两种形态,细长柱还可能发生失稳破坏。轴向力的相对偏心距 e_0/h_0 较大,且 A_s 不过多时发生受拉破坏,也称大偏心受压破坏,其

特征为破坏始于受拉钢筋屈服,而后受压边缘混凝土达到极限压应变,受压钢筋应力也达到屈服强度,破坏具有一定的延性。当 e_0/h_0 较小,或者虽然 e_0/h_0 较大,但 A_s 配置过多时,发生受压破坏,也称小偏心受压破坏,其特征为受压区混凝土先被压坏,压应力较大一侧钢筋能达到屈服强度,受拉或者受压较小一侧的钢筋可能受压也可能受压,但一般达不到屈服强度,破坏具有脆性。

(2)大小偏心受压破坏的判别条件是: $\xi \leqslant \xi_b$,属于大偏心受压破坏;反之,属于小偏心受压破坏。$\xi = \xi_b$ 时,受拉钢筋达到屈服强度时,受压边缘混凝土恰好达到极限压应变,称为界限破坏。

(3)偏心距是影响破坏特征的重要因素,但不是唯一因素,截面尺寸、配筋率、材料强度、构件计算长度、杆端弯矩比值、轴压比、荷载大小及加载方式等因素都对破坏特征有影响。

(4)结构或构件产生侧向位移或挠曲变形时,轴向力将在构件中引起附加内力,设计计算时,必须考虑由受压构件自身挠曲产生的 $P-\delta$ 二阶效应及由侧移产生的 $P-\Delta$ 二阶效应。

(5)对各种形式的截面设计与复核,应掌握基本计算公式,直接利用基本公式求解。计算时,一定要注意公式的适用条件,出现不满足适用条件或其他"不正常"的情况时,应对基本公式做相应变化后求解。

(6)对已知材料强度、截面形状及尺寸、配筋、计算长度的偏心受压构件,可按基本计算公式得出相应的 $N-M$ 相关曲线,$N-M$ 相关曲线是基本计算公式的图形化,反映了构件在轴向力和弯矩共同作用下的承载规律。对于大偏心受压构件,轴向压力 N 为有利荷载。

(7)大偏心受压构件的破坏具有一定的延性。增加受压钢筋 A'_s 可以减小 ξ,提高延性。增加轴向压力将导致 ξ 增大,延性减小。轴向压力较大时,$\xi > \xi_b$(小偏心受压),很难通过配置纵向受力钢筋改善延性,需要增加箍筋来约束混凝土,或者采用其他有效约束措施改善延性。横向约束对提高延性很有意义。

(8)偏心受拉构件根据轴向力作用位置的不同,可分为大偏心受拉和小偏心受拉两种破坏情况。大偏心受拉构件破坏时,其截面仍有部分混凝土受压,其设计计算方法与偏心受压构件类似。

(9)计算偏心受压(拉)构件斜截面受剪承载力,必须考虑轴向力的作用。轴向压力会提高构件斜截面受剪承载力,轴向拉力则会降低构件斜截面受剪承载力。应注意,轴向压力对受剪承载力的有利作用是有限度的。

 思 考 题

8.1　偏心受压构件正截面破坏形态有几种?大、小偏心受压破坏形态有哪些不同?

8.2　偏心受压构件正截面破坏特征与哪些因素有关?如何判断属于受压还是受拉破坏?偏心距较大时为什么也会发生受压破坏?

8.3　偏心受压构件正截面承载力计算采用了哪些计算基本假设?

8.4　轴心受压构件和偏心受压构件纵向钢筋的配筋率要满足哪些要求?

8.5　如何利用偏心距来判别大、小偏心受压?这种判断严格么?

8.6　M-N 相关曲线是如何得到的,可以用它来说明哪些问题?

8.7　已知两组内力 (N_1, M_1) 和 (N_2, M_2),采用对称配筋,判断以下情况哪组内力的配筋大?

(1)$N_1=N_2,M_2>M_1$;

(2)$N_1<N_2<N_b,M_2=M_1$;

(3)$N_b<N_1<N_2,M_2=M_1$。

8.8　为什么要考虑附加偏心距?

8.9　在外力 M、N 作用下,采用对称配筋,若计算结果 $A_s=A'_s<0$,该如何配筋?

8.10　偏心受压构件为什么会发生"反向破坏",即为何远力侧纵筋先被破坏?

8.11　对称配筋的偏心受压构件会发生"反向破坏"么?

8.12　按非对称配筋设计小偏心受压构件时,为什么可以先确定远侧钢筋面积 A_s? 如何确定?

8.13　例题 8.1 柱同时承受轴心压力 N 和弯矩 M,试分析下列情况,破坏属于受拉破坏还是受压破坏? 偏心受压构件的破坏特征与构件所受荷载大小是否有关?

①保持 $M=250$ kN·m 不变,增大或者减小 N 直到破坏;

②若保持轴心受压荷载 $N=2\,000$ kN 不变,增大弯矩值直到破坏;

③若保持 $N=1\,000$ kN,增大弯矩值直到破坏;

④若承受 $e_0=100$ mm 偏心轴向压力 N,增大 N 值直到破坏。

8.14　短柱、长柱、细长柱的破坏特征有何不同?

8.15　什么是 $P—\delta$ 效应? 什么是 $P—\Delta$ 效应?

8.16　大、小偏心受压构件的截面设计和截面复核,是否都应该验算垂直弯矩作用平面的承载力?

8.17　如何提高受压构件的延性?

8.18　从内力平衡角度说明大偏心受拉构件混凝土截面必然存在受压区。

8.19　混凝土强度对偏心受拉构件承载力是否有影响?

8.20　设计偏心受拉构件时,应如何组合荷载,哪些荷载属于不利荷载,哪些荷载属于有利荷载?

8.21　为什么对称配筋的矩形截面偏心受拉构件,无论大、小偏心受拉情况,都可以按 $Ne'\leqslant N_ue'=f_yA_s(h'_0-a_s)$ 计算。

8.22　小偏心受拉构件用钢总量 $A_s+A'_s$ 与偏心距 e_0 是否有关?

 习　题

8.1　已知方形截面柱尺寸 $b=400$ mm,$h=400$ mm,柱高 3.75 m。构件一端固定,一端自由。承受轴向压力设计值 $N=418$ kN,杆端弯矩设计值 $M_1=0.9M_2$,$M_2=97$ kN·m。采用 C30 混凝土,HRB400 钢筋,结构重要性系数为 1.0。按非对称配筋计算纵向钢筋截面面积。

8.2　其他条件同习题 8.1,但轴向压力增大为 $N=460$ kN。按非对称配筋计算纵向钢筋截面面积。

8.3　已知矩形截面偏心受压构件,截面尺寸 $b=300$ mm,$h=500$ mm,构件计算长度 $l_0=2.5$ m,承受轴向压力设计值 $N=400$ kN,杆端弯矩弯矩设计值 $M_1=0.8M_2$,$M_2=358.8$ kN·m。采用 C30 混凝土,HRB400 级钢筋,结构重要性系数为 1.0。

要求:①按照非对称配筋计算纵向钢筋截面面积;②如果已知 $A'_s=1\,017$ mm²(4Φ18),求 A_s;③按照对称配筋计算纵向钢筋截面面积。

8.4　已知偏心受压柱,截面尺寸 $b=500$ mm,$h=500$ mm,计算长度 $l_0=4.2$ m,承受轴向

压力设计值 $N = 7\,500$ kN,杆端弯矩设计值 $M_1 = M_2 = 25$ kN·m。采用 C50 混凝土,纵筋采用 HRB400 级钢筋。试按非对称配筋确定纵向钢筋 A_s 和 A_s'。

8.5　某矩形截面偏心受压柱,截面尺寸 $b = 400$ mm,$h = 500$ mm,柱计算长度 $l_0 = 7.6$ m,采用 C20 混凝土,HRB335 级钢筋,截面承受荷载设计值 $N = 560$ kN,杆端弯矩设计值 $M_1 = M_2 = 280$ kN·m。

要求:①按照对称配筋设计所需钢筋;②混凝土强度等级由 C20 提高到 C35,仍按照对称配筋设计所需钢筋。

8.6　其他条件与习题 8.5 相同,但截面承受荷载设计值 $N = 1\,400$ kN,杆端弯矩设计值 $M_1 = M_2 = 224$ kN·m。

要求:① 按照对称配筋设计所需钢筋;②混凝土强度等级由 C20 提高到 C35,仍按照对称配筋设计所需钢筋。

8.7　其他条件与习题 8.5 相同,但截面可能承受的荷载设计值为两组:① $N = 560$ kN,$M_1 = M_2 = 280$ kN·m;② $N = 420$ kN,$M_1 = M_2 = 280$ kN·m。试按照对称配筋设计所需钢筋,并将计算结果与习题 8.5 比较。

8.8　其他条件与习题 8.6 相同,但截面承受荷载设计值 $N = 1\,680$ kN,杆端弯矩设计值 $M_1 = M_2 = 224$ kN·m。试按照对称配筋设计所需钢筋,并将计算结果与习题 8.6 比较。

8.9　例题 8.1 柱承受弯矩设计值 $M = 320$ kN·m,求该柱同时能承受的轴向压力设计值 N_u。

8.10　已知矩形截面偏心受压柱截面尺寸 $b = 400$ mm,$h = 600$ mm,计算长度 $l_0 = 5.4$ m,采用 C30 混凝土,HRB400 级钢筋,$a_s = a_s' = 45$ mm,$A_s = 1\,140$ mm^2,$A_s' = 2\,281$ mm^2,承受轴向力设计值 $N = 880$ kN。要求针对以下情形计算该柱所能承受的弯矩设计值 M。

(1)杆端弯矩 $M_1/M_2 = -1$;

(2)杆端弯矩 $M_1/M_2 = 1$。

8.11　已知矩形截面偏心受压柱截面尺寸 $b = 400$ mm,$h = 600$ mm,计算长度 $l_0 = 6$ m,采用 C25 混凝土,HRB335 级钢筋,$a_s = a_s' = 45$ mm,$A_s = 1\,900$ mm^2,$A_s' = 2\,661$ mm^2,承受轴向力设计值 $N = 3\,000$ kN。要求针对以下情形计算该柱所能承受的弯矩设计值 M。

(1)杆端弯矩 $M_1/M_2 = -1$;

(2)杆端弯矩 $M_1/M_2 = 1$。

8.12　已知矩形截面偏心受压柱截面尺寸 $b = 400$ mm,$h = 600$ mm,计算长度 $l_0 = 3$ m,采用 C25 混凝土,HRB335 级钢筋,$a_s = a_s' = 40$ mm,$A_s = 2\,036$ mm^2,$A_s' = 1\,527$ mm^2,轴向力的偏心距 $e_{02} = 450$ mm。要求针对以下情形计算该柱所能承受的轴向力设计值 N。

(1)杆端弯矩 $M_1/M_2 = -1$;

(2)杆端弯矩 $M_1/M_2 = 1$。

8.13　例题 8.1 柱承受偏心轴向压力,偏心距 $e_0 = 100$ mm,求该柱能承受的轴向压力设计值 N_u。

8.14　已知偏心受拉构件,截面尺寸 $b \times h = 250$ mm $\times 400$ mm,$a_s = a_s' = 40$ mm,承受轴向拉力设计值 $N = 715$ kN,弯矩设计值 $M = 86$ kN·m,采用混凝土 C30,HRB400 级钢筋。求钢筋截面面积 A_s 和 A_s'。

8.15　已知矩形截面偏心受拉构件,截面尺寸 $b \times h = 250$ mm $\times 400$ mm,$a_s = a_s' = 40$ mm,承受轴向拉力设计值 $N = 65$ kN,弯矩设计值 $M = 234$ kN·m,采用混凝土 C25,HRB335 级钢筋。试求 A_s 和 A_s'。

钢筋混凝土构件的变形和裂缝验算

9.1 概　述

前面的第 4～8 章讨论了按照承载能力极限状态设计计算钢筋混凝土构件,目的是防止构件在荷载的承载力极限状态组合作用下发生诸如材料破坏、失稳、钢筋黏结和锚固不足等破坏,并保证构件有适当的安全储备。这实际上是为了保证结构可靠性三项功能要求(见第 3 章)中的安全性。但结构可靠性中的另外两项功能要求——适用性和耐久性也是非常重要的。本章介绍的就是与这两项功能要求相关的内容。

正常使用性能(即适用性)包括:构件在荷载标准值或准永久值(以下简称为使用荷载)作用下的变形不能过大;对使用上要求不出现裂缝的构件(预应力构件),应进行混凝土拉应力验算(即抗裂验算);对使用上允许出现裂缝的构件,则应进行裂缝宽度的验算;过大的变形和裂缝宽度会影响构件的适用性,甚至影响其耐久性。这不是简单地提供足够的承载力就能保证的。因此构件除了进行承载能力极限状态计算外,还要进行正常使用状态的计算。

近年来,随着基于概率理论的更加准确的承载力设计方法的采用和材料强度的提高,构件截面尺寸趋于更小。对于承受动荷载的结构和大跨度结构,对变形估计的要求也越来越高。所以,对正常使用阶段各项适用性的验算就更加必要。设计时,按承载力确定构件尺寸后,需要保证构件在正常使用状态下的裂缝和挠度小于规范规定的各项限值。当各项验算不满足要求时,应修改设计直到满足两种极限状态验算的要求为止。

影响结构适用性和耐久性的因素很多,许多问题尚在研究探索中。本章主要学习影响结构适用性和耐久性的两个主要因素——变形和裂缝宽度的验算。为了简单并具有代表性,主要讨论受弯构件的变形和裂缝宽度验算。

受弯构件在使用荷载作用下多处于第Ⅱ应力阶段[见图 5.8(c)],因此本章介绍的受弯构件正截面裂缝宽度和挠度计算也是依据该应力阶段,该阶段受压区混凝土和钢筋近似处于弹性范围,所以可以近似依据弹性理论进行研究。

正常使用极限状态验算时,材料强度取标准值,荷载也取标准值,并用荷载效应的准永久组合来考虑结构在持续荷载作用时包括混凝土收缩徐变等多种因素的影响。

9.2 受弯构件的变形验算

9.2.1 变形控制的目的和要求

1. 变形控制的目的

(1)保证结构的使用功能要求。结构变形过大,会严重影响甚至丧失它的使用功能。例如桥梁上部结构过大的挠曲变形使桥面形成凹凸的波浪形,影响车辆高速平稳行驶,严重时将导致桥面结构的破坏;支承精密仪器设备的梁板结构挠度过大,将使仪器功能和产品质量受到影响;房屋结构挠度过大会造成积水而产生渗漏等。

(2)防止对结构产生不良影响。结构中某一构件的变形过大,会导致结构实际受力与计算假定不符,并影响到与它连接的其他构件也发生过大变形,有时甚至会改变荷载的传递路线、大小和性质。例如吊车在变形过大的吊车梁上行驶时,会引起厂房的振动。又如支承在砖墙上的梁产生过大转角时,将使支承面积减小,支承反力偏心增大,引起墙体开裂等。

(3)防止对非结构构件产生不良影响。例如结构变形过大会使门窗不能正常开关,还会导致隔墙、天花板等的开裂或损坏等。

(4)保证使用者的安全感和舒适感。过大的变形、振动会引起使用者的不适或不安全感。

为保证结构在正常使用时性能良好,需要对结构的变形作一定的控制。此外,高强度材料使构件截面趋于减小,刚度也随之减小,因此控制挠度就更加重要。表 9.1 为《混规》中关于构件挠度的限值。注意,《公路桥规》、《铁路桥规》以及《混规》中对挠度的限值各不相同,使用时应根据所设计的结构类型采用不同的规范。

表 9.1 《混规》对受弯构件挠度的限值

构件类型		挠度限值
吊车梁	手动吊车	$l_0/500$
	电动吊车	$l_0/600$
房屋、楼盖及楼梯构件	当 $l_0 < 7$ m 时	$l_0/200$ ($l_0/250$)
	当 $7 < l_0 \leqslant 9$ m 时	$l_0/250$ ($l_0/300$)
	当 $l_0 > 9$ m 时	$l_0/300$ ($l_0/400$)

注:括号内的数值适用于对挠度有较高要求的构件。l_0 为计算跨度。

2. 控制变形的要求

控制变形有两种方法:第一种是间接的,比如对梁的跨高比规定一个适当的上限。这种方法简单,当材料、跨度、荷载、荷载分布形式以及构件的大小和比例都在常用范围内时,该方法往往能够满足实际工程要求。另一种方法是计算挠度,使计算值不超过规范规定的限值,即

$$f \leqslant f_{\text{lim}} \tag{9.1}$$

挠度限值主要依据上述控制的目的和工程经验确定。

9.2.2 钢筋混凝土梁的刚度变化

材料力学中,弹性匀质材料受弯构件的挠度可以表示为:

$$f = \frac{u(荷载,跨度,支座)}{EI}$$

式中,EI 为截面抗弯刚度,u 为与荷载形式、跨度、支承条件等有关的函数。例如,承受均匀荷载的简支梁的挠度为 $f = 5ql^4/(384EI)$,所以 $u = 5ql^4/(384)$。

钢筋混凝土构件由钢筋与混凝土这两种受力性能很不相同的材料组成,对于钢筋混凝土梁,由于材料的非弹性性质和受拉区裂缝的不断开展,梁的刚度不是常数,而是随着荷载的增加不断降低,且开裂截面与非开裂截面的惯性矩(抗弯刚度)也不相同。大量研究表明,钢筋混凝土梁的挠度可以根据等效刚度按材料力学计算。

　　由此可见,钢筋混凝土结构变形的具体计算方法很简单,就是采用材料力学公式,其主要问题是确定构件合适的抗弯刚度 EI。

　　目前常用的确定钢筋混凝土梁抗弯刚度的方法有两种。①按照材料力学关于抗弯刚度与截面曲率的关系,根据应变图的平截面假设(几何关系)、应力应变之间的关系(物理关系)和截面内力平衡条件(平衡关系)建立刚度公式。《混规》采用这个方法;②《公路桥规》、《美国房屋建筑混凝土结构规范》(ACI318)等规范所采用的方法是:将未开裂截面刚度与开裂截面刚度进行适当组合,得出等效短期刚度。本节介绍前者。

　　按照材料力学,抗弯刚度与截面曲率 ϕ 之间的理论关系为

$$\phi=\frac{M}{EI} \quad 或 \quad M=EI\phi \tag{9.2}$$

　　等截面弹性匀质材料梁的刚度 EI 为常数,即挠度与荷载关系 M—f 以及截面曲率与荷载关系 M—ϕ 为直线。

　　图 9.1 为典型适筋梁的弯矩与截面曲率关系图,对于给定的 M,截面抗弯刚度为 M—ϕ 关系曲线上该弯矩点与原点连线倾角的正切,为区别于弹性抗弯刚度,记为 B。图 9.1 中的 M—ϕ 关系曲线可分为三个阶段:

　　1. 开裂前为第 Ⅰ 阶段($M \leqslant M_{cr}$)。该阶段荷载很小,梁基本处于弹性工作阶段,M—ϕ 基本上成一直线,抗弯刚度为 $E_c I_0$(I_0 为开裂前的换算截面惯性矩)。达到开裂弯矩 M_{cr} 时,由于受拉混凝土塑性变形的发展,抗弯刚度有所下降,此时 $B_s \approx 0.85 E_c I_0$。

　　2. 开裂后直到钢筋屈服前为第 Ⅱ 阶段($M_{cr} < M \leqslant M_y$)。由于受拉混凝土退出工作,受压区混凝土塑性变形增加,截面惯性矩和抗弯刚度明显降低,M—ϕ 曲线发生转折。随着弯矩的增加,抗弯刚度不断降低。

　　3. 受拉钢筋屈服后进入第 Ⅲ 阶段($M_y < M \leqslant M_u$),M—ϕ 曲线出现第二次转折,弯矩虽增加很少,但挠度及截面曲率却增长很快,刚度急剧下降。

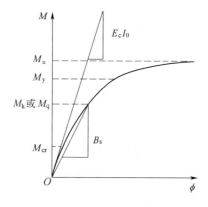

图 9.1　梁截面曲率—弯矩关系曲线

　　另外,梁开裂后,裂缝截面处惯性矩为开裂后换算截面的惯性矩,而在两裂缝中间的各截面惯性矩则接近于开裂前的换算截面惯性矩。

　　所以,钢筋混凝土梁的抗弯刚度不是常数,即使是等截面梁,裂缝截面和非裂缝截面的刚度也不相同;荷载高的梁段与荷载低的梁段抗弯刚度亦不同。

　　荷载作用于构件上立即产生的挠度,称为瞬时挠度(与此相对应的刚度称为短期刚度)。长期荷载作用下,由于混凝土徐变和收缩的影响,构件的实际挠度将会随着时间推移逐渐增加,其挠度值最后可达到最初瞬时挠度值的 2 倍或更大。

9.2.3　使用阶段裂缝出现后梁的短期刚度

1. 第 Ⅱ 应力阶段的应变分布特征

普通钢筋混凝土梁在荷载效应准永久值 M_q 作用下,绝大多数处于第 Ⅱ 应力阶段。该阶段应变分布具有以下特征:

(1)钢筋应变 ε_s 沿梁轴线方向呈波浪形变化,开裂截面处 ε_s 较大,未开裂截面处 ε_s 随着

离裂缝截面距离逐渐增加而减小。在两裂缝中间 ε_s 最小。为计算方便，用 ε_{sm} 代表钢筋的平均应变，ε_s 表示开裂截面处钢筋的应变，将比值 $\psi = \varepsilon_{sm} / \varepsilon_s$ 定义为钢筋应变不均匀系数。

（2）受压区混凝土应变沿梁轴线方向也呈波浪形变化，开裂截面上缘压应变较大，裂缝之间压应变较小。同样将受压区混凝土平均应变 ε_{cm} 与开裂截面处混凝土压应变 ε_c 的比值 $\psi_c = \varepsilon_{cm} / \varepsilon_c$ 称为混凝土应变不均匀系数。

（3）截面中和轴沿梁轴线方向呈波浪形变化，开裂截面 x 小，裂缝间未开裂截面 x 大。因此截面抗弯刚度沿梁轴线方向也是变化的。可以采用平均抗弯刚度计算变形。试验表明，平均应变沿截面高度的分布符合平截面假定。

由式(9.2)知，在使用荷载 M_q 作用下平均抗弯刚度（称为短期刚度）为

$$B_s = \frac{M_q}{\phi_m} \tag{9.3}$$

2. 钢筋混凝土梁的刚度计算公式

（1）几何关系

由于平均应变符合平截面假定，由图 9.2 知，截面平均曲率可以表示为

$$\phi_m = \frac{\varepsilon_{sm} + \varepsilon_{cm}}{h_0} \tag{9.4}$$

（2）应力应变关系

对受压区混凝土，考虑混凝土的塑性变形，变形模量为 $\nu_0 E_c$，则对裂缝截面有

$$\varepsilon_s = \frac{\sigma_s}{E_s}, \quad \varepsilon_c = \frac{\sigma_c}{\nu_0 E_c} \tag{9.5}$$

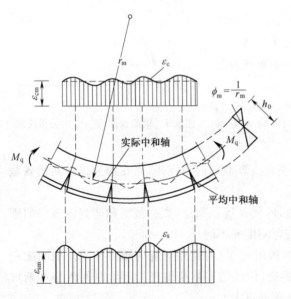

图 9.2　应变沿梁长的变化

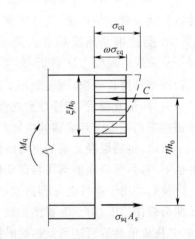

图 9.3　使用荷载下计算简图

（3）平衡关系

图 9.3 为开裂截面计算简图，图中用等效矩形应力图代替压区混凝土实际应力分布曲线，其等效应力为 $\omega\sigma_{cq}$，受压区高度为 ξh_0，受压区混凝土合力点到受拉钢筋合力点之间的距离（内力偶臂）为 ηh_0，由平衡关系得

$$M_q = C\eta h_0 = \omega\sigma_{cq} b\xi h_0 \eta h_0$$

或
$$M_q = T\eta h_0 = \sigma_{sq} A_s \eta h_0$$

于是：

$$\sigma_{cq} = \frac{M_q}{\omega\xi\eta bh_0^2} \qquad (9.6)$$

$$\sigma_{sq} = \frac{M_q}{A_s \eta h_0} \qquad (9.7)$$

将前面应力应变关系式(9.5)以及平均应变和裂缝截面应变关系代入上式得

$$\varepsilon_{cm} = \psi_c \varepsilon_c = \psi_c \frac{\sigma_{cq}}{\nu_0 E_c} = \psi_c \frac{M_q}{\omega\xi\eta\nu_0 E_c bh_0^2} \qquad (9.8)$$

$$\varepsilon_{sm} = \psi \varepsilon_s = \psi \frac{\sigma_{sq}}{E_s} = \frac{\psi}{\eta} \cdot \frac{M_q}{E_s A_s h_0} \qquad (9.9)$$

$$\phi_m = \frac{M_q}{B_s} = \frac{\varepsilon_{sm} + \varepsilon_{cm}}{h_0} = \frac{\psi\dfrac{M_q}{\eta E_s h_0 A_s} + \dfrac{M_q}{\omega\xi\eta\nu_0 E_c bh_0^2}}{h_0} \qquad (9.10)$$

令 $\alpha_E = E_s/E_c$，$\rho = A_s/(bh_0)$，$\zeta = \omega\xi\nu_0/\psi_c$，则在 M_q 作用下截面抗弯刚度为

$$B_s = \frac{E_s A_s h_0^2}{\dfrac{\psi}{\eta} + \dfrac{\alpha_E \rho}{\zeta}} \qquad (9.11)$$

3. 参数 η、ζ 和 ψ

(1)开裂截面的内力偶臂系数 η

裂缝截面内力偶臂系数 η 可以准确求得，也可以采用简化值。根据试验结果和理论分析，在使用荷载 M_q 范围内，裂缝截面的混凝土受压区相对高度 ξ 变化很小，内力偶臂的变化也不大，内力偶臂系数 η 值约为 $0.83 \sim 0.93$，其平均值为 0.87。《混规》为简化计算，取 $\eta = 0.87$，则公式(9.7)简化为

$$\sigma_{sq} = \frac{M_q}{0.87 h_0 A_s}$$

(2)受压区边缘混凝土平均综合系数 ζ

ζ 值主要与 ρ、α_E 和受压区截面形状有关，在使用荷载 M_q 范围内，弯矩的变化对 ζ 影响很小。为简化计算，《混规》取

$$\frac{\alpha_E \rho}{\zeta} = 0.2 + \frac{6\alpha_E \rho}{1 + 3.5\gamma_f'} \qquad (9.12)$$

式中，γ_f' 为受压翼缘加强系数，按下式计算：

$$\gamma_f' = \frac{(b_f' - b)h_f'}{bh_0} \qquad (9.13)$$

(3)钢筋应变不均匀系数 ψ

《混规》根据试验结果分析给出：

$$\psi = 1.1 - 0.65 \frac{f_{tk}}{\sigma_{sq}\rho_{te}} \qquad (9.14)$$

式中　f_{tk}——混凝土抗拉强度标准值；

　　　σ_{sq}——荷载效应准永久值作用下的纵向受拉钢筋应力；

　　　ρ_{te}——按有效受拉区混凝土面积计算的配筋率，$\rho_{te} = A_s/A_{te}$；对受弯构件，可取 $A_{te} = 0.5bh + (b_f - b)h_f$，$b_f$、$h_f$ 分别为受拉翼缘的宽度和厚度(图9.4)。

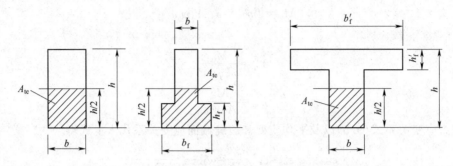

图 9.4　混凝土有效受拉面积

当 $\psi<0.2$ 时，取 $\psi=0.2$；当 $\psi>1.0$ 时，取 $\psi=1.0$；对直接承受重复荷载的构件，取 $\psi=1.0$。

在使用荷载 M_q 作用范围内（第Ⅱ应力阶段），η 和 ζ 变化不大，而钢筋应变不均匀系数 ψ 随弯矩增大而增大，该参数反映了裂缝间混凝土参与受拉工作的情况。随着荷载的增加，裂缝间黏结力逐渐消失，混凝土参与受拉的程度逐渐减小，钢筋平均应变增大，ψ 逐渐趋于 1.0。

将上述结果代入式（9.11），得到短期刚度计算公式：

$$B_s=\frac{E_sA_sh_0^2}{1.15\psi+0.2+\dfrac{6\alpha_E\rho}{1+3.5\gamma_f'}} \tag{9.15}$$

9.2.4　长期荷载作用下的抗弯刚度

1. 长期荷载产生的附加挠度

如果荷载持续作用很长一段时间，由于混凝土徐变的影响，挠度会随时间逐渐增大，最终挠度可能达到初始挠度的两倍或更大。混凝土收缩的影响在挠度计算中通常是与徐变的影响合并考虑的，一般徐变是主要的，但是对于某些类型的构件，收缩挠度很大，可以单独考虑。

在使用荷载范围内，钢筋和混凝土近似处于弹性范围，混凝土的徐变 $\varepsilon_{c徐变}$ 与初始弹性应变 ε_{ce} 成正比（线性徐变），即 $\varepsilon_{c徐变}=\varphi\varepsilon_{ce}$，$\varphi$ 为徐变系数。

然而，钢筋混凝土梁在持续荷载下的徐变变形计算比轴心受力构件的计算复杂得多。图9.5 表示徐变前后，梁截面应变图的变化情况。因为持续荷载下混凝土有徐变，钢筋却没有徐变。徐变发生前，梁受压边缘混凝土的初始应变为 ε_c，受拉钢筋应变为 ε_s。徐变发生后，混凝土应变增加了 ε_{cr}，总应变达到 $\varepsilon_c+\varepsilon_{cr}$，而钢筋的应变基本不变。由于应变遵守平截面假定，因而应变图并不是围绕开裂后的中和轴转动的，所以，中和轴由于徐变的结果而下移。更为复杂的是，由于中和轴随徐变下移，混凝土受压面积增大，使截面内力偶臂（即混凝土压力合力与钢筋拉力合力之间的距离）减小，如果外荷载弯矩 M 不变，钢筋合力及混凝土的合力就要增加才能与不变的弯矩 M 相平衡，因此钢筋和混凝土的应力和应变都要随之变化。如果是双筋梁，受压钢筋的存在还会减小混凝土徐变变形。

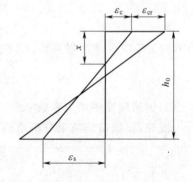

图 9.5　混凝土徐变对曲率的影响

实际工程中采用简化的方法计算梁因徐变及收缩而产生的附加挠度，即将初始挠度 f_s 乘以放大系数 θ 来求考虑徐变及收缩作用后的长期挠度。根据试验观测结果，徐变及收缩影响产生的长期挠度可以由下式计算：

$$f_1 = \theta f_s \tag{9.16}$$

式中，f_s 为荷载准永久值作用下的初始弹性挠度，f_1 为荷载准永久值作用下考虑徐变及收缩影响后的长期挠度。

放大系数按下式计算：

$$\theta = 2.0 - 0.4 \frac{\rho'}{\rho} \tag{9.17}$$

式中，ρ'、ρ 为受压钢筋和受拉钢筋的配筋率，$\rho' = A_s'/bh_0$，$\rho = A_s/bh_0$，当 $\rho = \rho'$ 时，取 $\theta = 1.6$；当 $\rho' = 0$ 时，取 $\theta = 2.0$。对于翼缘位于受拉区的倒 T 形截面梁，θ 值应增大 20%。

上式表明，在梁的受压区布置受压钢筋，可以有效减小附加的长期挠度，这是由于受压钢筋对混凝土收缩徐变起到阻碍的作用。

对钢筋混凝土构件（非预应力构件），《混规》要求按荷载准永久组合计算构件的挠度，故受弯构件考虑荷载长期作用影响的刚度 B 按下式计算：

$$B = \frac{B_s}{\theta} \tag{9.18}$$

计算可变荷载（非准永久值的部分 $M_k - M_q$）产生的挠度时，不考虑混凝土徐变及收缩的作用。

《混规》要求采用荷载标准组合 M_k 计算预应力受弯构件的挠度，可将荷载准永久组合 M_q 作用下的挠度（刚度为 B_s/θ）与可变荷载（非准永久值的部分 $M_k - M_q$）作用下的挠度（刚度为 B_s）相加即可。下面以简支梁为例加以说明。

简支梁的挠度可以表示为 $f = C \cdot M_k l^2 / B$，其中 C 是与荷载形式及支承条件有关的荷载效应系数，全部使用荷载（荷载效应标准值）M_k 中有一部分属于持续作用的长期荷载（荷载效应准永久值）M_q，设 M_k 与 M_q 的分布形式相同，则考虑徐变及收缩影响后，全部使用荷载 M_k 作用下梁的挠度为

$$f = \theta \cdot C \cdot \frac{M_q l^2}{B_s} + C \cdot \frac{(M_k - M_q) l^2}{B_s} \tag{9.19a}$$

将上式与 $f = C \cdot M_k l^2 / B$ 比较，即令

$$f = C \cdot \frac{M_k l^2}{B} = \theta \cdot C \cdot \frac{M_q l^2}{B_s} + C \cdot \frac{(M_k - M_q) l^2}{B_s}$$

可解出

$$B = \frac{M_k}{M_k + (\theta - 1) M_q} \cdot B_s \tag{9.19b}$$

计算荷载标准组合 M_k 作用下的挠度时，应采用荷载标准组合计算钢筋应变不均匀系数 ψ。

2. 影响变形的因素

从以上讨论和相应计算公式可以看出，影响受弯构件挠度的因素包括：①截面形状和尺寸。由式（9.15）可以看出，加大截面高度是提高刚度最为有效的措施。因此工程设计中，通常通过受弯构件的高跨比 h/l 来对变形予以控制。②混凝土抗拉强度。③混凝土弹性模量。④钢筋配筋率。⑤混凝土的收缩徐变。⑥加载顺序。不同施工方法的加载顺序不相同，会影响混凝土徐变值，从而影响变形。

9.2.5　受弯构件挠度计算

抗弯刚度随弯矩的增加而减小。一般情况下，构件各截面的弯矩是不相等的，因此，即使

是等截面梁,沿梁长的平均刚度也是变化的。为简化计算,《混规》规定对等截面梁,可假定各同号弯矩区段内的刚度相等,并取用该区段内最大弯矩处的刚度(也就是最小刚度)作为挠度计算的依据,称为最小刚度原则。按照最小刚度原则计算挠度,其计算结果大于按变刚度梁计算的理论值。但由于按式(9.19)计算挠度时,只考虑了弯曲变形而未考虑剪切变形,也没有考虑斜裂缝出现的不利影响(即荷载准永久值或恒载作用下的最终挠度),这将使挠度计算值偏小。一个偏大一个偏小,大致可以相互抵消。

当计算跨度内存在正负弯矩时(比如连续梁),可以分别取同号弯矩内最小刚度计算挠度,也可以按照将正负弯矩按某种加权系数加以组合得到的折算刚度计算挠度。刚度的折算方法,各类规范有相应的规定。《混规》规定,如果计算跨度内支座截面刚度不大于跨中截面刚度的两倍或者不小于跨中截面刚度的 $1/2$ 时,该跨也可以按等刚度构件计算,其构件刚度可取跨中最大弯矩截面的刚度。对连续梁,美国 ACI 318-08 规范取最大正弯矩处的刚度和最大负弯矩处的刚度的平均值作为等效刚度,即

$$I_e = 0.50 I_{em} + 0.25(I_{e1} + I_{e2}) \tag{9.20a}$$

式中　I_e——挠度计算采用的等效惯性矩(与变形模量相乘即为截面刚度);

　　　I_{em}——跨中截面的有效惯性矩;

　I_{e1},I_{e2}——梁两端负弯矩截面的有效惯性矩。

但也有研究认为,采用加权平均更符合实际,即

$$I_e = 0.70 I_{em} + 0.15(I_{e1} + I_{e2}) \tag{9.20b}$$

9.2.6　超静定结构

超静定结构中各构件的挠度计算以弯矩图为依据,而弯矩图又取决于各构件的抗弯刚度,抗弯刚度与开裂程度有关,开裂程度又取决于弯矩图,所以问题呈现交互影响情况。

可以应用迭代方法计算挠度,首先根据未开裂构件分析确定弯矩图,再由弯矩图计算各构件的等效刚度,然后再根据新的刚度计算弯矩,调整刚度,直到变化很小为止。迭代法非常费时繁琐。

通常采用近似方法计算挠度。注意到超静定结构中弯矩图只与构件刚度的相对值而不是绝对值有关,所以可简单地按未开裂截面特性计算刚度,进而确定弯矩图。虽然梁的裂缝宽度往往超过柱子,从而减少梁的相对刚度值,但是一般情况下这可由 T 形梁正弯矩区翼缘的增强作用得到很大程度补偿。

9.2.7　《公路桥规》和《铁路桥规》采用的刚度计算方法

《公路桥规》采用的刚度计算方法是,将未开裂截面刚度与开裂截面刚度进行适当组合,得出等效刚度。受弯构件在使用荷载 M_s 作用下的等效刚度 B 可按下式计算:

$$B = \frac{B_0}{\left(\dfrac{M_{cr}}{M_s}\right)^2 + \left[\left(1 + \dfrac{M_{cr}}{M_s}\right)^2\right]\dfrac{B_0}{B_{cr}}} \tag{9.21}$$

式中　B_0——全截面的抗弯刚度,$B_0 = 0.95 E_c I_0$,I_0 为全截面换算截面惯性矩;

　　　B_{cr}——开裂截面的抗弯刚度,$B_{cr} = E_c I_{cr}$,I_{cr} 为开裂截面换算截面惯性矩;

　　　M_{cr}——开裂弯矩。

按刚度 B[式(9.21)]计算出的初始弹性挠度为 f_s,考虑荷载持续作用效应后的总挠度为 f_l,$f_l = \eta_\theta f_s$。当采用 C40 以下混凝土时,$\eta_\theta = 1.60$;当采用 C40~C80 混凝土时,$\eta_\theta = 1.45$~

1.35。中间强度等级可按直线内插取用。

《铁路桥规》规定,计算结构变形时,截面刚度按 $0.8E_cI$ 计算,E_c 为混凝土受压弹性模量,I 按下列规定采用:

(1)静定结构——不计混凝土受拉区面积,计入钢筋截面面积,即 I 为开裂处换算截面惯性矩;

(2)超静定结构——包括全部混凝土截面,不计钢筋截面面积,即采用毛截面惯性矩。

《铁路桥规》对于静定结构刚度计算的规定,与该规范沿用传统的容许应力法有一定关系。

值得注意的是,验算公路和铁路桥梁结构的变形时,只须将活载产生的挠度与规范规定的挠度限值进行比较,而不计入恒载挠度。在计算预拱度时,则考虑恒载和活载的共同作用。所谓预拱度,是指在制造梁的时候,预先设置与荷载挠度方向相反的挠曲线(通常是向上的,故称预拱度),以抵消荷载所产生的挠度。《铁路桥规》规定,活载引起的跨中挠度限值为 $l_0/800$,《公路桥规》则规定活载引起的跨中挠度限值为 $l_0/600$。

【**例题 9.1**】 已知矩形截面钢筋混凝土简支梁,$b=350$ mm,$h=700$ mm,梁计算跨度 $l_0=7$ m,承受均布永久荷载 $g_k=18$ kN/m,均布可变荷载 $q_k=12$ kN/m,准永久值系数 $\psi_q=0.4$,采用 C30 混凝土,配置 HRB335 级受拉纵筋 $4\underline{\Phi}22$,$A_s=1\ 520$ mm²,混凝土保护层厚度 $c_s=30$ mm,挠度限值 $f_{lim}=l_0/250$。试验算构件的变形。

【**解**】 查《混规》得,$f_{tk}=2.01$ MPa,$E_s=2.0\times10^5$ MPa,$E_c=3.0\times10^4$ MPa。

$$\alpha_E=E_s/E_c=2.0\times10^5/3.00\times10^4=6.667$$

$$h_0=h-a_s=700-\left(30+\frac{22}{2}\right)=659\ (\text{mm})$$

$$\rho=\frac{A_s}{bh_0}=\frac{1\ 520}{350\times659}=0.006\ 59$$

混凝土有效受拉区面积和有效配筋率:

$$A_{te}=0.5bh=0.5\times350\times700=122\ 500\ (\text{mm}^2)$$

$$\rho_{te}=\frac{A_s}{A_{te}}=\frac{1\ 520}{122\ 500}=0.012\ 4$$

梁跨中弯矩标准值 $M_{Gk}=\dfrac{1}{8}g_kl_0^2=\dfrac{1}{8}\times18\times7^2=110.25\ (\text{kN}\cdot\text{m})$

$$M_{Qk}=\frac{1}{8}q_kl_0^2=\frac{1}{8}\times12\times7^2=73.50\ (\text{kN}\cdot\text{m})$$

弯矩准永久值 $\quad M_q=M_{Gk}+\psi_qM_{Qk}=110.25+0.4\times73.5=139.65\ (\text{kN}\cdot\text{m})$

$$\sigma_{sq}=\frac{M_q}{0.87h_0A_s}=\frac{139.65\times10^6}{0.87\times659\times1\ 520}=160.2\ (\text{MPa})$$

$$\psi=1.1-0.65\frac{f_{tk}}{\rho_{te}\sigma_{sq}}=1.1-0.65\times\frac{2.01}{0.012\ 4\times160.2}=0.442$$

梁的短期刚度 $B_s=\dfrac{E_sA_sh_0^2}{1.15\psi+0.2+\dfrac{6\alpha_E\rho}{1+3.5\gamma_f'}}$

$$=\frac{2\times10^5\times1\ 520\times659^2}{1.15\times0.422+0.2+\dfrac{6\times6.667\times0.006\ 59}{1+3.5\times0}}=1.358\times10^{14}\ (\text{N}\cdot\text{mm}^2)$$

挠度增大系数　　　　　　　　　　$\theta = 2 - 0.4 \dfrac{\rho'}{\rho} = 2.0$

梁的刚度 $B = \dfrac{B_s}{\theta} = \dfrac{1.358 \times 10^{14}}{2} = 6.79 \times 10^{13}$（N・mm²）

梁跨中挠度

$$f = \frac{5}{48} \times \frac{M_q l_0^2}{B} = \frac{5}{48} \times \frac{139.65 \times 7\,000^2 \times 10^6}{6.79 \times 10^{13}} = 10.5 \text{（mm）} < f_{\lim} = l_0 / 250 = 28 \text{（mm）}$$

满足要求。

9.3　受弯构件的裂缝宽度计算

9.3.1　裂缝的形式

在混凝土结构中产生裂缝的原因有很多,大致可分为两大类:由荷载作用引起的裂缝,由非荷载因素如温度变化、混凝土收缩、基础不均匀沉降、冰冻、钢筋锈蚀、碱骨料反应等因素引起的裂缝。有时几种因素交织在一起,使问题更趋复杂。本章主要讨论由荷载引起的裂缝宽度计算。

荷载作用下,当主拉应力超过混凝土抗拉强度时,将引起混凝土开裂。根据构件受力形式的不同,裂缝可分为如下几类:

(1)直接受拉裂缝。指轴心受拉及小偏心受拉构件产生的贯通整个截面的裂缝。这类裂缝很宽,一般垂直于构件受力方向(图 9.6)。

(2)弯曲裂缝。指受弯构件的横向弯曲裂缝(图 9.7),一般都是在很低的荷载下开始出现的,甚至可能在受荷前由于混凝土收缩受到约束即已出现。受弯裂缝出现前,钢筋应力为相邻混凝土应力的 $\alpha_E = E_s / E_c$ 倍,当受拉混凝土接近开裂时,其极限拉应变很小,一般约为 0.000 1～0.000 15,与此相应的钢筋应力仅为 20～40 MPa。即普通箍筋混凝土构件需要带裂缝工作才能充分利用钢筋的强度。

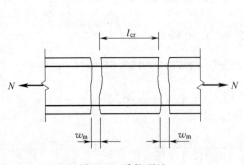

图 9.6　受拉裂缝

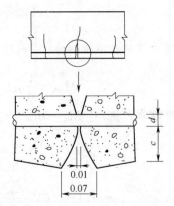

图 9.7　裂缝出现后混凝土回缩变形(cm)

正确设计的梁中,受弯裂缝宽度很小,肉眼几乎看不见,这种宽度很小的裂缝对钢筋腐蚀的影响很小,并不会对结构耐久性带来显著影响。

受荷时,在荷载较大或截面较薄弱处将出现裂缝,当荷载逐渐增加时,裂缝的数量和宽度都随之增加。到一定的时候,若荷载进一步增加,裂缝的数量(即裂缝之间的距离)大致稳定,但裂缝宽度继续增加。

(3)受压裂缝。对于偏心受力或受弯构件,若混凝土截面较小,或受拉钢筋配置较多时,可能会引起受压混凝土出现裂缝,其裂缝方向一般沿构件纵向。受压裂缝产生后,构件将很快破坏。

除上述三类裂缝外,还有剪切裂缝(参见第 6 章)、受扭裂缝(参见第 7 章)和冲切裂缝。冲切裂缝为斜裂缝,类似于剪切裂缝。构件抗冲切能力不足会产生这种裂缝。

混凝土的拉应变超过其极限拉应变时就会开裂。影响混凝土极限拉应变的因素有很多,主要包括混凝土的密实度、水灰比、养护、龄期等。

混凝土开裂是一个随机过程,受很多因素影响,变异性很大。因此,目前预测裂缝宽度的主要方法是以试验观测为基础。

9.3.2　裂缝控制等级

我国《混规》将裂缝控制等级划分为三级。

一级——严格要求不出现裂缝的构件。按荷载效应的标准组合进行计算时,构件受拉边缘混凝土不应产生拉应力,即

$$\sigma_{ck} - \sigma_{pc} \leqslant 0 \tag{9.22a}$$

二级——一般要求不出现裂缝的构件,按荷载效应的标准组合进行计算时,构件受拉边缘混凝土允许产生拉应力,但拉应力不应超过 f_{tk},即

$$\sigma_{ck} - \sigma_{pc} \leqslant f_{tk} \tag{9.22b}$$

三级——允许出现裂缝的构件,按荷载效应的准永久值组合并考虑长期荷载作用影响计算的最大裂缝宽度不应超过允许值,即

$$w_{max} \leqslant w_{lim} \tag{9.23a}$$

对环境类别为二 a 类的预应力构件,在荷载准永久组合下,受拉边缘应力尚应符合下列规定:

$$\sigma_{cq} - \sigma_{pc} \leqslant f_{tk} \tag{9.23b}$$

式中　σ_{ck}——在荷载效应的标准组合下,抗裂验算边的混凝土法向应力;

$\quad\quad\sigma_{cq}$——在荷载效应的准永久组合下,抗裂验算边缘的混凝土法向应力;

$\quad\quad\sigma_{pc}$——扣除全部预应力损失后,抗裂验算边缘混凝土的预压应力,具体含义及计算参见第 10 章;

$\quad\quad f_{tk}$——混凝土轴心抗拉强度标准值。

对预应力混凝土构件,还要通过验算主拉应力和主压应力来控制斜截面裂缝。对于严格要求不出现裂缝的构件(裂缝控制等级为一级)和一般要求不出现裂缝的构件(裂缝控制等级为二级)的裂缝控制,以及斜裂缝控制问题,详见第 11 和 12 两章。

普通钢筋混凝土构件(即非预应力构件)多为带裂缝工作,其裂缝控制等级为三级,一般需要通过计算限制裂缝宽度。

9.3.3　裂缝对结构的影响及最大裂缝宽度限值

裂缝是否有害,取决于裂缝宽度、裂缝性质以及结构所处环境等多种因素。裂缝不能过宽,其限值主要考虑结构的适用性和耐久性。过宽的裂缝会引起以下问题:

(1)引起渗漏。对于存储液体或挡水的结构,裂缝会引起渗漏。液体压力很大时,裂缝会逐渐加宽,影响结构的使用,严重时可能会引起结构破坏。

(2)影响外观。裂缝过宽使人产生不舒服感。

(3)影响耐久性。早期观点认为裂缝宽度越大,钢筋腐蚀越快,所以应严格限制裂缝宽度。后来的研究认为,裂缝对钢筋腐蚀的影响并没有想象中的那么严重。然而,裂缝对钢筋锈蚀起何种作用,裂缝宽度超过多大就有钢筋锈蚀的危险,如何选定合理的裂缝宽度限值 w_{lim},仍需要研究。一般认为,当裂缝宽度不超过一定限值时,钢筋不会发生严重锈蚀,当裂缝宽度超过此限值时,裂缝宽度的影响就会变得明显。目前,尚不清楚构件表面裂缝宽度与钢筋锈蚀之间的关系,工程上仍然对裂缝宽度加以限制。试验表明,混凝土的质量、足够的密实性以及充裕的混凝土保护层对抵御钢筋锈蚀、提高结构耐久性非常重要。

对于最大裂缝宽度允许值 w_{lim},一般从结构的耐久性以及是否有碍于建筑物的观瞻来考虑确定。各种规范所给出的裂缝宽度允许值各不相同,但都要考虑环境因素(影响结构耐久性的重要因素)对裂缝宽度限值的影响。表 9.2 是《混规》(GB 50010—2010)的相关限值。

表 9.2　结构的裂缝控制等级及最大裂缝宽度限值

环境类别	钢筋混凝土结构		预应力混凝土结构	
	裂缝控制等级	w_{lim}(mm)	裂缝控制等级	w_{lim}(mm)
一	三级	0.30(0.40)	三级	0.20
二 a				0.10
二 b		0.20	二级	—
三 a,三 b			一级	—

年平均相对湿度小于 60% 的地区一类环境下的受弯构件,可采用括号内的数值。更详细的规定参考相应规范。

9.3.4　裂缝宽度计算理论及计算方法

《混规》采用黏结滑移理论和无滑移理论,结合试验用平均裂缝宽度乘以放大系数计算裂缝宽度。

1. 黏结滑移理论

黏结滑移理论是最早提出的裂缝计算理论。该理论认为,裂缝开展是由于钢筋与混凝土变形不协调出现相对滑移所致。

(1)裂缝的出现、分布与开展

图 9.8 给出了轴心受拉构件按照黏结滑移理论所得出的裂缝之间区段钢筋和混凝土的应变分布。图中 f_t^0 为混凝土实测抗拉强度。

裂缝出现前,除构件端部的局部区域外,混凝土和钢筋的应力和应变沿构件长度基本上是均匀分布的。由于混凝土强度的变异性以及其内部存在的微裂缝等

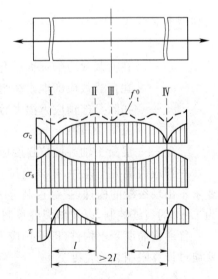

图 9.8　开裂后 σ_c 及 σ_s 分布

缺陷,混凝土实际抗拉强度沿构件长度分布并不均匀(图 9.8 中的虚线)。随着轴向拉力的不断增加,混凝土的拉应力首先在构件最薄弱截面达到其抗拉强度而开裂,即第一条(批)裂缝出现在最薄弱截面,显然这第一条(批)裂缝的位置是随机的。

裂缝出现后的瞬间,裂缝截面位置的混凝土退出工作,应力为零,开裂前由混凝土承担的拉力转由钢筋承担,使开裂截面处钢筋应力突然增大,钢筋应力增量为 $\Delta\sigma_s = f_t/\rho$,$\rho$ 为配筋

率,其值越小,$\Delta\sigma_s$ 越大。同时,裂缝处混凝土将向裂缝两边回缩,混凝土和钢筋之间产生相对滑移,导致裂缝具有一定宽度。

开裂处混凝土的回缩受到钢筋的约束,二者之间产生了黏结力,开裂截面钢筋的应力,通过黏结力逐步传递给混凝土。随着离裂缝截面距离的增大,黏结应力逐步积累,钢筋的应力和应变则相应的逐渐减小,混凝土的应力和应变逐渐增大,直到离开开裂截面一定距离 l 处,两者的应变相等,黏结力和相对滑移消失,钢筋和混凝土的应力又恢复到未开裂时的状态。这段距离 l 为黏结应力的作用长度,又称为传递长度。

图 9.8 中,Ⅰ、Ⅳ 位置为第一批开裂截面,距开裂截面距离小于 l 的截面(图 9.8 位于Ⅰ、Ⅱ之间的截面),由于黏结应力传递长度不够,混凝土拉应力不可能达到抗拉强度,因此不会出现新的裂缝。即在开裂截面两侧 l 范围内,或间距小于 $2l$ 的已有裂缝之间,不会出现新的裂缝。所以裂缝间距最终稳定在 $l\sim 2l$ 之间,平均间距可取为 $1.5l$。

出现第一批裂缝后,超过黏结应力作用长度 l 的混凝土应力还会增大,随着荷载的继续增加,距离第一批裂缝截面 l 之外的某些薄弱截面可能产生新的裂缝,新的裂缝出现后,构件各截面应力再次发生以上的变化。随着新的裂缝不断出现,裂缝间距不断减小,当裂缝间距小于 l 时,裂缝间混凝土的拉应力不能通过黏结力的传递达到混凝土的抗拉强度,即使荷载继续增加,也不会出现新的裂缝。l 值的大小与黏结强度及配筋率等因素有关,黏结强度高,l 值小;配筋率小,l 值大。

从开裂到裂缝数量稳定后,该阶段荷载数值并不大,继续增大荷载,裂缝数量(间距)不会增加,但是裂缝宽度会继续增加。

(2)裂缝间距

设裂缝间距为 l,取出两裂缝间的隔离体,如图 9.9 所示,隔离体右端为已出现第一条(批)裂缝位置,左端为即将出现第二条(批)裂缝的位置。由隔离体的平衡条件得:

$$A_s\sigma_{s1} = A_s\sigma_{s2} + A_c f_t$$

取钢筋段为隔离体,钢筋两端的不平衡力由黏结力 τ 平衡,即

$$A_s\sigma_{s1} - A_s\sigma_{s2} = \tau_m u l$$

τ_m 为黏结应力的平均值,黏结力 τ 沿钢筋纵向分布是不均匀的,τ 与钢筋应力变化率成正比(钢筋应力 σ_s 沿长度方向是变化的)。

由以上两式可得:

$$A_c f_t = \tau_m u l \qquad (9.24a)$$

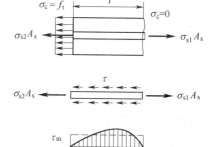

图 9.9 裂缝间距

若配筋由 n 根直径为 d 的钢筋组成,则钢筋总周长 $u = n\pi d$,总面积 $A_s = n\pi d^2/4$,而 $u = 4A_s/d$,代入式(9.24a)并取 $\rho = A_s/A_c$,可得裂缝间距:

$$l = \frac{A_c f_t}{\tau_m} \cdot \frac{d}{4A_s} = \frac{f_t}{4\tau_m} \cdot \frac{d}{\rho} \qquad (9.24b)$$

近似取平均裂缝间距 $l_m = 1.5l$,则 $l_m = \frac{1.5 f_t}{4\tau_m} \cdot \frac{d}{\rho}$。

由于混凝土抗拉强度增加时,钢筋与混凝土之间的黏结强度也随之增加,可近似认为 f_t 与 τ_m 之比为一常数,设 $K = 1.5 f_t/(4\tau_m)$,则平均裂缝间距可以写成

$$l_m = K\frac{d}{\rho} \qquad (9.25)$$

按照黏结滑移理论,确定 l_m 的主要变量是 d/ρ,且与之成线性关系。

以上分析虽然只针对轴心受拉构件,但可以推广到受弯构件。对于受弯构件,可将受拉区近似为一轴心受拉构件,把配筋率改为以有效受拉混凝土面积 A_{te} 计算的配筋率,则

$$l_m = K \frac{d}{\rho_{te}} \tag{9.26}$$

式中 $\rho_{te} = A_s / A_{te}$,其中有效受拉混凝土截面面积 A_{te} 可以按下式计算(图9.4):

对矩形截面受弯构件 $\qquad A_{te} = 0.5bh \tag{9.27}$

对受拉区有翼缘的截面 $\qquad A_{te} = 0.5bh + (b_f - b)h_f \tag{9.28}$

对轴心受拉构件,A_{te} 取构件截面面积。

(3)平均裂缝宽度

按照黏结滑移理论,裂缝开展是由于钢筋与混凝土变形不协调出现相对滑移所致,裂缝宽度等于开裂截面处混凝土的回缩量,即裂缝之间钢筋与混凝土相对滑移的总和,也就是裂缝间距内钢筋与混凝土的变形量之差。计算裂缝宽度的基本公式为

$$w_m = \varepsilon_{sm} l_m - \varepsilon_{cm} l_m = (\varepsilon_{sm} - \varepsilon_{cm}) l_m = \varepsilon_{sm}\left(1 - \frac{\varepsilon_{cm}}{\varepsilon_{sm}}\right) l_m \tag{9.29}$$

式中 w_m——平均裂缝宽度;

ε_{sm}——裂缝间钢筋的平均应变;

ε_{cm}——裂缝间混凝土的平均应变。

根据试验分析,式(9.29)中的 $\left(1 - \dfrac{\varepsilon_{cm}}{\varepsilon_{sm}}\right) \approx 0.77$,引用钢筋应变不均匀系数 $\psi = \varepsilon_{sm}/\varepsilon_s$,则

$$0.77\varepsilon_{sm} l_m = 0.77\psi\varepsilon_s l_m = 0.77\psi\frac{\sigma_{sq}}{E_s} l_m \tag{9.30}$$

式中,σ_{sq} 为按荷载准永久组合计算的裂缝截面处纵向钢筋应力,可按下式计算:

对轴心受拉构件 $\qquad \sigma_{sq} = \dfrac{N_q}{A_s} \tag{9.31}$

对受弯构件 $\qquad \sigma_{sq} = \dfrac{M_q}{0.87h_0 A_s} \tag{9.32}$

2. 无滑移理论

按黏结滑移理论,裂缝在构件表面处的宽度与在钢筋表面处的宽度是相同的[图9.10(a)],然而许多试验表明这与实际情况并不完全相符,特别是使用黏结力较高的钢筋(变形钢筋)时,构件表面处裂缝宽度明显大于钢筋表面处的裂缝宽度(图9.7)。

式(9.25)表明按照黏结滑移理论,当配筋率 ρ 相同时,钢筋直径越细,裂缝间距越小,裂缝宽度也就越小,即裂缝的分布会密而细,这也是控制裂缝宽度的一个重要原则。但是,当 d/ρ 趋于零时,式(9.25)计算的裂缝间距趋于零,这不符合实际情况。

观察发现,裂缝宽度在构件表面处最大(图9.7),而在钢筋表面处最小。于是有学者提出无滑移理论。该理论认为,钢筋与混凝土之间的滑

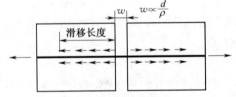

(a) 黏结滑移理论

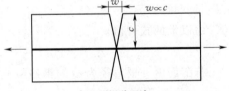

(b) 无滑移理论

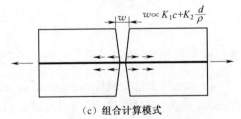

(c) 组合计算模式

图9.10 裂缝理论计算模型

移很小,可略去不计。可假设钢筋表面裂缝宽度为零,裂缝宽度随距钢筋距离的增大而增大,即裂缝宽度是由钢筋外围混凝土弹性回缩造成的[图9.10(b)]。

因此保护层厚度是影响裂缝宽的主要因素。这种理论假定钢筋与混凝土之间充分黏结,不发生相对滑动,故称无滑移理论。该理论认为:

(1)构件表面裂缝宽度 w 与该测量点到最近钢筋的距离 c 成正比;

(2)裂缝宽度 w 与该测量点的表面平均应变成正比。

因此平均裂缝宽度可表示为

$$w_m = kc\varepsilon_m \tag{9.33}$$

式中,系数 k 与钢筋类型有关,还与实测裂缝宽度超过平均裂缝宽度的概率有关。

3. 计算模式

结合上述两种理论[图9.10(c)],既考虑到保护层厚度对裂缝宽度的影响,也考虑了钢筋可能出现的滑移,平均裂缝间距可以写成

$$l_m = K_1 c + K_2 \frac{d}{\rho_{te}} \tag{9.34}$$

根据试验资料统计分析,确定上式中 $K_1 = 1.9$,$K_2 = 0.08$。再考虑不同种类钢筋与混凝土黏结特性的不同,用等效钢筋直径 d_{eq} 替代 d,于是平均裂缝间距为

$$l_m = \beta\left(1.9c + 0.08\frac{d_{eq}}{\rho_{te}}\right) \tag{9.35}$$

对轴心受拉构件,$\beta = 1.1$;对其他受力构件,取 $\beta = 1$。

配置不同种类、不同直径的钢筋时,取等效钢筋直径为

$$d_{eq} = \frac{\sum n_i d_i^2}{\sum n_i \nu_i d_i} \tag{9.36}$$

式中　d_i——受拉区第 i 种纵向钢筋公称直径(mm);

n_i——受拉区第 i 种纵向钢筋根数;

ν_i——受拉区第 i 种纵向钢筋相对黏结特性系数,对光面钢筋 $\nu_i = 0.7$,对带肋钢筋 $\nu_i = 1.0$。

4. 最大裂缝宽度

裂缝宽度具有很大的离散性,取实测裂缝宽度与平均裂缝宽度的比值为 τ_s,测量数据表明,τ_s 基本为正态频率分布,因此超越概率为5%的最大裂缝宽度可由下式求得:

$$w_{max} = w_m(1 + 1.645\delta) = w_m \tau_s \tag{9.37}$$

式中,δ 为裂缝宽度变异系数。

要注意 w_{max} 并不是实测的最大裂缝宽度,只表明实际裂缝宽度不超过 w_{max} 的保证率约为95%,故也称为特征裂缝宽度。

根据试验统计,对受弯构件 $\delta = 0.4$,故取裂缝扩大系数 $\tau_s = 1.66$;对轴心受拉构件和偏心受拉构件,取最大裂缝宽度的扩大系数为 $\tau_s = 1.9$。

5. 长期荷载的影响

在长期荷载作用下,由于混凝土进一步收缩、徐变以及钢筋与混凝土之间黏结滑移徐变等因素,裂缝宽度将随时间推移逐渐增大,根据长期观测结果,长期荷载下的裂缝扩大系数取为 $\tau_l = 1.5$。

6.《混规》裂缝宽度计算公式

综合以上分析,《混规》给出按荷载准永久组合并考虑长期作用影响的最大裂缝宽度计算

公式(适用于矩形、T形、倒T形和I形截面的钢筋混凝土受拉、受弯和偏心受压构件):

$$w_{\max}=\tau_s\tau_l w_m=0.77\tau_s\tau_l\psi\frac{\sigma_{sq}}{E_s}l_m \tag{9.38}$$

将裂缝间距公式(9.35)及裂缝扩大系数 $\tau_s=1.66$ 和 $\tau_l=1.5$ 代入上式得

$$w_{\max}=\alpha_{cr}\psi\frac{\sigma_{sq}}{E_s}\left(1.9c_s+0.08\frac{d_{eq}}{\rho_{te}}\right) \tag{9.39}$$

式中　α_{cr}——构件受力特征系数:对受弯构件,$\alpha_{cr}=1.5\times1.66\times0.77=1.9$;对轴心受拉构件,$\alpha_{cr}=1.5\times1.9\times0.85\times1.1=2.7$;对其他构件,可按表9.3取用;

　　　　c_s——最外层纵向钢筋外边缘至受拉底边的距离(mm),$c_s<20$ mm 时,取 $c_s=20$ mm;当 $c_s>65$ mm,取 $c_s=65$ mm;

　　　　ρ_{te}——按有效受拉区混凝土截面面积计算的纵向受拉钢筋配筋率:计算最大裂缝宽度时,若 $\rho_{te}<0.01$,取 $\rho_{te}=0.01$。

表 9.3　构件受力特征系数 α_{cr}

类　型	钢筋混凝土构件
受弯、偏心受压	1.9
偏心受拉	2.4
轴心受拉	2.7

7. 以数理统计分析为基础的计算方法

裂缝宽度变异性很大,而且很难在理论上准确计算,对裂缝宽度限值 $w_{\lim}$ 的规定仍需研究。数理统计公式以大量试验研究为基础,从中筛选出影响裂缝宽度的主要因素,对试验数据进行数理统计分析,归纳建立最大裂缝宽度计算公式。

我国的《港口工程混凝土结构设计规范》和《公路桥规》、美国的《美国房屋建筑混凝土结构规范》(ACI318)采用的就是以数理统计分析为基础的计算方法。

(1)影响裂缝宽度的主要因素

影响裂缝宽度的因素多而复杂,至今仍是一个讨论中的问题。主要包括以下几方面:

①受拉钢筋应力 σ_{sk}。使用荷载(荷载标准值)作用下的钢筋应力是影响裂缝宽度的最主要因素,σ_{sk} 越大,裂缝宽度 $w_{\max}$ 也大,所以在受弯构件中采用过高强度的钢筋,会引起裂缝宽度超过限值。一般认为裂缝宽度大致与 σ_{sk} 成正比,但也有研究者认为二者为非线性关系。

②混凝土与钢筋之间的黏结力。变形钢筋与混凝土的黏结力好于光面钢筋,其裂缝宽度也小于后者。

③混凝土保护层厚度 c。其他条件相同时,保护层厚度越大,构件表面裂缝宽度也越大,因而增大保护层厚度对构件表面裂缝宽度是不利的。但是需要注意,不能为减小裂缝宽度而任意减小保护层厚度。试验表明,混凝土的质量、密实性和足够的混凝土保护层厚度对抵御钢筋锈蚀的作用超过混凝土表面裂缝宽度。

④钢筋直径及其布置方式。配筋率保持不变,受弯构件裂缝间距和裂缝宽度随着钢筋直径增大而增大。另外,钢筋的分布方式对裂缝宽度有显著影响(见 9.3.5)。

⑤混凝土强度。试验研究和分析证实,混凝土强度对裂缝宽度影响不大。

⑥荷载作用性质。长期荷载作用下的裂缝宽度较大;反复荷载作用下,裂缝宽度也会增大。

⑦构件受力性质(受弯、受压等)。

(2)最大裂缝宽度计算公式

《公路桥规》给出的裂缝宽度计算公式如下:

$$w_{\max}=C_1C_2C_3\frac{\sigma_{sk}}{E_s}\left(\frac{30+d}{0.28+10\rho}\right)\quad(mm) \tag{9.40}$$

$$\rho = \frac{A_s}{bh_0 + (b_f - b)h_f} \tag{9.41}$$

式中 C_1——钢筋表面形状系数:对光面钢筋,$C_1 = 1.4$;对带肋钢筋,$C_1 = 1.0$;

C_2——作用(或荷载)长期作用效应影响系数,$C_2 = 1 + 0.5N_1/N_s$,其中 N_1 为长期荷载(荷载效应准永久值)作用下的内力值(弯矩或轴向力),N_s 为全部使用荷载(荷载效应标准值)作用下的内力值(弯矩或轴向力);

C_3——与构件受力性质有关的系数:对板式受弯构件,$C_3 = 1.15$;对其他受弯构件 $C_3 = 1.0$;对轴心受拉构件,$C_3 = 1.2$;对偏心受拉构件,$C_3 = 1.1$;对偏心受压构件,$C_3 = 0.9$;

σ_{sk}——全部使用荷载(荷载效应标准值)作用下的钢筋应力;

d——纵向钢筋直径(mm):当采用不同钢筋直径时,d 改用换算直径 d_e,d_e 的含义与式(9.36)相同;

ρ——纵向受拉钢筋配筋率:当 $\rho > 0.02$ 时,取 $\rho = 0.02$;当 $\rho < 0.006$ 时,取 $\rho = 0.006$;对于轴心受拉构件,ρ 按全部受拉钢筋截面面积 A_s 的一半计算;

b_f, h_f——构件受拉翼缘宽度和厚度。

式(9.40)中并未包含混凝土保护层厚度,这是由于一般构件的保护层厚度与构件高度比值的变化范围不大($c/h \approx 0.05 \sim 0.1$),所以在裂缝宽度计算公式里可以不出现保护层厚度,其影响可以通过综合调整公式中相关参数加以考虑。

9.3.5 钢筋有效约束区与裂缝宽度控制

裂缝的开展是由于钢筋外围混凝土的回缩引起的,而混凝土的回缩受到钢筋的约束。试验测量表明,构件表面裂缝宽度大于钢筋处裂缝宽度,如图 9.7 所示,也就是说混凝土的回缩是不均匀的。混凝土到钢筋表面的距离不同,受黏结应力影响的程度也不一样,钢筋表面混凝土受到的约束最大,裂缝宽度很小,而距钢筋较远的构件表面混凝土受约束程度较小,裂缝宽度较大。因此混凝土的回缩量随着距钢筋表面距离的增大而增大。即每根钢筋对周围混凝土回缩的约束作用是有一定范围的,该范围称为钢筋有效约束区。

钢筋有效约束区的概念对控制裂缝宽度具有重要意义。

图 9.11 所示为承受负弯矩的 T 形截面梁(翼缘板受拉),两根梁受拉钢筋配筋率相近,试验表明,沿翼缘均匀布置钢筋的梁[图 9.11(b)],裂缝宽度较小。作为对比,将受拉钢筋集中布置在梁腹板宽度内[图 9.11(a)],则裂缝宽度较大。这是由于集中配筋方式的有效约束区仅限于腹板宽度范围,而远离梁腹的翼缘边缘不受钢筋约束,裂缝开展很大。

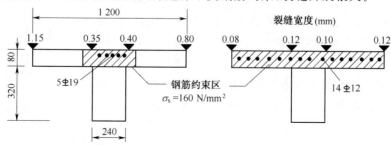

（a）集中布置受拉钢筋   （b）合理布置受拉钢筋

图 9.11 钢筋布置方式对裂缝宽度的影响

图 9.12 为高度较大的 T 形截面梁。如果受拉钢筋集中配置在底部受拉区,则会出现距离钢筋较近处裂缝密而细,距离钢筋较远的腹板处裂缝稀而宽的树枝状裂缝分布。这是由于腹板超出了钢筋有效约束区。如果在梁腹板部分设置纵向钢筋,则扩大了钢筋有效约束区范围,可避免树枝状裂缝,减小梁腹板处裂缝间距和宽度。这个现象很好地说明了钢筋有效约束区的概念。

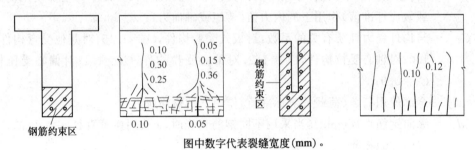

图中数字代表裂缝宽度(mm)。

图 9.12　梁腹部纵筋对裂缝宽度的影响

图 9.13 阴影部分为钢筋有效约束区,图中 d 为钢筋直径,c 为混凝土保护层厚度。钢筋有效约束区的范围,各国规范取值不同,图 9.13(c)取以钢筋为中心,$7.5d$ 为半径的圆的范围作为钢筋有效约束区。根据钢筋有效约束区的概念,合理布置钢筋是控制裂缝十分有效的方法。如果钢筋间距过大,钢筋有效约束之外的区域,裂缝很可能展开过大。各设计规范对钢筋的合理布置及其间距都有一定要求。

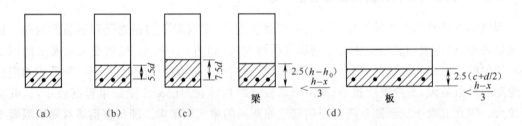

图 9.13　钢筋有效约束区的范围

《混规》规定:对于腹板高度 $h_w \geq 450$ mm 的梁(图 9.14),应在梁两侧面沿高度配置纵向构造钢筋(俗称腰筋),每侧纵向构造钢筋(不包括梁上、下受力钢筋及架立钢筋)的截面面积不应小于腹板截面面积 bh_w 的 0.1%,且间距不宜大于 200 mm。这样布置构造钢筋可限制裂缝的出现和发展,还可以抵抗可能存在的扭矩作用。然而,有研究认为,《混规》把腰筋配筋率与梁宽联系的做法不合理,认为腰筋仅对梁腹两个侧面的一个混凝土窄条产生有效约束,沿一个侧面布置的腰筋不能有效约束另一个侧面的裂缝发展,因而腰筋的配筋率不应该以整个腹板宽度作为分母,而应该以有效约束区面积作为分母,重新定义腰筋配筋率。

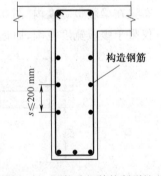

图 9.14　用构造钢筋控制裂缝

美国房屋建筑混凝土结构规范(ACI 318-08)通过限制钢筋间距及应力来控制裂缝宽度。该规范要求,离受拉边最近的钢筋间距 s 应满足下式:

$$s \leqslant 380 \left(\frac{280}{f_s} \right) - 2.5 c_c \quad 且 \quad s \leqslant 300 \left(\frac{280}{f_s} \right) \tag{9.42}$$

式中　c_c——从钢筋表面到构件受拉边的最小距离；

　　　f_s——距离受拉边最近的钢筋在使用荷载（荷载标准值）下的计算应力，可以用不乘以分项系数的弯矩进行计算，也可以近似取为 $f_s = 2 f_y / 3$。

ACI 318-08 还规定，如果梁的高度超过 900 mm，应该在构件两个侧面均匀布置纵向表层钢筋。表层钢筋应从受拉边布置到距该边为 $h/2$ 高度处。表层钢筋的间距应满足式（9.42），但式中 c_c 为从侧面表层钢筋表面到构件侧面的最小距离（图 9.15），对表层钢筋的配筋率并没有作直接的规定。

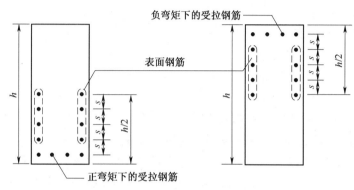

图 9.15　$h > 900$ mm 的梁中的表层钢筋

裂缝宽度的变异性是很大的，而且很难准确计算。以上对钢筋分布方式及其间距的规定，乃至其他工程上有效的构造要求（如抗剪箍筋能有效阻止柱子内部裂缝的发生和扩展），其意图都是把裂缝宽度限制在实际工程可接受的范围内。

【例题 9.2】　已知条件同【例题 9.1】，按一类环境考虑，裂缝宽度限制 $w_{lim} = 0.3$ mm。试验算裂缝宽度。

【解】　钢筋等效直径为 $d_{eq} = 22$ mm，将【例题 9.1】计算得到的相关数据代入式（9.39）得

$$w_{max} = 1.9 \psi \frac{\sigma_{sq}}{E_s} \left(1.9 c_s + 0.08 \frac{d_{eq}}{\rho_{te}} \right)$$

$$= 1.9 \times 0.442 \times \frac{160.2}{2.0 \times 10^5} \left(1.9 \times 30 + 0.08 \times \frac{22}{0.012\ 4} \right)$$

$$= 0.13 \, (mm) < w_{lim} = 0.3 \, (mm)（符合要求）$$

9.4　小　　结

（1）仅通过承载能力极限状态的计算，并不能保证结构构件符合正常使用的要求。因此构件除了进行承载能力极限状态计算外，还要按实际承受的使用荷载（荷载效应标准组合和准永久组合）进行正常使用极限状态的验算。

（2）钢筋混凝土受弯构件的挠度可以用材料力学公式计算。由于混凝土的弹塑性性质和构件受拉区开裂，混凝土的变形模量和惯性矩随着作用在截面上的弯矩值大小而变化，因而截面刚度不是常数。根据平均应变的平截面假设可以求得构件的平均刚度 B_s，实际计算时，可根据最小刚度原理或对不同截面惯性矩进行某种组合得到截面的折算刚度。

(3)荷载长期作用下,由于混凝土徐变等因素,构件变形会增加,附加变形可以通过长期挠度增大系数予以考虑,由此得出构件长期挠度的刚度计算式(9.18)及式(9.19)。

(4)钢筋混凝土构件的裂缝控制问题包括:① 裂缝宽度允许值的确定;② 裂缝宽度的计算;③ 合理的构造措施(如正确的钢筋布置方式)是控制裂缝的十分有效的方法。

(5)不能为减小裂缝宽度而任意减小混凝土保护层厚度,过低的混凝土保护层厚度对结构的耐久性和使用寿命不利。

(6)裂缝由多种因素引起,也有多种分布形态。如受压区出现水平裂缝,表明混凝土抗力即将耗尽,十分危险,而受拉钢筋处的横向裂缝则属于正常形态(只要符合 $w_{max} \leqslant w_{lim}$,则为无害裂缝)。

 思 考 题

9.1　对钢筋混凝土结构构件为什么要验算其变形和裂缝宽度?

9.2　验算构件变形和裂缝宽度时,为什么用荷载效应标准值和准永久值,而不用荷载设计值?

9.3　哪些因素影响受弯构件的挠度?

9.4　裂缝宽度与哪些因素有关?如何减小裂缝宽度?

9.5　什么是"最小刚度原则",该原则能否用于连续梁挠度计算?连续梁挠度应如何计算?

9.6　混凝土极限拉应变大约为 1.5×10^{-4},混凝土开裂时,受拉钢筋的拉应力大致是多少?

9.7　最大裂缝宽度 w_{max} 是指钢筋表面处的裂缝宽度,还是构件外表面处的裂缝宽度?

9.8　平均裂缝宽度、最大裂缝宽度、实测裂缝宽度三者有什么关系?确定最大裂缝宽度时主要考虑哪些因素?

9.9　由裂缝宽度计算公式可知,混凝土保护层越大,裂缝宽度就越大,这是否说明小的混凝土保护层厚度对结构的耐久性更好?裂缝宽度对结构耐久性起何种作用?

9.10　为什么在普通钢筋混凝土构件中不适宜使用高强度钢筋?

9.11　试从 $w_{max} \leqslant w_{lim}$ 说明普通钢筋混凝土受弯构件不适宜使用高强度钢筋?

9.12　试分析加载顺序对挠度的影响。

9.13　提高混凝土强度能否有效减小受弯构件的挠度?

9.14　环境湿度对构件变形是否有影响,为什么?

 习 题

9.1　某钢筋混凝土屋架下弦杆的截面尺寸为 $200 \text{ mm} \times 160 \text{ mm}$,配置 4$\underline{\Phi}$16HRB335 级钢筋,混凝土强度等级为 C40,混凝土保护层厚度 $c_s = 26 \text{ mm}$,承受轴心拉力准永久值 $N = 150 \text{ kN}$,裂缝宽度限值为 $w_{lim} = 0.2 \text{ mm}$。试验算最大裂缝宽度。

9.2　有一短期加载的单筋矩形截面简支试验梁,计算跨度 $l_0 = 3 \text{ m}$,在跨度的三分点处各施加一个相等的集中荷载 F,梁截面尺寸 $b = 150 \text{ mm}$,$h = 300 \text{ mm}$,$h_0 = 267 \text{ mm}$,采用 2$\underline{\Phi}$16 纵向受拉钢筋,当加载到 $F = 25 \text{ kN}$ 时,在纯弯区段 750 mm 长度内测得纵向受拉钢筋的总伸长为 1.05 mm,受压边缘混凝土总压缩变形为 0.49 mm,求该梁纯弯曲段的截面弯曲刚度试验值。

9.3　已知 T 形截面简支梁,安全等级为二级,环境类别为一类,$l_0 = 6 \text{ m}$,$b_f' = 600 \text{ mm}$,$b = 200 \text{ mm}$,$h_f' = 60 \text{ mm}$,$h = 500 \text{ mm}$,采用 C20 混凝土,HRB335 级钢筋,满布均布荷载在跨

中截面引起的弯矩标准值为:永久荷载 43 kN·m,可变荷载 35 kN·m(准永久值系数为 0.4,组合系数为 0.7),雪荷载 8 kN·m(准永久值系数为 0.2,组合系数为 0.7)。挠度限值 $f_{lim} = l_0/250$,裂缝宽度限值为 $w_{lim} = 0.3$ mm。

求:(1)计算并配置抗弯纵筋;(2)验算挠度及裂缝宽度是否符合要求。

9.4　已知处于室内正常环境的矩形截面简支梁,截面尺寸 $b = 220$ mm,$h = 500$ mm,跨中弯矩标准值 $M_k = 80$ kN·m,采用 C25 混凝土,纵筋为 2⨎22 的 HRB335 级钢筋。裂缝宽度限值为 $w_{lim} = 0.3$ mm。

要求:(1)验算梁的最大裂缝宽度;

(2)若将受拉纵筋改为 5⨎14,结果如何?

9.5　某钢筋混凝土矩形截面连续梁如图 9.16 所示,每跨梁计算跨度 $L = 8.0$ m。梁承受均布永久荷载标准值 $g_{dk} = 12.08$ kN/m,均布可变荷载标准值 $g_{Lk} = 21.6$ kN/m,准永久值系数 $\psi_q = 0.6$,截面尺寸 $b = 300$ mm,$h = 600$ mm,采用 C20 等级混凝土,梁下部配置承受跨中正弯距的纵筋 3⨎22+2⨎20,梁上部配置承受支座负弯矩的纵筋 2⨎32+2⨎25,$a_s = 45$ mm,$a'_s = 49$ mm,钢筋等级为 HRB335 级,试验算此梁边跨跨中挠度是否符合要求。

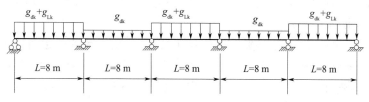

图 9.16　习题 9.5 图

预应力混凝土构件概论

10.1 预应力混凝土构件的原理

10.1.1 预加应力程度的指标——预应力度

本教材第 1 章中已经介绍了预应力混凝土构件的基本原理,因此在学习本章内容之前,最好先返回第 1 章回顾一下那里的有关内容,然后再继续下面的内容。由于本书有关预应力的内容以《公路钢筋混凝土及预应力混凝土桥涵设计规范》(JTG D62—2004)为主要参考规范,所以各符号也采用与该规范相同的形式,这与本书前面的内容不完全一致,但凡是遇到不同的或者新的符号,本书都会解释其含义。

由第 1 章内容可知,预应力混凝土构件是在受拉区(使用荷载引起的应力为拉应力的区域)混凝土中预先施加(储备)一定的压应力,使其能够部分或全部抵消由荷载产生的拉应力。一般是采用张拉高强度钢筋并锚固在混凝土构件上来实现预加应力的。由第 1 章图 1.2 的例子可见,改变预加力 N_p 和偏心距 e 的大小,就可以改变预加应力 σ'_{pc}(以受压为正)的大小。如果预加应力 $\sigma'_{pc}=0$,就表示完全没有预压应力,显然这就是钢筋混凝土构件。如果预压应力 σ'_{pc} 大于或等于荷载产生的拉应力 σ'_{qc}(受拉为负)的绝对值,即 $\sigma'_{pc}/|\sigma'_{qc}|\geqslant1$,则预加应力能够全部抵消荷载拉应力,构件在使用阶段就不会出现拉应力,当然就不会由于受拉而开裂。这种构件被称为全预应力混凝土构件。如果预加应力大于 0 但小于荷载产生的拉应力的绝对值,即 $0<\sigma'_{pc}/|\sigma'_{qc}|<1$,则预加应力不能全部抵消荷载产生的拉应力,在使用阶段构件内仍会出现拉应力或者开裂。这种构件被称为部分预应力混凝土构件。也就是说,采用不同程度的预加应力,可以得到从钢筋混凝土构件、部分预应力混凝土构件到全预应力混凝土构件这样一个连续系列中的任何一个状态。

为了方便,可用一个指标来表达这些不同的预加应力程度,这个指标称为预应力度 λ_p,定义:

$$\lambda_p=\frac{\sigma'_{pc}}{|\sigma'_{qc}|}=\frac{\sigma'_{pc}W_0}{|\sigma'_{qc}|W_0}=\frac{M_0}{M} \tag{10.1}$$

式中 W_0——截面受拉区边缘的抗弯截面模量;

      M_0——能够引起大小为 σ'_{pc} 的应力的弯矩,也称为消压弯矩(因为如果截面的外荷载产生的弯矩等于 M_0,则它在构件受拉区所引起的拉应力绝对值刚好等于预压应力 σ'_{pc},二者叠加后,受拉区应力为 0,即所谓消压了);

      M ——使用荷载引起的弯矩。

显然,$\lambda_p=0$ 为钢筋混凝土构件,$0<\lambda_p<1$ 为部分预应力混凝土构件,$\lambda_p\geqslant1$ 为全预应力混凝土构件。

由此可见,从受力角度来说,钢筋混凝土构件、部分预应力混凝土和全预应力混凝土构件只是预应力度不同而已,并无本质的差别。因此可以将其看做是同一种体系的不同状态,这样有利于我们理解预应力混凝土构件。

本章和第 11 章只讲述全预应力混凝土构件,为简便,本章以下内容和第 11 章中的名词"预应力混凝土构件"就是指全预应力混凝土构件。而部分预应力混凝土构件则在第 12 章中作介绍。

10.1.2 预应力混凝土构件计算的一般原理

许多人在初学预应力混凝土构件的设计计算时都会遇到一些困难。首先是感到力学概念复杂,不如钢筋混凝土构件那样易于理解。其次感到计算繁琐。实际上如果抓住它的最基本的力学特性,就会发现其力学概念并不复杂,完全是材料力学概念的推广和应用。至于计算繁琐确实如此,但只要细心,并无困难。也就是说,与钢筋混凝土构件相比,预应力混凝土构件是繁而不难。

为了便于理解,本节只讲述预应力混凝土构件计算的一般原理,目的是使学生对预应力混凝土构件计算有一个基本概念,而将具体的设计计算方法放在第 11 章中讲解。

1. 弹性体概念——用于应力计算

本教材第 1 章中提到,对于预应力混凝土构件,由于钢筋和混凝土均处于高应力状态下,所以除了像钢筋混凝土构件那样要验算极限承载力之外,还要验算使用阶段的应力,这是与钢筋混凝土构件计算的不同之处。

由于有预压应力的存在,使得构件在使用荷载作用下不出现拉应力,因而也就不发生开裂。在整个使用阶段内没有像钢筋混凝土构件那样因开裂而使受拉区混凝土退出工作,而是全截面参加工作,这样就可以将构件当作理想弹性体,从而能够将材料力学公式直接用来计算应力,并可采用叠加原理。第 1 章中关于预应力混凝土构件应力的计算就是采用的这种方法。下面再对此作一个简单的回顾。为了具有一般性,此处的弯矩、轴力、偏心距以及 y 坐标等均为代数值(有正负),所以截面上下缘应力用统一的表达式表示,而不像第 1 章那样分开表示。

对于图 10.1(a)所示的预应力混凝土简支梁,取混凝土为分离体(即去掉预应力钢筋,代之以偏心压力 N_p,对混凝土而言以受压为正,偏心距为 e 且向下为正),则混凝土构件受到两个力系的作用,一个是外荷载 q,另一个是预加力 N_p[图 10.1(b)]。根据叠加原理,混凝土截面上的应力等于 q 和 N_p 分别作用时所引起的应力叠加[图 10.1(c)]。

设 M 为外荷载 q 单独作用时产生的弯矩,I 为截面对 x 轴的惯性矩,$W = I/y$ 为抗弯截面模量,则根据材料力学,由 M 引起的混凝土截面上与中性轴距离为 y 处(假定 y 轴向上为正)的正应力 σ_{qc} 为

$$\sigma_{qc} = \frac{My}{I} = \frac{M}{W} \tag{10.2}$$

而由偏心预加力 N_p 单独作用时引起的混凝土截面上的正应力由两部分组成,一部分是轴向力 N_p 引起的均匀压应力 N_p/A(A 为梁横截面面积),另一部分是由于 N_p 偏心作用而产生弯矩 $M_p = -N_p e$,从而引起应力 $M_p y/I = -N_p ey/I$。于是偏心预加力 N_p 引起的应力为

$$\sigma_{pc} = \frac{N_p}{A} - \frac{N_p ey}{I} = \frac{N_p}{A} - \frac{N_p e}{W} \tag{10.3}$$

式(10.2)与式(10.3)叠加后就得到混凝土截面的总应力,即

$$\sigma_c = \sigma_{qc} + \sigma_{pc} = \frac{My}{I} + \frac{N_p}{A} - \frac{N_p ey}{I} = \frac{M}{W} + \frac{N_p}{A} - \frac{N_p e}{W} \tag{10.4}$$

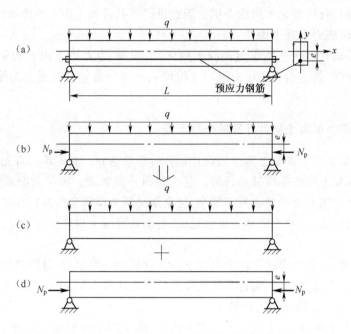

图 10.1 采用叠加法计算预应力混凝土构件

这就是第 1 章中预应力构件应力计算公式的一般表达形式。可见以上所用到的仅仅是材料力学的应力计算方法而已,并无任何复杂的力学概念。

2. 内力偶臂概念——用于应力和承载力计算

公式(10.4)是以混凝土为分离体并采用叠加原理导出的。参考图 10.2,如果用一横剖面将梁分为两段,取其中一段(例如左段)的混凝土连同预应力钢筋一起作为分离体,则此时剖面(横截面)上预应力钢筋内的拉力 N_p(钢筋以受拉为正)暴露出来,根据水平方向的平衡条件,混凝土上将存在一个压力 N_c,$N_c = N_p$。

对 N_p 作用点取力矩平衡条件,得

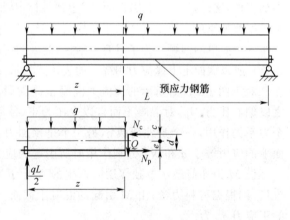

图 10.2 内力偶臂

$$\frac{qL}{2}z - \frac{qz^2}{2} = N_c d = M \qquad (10.5)$$

式中,$M = \dfrac{qL}{2}z - \dfrac{qz^2}{2}$ 为外荷载引起的截面 z 处的弯矩,d 为力 N_p 和 N_c 之间的力偶臂,称为内力偶臂。从式(10.5)可知,力 N_p 和 N_c 所构成的力偶矩 $N_c d = N_p d$ 就等于外荷载产生的弯矩 M。内力偶臂这种概念在本教材前面的钢筋混凝土构件计算中已经应用。

式(10.5)完全根据平衡条件求出,而与截面是否开裂无关。因此它既适用于使用阶段截面未开裂时的应力计算,又适用于破坏阶段截面已经开裂时的承载力计算。

注意,N_c 是作用在混凝土上的,或者说是混凝土上应力的合力,而 N_p 作用在预应力钢筋上,是钢筋应力的合力。因此要计算混凝土上的应力,就应根据偏心压力 N_c 计算。

如果构件处于使用阶段,即混凝土截面上无拉应力(当然也未开裂),则应力分布符合材料力学规律,可由 N_c 及其偏心距 c 计算。

压力 N_c 作用点至截面中性轴距离为

$$c = d - e \tag{10.6}$$

于是 N_c 引起的混凝土上的应力为

$$\sigma_c = \frac{N_c}{A} + \frac{N_c c y}{I} \tag{10.7}$$

实际上式(10.7)与式(10.4)是等价的。将式(10.6)、式(10.5)及 $N_c = N_p$ 代入式(10.7)得

$$\sigma_c = \frac{N_p}{A} + \frac{N_p y}{I}(d - e) = \frac{N_p}{A} + \frac{N_p y}{I}\left(\frac{M}{N_p} - e\right) = \frac{N_p}{A} + \frac{My}{I} - \frac{N_p e y}{I}$$

这就是式(10.4)。

如果构件处于破坏阶段,也就是承载能力极限状态,则混凝土截面上的预压应力已完全被抵消,并且截面开裂,混凝土受压区各点应力均达到抗压强度设计值 f_{cd},并且其分布规律不再符合材料力学的线性规律。此时 $N_c = f_{cd} A_c$(A_c 为混凝土受压区面积),预应力钢筋的拉应力也达到抗拉强度设计值 f_{pd},即 $N_p = f_{pd} A_p$(A_p 为预应力钢筋面积)。这与钢筋混凝土构件的破坏状态并无本质差别,因此承载力的计算也没有什么大的差别。

通过上面的分析可以看出,预应力混凝土构件并不涉及复杂的力学概念,完全是最基本的材料力学知识和钢筋混凝土构件知识的综合应用。学生理解了这些基本原理以后,再学习后面的设计计算就不难了。在后面的设计计算中,计算公式要比上面的繁琐一些,这主要由于以下原因:

(1)由于存在预应力损失,所以要正确计算各种预应力损失。所谓预应力损失现象,是指由于某些原因使得预应力钢筋中的应力比其张拉时的应力减少了一定的数值。例如:由于摩擦力的存在,使预应力钢筋距张拉端一定距离处的截面上的应力比张拉端张拉时的应力小(被摩擦力抵消了一部分)。该减小的应力部分被称之为预应力的摩阻损失。除了摩阻损失外,还有 5 种其他类型的预应力损失,共计 6 种,但不一定同时发生在同一个构件中,具体情况将在11.3 节中讲述。

(2)由于预应力钢筋可能为曲线布置,所以偏心距 e 沿构件是变化的,而不像上面的例子中那样 e 为常量。

(3)由于有些预应力损失与时间相关,例如混凝土徐变引起的损失,所以不同阶段的应力计算有所不同。

(4)由于考虑普通钢筋的作用,所以计算公式中要分别计入普通钢筋和预应力钢筋的效应。

尽管如此,设计计算所用到的基本原理仍然没有超出本节内容的范围,只不过稍繁琐一些而已。

10.2 施加预应力的方法和设备

施加预应力的方法有许多种,但基本可以分为两类,即先张法与后张法。在浇筑混凝土之前张拉预应力筋的施工方法称为先张法,反之在浇筑混凝土之后张拉预应力筋的施工方法称为后张法。

10.2.1 先 张 法

先张法的主要工序是,先在台座上张拉预应力筋,并将它临时锚固在台座上,如图 10.3(a)和图 10.3(b)所示,然后架设模板,绑扎普通钢筋骨架(构造钢筋),浇筑构件混凝土,如图 10.3(c)所示。待混凝土达到要求的强度(一般不低于设计强度的 70%)后,切断或放松预应力钢筋。此时钢筋试图回缩,但由于钢筋与混凝土之间已经黏结在一起,因此钢筋的回缩力就通过这种黏结力传递给混凝土,使其获得预压应力,如图 10.3(d)。

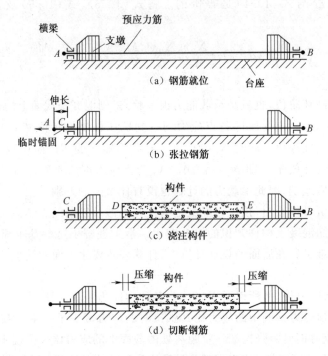

图 10.3　先张法施工工序示意图

先张法主要靠黏结力锚固,不需要专门的锚具。其锚固原理是,当预应力筋受张拉时,由于泊松效应,截面缩小。当切断或放松预应力筋时,端部应力为零,钢筋恢复其原来截面[图 10.4(a)],在构件端部以内,钢筋的回缩受到周围混凝土的阻拦,造成径向压应力,并在钢筋和混凝土间产生黏结应力,通过黏结应力使混凝土受到预压力。但是这种预压力的传递从构件端部向内要经过一段传递长度 l_{tr} 才能完成。

如图 10.4 所示,在先张法构件端部 a 处,切断后的预应力筋恢复到原来截面,预拉应力为 0,预应力筋与混凝土间的相对滑移为 S_a[图 10.4(d)中 abc 的面积];随距端部截面 x 的增大,由于黏结应力的积累,预应力筋的预拉应力将增大,相应的混凝土中的预压应力也将增大,预应力筋的回缩将减少,相对滑移 S_x 也将减小[图 10.4(d)];当 a 至 b 截面间全部黏结应力能够平衡预拉力 N_1 时,自 b 截面起预应力筋才能建立起稳定的预拉应力 σ_{p1},同时相应的混凝土截面建立起有效的预压应力 σ_{c1}。这时,预应力筋的回缩量恰好与混凝土的弹性压缩应变相等,两者共同变形,相对滑移消失,$S_b=0$。一般将 ab 段称为先张法构件的自锚区,ab 称为预应力筋的传递长度 l_{tr},ab 间 σ_{p1} 和 σ_{c1} 的变化均简化为按直线变化。表 10.1 为《公路桥规》(JTG D 62—2004)中计算抗裂性时 l_{tr} 的取值规定,表中 d 为钢筋或钢绞线直径。

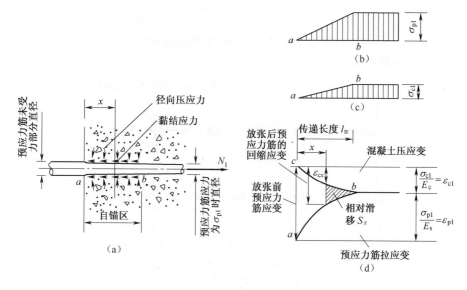

图 10.4 先张法自锚区应力应变分布图

表 10.1 预应力钢筋传递长度 l_{tr}

预应力钢筋种类	混凝土强度等级					
	C30	C35	C40	C45	C50	≥C55
钢绞线 1×7（7 股）	$80d$	$73d$	$67d$	$64d$	$60d$	$58d$
螺旋肋钢丝，$\sigma_{pe} = 1\,000$ MPa	$70d$	$64d$	$58d$	$56d$	$53d$	$51d$
刻痕钢丝直径，$\sigma_{pe} = 1\,000$ MPa	$89d$	$81d$	$75d$	$71d$	$68d$	$65d$

注：①确定传递长度 l_{tr} 时，表中混凝土强度等级应按放松预应力钢筋时的混凝土立方体强度 f_{cu} 确定，当 f_{cu} 与表中数值不同时，其传递长度应按直线内插计算。

②当预应力钢筋的有效预应力值 σ_{pe} 与表中数值不同时，其传递长度应根据表中数值按比例增减。

③当采用骤然放松预应力钢筋的施工工艺时，其传递长度 l_{tr} 的起点应从离构件末端 $0.25 l_{tr}$ 处开始计算。

10.2.2 后 张 法

后张法是先浇筑构件混凝土，待混凝土结硬后，再张拉预应力筋束的方法，如图 10.5 所示。先浇筑构件混凝土，并在其中预留穿束孔道（或设套管），待混凝土达到要求强度后，将筋束穿入预留孔道内，安装锚具，将千斤顶支承于混凝土构件端部，张拉筋束，使构件也同时受到压缩。待张拉到控制拉力后，即用锚具将筋束锚固于混凝土构件上，使混凝土获得并保持其压应力。最后，在预留孔道内压注水泥浆，以保护筋束不致锈蚀，并使筋束与混凝土黏结成为整体。故称这种做法的预应力混凝土为有黏结预应力混凝土。

由上可知，施工工艺不同，建立预应力的方法也不同。后张法是靠工作锚具来传递和保持预加应力的；先张法则是靠黏结力来传递并保持预加应力的。

10.2.3 锚具与连接器

无论是先张法所用的临时锚具，还是后张法所用的永久性锚具，都是保证预应力混凝土结构安全、可靠的关键设备。因此对锚具的选用必须格外慎重。

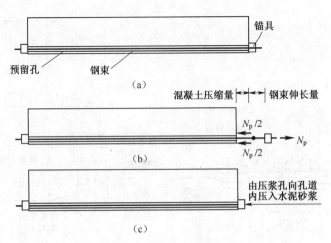

图 10.5　后张法施工工序示意图

(a)浇筑混凝土并预留孔道，安装钢束和锚具；(b)张拉钢束；
(c)锚固钢束，在孔道内压入水泥砂浆

目前常用的锚具有锥形锚、环销锚、镦头锚、螺纹锚、夹片锚等。

锥形锚，又称弗氏锚[图 10.6 和图 10.8(b)]，包括锚圈和锚塞(又称锥销)两个部分。其工作原理是通过张拉钢束时顶压锚塞，把预应力钢丝楔紧在锚塞与锚圈之间。锥形锚的优点是：锚固方便，锚面积小，便于在梁体上分散布置。缺点是锚固时钢丝回缩量大，预应力损失大，不能重复张拉或接长，使钢束设计长度受到千斤顶行程的限制。但国外同类锚具在这些方面已有较大改进。

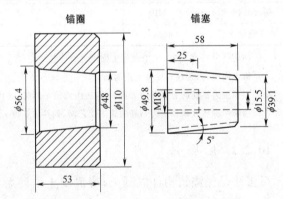

图 10.6　锥形锚(单位：mm)

镦头锚[图 10.7 和图 10.8(c)]又称 BBRV 锚，适用于锚固钢丝束。其工作原理是先将钢丝逐根穿过锚杯的孔，然后用镦头机将钢丝端头镦粗如圆钉帽状，使钢丝锚固于锚杯上。钢丝束的一端为固定端，另一端为张拉端。在固定端将锚圈(螺帽)拧在锚杯上即可将钢丝束锚固于梁端。在张拉端，通过螺纹把千斤顶与锚杯连接，并进行张拉，然后拧上锚圈，再放松千斤顶，即可完成张拉锚固过程。

螺纹锚[图 10.8(a)]用于锚固高强粗钢筋，其原理很简单，即用一锚固螺帽直接拧紧在已张拉的高强粗钢筋上的螺纹上。这种锚具构件简单，施工方便，且较为可靠，预应力损失小。

夹片锚具有各种不同的形式，但都是用来锚固钢绞线的。由于近几十年来在大跨度预应力混凝土结构中大都采用钢绞线，因此夹片锚具的使用随之增多。现国内主要几种夹片锚具为

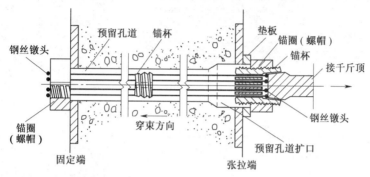

图 10.7 镦头锚

(a)螺纹锚;(b)锥形锚;(c)镦头锚;(d)螺纹钢筋连接器

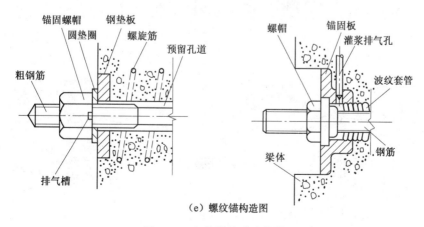

（e）螺纹锚构造图

图 10.8 各种锚具和连接器

JM、XM、QM、YM、及 OVM 系列锚具(图 10.9),锚具为圆形,可锚固由几根至几十根钢绞线组成的钢束。还有扁形夹片锚,称为扁锚(BM 系列),适用于较扁较薄的构件,见图 10.10。多孔夹片锚又称群锚。夹片锚具的工作原理如图 10.9 所示,它由带锥孔的锚板和夹片组成。每个锥孔内穿入一根钢绞线,张拉后夹片抱夹钢绞线并被顶入锥孔,将钢绞线锚住。目前群锚体系可锚固 1~55 根不等的钢绞线,最大锚固吨位可达 11 000 kN。

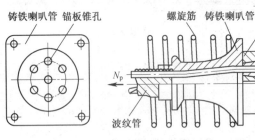

图 10.9　夹片锚

图 10.10　扁锚

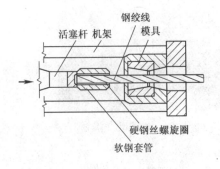
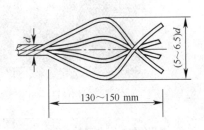

图 10.11　压头机与压花锚

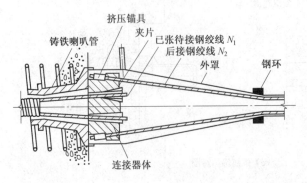
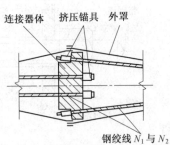

图 10.12　锚头连接器

除上述的各种锚具外,还有一些专用的锚具,如当采用一端张拉一端固定的方式时,固定端除可采用与张拉端相同的锚具外,还可采用挤压锚具或压花锚具（图10.11）。当需要将已经锚固的钢绞线再与下一段连接时,就要采用锚头连接器（图10.12）。当要将两段未张拉的钢绞线或粗钢筋连接起来时,就要采用接长连接器[图10.8(d)和图10.13]。

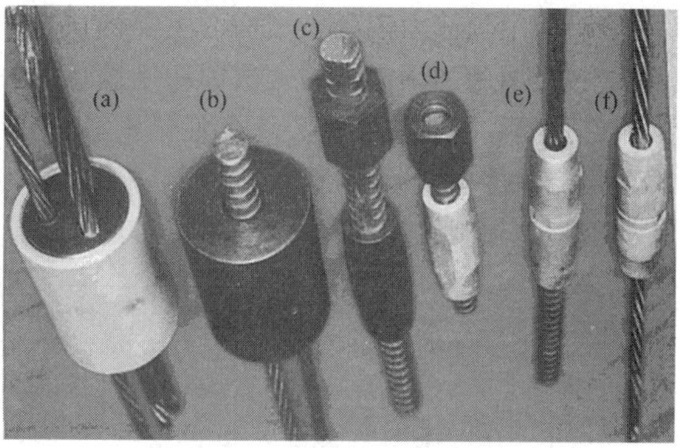

图 10.13　接长连接器
(a)、(f)钢绞线连钢绞线;(b)粗钢筋连钢绞线;
(c)、(d)粗钢筋连粗钢筋;(e)钢绞线连粗钢筋

10.2.4　千斤顶和制孔器

张拉预应力钢筋一般采用液压千斤顶。但应注意每种锚具都有各自适用的千斤顶,可根据锚具或千斤顶厂家的说明选用。图10.14所示的千斤顶是张拉单根钢绞线用的,图10.15所示的千斤顶则用来张拉多根钢绞线或钢丝束。

对后张法预应力混凝土构件,必须预先留好预应力钢束的孔道。目前国内主要采用抽拔橡胶管和金属波纹管来作制孔器。前者是将带钢丝网的橡胶管预埋在混凝土中,待混凝土达到一定强度后,拔出橡胶管,形成预留孔道。后者是将金属波纹管预先埋入混凝土中,待混凝土凝固后,该波纹管就成为预留孔道。图10.16为金属波纹管。

图 10.14　张拉单根钢绞线的液压千斤顶

图 10.15　液压千斤顶

图 10.16　金属波纹管

10.3　小　　结

本章介绍预应力混凝土结构的一些基本知识,主要包括:

(1)讲述预应力混凝土的基本原理,通过一简支梁例子来说明截面应力分布,阐述预应力的作用。

预应力混凝土构件是通过预应力钢筋对在荷载作用下的受拉区混凝土预先施加压力,使其与荷载引起的拉应力抵消,以防止混凝土开裂。

（2）介绍预应力混凝土结构的主要优缺点。

（3）介绍施加预应力的方法和所用设备。按张拉预应力筋与浇筑混凝土的次序分为先张法和后张法。先张法不需要永久性锚具，而是靠钢筋和混凝土间的黏结力实现锚固的。后张法需要在构件中预留孔道，张拉后需要用永久性的锚具锚固预应力筋。该部分内容还包括各种常用锚具和制孔器的构造和工作原理。

 思 考 题

10.1　什么是预应力度？简述预应力混凝土受弯构件的基本原理。

10.2　什么是先张法？什么是后张法？简述二者的主要施工过程。

10.3　后张法预应力混凝土构件的张拉、锚固和管道成型设备有哪些种类？

预应力混凝土构件的设计计算

11.1 预应力混凝土受弯构件受力全过程

在学习预应力混凝土受弯构件具体设计计算方法之前,先了解其在各受力阶段的不同特点,以便确定其相应的计算内容和方法。对于预应力混凝土受弯构件,从预加应力到承受外荷载,直至最后破坏,从构件所受应力角度而言,可分为:①弹性阶段;②开裂阶段;③破坏阶段。弹性阶段又大致包括:①传力锚固(预加应力)阶段;②运送和安装阶段;③使用荷载作用阶段(运营阶段)。弹性阶段属构件的工作阶段,其中的传力锚固、运送和安装以及使用荷载作用阶段分别是构件的生产过程和正常工作状态。

下面简要描述预应力混凝土简支梁从张拉至破坏阶段全过程的受力特征。预应力混凝土简支梁在单调渐增荷载作用下,q—f 全过程曲线(荷载—挠度曲线)如图 11.1 所示,而图 11.2 所示的是预应力混凝土受弯构件从预加应力至破坏各阶段的应力图形。

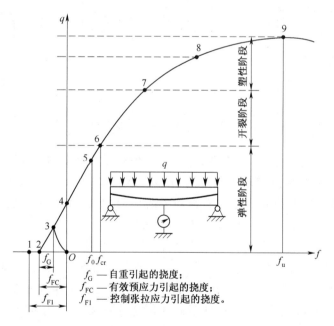

图 11.1 预应力混凝土受弯构件受力全过程

由于预应力损失的计算较为繁复,而预应力混凝土构件的承载力计算与钢筋混凝土构件承载力计算非常相似,所以本教材将预应力损失的计算方法放到了承载力计算的后面,以便于学生接受和掌握。在本节和下一节中涉及预应力损失的概念时,只要记住哪里应该考虑这些预应力损失就行了,不必急于去了解其具体的计算方法。

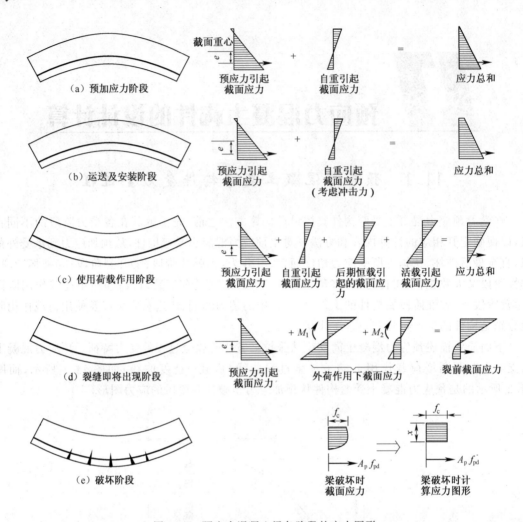

图 11.2　预应力混凝土梁各阶段的应力图形

　　在图 11.1 中,水平坐标 f 表示梁的挠度,纵坐标 q 表示梁所受荷载。图中点 1 和点 2 的水平坐标值分别指初始控制张拉应力(没有扣除预应力损失之前的张拉应力)及有效预应力(扣除全部预应力损失后预应力钢筋中的应力)作用下的构件反拱值(即与外荷载产生的挠度方向相反的变形)。计算中不考虑构件自重,所以此两点处的荷载 $q=0$。点 3 的水平坐标值表示在有效预应力及构件自重综合作用下的反拱值,此点所对应的纵坐标值即是自重的等效荷载值。点 4 表示构件在外荷载作用下挠度为零,也就是说,当前荷载引起的挠度刚好和有效预应力产生的反拱度等值反号,相互抵消,此状态也称平衡状态。点 5 表示在外荷载作用下,构件截面底部边缘纤维应力为零。即当前荷载引起的构件截面底部边缘的拉应力刚好和预加力在该处引起的预压应力相等,相互抵消,此状态称为消压状态。此后的各个阶段的受力性能类似于钢筋混凝土梁。从点 1 到点 6 的阶段中,构件处于弹性未开裂阶段,也就是说能有效地承受使用荷载的作用,对应于图 11.2 中的(a)~(d)阶段。由此可以明显看出,预应力受弯构件的开裂荷载远比钢筋混凝土受弯构件的开裂荷载大得多。点 6 表示即将开裂的状态,截面下缘纤维达到混凝土抗拉强度。点 7 表示钢筋拉应力及混凝土压应力继续增长,直到钢筋或混凝土进入塑性阶段。

点 8 表示处于屈服阶段。点 9 表示进入极限阶段,超过点 9 以后,构件虽还能承受一定荷载,但曲线已处于下降趋势,直至构件破坏。点 6 到点 7 的阶段中,构件处于初期开裂阶段,截面虽已开裂,但混凝土压应力及钢筋拉应力仍呈弹性状态,到点 7 才进入塑性阶段。点 7 到点 9 的整个阶段中,构件处于塑性开裂阶段,截面受压区也达到塑性阶段。点 9 对应于图 11.2 中的(e)破坏阶段。

如果在正常使用阶段保证预应力混凝土受弯构件全截面不出现拉应力,则根据第 10 章关于预应力度的概念,此时预应力度 $\lambda_p \geqslant 1$,这种设计称为全预应力混凝土受弯构件。否则如果不满足上述条件,则称为部分预应力混凝土构件。显然,按全预应力混凝土设计的受弯构件在正常使用阶段不会出现裂缝。如前所述(图 11.1),在弹性阶段三个过程中,截面一般不允许出现拉应力,或允许出现不大的拉应力而仍能保证不开裂(预加应力阶段、运送和安装阶段、使用荷载作用阶段),整个截面均参加工作,故可按弹性理论分析(按材料力学公式计算),由预加应力产生的混凝土正应力可按偏心受压构件由式(10.3)计算,而由计算荷载(恒载和活载)弯矩 M 产生的混凝土正应力则按式(10.2)计算,两者之和即为截面的总应力。

对于承载能力极限状态,由于此时混凝土已经开裂,因此承载力计算与钢筋混凝土较为相似,只不过截面上既有普通钢筋又有预应力钢筋,因此计算公式稍微复杂一些,但原理却没有什么本质的差别。这也是为什么在设计规范中常常把钢筋混凝土构件和预应力混凝土构件的承载力计算放在同一个公式里的原因。

11.2　预应力混凝土受弯构件的承载力计算

11.2.1　正截面承载力计算

预应力混凝土构件(矩形截面)的截面布置如图 11.3 所示。预应力钢筋主要布置在构件使用阶段的受拉区,但对于跨度较大的构件,为了满足制造、运输与安装的需要,也可能在构件使用阶段的受压区布置少量的预应力钢筋。对于承受正负弯矩的截面,如连续梁的部分截面,为了满足受力要求,会在截面上、下缘都配置预应力钢筋。此外,为了满足强度要求,也可能分别在构件的受拉区和受压区都布置一定数量的非预应力受力钢筋。

预应力混凝土受弯构件正截面破坏时的应力状态和钢筋混凝土受弯构件基本相同,即当预应力钢筋的含筋量配置适当时(即所谓的适筋截面),受拉区混凝土开裂后将退出工作,预应力钢筋和非预应力钢筋分别达到其抗拉设计强度 f_{pd} 和 f_{sd};受压区混凝土应力达到抗压设计强度 f_{cd},并假定用等效的矩形应力分布图代替实际的曲线分布图,受压区非预应力钢筋亦达到其抗压设计强度 f'_{sd}。

但是预应力混凝土受弯构件受压区的预应力钢筋 A'_p 在构件破坏时,其应力却不一定达到抗压设计强度 f'_{pd},因为力筋 A'_p 在施工阶段预先承受了预拉应力,进入使用阶段后,外荷载弯矩所引起的压应力将逐步抵消其预拉应力。至构件破坏时,若前者小于后者,则力筋 A'_p 中的应力 σ'_{pa} 仍为拉应力,反之为压应力,且其值一般都达不到其抗压设计强度 f'_{pd},而是等于 $\sigma'_{pa} = f'_{pd} - \sigma'_{p0}$(图 11.3)。下面推导该表达式。

σ'_{pa} 的大小主要取决于受压区钢筋 A'_p 预拉应力的大小和抗压设计强度 f'_{pd} 的大小。在构件开始加荷前,设钢筋 A'_p 中的有效预拉应力为 σ'_p(已扣除全部预应力损失),钢筋重心水平处混凝土的相应有效预压应力为 σ'_c,此时因材料基本上处于弹性工作阶段,所以相应的混凝土

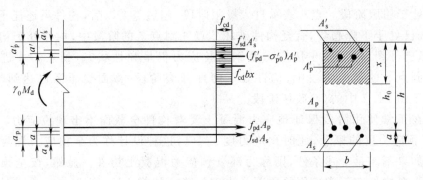

图 11.3　矩形截面受弯构件正截面承载力计算图

预压应变为 σ'_c/E_c；在构件加荷到破坏时，受压区混凝土的压应力为抗压设计强度 f_{cd}，相应的混凝土压应变则增加到设计极限压应变 $\varepsilon_c=0.002+0.5(f_{cu,k}-50)\times10^{-5}$。故从构件开始加荷到构件破坏的过程中，钢筋 A'_p 重心水平处混凝土的压应变增量为 $(\varepsilon_c-\sigma'_c/E_c)$。由于钢筋 A'_p 是与混凝土共同变形的，所以钢筋 A'_p 在此过程中也产生了一个和其重心水平处混凝土同样大小的压应变增量，因而也相当于在钢筋 A'_p 中增加了一个与预拉应力方向相反的压应力 $E_p(\varepsilon_c-\sigma'_c/E_c)$，若将此增加的压应力与钢筋 A'_p 中在加荷前就存在的有效预拉应力 σ'_p 叠加，则可求得构件破坏时钢筋 A'_p 的计算应力 σ'_{pa}。如假定压应力为正号，拉应力为负号，并注意 $E_p\varepsilon_c=f'_{pd}$，则

$$\sigma'_{pa}=E_p(\varepsilon_c-\sigma'_c/E_c)-\sigma'_p=f'_{pd}-n'_p\sigma'_c-\sigma'_p \tag{11.1}$$

或写成
$$\sigma'_{pa}=f'_{pd}-(n'_p\sigma'_c+\sigma'_p)=f'_{pd}-\sigma'_{p0} \tag{11.2}$$

式中　σ'_{p0}——$\sigma'_{p0}=n'_p\sigma'_c+\sigma'_p$，数值上相当于钢筋 A'_p 重心处混凝土应力为零时，钢筋 A'_p 的有效预应力；

　　　　n'_p——受压区预应力钢筋与混凝土的弹性模量之比。

由上可知，建立式(11.1)和式(11.2)的前提条件是：在构件破坏时，A'_p 重心处混凝土应变须达到 $\varepsilon_c=0.002+0.5(f_{cu,k}-50)\times10^{-5}$。

在明确了破坏阶段各项应力值后，则可根据基本假定绘出计算应力图形，并仿照钢筋混凝土受弯构件，按静力平衡条件，计算预应力混凝土受弯构件正截面承载力。

1. 矩形截面构件

矩形截面(包括翼缘位于受拉边的 T 形截面)的受弯构件，按下列公式计算正截面承载力(参见图 11.3)，由水平方向平衡条件 $\sum H=0$ 可得

$$f_{sd}A_s+f_{pd}A_p=f_{cd}bx+f'_{sd}A'_s+\sigma'_{pa}A'_p \tag{11.3}$$

式中　　A'_p——受压区预应力钢筋截面面积；

　　A_p,f_{pd}——受拉区预应力钢筋的截面面积和抗拉设计强度；

　　　σ'_{pa}——受压区预应力钢筋 A'_p 的计算应力；

　　A_s,A'_s——受拉及受压区非预应力钢筋的面积；

　　　f_{sd}——非预应力钢筋的抗拉设计强度；

f_{cd},f'_{pd},f'_{sd}——混凝土、预应力钢筋及非预应力钢筋的抗压设计强度。

类似于钢筋混凝土构件，预应力混凝土梁的受压区高度 x 应符合下列规定：

$$x\leqslant\xi_b h_0 \tag{11.4}$$

式中　ξ_b——预应力混凝土受弯构件界限相对受压区高度系数，公路桥梁按表 11.1 采用，铁

路桥梁取为 0.4；

h_0——截面有效高度，$h_0=h-a$，其中 h 为全截面高度，a 为受拉区钢筋 A_s 和 A_p 的合力作用点至截面最近边缘的距离，当不配非预应力钢筋（即 $A_s=0$）时，则 a 用 a_p 代替（a_p 为受拉区预应力钢筋的合力点至截面最近边缘的距离）。

表 11.1　《公路桥规》的预应力混凝土梁界限相对受压区高度系数 ξ_b

钢筋种类	C50 及以下	C55，C60	C65，C70	C75，C80	钢筋种类	C50 及以下	C55，C60	C65，C70	C75，C80
R235	0.62	0.60	0.58	—	钢丝、钢绞线	0.40	0.38	0.36	0.35
HRB335	0.56	0.54	0.52	—	精轧螺纹钢筋	0.40	0.38	0.36	—
HRB400，KL400	0.53	0.51	0.49	—					

当受压区配有纵向普通钢筋和预应力钢筋，且构件破坏时预应力钢筋受压，即 $\sigma'_{pa}>0$ 时，应满足

$$x\geqslant2a'\qquad\qquad(11.5)$$

式中　a'——受压区钢筋 A'_s 和 A'_p 的合力作用点至截面最近边缘的距离。

当受压区配有纵向普通钢筋或同时配有普通钢筋和预应力钢筋，且构件破坏时预应力钢筋受拉，即 $\sigma'_{pa}<0$ 时，应满足

$$x\geqslant2a'_s\qquad\qquad(11.6)$$

类似钢筋混凝土构件为了防止构件的脆性破坏，必须满足条件式（11.4）。而条件式（11.5）和式（11.6）则是为了保证在构件破坏时，钢筋 A'_s 的应力达到 f'_{sd}，同时也是保证前述式（11.2）能够成立的必要条件。

预应力混凝土受弯构件正截面承载力校核与截面选择的计算步骤与普通钢筋混凝土梁类似。

对受拉区钢筋合力作用点取矩（图 11.3）得

$$\gamma_0\,M_d\leqslant M_u=f_{cd}bx\left(h_0-\frac{x}{2}\right)+f_{sd}{}'A'_s(h_0-a'_s)+\sigma'_{pa}(h_0-a'_p)A'_p\qquad(11.7)$$

式中　γ_0——结构重要性系数，按公路桥涵的设计安全等级，一级、二级、三级分别取值 1.1、1.0、0.9；桥梁的抗震设计不考虑结构重要性系数；

M_d，M_u——弯矩设计值、截面弯矩承载能力值。

由上述承载力计算公式可以看出：构件的承载能力（M_u）与受拉区钢筋是否施加预应力无关，但对受压区钢筋 A'_p 施加预应力后，上式等号右边末项的钢筋应力由 f'_{pd} 下降为 σ'_{pa}（可能为正也可能为负，即拉应力），因而将降低受弯构件的承载能力（M_u）和使用阶段的抗裂度。因此，只有在受压区确有需要设置预应力钢筋 A'_p 时（例如在施工阶段预拉区将出现裂缝等时），才予以设置。

预应力混凝土受弯构件最小配筋率应满足下列条件：

$$M_u/M_{cr}\geqslant1.0\qquad\qquad(11.8)$$

式中，M_u 为抗弯承载力，M_{cr} 为开裂弯矩，按附表 29 说明计算。

2. T 形截面构件

同普通钢筋混凝土梁一样，先按下列条件判别属于哪一类 T 形截面（图 11.4）。

仿照矩形截面进行复核：

$$f_{sd}A_s+f_{pd}A_p\leqslant f_{cd}b'_f h'_f+f'_{sd}A'_s+\sigma'_{pa}A'_p\qquad(11.9a)$$

式中　h'_f——T 形截面受压区翼缘的高度；

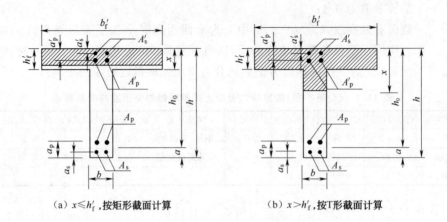

（a）$x \leqslant h'_f$，按矩形截面计算   （b）$x > h'_f$，按T形截面计算

图 11.4   T 形截面受弯构件正截面承载力计算图

b'_f——T 形截面受压区翼缘的计算宽度。

当 b'_f 符合关于 T 形截面有效宽度的规定，且满足式（11.8）时，为第一类 T 形截面，即中性轴通过翼缘板，可按宽度为 b'_f 的矩形截面计算。否则，表明中性轴通过肋部，为第二类 T 形截面，计算时考虑截面肋部受压区混凝土的工作[图 11.4(b)]，其受压区的高度 x 按下列公式确定：

$$f_{sd}A_s + f_{pd}A_p = f_{cd}\left[bx + (b'_f - b)h'_f\right] + f'_{sd}A'_s + \sigma'_{pa}A'_p \tag{11.9b}$$

同样，x 应符合式（11.4）、式（11.5）和式（11.6）的要求。

正截面承载力按下式检算：

$$\gamma_0 M_d \leqslant M_u = f_{cd}bx\left(h_0 - \frac{x}{2}\right) + f_{cd}(b'_f - b)\left(h_0 - \frac{h'_f}{2}\right)h'_f$$
$$+ f'_{sd}A'_s(h_0 - a'_s) + \sigma'_{pa}(h_0 - a'_p)A'_p \tag{11.10}$$

最小配筋仍按式（11.8）验算。以上公式也适应于 I 形截面、H 形截面等情况。

11.2.2   斜截面承载力计算

斜截面的抗剪承载力计算受许多因素的影响，其分析非常困难。对于钢筋混凝土梁和预应力混凝土梁的斜截面抗剪承载力，国内外虽然进行了大量的试验研究工作，但到目前为止，尚无公认的合理适用的计算方法。现各规范所采用的都是根据试验得出的一些经验公式，且具体计算的公式差别也较大。

预应力混凝土构件斜截面抗剪承载力的计算与钢筋混凝土构件相似，各规范中对二者也采用类似的公式。只不过对预应力混凝土构件来说，公式中增加了预应力钢筋的贡献而已。

1. 斜截面抗剪承载力的计算

参照图 11.5，斜截面的抗剪承载力仍可仿照第 6 章式（6.9）的原则计算，即

$$\gamma_0 V_d \leqslant V_u = V_{cs} + V_{sb} + V_{pb} \tag{11.11}$$

式中 V_u——斜截面的抗剪力承载力（kN）；

V_{cs}——斜截面上混凝土和箍筋共同的抗剪承载力（kN）；

V_{sb}——与斜截面上相交的非预应力弯起钢筋的抗剪承载力（kN）；

V_{pb}——与斜截面相交的弯起预应力钢筋的抗剪承载力（kN）；

V_d——斜截面受压端上由作用效应所产生的最大剪力组合设计值(kN);当计算预应力混凝土连续梁等超静定结构的斜截面抗剪承载力时,式(11.11)左端宜采用 $\gamma_0 V_d + \gamma_p V_p$,其中 V_p 为预应力引起的次剪力,γ_p 为预应力分项系数;当预应力效应对结构有利时,取 1.0;当预应力效应对结构不利时,取 1.2。

不同设计规范的斜截面抗剪承载力计算方法大体与式(11.11)类似,但每一项具体的计算表达式有所不同。下面以《公路桥规》中的计算公式为例来说明预应力混凝土构件与钢筋混凝土构件的差别。读者可与第 6 章的有关内容对照。如果要了解其他规范的计算方法,可参考相应的规范。

混凝土和箍筋共同的抗剪承载力为

$$V_{cs} = \alpha_1 \alpha_2 \alpha_3 0.45 \times 10^{-3} b h_0 \sqrt{(2+0.6P)\sqrt{f_{cu,k}} \rho_{sv} f_{sv}} \qquad (11.12)$$

式中 α_1——异号弯矩影响系数:计算简支梁和连续梁近边支点梁段的抗剪承载力时,取 1.0;计算连续梁和悬臂梁近中间支点的抗剪承载力时,取 0.9;

α_2——预应力提高系数:对普通钢筋混凝土受弯构件,取 1.0;对预应力混凝土受弯构件,取 1.25;但当由钢筋合力引起的截面弯矩与外弯矩的方向相同时,或对允许出现裂缝的预应力混凝土受弯构件(部分预应力 B 类构件,见第 12 章),取 1.0;

α_3——受压翼缘的影响系数,取 1.1;

P——斜截面内纵向受拉钢筋配筋率,$P = 100\rho \leqslant 2.5$,$\rho = (A_p + A_{pb} + A_s)/(b h_0)$;

$f_{cu,k}$——混凝土立方体抗压强度标准值;

ρ_{sv}——普通箍筋的配箍率,$\rho_{sv} = A_{sv}/(b s_v)$;当采用竖向预应力钢筋时,该变量应替换为竖向预应力筋配箍率,$\rho_{pv} = A_{pv}/(b s_p)$,其中 A_{sv} 为一道普通箍筋的各肢截面积之和(mm^2),A_{pv} 为一道预应力箍筋的各肢截面积之和(mm^2),s_v 和 s_p 分别为斜裂缝范围内普通箍筋、竖向预应力钢筋的间距;

f_{sv}——普通箍筋的抗拉强度设计值;当采用竖向预应力钢筋时,该变量应替换为竖向预应力钢筋的抗拉设计强度 f_{pv}。

普通弯起钢筋的抗剪承载力为

$$V_{sb} = 0.75 \times 10^{-3} f_{sd} \sum A_{sb} \sin \theta_s \qquad (11.13)$$

预应力弯起钢筋的抗剪承载力为

$$V_{pb} = 0.75 \times 10^{-3} f_{pd} \sum A_{pb} \sin \theta_p \qquad (11.14)$$

式中 θ_s, θ_p——普通弯起钢筋、预应力弯起钢筋的切线与水平线夹角。

矩形、T 形和 I 形截面的受弯构件,其抗剪截面还应符合下列的截面验算要求:

$$\gamma_0 V_d \leqslant 0.51 \times 10^{-3} \sqrt{f_{cu,k}} b h_0 \quad (kN) \qquad (11.15)$$

式中的 b 和 h_0 均采用 mm 为单位。

关于斜截面抗剪承载力计算的说明:

(1)在受弯构件斜截面抗剪承载力计算中,验算的部位见图 11.5 所示。

①简支梁和连续梁近边支点梁段:

a. 距支座中心 $h/2$(梁高的一半)处的 1—1 截面;

b. 受拉区弯起钢筋弯起点处的 2—2,3—3 截面;

c. 锚于受拉区的纵向主筋开始不受力处的 4—4 截面;

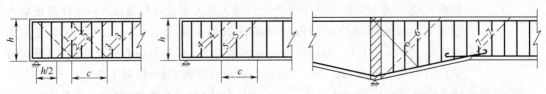

（a）简支梁和连续梁近边支点梁段   （b）连续梁和悬臂梁近中间支点梁段

图 11.5   斜截面抗剪承载力计算截面位置

d. 箍筋数量或间距改变处的 5—5 截面；

e. 构件腹板宽度变化处的截面。

②连续梁和悬臂梁近中间支点梁段：

a. 支点横隔梁边缘处的 6—6 截面；

b. 变高度梁高度突变处的 7—7 截面；

c. 参照简支梁要求，需要进行验算的截面。

（2）梁剪切破坏时临界斜裂缝的水平投影长度 C（见图 11.6）主要与梁的截面有效高度 h_0 及剪跨比 $\lambda = M_d / V_d h_0$ 有关，试验分析表明，其值可为

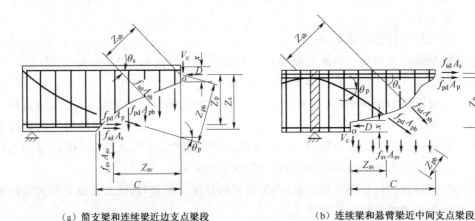

（a）简支梁和连续梁近边支点梁段   （b）连续梁和悬臂梁近中间支点梁段

图 11.6   斜截面抗剪承载力计算

$$C = 0.6 \frac{M_d}{V_d h_0} \cdot h_0 = 0.6 \lambda h_0 \tag{11.16}$$

式中，$\lambda = \dfrac{M_d}{V_d h_0}$，称为剪跨比，当 $\lambda > 3.0$ 时，取 $\lambda = 3.0$。

（3）当满足下面条件时，不需进行斜截面抗剪强度检算，而只需按构造要求配置箍筋：

$$\gamma_0 V_d \leqslant 0.50 \times 10^{-3} \alpha_2 f_{td} b h_0 \quad (kN) \tag{11.17}$$

式中 f_{td}——混凝土抗拉强度设计值。

（4）混凝土和箍筋承担的剪力应不小于最大设计剪力 $\gamma_0 V_d$ 的 60%。

2. 斜截面抗弯承载力的计算

在荷载作用下发生斜截面受弯破坏时，与斜截面所交截的预应力钢筋、非预应力纵筋和箍筋均按达到其计算强度 f_{pd} 和 f_{sd} 考虑，受压区混凝土被压碎前已发生很大变形，可按达到抗压极限强度分析。以此为依据，由图 11.6 可得出斜截面抗弯承载力的计算公式如下：

$$\gamma_0 M_d \leqslant f_{pd}(A_p Z_p + \sum A_{pb} Z_{pb}) + f_{sd}(A_s Z_s + \sum A_{sb} Z_{sb}) + \sum f_{sv} A_{sv} Z_{sv} \quad (11.18)$$

式中 M_d—— 通过斜截面顶端正截面内的最大弯矩组合设计值;

f_{pd}, f_{sd}—— 预应力筋及非预应力筋的抗拉强度设计值;

$A_p, A_{pb}, A_s, A_{sb}, A_{sv}$—— 与斜截面相交的预应力纵向钢筋、预应力弯起钢筋、非预应力纵向钢筋、非预应力弯起钢筋以及箍筋的截面面积;

$Z_p, Z_{pb}, Z_s, Z_{sb}, Z_{sv}$—— 钢筋 A_p、A_{pb}、A_s、A_{sb}、A_{sv} 对混凝土受压区中心 o 点的力臂。

计算斜截面抗弯承载力时,最不利斜截面位置需通过试算确定。通常在纵向钢筋截面积变化处、箍筋截面积与间距变化处或构件截面尺寸变化处中,选择最不利者开始试,取不同角度的斜截面自下而上试算。

【例题 11.1】 一公路桥梁预应力混凝土 T 形截面梁如图 11.7 所示。已知:弯矩设计值为 $M_d = 1\,297$ kN·m,结构安全等级为一级;预应力钢筋采用钢丝束,抗拉强度设计值 $f_{pd} = 1\,000$ MPa,面积 $A_p = 1\,885$ mm²;混凝土强度等级为 C50,抗压强度设计值 $f_{cd} = 22.4$ MPa。结构重要性系数 $\gamma_0 = 1.1$,开裂弯矩 $M_{cr} = 1\,217.0$ kN·m。试检算该预应力混凝土简支梁跨中截面的抗弯承载力。

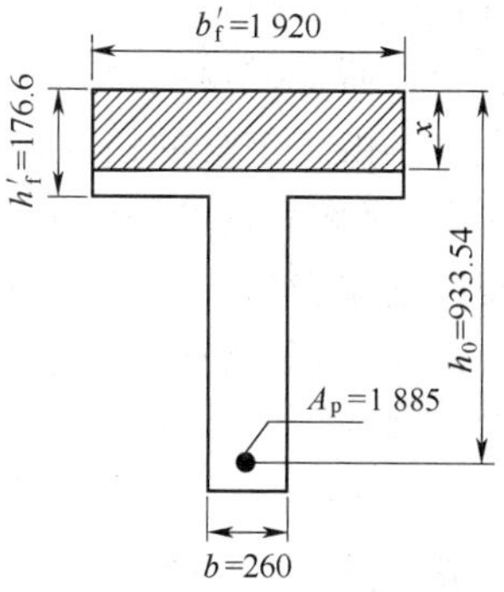

【解】 因为 $A_s = 0$,$A_s' = 0$,$A_p' = 0$,先假定中性轴位于翼缘内,利用表达式

$$f_{sd} A_s + f_{pd} A_p = f_{cd} b_f' h_f' + f_{sd}' A_s' + \sigma_{pa}' A_p'$$

可得受压区的面积:

$$b_f' x = A' = \frac{f_{pd} A_p}{f_{cd}} = \frac{1\,000 \times 1\,885}{22.4} = 84\,151.78 \, (\text{mm}^2)$$

受压区高度 x 为:

$$x = \frac{A'}{b_f'} = \frac{84\,151.78}{1\,920} = 43.83 \, (\text{mm}) < h_f' = 176.6 \, (\text{mm})$$

受压区全部位于翼缘内,可按矩形截面计算。查表 11.1 得界限相对受压区高度 $\xi_b = 0.40$。

$$x < \xi_b h_0 = 0.4 \times 933.54 = 373.4 \, (\text{mm}) \quad (\text{可以})$$

$$x > 2a' \quad (\text{因受压区无受力钢筋}, a' = 0, \text{故自然满足})$$

正截面抗弯承载力为

$$M_u = f_{cd} b_f' x (h_0 - x/2)$$
$$= 22.4 \times 84\,151.78 \times (933.54 - 43.83/2) \times 10^{-6}$$
$$= 1\,718.4 \, (\text{kN·m}) > \gamma_0 M_d = 1.1 \times 1\,297 = 1\,426.7 \, (\text{kN·m}) \quad (\text{安全})$$

$M_u / M_{cr} = 1\,718.4 / 1\,217.0 > 1.0$,最小配筋率满足要求。

图 11.7 例题 11.1 附图

11.3 有效预应力及预应力损失的计算

前面已经提到,预应力混凝土构件的应力计算和承载力计算都是非常重要的内容,而应力计算必须在已知截面上的预加力 N_p 之后才能进行。在第 10 章的应力计算中,假定预加力 N_p 是已知的,N_p 称为有效预加力,与之对应的预应力称为有效预应力。但是由于材料的性能、张拉工艺和锚固等原因,均可能引起预加应力的逐渐减小,即发生了所谓"预应力损失",使钢筋中的预应力不等于张拉初始应力(即张拉控制应力,用 σ_{con} 表示)。因此必须正确计算各项预应力损失,方能正确计算有效预应力。

各种预应力损失发生的机理如下:①在后张法构件中,张拉时预应力钢筋在预留孔道中发生滑动,因而产生摩阻力。钢筋在远离张拉端处的应力会由于这种摩阻力的存在而小于张拉端的应力。这种预应力的减小简称为管道摩阻损失,用 σ_{l1} 表示。先张法折线形预应力钢筋在转弯处也会发生摩阻损失。②在对钢筋进行锚固时,钢丝会发生回缩,由于受压也会使锚具变形、使垫圈之间的接缝压缩,从而使已经张拉并锚固的预应力钢筋缩短,引起预应力损失,这种预应力的损失简称为锚头变形损失,用 σ_{l2} 表示。③先张法构件采用蒸汽养护时由于台座与钢筋间存在温差,钢筋温度高于台座,使得钢筋比台座的伸长量大,从而引起钢筋预应力下降。该项应力损失简称为温差损失,用 σ_{l3} 表示。④后张法构件分批张拉时,后张拉的预应力使得构件受压而弹性缩短,因此会使先前已经张拉并锚固的预应力钢筋变松而造成预应力损失,简称为弹性压缩损失,用 σ_{l4} 表示;先张法也会产生弹性压缩损失。⑤由于钢材的松弛特性(见本教材第 2 章)使钢筋在锚固后发生松弛,从而引起预应力损失,简称为钢筋松弛损失,用 σ_{l5} 表示。⑥混凝土的收缩以及构件受到预应力的持续压缩而产生徐变变形,从而使构件缩短,引起预应力损失,简称为混凝土收缩、徐变损失,用 σ_{l6} 表示。注意,各设计规范中关于预应力损失的符号规定不尽相同,有些损失的计算公式也稍有区别。

上述的摩阻损失 σ_{l1}、锚具变形等损失 σ_{l2}、温差损失 σ_{l3}、混凝土的弹性压缩损失 σ_{l4} 是瞬时完成的损失,而钢筋松弛损失 σ_{l5}、混凝土的收缩、徐变损失 σ_{l6} 则是长时期完成的损失,其中 σ_{l6} 甚至需几年、几十年才能全部完成。

在传力锚固阶段(即把预应力钢筋锚固并使预应力传递到混凝土构件上的阶段),各项瞬时完成的损失如 σ_{l1}、σ_{l2}、σ_{l3}、σ_{l4} 均已完成。先张法构件传力锚固时预应力钢筋已在台座上张拉了几天(假设 $2 < t < 10$),按《公路桥规》的规定 σ_{l5} 已完成 $50\% \sim 61\%$。故先张法结构传力锚固时,一般已完成的预应力损失按 $\sigma_l^{\mathrm{I}} = \sigma_{l2} + \sigma_{l3} + \sigma_{l4} + 0.5\sigma_{l5}$ 计算。注意此处假设先张法构件采用直线形预应力钢筋,因此不存在摩阻损失;而后张法构件在传力锚固时,由于预应力钢筋刚刚张拉,因此已完成的预应力损失只包括瞬时完成的损失(注意后张法不存在温差损失),即 $\sigma_l^{\mathrm{I}} = \sigma_{l1} + \sigma_{l2} + \sigma_{l4}$。十年后则其余损失均已完成,故对于先张法构件其余损失 $\sigma_l^{\mathrm{II}} = 0.5\sigma_{l5} + \sigma_{l6}$,而对于后张法构件则 $\sigma_l^{\mathrm{II}} = \sigma_{l5} + \sigma_{l6}$。

由上述情况可知,计算各项预应力损失值在设计中是很重要的。求出各项损失值之后,便可求出各阶段中预应力钢筋(简称力筋)的实存预拉应力和混凝土中的实存预压应力,再加上荷载引起的应力增量,即得力筋和混凝土中的实际应力。

11.3.1　管道摩阻损失 σ_{l1}

如前所述,该项损失是由于预应力钢筋与管道之间滑动时产生摩阻力而引起的。如图 11.8(a)所示,这项损失可分为直线部分钢筋摩擦与曲线部分钢筋摩擦。由于摩阻力的存在,钢筋中的预拉应力在张拉端高,向跨中方向逐渐减小[图 11.8(b)]。钢筋在任意两截面间的应力差值,就是此两截面间由摩擦所引起的预应力损失值。从张拉端至计算截面间的摩擦应力损失值,以 σ_{l1} 表示。

在直线管道部分,由于施工中管道位置偏差和孔壁不光滑等原因,在钢筋张拉时,局部孔壁将与钢筋接触而引起摩擦损失,一般称此为管道偏差影响(或称长度影响)摩擦损失,其数值较小;而在弯曲的管道部分,除存在上述管道偏差影响之外,还存在因管道弯转、预应力筋对弯

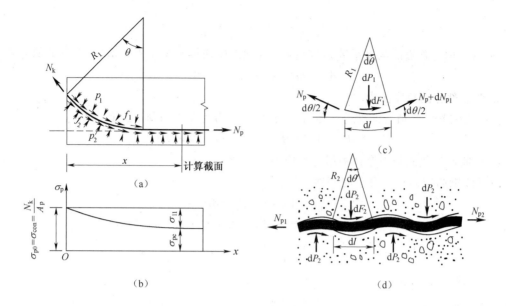

图 11.8　摩擦应力损失

道内壁的径向压力所起的摩擦损失,此部分损失称为弯道影响摩擦损失,其数值较大,并随钢筋弯曲角度之和的增加而增加。

1. 弯道影响引起的摩擦力

设钢筋与曲线管道内壁相贴,并取微段钢筋 dl 为分离体[图 11.8(c)],其相应的圆心角为 $d\theta$,曲率半径为 R_1,则微分弧长 $dl = R_1 d\theta$。由钢筋微段的径向平衡条件可求得微段钢筋与曲线管道内壁间的径向压力 dP_1 为

$$dP_1 = p_1 dl = N_p \sin\frac{d\theta}{2} + (N_p + dN_{p1})\sin\frac{d\theta}{2} \approx N_p d\theta$$

其中利用了关系式 $\sin d\theta \approx d\theta$ 并忽略了高阶小量 $dN_{p1}\sin\dfrac{d\theta}{2}$。参考图 11.8(a) 和图 11.8(c),设钢筋与管道壁间的摩擦系数为 μ,则微段钢筋 dl 的弯道影响摩擦力 dF_1 为

$$dF_1 = f_1 \cdot dl = \mu p_1 dl = \mu dP_1 \approx \mu N_p d\theta$$

由图 11.8(c)中钢筋微段的切向平衡条件得

$$N_p + dN_{p1} + dF_1 = N_p$$

所以　　　　　　　　　　　　$$dF_1 = -dN_{p1} \approx \mu N_p d\theta$$

式中　N_p——预应力筋的张拉力;

　　　p_1——单位长度内预应力筋对弯道内壁的径向压力;

　　　f_1——单位长度内预应力筋对弯道内壁的摩擦力(由 p_1 引起)。

2. 管道偏差影响引起的摩擦力

假设管道具有正负偏差,并假定其平均曲率半径为 R_2[图 11.8(d)]。类似上面的分析,假定钢筋与平均曲率半径为 R_2 的管道壁相贴,且与微段钢筋 dl 相应的弯曲圆心角为 $d\theta'$,则钢筋与管壁间在 dl 段内的径向压力 dP_2 为

$$dP_2 = p_2 dl \approx N_p d\theta' = N_p \frac{dl}{R_2}$$

故 dl 段内的摩擦力 dF_2 为

$$dF_2 = \mu \cdot dP_2 \approx \mu N_p \frac{dl}{R_2}$$

令 $\kappa = \mu/R_2$，称为管道的偏差系数，并设 dN_{p2} 为此时微段钢筋张拉力的增量，则可类似得到

$$dF_2 = \kappa \cdot N_p \cdot dl = -dN_{p2}$$

3. 弯道部分的总摩擦力

预应力钢筋在管道弯曲部分微段 dl 内的总摩擦力为上述两部分之和，即

$$dF = dF_1 + dF_2 = N_p \cdot (\mu d\theta + \kappa dl)$$

4. 钢筋计算截面处因摩擦力引起的应力损失值

由微段钢筋切向总的力平衡条件可得：

$$dN_{p1} + dN_{p2} + dF_1 + dF_2 = 0$$

所以

$$dN_p = dN_{p1} + dN_{p2} = -dF_1 - dF_2 = -N_p(\mu d\theta + \kappa dl)$$

或写成

$$\frac{dN_p}{N_p} = -(\mu d\theta + \kappa dl)$$

将上式两边同时积分得

$$\ln N_p = -(\mu\theta + \kappa l) + c$$

由张拉端边界条件：$\theta = \theta_0 = 0$，$l = l_0 = 0$ 时，则 $N_p = N_k$（N_k 称为张拉控制力，即张拉端预应力钢筋内的拉力），代入上式可得 $c = \ln N_k$，于是

$$\ln N_p = -(\mu\theta + \kappa l) + \ln N_k$$

亦即

$$\ln \frac{N_p}{N_k} = -(\mu\theta + \kappa l)$$

所以

$$N_p = N_k \cdot e^{-(\mu\theta + \kappa l)}$$

为计算方便，式中 l 近似地用其在构件纵轴上的投影长度 x 代替，则上式变为

$$N_x = N_k \cdot e^{-(\mu\theta + \kappa x)} \tag{11.19}$$

式中　N_x——距张拉端为 x 的计算截面处钢筋实际的预拉力。

由此可求得因摩擦所引起的预应力损失值 σ_{l1} 为

$$\sigma_{l1} = \frac{N_k - N_x}{A_p} = \frac{N_k - N_k e^{-(\mu\theta + \kappa x)}}{A_p} = \frac{N_k}{A_p}[1 - e^{-(\mu\theta + \kappa x)}]$$
$$= \sigma_{con}[1 - e^{-(\mu\theta + \kappa x)}] = \beta \sigma_{con} \tag{11.20}$$

式中　A_p——预应力钢筋的截面面积；

σ_{con}——锚下张拉控制应力，$\sigma_{con} = N_k/A_p$，N_k 为钢筋锚下张拉控制拉力；

x——从张拉端至计算截面的管道长度在构件纵轴上的投影长度，或为三维空间曲线管道的长度，以 m 计；

κ——管道每米长度的局部偏差对摩擦的影响系数（偏差系数），可按表 11.2 采用；

μ——钢筋与管道壁间的摩擦系数，可按表 11.2 采用；

β——计算系数，$\beta = [1 - e^{-(\mu\theta + \kappa x)}]$；

θ——从张拉端至计算截面间平面曲线管道部分夹角[图 11.8(a)]之和，称为曲线包角，按绝对值相加，单位以弧度计；如管道是在竖平面内和水平面内同时弯曲的三维空间曲线管道，则 $\theta = \sqrt{\theta_H^2 + \theta_V^2}$，其中 θ_H、θ_V 分别为在同段管道上的水平面内的弯曲角与竖向平面内的弯曲角。

公式中的 κ、μ 值均为经验系数，变化较大，与钢筋种类、管道种类、接触面及施工条件等有关。具体规定数据参见表 11.2。

表 11.2 系数 κ 和 μ

《公路桥规》的数值			
管道类型	κ	μ	
		钢绞线、钢丝束	精轧螺纹钢筋
预埋金属波纹管	0.001 5	0.20～0.25	0.50
预埋塑料波纹管	0.001 5	0.14～0.17	—
预埋铁皮管	0.003 0	0.35	0.40
预埋钢管	0.001 0	0.25	—
抽心成型	0.001 5	0.55	0.60
《铁路桥规》的数值			
管道类型	κ		μ
橡胶管或抽芯成型的管道	0.001 5		0.55
铁皮套管	0.003 0		0.35
金属波纹管	0.002 0～0.003 0		0.20～0.26

注:1. 在计算中须考虑钢筋与锚圈口之间摩擦引起的应力损失,此值应根据试验确定。

2. 在计算中须考虑预应力钢束张拉时,钢束在垫板喇叭口处产生了弯折,因而也产生摩擦损失,此值应根据试验确定。

为了减少摩擦损失,一般可采用如下措施:

(1)采用两端张拉,以减小 θ 值及管道长度 x 值;

(2)设法降低 κ、μ 值,例如管道涂油(只适用于无黏结筋)或用较硬的材料做管道;

(3)采用超张拉,其张拉工艺一般可采用如下程序进行:

$$0 \longrightarrow 初应力(0.1\sigma_{con}左右) \longrightarrow (1.05～1.10)\sigma_{con} \xrightarrow{持荷\ 2～5\ min} 0.85\sigma_{con} \longrightarrow \sigma_{con}$$

由于超张拉 5%～10%,使预应力钢筋各截面应力相应提高。当张拉力回降至 σ_{con} 时,钢筋因要回缩而受到反向摩擦力的作用。对于简支梁来说,这个回缩影响一般不能传递到受力最大的跨中截面(或者影响很小),这样跨中截面的预应力也就因超张拉而获得了稳定的提高。

还应指出,θ 角指全部角度增量的绝对值之和。如图 11.9 所示,离张拉端 x 处的 θ 角为:

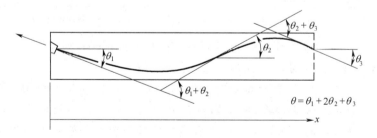

图 11.9 后张法曲线型钢筋转角

$$\theta = \theta_1 + 2\theta_2 + \theta_3$$

如果预应力钢筋是一条三维空间曲线,则应计及垂直和水平方向全部角度变化值。

折线配筋的先张法结构,预应力钢筋与固定于台座上的中间支承接触处(钢筋弯折处)的摩擦损失可按下式计算:

$$\sigma_{l1} = \frac{\mu P}{A_p} \tag{11.21}$$

式中 P——张拉时在钢筋弯折处施加于中间支承的压力合力;

A_p——预应力钢筋的截面积;

μ——钢筋对钢支承的摩擦系数,可取为 0.30 。

11.3.2　锚头变形、钢筋回缩和接缝压缩引起的损失 σ_{l2}

这项应力损失与采用的锚具形式和接缝的涂料有关。不论先张法或后张法预应力构件,当张拉完毕千斤顶放松时,预拉力通过锚具传递到台座或构件上,都会由于锚具、垫板本身的变形,其间缝隙压紧及钢筋在锚具中的滑移等引起钢筋向内回缩滑动,造成预应力下降,从而引起预应力损失。损失值可按下式计算(平均损失):

$$\sigma_{l2} = E_p \varepsilon = E_p \frac{m_t \Delta l}{l} \tag{11.22}$$

式中　σ_{l2}——锚头变形等引起的预应力钢筋的应力损失;

　　　Δl——一个张拉端的锚具变形、钢筋回缩、螺帽缝隙及后加垫板的缝隙等之和,不同锚具种类有不同规定值,具体规定参见表 11.3;

　　　m_t——系数,单端张拉时取 1,两端张拉时取 2;

　　　l——预应力钢筋的有效长度(mm);

　　　E_p——预应力钢筋的弹性模量(MPa)。

表 11.3　一个锚头变形、钢筋回缩和接缝压缩计算值 Δl(mm)

锚具、接缝类型		表现形式	Δl
钢制锥形锚头		钢筋回缩及锚头变形	6 (8)
夹片式锚具	有顶压时	锚具回缩	4 (4)
	无顶压时		6 (6)
带螺帽锚具的螺帽缝隙		缝隙压密	1 (1)
镦头锚具		缝隙压密	1 (无)
每块后加垫板的缝隙		缝隙压密	1 (1)
水泥砂浆接缝		缝隙压密	1 (1)
环氧树脂砂浆接缝		缝隙压密	1 (0.05)

注:括号外为《公路桥规》数值,括号内为《铁路桥规》数值。"无"表示该规范中没有此种锚具数值。

从公式(11.22)中可看出,σ_{l2} 与预应力钢筋的有效长度 l 有关,如长度很短,σ_{l2} 值会很大。在先张法的长线台座上张拉时,由于 l 值很大,所以 σ_{l2} 值就很小。

显然,公式(11.22)中的 ε 是平均应变,该式假定滑移沿钢筋长度均匀分布。对先张法来说此假定成立,但对后张法构件,如钢筋在孔道内无摩擦作用也可成立。但钢筋与孔道壁间摩擦作用较大时,钢筋由张拉端开始在管道内回缩时就会与管道发生摩擦。由于该摩擦与钢筋张拉时的摩擦力(即 σ_{l1})方向相反,因此也称为反向摩擦损失。类似于张拉时的摩阻损失,这种摩擦力由张拉端向内逐步减小,沿着预应力钢筋分布是不均匀的。因此式(11.22)只是近似计算公式,要精确计算,应考虑因反向摩擦力作用。下面就推导考虑反向摩擦力的计算式。

如图 11.10 所示,假设 bc 表示锚固前的钢筋应力,在端部预应力最大,由于摩擦损失,钢筋预应力沿构件轴线而减少。锚固后因锚具变形等使钢筋发生与张拉时方向相反的滑动。端部预应力值突然下降,此时构件内有一段长度内会发生反向摩擦力,使预应力有所减少,到距离端部 l_f 处恢复原来预应力值。因为反向摩擦系数与正向摩擦系数是相同的,所以 bc 与 bc' 斜率相等,不过方向相反而已。需要求出的是长度 l_f 及端部预应力管道摩擦损失值 σ_{l2}。

如图 11.10，由于对称，张拉端部预应力损失为

$$\sigma_{l2} = \sigma_{con} - \sigma(0) = 2\left[\sigma_{con} - \sigma(l_f)\right]$$

式中 $\sigma(l_f)$——离端部距离为 l_f 截面处的钢筋应力。

可以看出，在 $x=0$ 处应力损失最大为 $\sigma(l_1)$，在 $x=l_f$ 处应力损失为零。在 $x=0$ 到 $x=l_f$ 一段长度内应力损失平均值为

$$\Delta\bar{\sigma} = \frac{1}{l_f}\int_0^{l_f}\left[\sigma(x) - \sigma(0)\right]dx = \frac{2}{l_f}\int_0^{l_f}\left[\sigma(x) - \sigma(l_f)\right]dx \tag{11.23}$$

在 l_f 长度内钢筋总缩短值为锚具变形值 Δl，缩短应变为 $\Delta l/l_f$，因此应力损失平均值为

$$\Delta\bar{\sigma} = E_p\frac{\Delta l}{l_f}$$

由式(11.20)可知

$$\sigma(x) = \sigma_{con}\cdot e^{-(\kappa x + \mu\theta)}$$

设 $\lambda x = \mu\theta + \kappa x$，则有

$$\sigma(x) = \sigma_{con}\cdot e^{-\lambda x} \tag{11.24}$$

将式(11.24)代入式(11.23)，并不计 $e^{-\lambda x}$ 展开式中的高次项可得

$$\Delta\bar{\sigma} \approx \sigma_{con}\lambda l_f = \frac{\sigma_{l2}}{2}$$

在端部($x=0$)处：$\sigma_{l2} = 2\sigma_{con}\lambda l_f$

在任意点 x：

$$\sigma_{l2}(x) = 2\sigma_{con}\lambda l_f\left(1 - \frac{x}{l_f}\right) \tag{11.25}$$

$$l_f = \sqrt{\frac{E_p\Delta l}{\sigma_{con}\cdot\lambda}} \tag{11.26}$$

如钢筋为圆弧线，则

$$\lambda = \frac{\kappa x + \mu\theta}{x} = \kappa + \frac{\mu}{\rho}$$

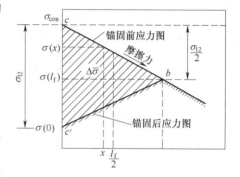

图 11.10　后张法构件锚具变形
引起的预应力损失

式中 ρ 为曲率半径。则 l_f 可改写成

$$l_f = \sqrt{\frac{E_p\Delta l}{\sigma_{con}\cdot\left(\kappa + \dfrac{\mu}{\rho}\right)}} \tag{11.27}$$

任意截面 x 处的 σ_{l2} 则可按公式(11.25)求出。

11.3.3　温差应力损失 σ_{l3}

这项损失只有在先张法构件才有，这是由先张法构件的施工工艺决定的。

先张法构件在固定台座上用蒸汽或其他方法加热养护时产生此项应力损失。设张拉力筋时制造场地的温度为 $t_1℃$，用蒸汽或其他方法加热养护时混凝土的最高温度为 $t_2℃$。此时因混凝土尚未达到一定的强度，因此力筋与混凝土间的黏结力不足以抗衡力筋受热后的自由变形(伸长)。设力筋沿全长均匀受热，则力筋将伸长

$$\Delta l = \alpha(t_2 - t_1)l \tag{11.28}$$

式中 α——钢筋的线膨胀系数，取为 1×10^{-5}；

l——力筋的长度。

如果张拉台座不受蒸汽养护高温的影响,即台座位置固定,则当力筋升温伸长时,台座长度不变,这相当于力筋变松了。此时产生的应力损失即所谓温差损失,其值按下式计算:

$$\sigma_{l3} = E_p \frac{\Delta l}{l} = \alpha(t_2 - t_1)E_p \qquad (11.29)$$

取钢筋的弹性模量 $E_p = 2.0 \times 10^5$ MPa,则

$$\sigma_{l3} = 1 \times 10^{-5}(t_2 - t_1) \times 2.0 \times 10^5 = 2(t_2 - t_1) \text{ MPa} \qquad (11.30)$$

式中　t_1——张拉钢筋时制造场地的温度;

　　　t_2——用蒸汽或其他方法加热养护时混凝土的最高温度。

停止蒸汽或其他养护时,混凝土已有相当大的强度,其黏结力足以阻止力筋与混凝土之间的相对滑动。因此,构件降温回缩时,该项损失不可能恢复。

如果钢丝张拉在钢模上(如轨枕),加热养护时钢模随同钢丝一同胀缩,则不产生此项应力损失。

为减少温差引起的应力损失,可采用二级升温养护制度。即先用低温养护至混凝土达到 $7.5 \sim 10.0$ MPa 再逐渐升温养护。当混凝土达到上述强度后,力筋与混凝土之间的黏着力已可阻止力筋与混凝土之间的相对滑动,故虽继续升温,但不再产生由于温差而引起的应力损失。计算时,t_2 按低温养护阶段的温度考虑。

11.3.4　混凝土弹性压缩引起的损失 σ_{l4}

当预应力传递到混凝土构件上时,混凝土将因受压而产生弹性缩短,从而使已经锚固在其上的预应力钢筋回缩,应力变小,即产生了预应力损失。

对于先张法结构,放松力筋进行传力锚固时,由于混凝土弹性压缩所引起的应力损失为

$$\sigma_{l4} = \varepsilon_{\text{弹}} E_p = \frac{\sigma_{pc}}{E_c} E_p = n_p \sigma_{pc} \qquad (11.31)$$

式中　n_p——力筋的弹性模量与传力锚固时混凝土弹性模量之比;

　　　E_c——传力锚固时混凝土的弹性模量;

　　　$\varepsilon_{\text{弹}}$——放松力筋后,在计算截面力筋重心处由预加力产生的混凝土压应变;

　　　σ_{pc}——在计算截面力筋重心处由预加力产生的混凝土压应力,可按下式计算:

$$\sigma_{pc} = \frac{N_p}{A_0} + \frac{N_p e_0^2}{I_0}; \quad N_p = A_p \sigma_{pe}^* = A_p(\sigma_{pe}^{\text{I}} + \sigma_{l4}) \qquad (11.32)$$

式中　A_p——预应力钢筋的截面积;

　　　A_0, I_0——换算截面的截面积和惯性矩;

　　　σ_{pe}^*——在传力锚固阶段放松钢筋前瞬间(弹性压缩损失发生前)预应力钢筋中的有效应力,$\sigma_{pe}^* = \sigma_{pe}^{\text{I}} + \sigma_{l4} = \sigma_{con} - (\sigma_{l2} + \sigma_{l3} + 0.5\sigma_{l5})$;

　　　σ_{pe}^{I}——至力筋传力锚固时经历了全部第一组预应力损失后的有效预应力,$\sigma_{pe}^{\text{I}} = \sigma_{con} - \sigma_l^{\text{I}} = \sigma_{con} - (\sigma_{l2} + \sigma_{l3} + \sigma_{l4} + 0.5\sigma_{l5})$。

在后张法构件中,如全部预应力钢筋同时张拉,则因钢筋还没有锚固,混凝土弹性压缩与张拉钢筋在同时进行,混凝土的弹性压缩不会使得钢筋跟着回缩,所以也就不会引起弹性压缩损失,因而也不必计算弹性压缩引起的预应力损失值;如是分批张拉,则前次张拉并已锚固在混凝土上的预应力钢筋将因后来张拉钢筋而使其压缩并引起预应力损失。因此每根钢筋中预应力损失值与钢筋在截面中所处位置及张拉次序有关。显然第一批张拉的力筋应力损失最

大,最后一批张拉的力筋则没有弹性压缩损失。设在已张拉力筋的重心处由于后来张拉一批力筋而产生的混凝土正应力为 $\Delta\sigma_{pc}$,则该处混凝土的弹性压缩为 $\varepsilon = \Delta\sigma_{pc}/E_c$,已张拉力筋中产生的应力损失为 $E_p\varepsilon = E_p\Delta\sigma_{pc}/E_c = n_p\Delta\sigma_{pc}$。

后张法中力筋大多布置成曲线形,不同截面中力筋的布置不相同,且各截面中各根力筋重心的位置各不相同。因而,尽管每根力筋的端部张拉力通常是相同的,但因布置的不同,因此各 $\Delta\sigma_{pc}$ 也不相同,采用手算时,要精确计算将是十分繁琐复杂的(如采用电算,则可精确计算)。为简化计算,对于简支梁,实用上以 1/4 跨度截面代表全梁的平均截面,并假设同一截面所有力筋的 $\Delta\sigma_{pc}$ 都相同,并且所有力筋都位于其合力作用点(假定 $\Delta\sigma_{pc}$ 相同时,即为所有力筋的重心)。这样,各次张拉力筋引起的已张拉力筋的应力损失均为 $n_p\Delta\sigma_{pc}$,这就使计算十分简便,而且误差在容许范围内。如某批力筋张拉后又张拉了 Z 批,则该批力筋中的应力损失了 Z 个 $n_p\Delta\sigma_{pc}$,故该批力筋由于混凝土弹性压缩引起的应力损失 σ_{l4} 为

$$\sigma_{l4} = n_p\Delta\sigma_{pc}Z \tag{11.33}$$

由于张拉先后次序不同,各力筋中的应力损失也不同。为便于进行各项检算,一般计算各力筋平均的弹性压缩损失。设被张拉力筋的根数或批数为 N,取第一根(或批)力筋张拉后的 $Z(Z = N-1)$ 和最后一根(或批)张拉后的 $Z(Z = 0)$ 之平均值作为式(11.33)中的 Z,即

$$\sigma_{l4} = \frac{N-1}{2}n_p\Delta\sigma_{pc} = \frac{N-1}{2N}n_p\sigma_{pc} \tag{11.34}$$

式中　N——被张拉力筋的根数或批数;

　　　σ_{pc}——在 1/4 跨度截面力筋重心处由预加力产生的混凝土正应力,$\sigma_{pc} = N\Delta\sigma_{pc}$,可按下式计算:

$$\sigma_{pc} = \frac{N_p}{A_n} + \frac{N_pe_n^2}{I_n}, \quad N_p = A_p\sigma_{pe}^{\mathrm{I}}\cos\alpha \tag{11.35}$$

$$\sigma_{pe}^{\mathrm{I}} = \sigma_{con} - \sigma_1^{\mathrm{I}} = \sigma_{con} - (\sigma_{l1} + \sigma_{l2} + \sigma_{l4})$$

对于使用锥形锚的后张法拉丝式体系,则尚需考虑锚圈口摩擦损失,其数值可根据试验确定。

11.3.5　应力松弛损失 σ_{l5}

不论先张法或后张法,预应力钢筋都持续处于高应力状态下,因而都会产生应力松弛现象。钢筋的应力松弛与钢筋成分及其加工方法、初应力大小及其延续时间以及预应力构件的施工方法等因素有关。工程上有普通松弛(Ⅰ级松弛)和低松弛(Ⅱ级松弛)两类预应力钢筋。

钢筋松弛应力损失的计算大都采用经验公式。显然松弛应力损失值是时间的函数,其终极值计算公式如下。

1. 钢绞线、钢丝的应力松弛损失

《公路桥规》的计算公式为

$$\sigma_{l5} = \Psi\zeta\left(0.52\frac{\sigma_{pe}}{f_{pk}} - 0.26\right)\sigma_{pe} \tag{11.36a}$$

《铁路桥规》的计算公式为

$$\sigma_{l5} = \zeta\sigma_{con} \tag{11.36b}$$

式中　Ψ——张拉系数:一次张拉时取 1.0;超张拉时取 0.9;

　　　ζ——钢筋松弛系数:《公路桥规》规定,Ⅰ级松弛(普通松弛)取 $\zeta = 1.0$,Ⅱ级松弛(低松弛)取 $\zeta = 0.3$;《铁路桥规》规定,对于钢丝,普通松弛时取 $\zeta = 0.4\left(\dfrac{\sigma_{con}}{f_{pk}} - 0.5\right)$;对

于钢丝、钢绞线，低松弛时，当 $\sigma_{con} \leqslant 0.7 f_{pk}$ 时取 $\zeta = 0.125\left(\dfrac{\sigma_{con}}{f_{pk}} - 0.5\right)$，当

$0.7 f_{pk} \leqslant \sigma_{con} \leqslant 0.8 f_{pk}$ 时取 $\zeta = 0.2\left(\dfrac{\sigma_{con}}{f_{pk}} - 0.575\right)$；

σ_{pe}——传力锚固时的钢筋应力；对后张法构件，$\sigma_{pe} = \sigma_{con} - \sigma_{l1} - \sigma_{l2} - \sigma_{l4}$；对先张法构件，

    指钢筋锚固在台座上时的钢筋应力，即 $\sigma_{pe} = \sigma_{con} - \sigma_{l2}$；

f_{pk}——钢丝的抗拉强度标准值。

2. 精轧螺纹钢筋（公路和铁路桥规的计算公式相同）的应力松弛损失

一次张拉 $\sigma_{l5} = 0.05\sigma_{con}$ (11.37)

超张拉 $\sigma_{l5} = 0.035\sigma_{con}$ (11.38)

上面的公式(11.36)、式(11.37)和式(11.38)都是计算松弛损失终极值的，要分阶段计算该项损失时，可按表 11.4 中所给出的中间值与终极值的比值计算。

表 11.4   《公路桥规》、《铁路桥规》σ_{l5}、σ_{l6} 中间值与终极值的比值

时间(d)	2	10	20	30	40	60	90	180	1 年	3 年
《公路桥规》及《铁路桥规》中由于钢筋松弛引起的损失 σ_{l5}	0.50	0.61	0.74	0.87	1.0	—	—	—	—	—
《铁路桥规》中由于混凝土收缩和徐变引起的损失 σ_{l6}	—	0.33	0.37	0.40	0.43	0.50	0.60	0.75	0.85	1.0

由于初期应力松弛发展很快，因此采用超张拉可降低松弛损失。由于应力松弛损失与持荷时间有关，故计算时应根据构件不同受力阶段的持荷时间，采用不同的松弛损失值。如先张法构件在预加应力阶段中，考虑其持荷时间较短，一般按松弛损失终极值的一半计算，其余一半则认为在随后的使用阶段中完成。后张法构件的钢筋松弛损失，则认为全部在使用阶段内完成。注意各种规范的规定不太一致，在实际计算时应根据所设计的结构来取值。

需要注意的是，钢筋松弛引起的预应力损失和下面将要提到的混凝土的收缩和徐变引起的预应力损失都是在很长时间内逐渐完成的，而且它们会互相影响。在 σ_{l5} 使力筋中应力降低的同时，混凝土中的应力也会降低，因而徐变损失将减少。同样，混凝土的收缩也会使徐变损失减少。混凝土的收缩、徐变降低了力筋中的预应力值，又使钢筋松弛引起的应力损失减小。因此，简单叠加 σ_{l5} 和 σ_{l6}，其结果必然偏大。如果把时间分成若干小段，分段计算各项损失，这样求出的损失总量会小些，也更符合实际些，只是计算比较麻烦，现可采用计算机进行计算。

11.3.6 混凝土收缩、徐变损失 σ_{l6}

如本教材第 2 章所述，在一般条件下，混凝土要发生体积收缩；在持续压力作用下，混凝土还会产生徐变。两者均使构件的长度缩短，从而造成预应力损失。又由于收缩和徐变有着密切的联系，许多影响收缩变形的因素也同样影响着徐变的变形值，故将混凝土的收缩和徐变值的影响综合在一起进行计算。

《公路桥规》推荐的受拉区、受压区预应力钢筋在时刻 t 的收缩、徐变应力损失计算公式为

$$\sigma_{l6}(t) = \frac{0.9\left[E_p\varepsilon_{cs}(t,t_0) + n_p\sigma_c\varphi(t,t_0)\right]}{1 + 15\rho\,\rho_{ps}} \tag{11.39a}$$

$$\sigma'_{l6}(t) = \frac{0.9\left[E_p\varepsilon_{cs}(t,t_0) + n_p\sigma'_c\varphi(t,t_0)\right]}{1 + 15\rho'\,\rho'_{ps}} \tag{11.40}$$

$$\rho = \frac{A_p + A_s}{A}, \quad \rho' = \frac{A'_p + A'_s}{A} \tag{11.41a}$$

$$\rho_{ps}=1+\frac{e_{ps}^2}{i^2}, \quad \rho'_{ps}=1+\frac{e'^2_{ps}}{i^2} \tag{11.42}$$

$$e_{ps}=\frac{A_p e_p+A_s e_s}{A_p+A_s}, \quad e'_{ps}=\frac{A'_p e'_p+A'_s e'_s}{A'_p+A'_s} \tag{11.43}$$

式中 $\sigma_{l6}(t),\sigma'_{l6}(t)$ ——构件受拉区、受压区全部受力钢筋截面重心点处由混凝土收缩、徐变引起的预应力损失；

ρ,ρ' ——受拉区、受压区纵向预应力钢筋的配筋率；

A_p,A_s,A'_p,A'_s ——受拉区、受压区预应力钢筋和非预应力钢筋的截面面积(m^2)；

A ——构件计算截面的面积，对于后张法构件在预留孔道压浆之前为净截面 A_n，在压浆并结硬后为换算截面 A_0，对于先张法构件均为换算截面 A_0；

e_{ps},e'_{ps} ——受拉区、受压区预应力钢筋和非预应力钢筋重心点至构件截面重心轴的距离；

e_p,e'_p ——受拉区、受压区预应力钢筋重心点至构件截面重心轴的距离；

e_s,e'_s ——受拉区、受压区非预应力钢筋重心点至构件截面重心轴的距离；

i ——截面的回转半径，$i=\sqrt{I/A}$，其中 I 为截面的惯性矩，计算规定与上述计算构件截面面积 A 的规定相同；

$\varphi(t,t_0)$ ——加载龄期为 t_0，计算考虑龄期为 t 时的混凝土的徐变系数，其终极值可按表 11.5 取用；

$\varepsilon_{cs}(t,t_0)$ ——传力锚固龄期为 t_0，计算考虑龄期为 t 时的混凝土的收缩应变，其终极值可按表 11.5 取用；

σ_c,σ'_c ——先张法构件放松钢筋时，或后张法构件钢筋锚固时，在计算截面上受拉区、受压区预应力钢筋重心处由预加力（扣除相应阶段的预应力损失）产生的混凝土法向应力（MPa）（计算时应根据张拉受力情况考虑自重的影响，σ_c、σ'_c 不应大于传力锚固时混凝土立方体抗压强度 f'_{cu} 的 0.5 倍，当 σ'_c 为拉应力时应取为零）；对于简支梁，一般可采用跨中和 $L/4$ 截面的平均值作为全梁各截面的计算近似值。

由上可知，公式(11.39)和式(11.40)不仅考虑了预应力随混凝土收缩、徐变逐渐产生而变化的因素，而且考虑了非预应力钢筋对混凝土收缩、徐变起着阻碍作用的影响，因此该式既适应于全预应力混凝土构件，也适应于部分预应力混凝土构件。

《铁路桥规》推荐的收缩、徐变应力损失终极值计算公式如下（受拉区、受压区公式统一）：

$$\sigma_{l6}=\frac{0.8 n_p\sigma_c\varphi(t_u,t_0)+E_p\varepsilon_{cs}(t_u,t_0)}{1+\left[1+\frac{\varphi(t_u,t_0)}{2}\right]\rho\,\rho_{ps}} \tag{11.39b}$$

$$\rho=\frac{n_p A_p+n_s A_s}{A} \tag{11.41b}$$

式中 $\varphi(t_u,t_0)$ ——加载龄期为 t_0 时混凝土的徐变系数终极值，可按表 11.5 中的《铁路桥规》数值采用；

$\varepsilon_{cs}(t_u,t_0)$ ——自混凝土龄期为 t_0 开始的收缩应变终极值，可按表 11.5 的《铁路桥规》数值采用；

n_s ——非预应力钢筋弹性模量与混凝土弹性模量之比。

如前所述，混凝土收缩、徐变应力损失与钢筋的应力松弛损失是相互影响的，目前采用先单独计算然后叠加的方法是不够完善的。国际上有把三者综合起来进行考虑的计算方法,即采用包括混凝土收缩、徐变与钢筋松弛三者耦合的综合应力损失计算公式,并用迭代法进行计算。国内也有类似专题讨论。但计算烦琐,且还没有得到足够量的试验证明,因此还不能推广应用。

表 11.5　混凝土收缩应变、徐变系数终极值

《公路桥规》的数值							
混凝土收缩应变终极值 $\varepsilon_{cs}(t_u, t_0) \times 10^3$							
传力锚固时 混凝土的龄期(d)	40%≤RH≤70%				70%≤RH≤99%		
	理论厚度 $h = 2A/u$(mm)				理论厚度 $h = 2A/u$(mm)		
	100	200	300	≥600	100	200	300	≥600
3～7	0.50	0.45	170	110	0.30	0.26	0.23	0.15
14	0.43	0.41	160	110	0.25	0.24	0.21	0.14
28	0.38	0.38	160	110	0.22	0.22	0.20	0.13
60	0.31	0.34	160	110	0.18	0.20	0.19	0.12
90	0.27	0.32	150	110	0.16	0.19	0.18	0.12
混凝土徐变系数终极值 $\varphi(t_u, t_0)$							
混凝土加载龄期(d)	40%≤RH≤70%				70%≤RH≤99%		
	理论厚度 $h = 2A/u$(mm)				理论厚度 $h = 2A/u$(mm)		
	100	200	300	≥600	100	200	300	≥600
3	3.78	3.36	3.14	2.79	2.73	2.52	2.39	2.20
7	3.23	2.88	2.68	2.39	2.32	2.15	2.05	1.88
14	2.83	2.51	2.35	2.09	2.04	1.89	1.79	1.65
28	2.48	2.20	2.06	1.83	1.79	1.65	1.58	1.44
60	2.14	1.91	1.78	1.58	1.55	1.43	1.36	1.25
90	1.99	1.76	1.65	1.46	1.44	1.32	1.26	1.15
《铁路桥规》的数值							
预加力时 混凝土的龄期(d)	收缩应变终极值 $\varepsilon_{cs}(t_u, t_0) \times 10^6$				徐变系数终极值 $\varphi(t_u, t_0)$		
	理论厚度 $h = 2A/u_1$(mm)				理论厚度 $h = 2A/u_1$(mm)		
	100	200	300	≥600	100	200	300	≥600
3	250	200	170	110	3.00	2.50	2.30	2.00
7	230	190	160	110	2.60	2.20	2.00	1.80
10	217	186	160	110	2.40	2.10	1.90	1.70
14	200	180	160	110	2.20	1.90	1.70	1.50
28	170	160	150	110	1.80	1.50	1.40	1.20
≥60	140	140	130	100	1.40	1.20	1.10	1.00

注:对于《公路桥规》数值:

(1)表中 RH 代表桥梁所处环境的年平均相对湿度(%),表中 40%≤RH≤70%栏目中的数值是按 55%计算的,而 70%≤RH≤99%栏目中的数值是按 80%计算的;

(2)表中 h 为理论厚度,$h = 2A/u$,u 为计算截面与大气接触的周边长度;当构件为变截面时,A 和 u 取平均值;

(3)本表用于一般的硅酸盐水泥或快硬水泥配制成的混凝土。表中数值系强度等级 C40 混凝土计算,对 C50 及以上混凝土,表列数值应乘以 $\sqrt{32.4/f_{ck}}$,式中 f_{ck} 为混凝土轴心抗压强度标准值(MPa);

(4)本表适用于季节性变化温度-20~+40℃;

(5)构件实际的理论厚度、传力锚固龄期、加载龄期为表列数字的中间值时,可按直线内插取值;

(6)需要分阶段计算收缩应变和徐变系数时,可按《公路桥规》附录 F 提供的方法计算。

对于《铁路桥规》数值:表中数值适用于年平均相对湿度高于 40%条件下使用的结构,在年平均相对湿度低于 40%条件下使用的结构,表列 $\varphi(t_u, t_0)$、$\varepsilon_{cs}(t_u, t_0)$ 值应增加 30%。

总之,以上各项预应力损失的估算值,可以作为设计时的一般依据。但由于材料、施工条件等的不同,实际的预应力损失值与按上述方法估算的数值是会有出入的。为了确保预应力混凝土结构在施工、使用阶段的安全,除加强施工管理外,有条件时还应作好应力损失值的实测工作,用所测得的实际应力损失值来调整张拉应力。

11.3.7　有效预应力的计算

由上面的分析可以看出,采用不同施工工艺所引起的预应力损失值是不同的:

(1)对于后张法预应力混凝土构件,张拉钢筋对所张拉钢筋本身不会引起像先张法那样的弹性压缩应力损失,只有当多根钢筋分批张拉时,才会对已张拉并锚固的钢筋引起弹性压缩应力损失;

(2)后张法是在混凝土已完成部分收缩变形之后进行张拉的。因此,由于混凝土硬化收缩所造成的应力损失要比先张法构件小;

(3)后张法构件中没有先张法构件蒸汽养护时发生的温差应力损失,而先张法构件则不存在后张法构件中的管道摩阻应力损失。

前已述及,预应力筋中的有效预应力 σ_{pe} 是力筋张拉后,从锚下控制拉应力 σ_{con} 中扣除相应阶段的应力损失 σ_l 后,在钢筋中实际存在的预拉应力。不同受力阶段的有效预应力值是不同的,必须先将预应力损失值按受力阶段进行组合,然后才可算出不同阶段的混凝土有效预应力 σ_{pc}。预应力损失值组合一般根据应力损失出现的先后与全部完成所需要的时间,分先张法、后张法,按预加应力和使用两个阶段来进行,具体如表 11.6 所示。

表 11.6　各阶段预应力损失值的组合表

受力阶段 \ 预加应力方法	先张法	后张法
传力锚固阶段(Ⅰ)	$\sigma_l^{\text{I}} = \sigma_{l2} + \sigma_{l3} + \sigma_{l4} + 0.5\sigma_{l5}$	$\sigma_l^{\text{I}} = \sigma_{l1} + \sigma_{l2} + \sigma_{l4}$
使用阶段(Ⅱ)	$\sigma_l^{\text{II}} = 0.5\sigma_{l5} + \sigma_{l6}$	$\sigma_l^{\text{II}} = \sigma_{l5} + \sigma_{l6}$

注:σ_l^{I} 系指钢筋张拉完毕,并进行传力锚固时为止所出现的应力损失值之和;σ_l^{II} 系指传力锚固结束后出现的应力损失值之和。

各阶段预应力筋的有效预应力 σ_{pe} 为

(1)传力锚固阶段:
$$\sigma_{pe}^{\text{I}} = \sigma_{con} - \sigma_l^{\text{I}}$$

(2)使用阶段:
$$\sigma_{pe}^{\text{II}} = \sigma_{con} - (\sigma_l^{\text{I}} + \sigma_l^{\text{II}})$$

式中符号的上标表示应力损失的阶段,Ⅰ为传力锚固阶段,Ⅱ为使用阶段。其余意义同前。

【例题 11.2】　某后张法预应力混凝土铁路桥梁,计算跨度 $L = 32.00$ m,梁全长 $L_0 = 32.60$ m,横向由两片 T 形梁组成。采用一次张拉普通松弛的预应力钢丝。每片梁采用 20 束钢丝束,每束由 24Φ5 冷拔碳素钢丝组成,其抗拉强度标准值 $f_{pk} = 1\,570$ MPa。两端配置钢制锥形锚头,用千斤顶在混凝土达到设计强度后自两端同时张拉。管道采用橡胶棒抽芯成型。混凝土强度等级为 C50。每片梁除梁端 1.70 m 范围内腹板较厚外,其余各处截面相同。图 11.11 所示为跨中截面。每束钢丝束的中段均为直线段,两边弯起,除 1 号、2 号、4 号因构造要求弯起角度 3°30′外,其余的弯起角度 $\alpha = 7°30′$。为保证端部插芯棒,顺直钢丝,靠近端部各设一长度不小于 50 cm 的斜段,如图 11.12 所示。每片梁跨中和 $L/4$ 截面的几何特性、各钢丝束在该截面弯起角度的余弦的平均值以及梁的自重弯矩已算出列于表 11.7 中。各钢丝束因布置位置不同长度各异,经计算平均长度为 3 240 cm。设锚下钢丝束张拉控制应力 σ_{con} 采用

0.72 f_{pk}＝0.72×1 570＝1 130.4 MPa。环境相对湿度80%。

试计算：

(1)各项预应力损失值；

(2)张拉后两天总的预应力损失值；

(3)张拉后30天总的预应力损失值；

(4)最后总的预应力损失值。

表 11.7　例题 11.2 的截面几何特性

截面位置	截面积(cm²)		钢丝束重心至截面重心轴的距离(cm)		钢筋重心处的净截面抵抗矩 W_n(cm³)	各钢丝束 $\cos\alpha$ 的平均值	梁自重弯矩 M_g(kN·m)
	A_n	A_0	e_n	e_0			
$L/2$	10 871.5	11 677.5	125.7	117.0	7.2×10⁵	1	4 172.8
$L/4$	10 871.5	11 677.5	111.78	104.07	8.2×10⁵	0.997 7	3 129.6

【解】　(1)各项预应力损失计算

按《铁路桥规》，C50 混凝土的受压弹性模量 E_c＝3.55×10⁴ MPa。钢丝的弹性模量 E_p＝2.05×10⁵ MPa。钢筋与混凝土的弹性模量比 n_p＝E_p/E_c＝2.05×10⁵/3.55×10⁴＝5.775。

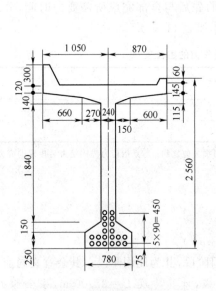

图 11.11　例题 11.2 附图 1

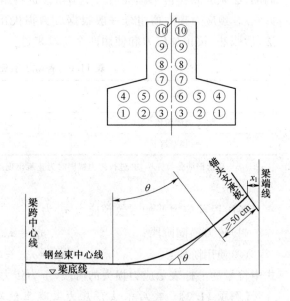

图 11.12　例题 11.2 附图 2

①摩阻损失 σ_{l1}

由公式(11.20)，有 $\sigma_{l1}=\sigma_{con}\left[1-e^{-(\kappa x+\mu\theta)}\right]=\beta\sigma_{con}$。查表 11.2，对于抽心成型管道，$\mu$＝0.55，$\kappa$＝0.001 5，从张拉端到计算截面的管道长度 x，一般可取半跨的平均值，即 x＝32.40/2＝16.20 m。

从张拉端至计算截面的长度上钢筋弯起角之和，一般可采用各钢丝束的平均值，即

$$\theta=\frac{14\times7.5+6\times3.5}{20}\times\frac{3.141\ 6}{180°}=0.109\ 96\ (\text{rad})$$

$$\mu\theta+\kappa x=0.55\times0.109\ 96+0.001\ 5\times16.20=0.084\ 8$$

$$\beta = 1 - e^{-(\kappa x + \mu \theta)} = 0.081\ 3$$

$$\sigma_{l1} = \beta \sigma_{con} = 0.081\ 3 \times 1\ 130.4 = 91.9\ (\text{MPa})$$

②锚头变形及钢丝回缩引起的预应力损失 σ_{l2}

查表 11.3，按《铁路桥规》，一个钢制锥形锚头每端钢丝束回缩及锚头变形为 8 mm，两端张拉时，$m_t \Delta l = 2 \times 0.8 = 1.6$ (cm)。已知钢丝束平均长度 $l = 3\ 240$ cm，由公式(11.22)得

$$\sigma_{l2} = E_p \frac{m_t \Delta l}{l} = 2.05 \times 10^5 \times 1.6/3\ 240 = 101.2\ (\text{MPa})$$

③混凝土弹性压缩引起的应力损失 σ_{l4}

由式(11.34)并考虑 $L/4$ 截面的有关数据，有

$$\sigma_{l4} = \frac{N-1}{2N} n_p \sigma_{pc} = \frac{N-1}{2N} n_p A_p \sigma_{pe}^{\text{I}} \left(\frac{1}{A_n} + \frac{e_n^2}{I_n} \right) \cos \alpha$$

本阶段全部钢筋重心处有效预应力 $\sigma_{pe}^{\text{I}} = \sigma_{con} - \sigma_{l1} - \sigma_{l2} - \sigma_{l4}$。

联立求解以上两式，代入有关数据，并注意 $A_p = 24 \times 0.5^2 \times 20 \times \pi/4 = 94.25$ (cm^2)，得

$$\sigma_{pe}^{\text{I}} = \frac{\sigma_{con} - \sigma_{l1} - \sigma_{l2}}{1 + \dfrac{N-1}{2N} n_p A_p \left(\dfrac{1}{A_n} + \dfrac{e_n}{W_n} \right) \cos \alpha}$$

$$= \frac{1\ 130.4 - 91.9 - 101.2}{1 + \dfrac{20-1}{2 \times 20} \times 5.775 \times 94.25 \times \left(\dfrac{1}{10\ 871.5} + \dfrac{111.78}{8.2 \times 10^5} \right) \times 0.997\ 7}$$

$$= \frac{937.3}{1 + 0.060\ 59} = 883.8\ (\text{MPa})$$

$$\sigma_{l4} = \left[\frac{N-1}{2N} n_p A_p \left(\frac{1}{A_n} + \frac{e_n}{W_n} \right) \cos \alpha \right] \sigma_{pe}^{\text{I}} = 0.060\ 59 \times 883.8 = 53.5\ (\text{MPa})$$

④钢筋松弛引起的预应力损失 σ_{l5}

$f_{pk} = 1\ 570$ MPa，传力锚固时，$\sigma_{pe}^{\text{I}} = 883.8$ MPa$> 0.5 f_{pk}$，故须考虑 σ_{l5}。

按公式(11.36b)及其说明，采用一次张拉，普通松弛钢丝，其松弛系数为

$$\zeta = 0.4 \left(\frac{\sigma_{con}}{f_{pk}} - 0.5 \right) = 0.4 \times \left(\frac{1\ 130.4}{1\ 570} - 0.5 \right) = 0.088$$

松弛应力损失为：

$$\sigma_{l5} = 0.088 \times 1\ 130.4 = 99.48\ (\text{MPa})$$

⑤混凝土收缩和徐变引起的应力损失 σ_{l6}

简支梁截面只在受拉区配置预应力钢筋，由式(11.39b)有

$$\sigma_{l6} = \frac{0.8 n_p \sigma_c \varphi(t_u, t_0) + E_p \varepsilon_{cs}(t_u, t_0)}{1 + \left[1 + \dfrac{\varphi(t_u, t_0)}{2} \right] \rho \rho_{ps}}$$

由图 11.11 可计算得毛截面面积 $A = 11\ 233.5$ cm^2，截面与大气接触的周边长度 $u = 953.2$ cm，理论厚度 $h = 2A/u = 2 \times 11\ 233.5/953.2 = 23.57$ (cm) $= 235.7$ (mm)，按 28 d 加载龄期查表 11.5，插值后可得：$\varphi(t_u, t_0) = 1.464$，$\varepsilon_{cs}(t_u, t_0) = 0.156 \times 10^{-3}$。

跨中截面混凝土的应力 σ_c 计算如下：

预加力　$N_p = A_p \sigma_{pe}^{\text{I}} \cos \alpha = 94.25 \times 10^2 \times 883.8 \times 10^{-3} \times 1.0 = 8\ 329.8$ (kN)

钢筋重心处混凝土应力为

$$\sigma_c = N_p \left(\frac{1}{A_n} + \frac{e_n}{W_n} \right) - \frac{M_g}{W_n}$$

$$=8\,329.8\times10^3\left(\frac{1}{10\,871.5\times10^2}+\frac{125.7\times10}{7.2\times10^5\times10^3}\right)-\frac{4\,172.8\times10^6}{7.2\times10^5\times10^3}$$

$$=16.4\,(\text{MPa})$$

$L/4$ 截面混凝土的应力 σ_c 为

$$N_p=A_p\sigma_{pe}^{\mathrm{I}}\cos\alpha=94.25\times10^2\times883.8\times10^{-3}\times0.997\,7=8\,310.6\,(\text{kN})$$

$$\sigma_c=N_p\left(\frac{1}{A_n}+\frac{e_n}{W_n}\right)-\frac{M_g}{W_n}$$

$$=8\,310.6\times10^3\left(\frac{1}{10\,871.5\times10^2}+\frac{111.78\times10}{8.2\times10^5\times10^3}\right)-\frac{3\,129.6\times10^6}{8.2\times10^5\times10^3}$$

$$=15.2\,(\text{MPa})$$

σ_c 的平均值为 $\qquad\sigma_c=(16.4+15.2)/2=15.8\,(\text{MPa})$

构件无非预应力钢筋,故 $e_{ps}=e_n=125.7\,\text{cm}$。

$$\rho=\frac{n_pA_p}{A_n}=\frac{5.775\times94.25}{10\,871.5}=0.050\,1$$

$$\rho_{ps}=1+\frac{e_{ps}^2}{i_n^2}=1+\frac{e_{ps}A_n}{W_n}=1+\frac{125.7\times10\,871.5}{7.2\times10^5}=2.898$$

收缩、徐变应力损失终极值为

$$\sigma_{16}=\frac{0.8\times5.775\times15.8\times1.464+2.05\times10^5\times0.156\times10^{-3}}{1+\left(1+\frac{1.464}{2}\right)\times0.050\,1\times2.898}=111.0\,(\text{MPa})$$

(2)张拉后两天的预应力损失计算

由表 11.4 知,σ_{15} 只完成了 50%,而 σ_{16} 完成很少可不考虑。σ_{11}、σ_{12}、σ_{14} 均已完成。故已完成的应力损失为

$$\sigma_l=(\sigma_{11}+\sigma_{12}+\sigma_{14})+0.5\sigma_{15}=(91.9+101.2+53.5)+0.5\times99.48=296.3\,(\text{MPa})$$

此时,钢筋中的预应力为

$$1\,130.4-296.3=834.1\,(\text{MPa})$$

(3)张拉后一个月的预应力损失

由表 11.4 知,此时 σ_{15} 已完成 87%。而 σ_{16} 按《铁路桥规》的规定取值,张拉后一个月后的徐变损失完成 40%。于是:

$$\sigma_l=(\sigma_{11}+\sigma_{12}+\sigma_{14})+0.87\sigma_{15}+0.4\sigma_{16}$$

$$=(91.9+101.2+53.5)+0.87\times99.48+0.4\times111.0=377.5\,(\text{MPa})$$

此时,钢筋中的预应力为

$$1\,130.4-377.5=752.9\,(\text{MPa})$$

(4)最后的预应力损失

$$\sigma_l=(\sigma_{11}+\sigma_{12}+\sigma_{14})+\sigma_{15}+\sigma_{16}=(91.9+101.2+53.5)+99.48+111.0=457.1\,(\text{MPa})$$

此时,钢筋中的预应力即永存预应力为

$$\sigma_{pe}^{\mathrm{II}}=1\,130.4-457.1=673.3\,(\text{MPa})$$

11.4 预应力混凝土受弯构件的应力计算

11.4.1 传力锚固阶段(预加应力阶段)

此阶段自开始预加应力至预加应力完毕为止。由于预压力偏心地作用在混凝土截面上,

梁将产生变形并向上拱起,于是梁两端形成支点,梁自重是该简支梁上的荷载。因而,在此阶段中,梁同时承受偏心预压力和梁的自重两种外力。此阶段第一组预应力损失 σ_1^{I} 已经发生,故传力锚固后,力筋中的预拉应力已不是张拉时的最大应力(控制应力)σ_{con},而是

$$\sigma_{\mathrm{pe}}^{\mathrm{I}} = \sigma_{\mathrm{con}} - \sigma_1^{\mathrm{I}} \tag{11.44}$$

1. 预加应力在计算截面混凝土上产生的正应力

由于施工方法和力筋布置方式不同,计算公式也有所不同。

(1) 直线配筋的先张法结构(用换算截面特性计算)

在传力锚固前,预应力钢筋被张拉在台座上[图 11.13(a)]。此时,力筋中的应力发生了第一组预应力损失 σ_1^{I} 中除弹性压缩损失 σ_{l4} 以外的各种损失,即 $\sigma_{l2} + \sigma_{l3} + 0.5\sigma_{l5}$。故力筋中的应力是 $\sigma_{\mathrm{pe}}^* = \sigma_{\mathrm{con}} - (\sigma_1^{\mathrm{I}} - \sigma_{l4}) = \sigma_{\mathrm{con}} - (\sigma_{l2} + \sigma_{l3} + 0.5\sigma_{l5})$,而混凝土中的应力为零。取整个构件为分离体,如图 11.13(b)所示。构件两端均受有预拉力 N_p,其值为

$$N_\mathrm{p} = A_\mathrm{p}(\sigma_{\mathrm{con}} - \sigma_1^{\mathrm{I}} + \sigma_{l4}) = A_\mathrm{p}(\sigma_{\mathrm{pe}}^{\mathrm{I}} + \sigma_{l4}) = A_\mathrm{p}\sigma_{\mathrm{pe}}^*$$

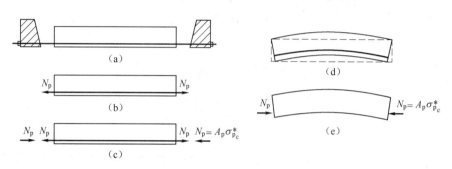

图 11.13　先张法结构传力锚固阶段受力分析

对于图 11.13(b)中的构件,钢筋在两端原受有拉力 N_p,若切断或放松钢筋,则相当于再加一压力 N_p,此时外力合力为零。注意,在施加拉力 N_p 时由于混凝土还没有浇筑,所以拉力只是由钢筋承受。而切断或放松钢筋时因为混凝土已经凝固并且与钢筋黏结,施加的压力 N_p 则由混凝土和钢筋共同承受。现按叠加原理求两端加压后构件内的应力。在两端拉 N_p 作用下的应力情况已如前述,即只有钢筋中有拉应力,混凝土中应力为零。在新加的偏心压力 N_p 作用下,力筋随梁下缘混凝土一同弹性缩短[图 11.13(d)]。弹性缩短之后,钢筋中发生了弹性压缩损失 σ_{l4},故传力锚固后的预应力钢筋中的应力降为 $\sigma_{\mathrm{pe}}^{\mathrm{I}} = \sigma_{\mathrm{pe}}^* - \sigma_{l4}$。而弹性缩短后混凝土净截面上(不含钢筋)所受到的偏心压力等于此时钢筋中的拉力 $N_{\mathrm{p}1} = \sigma_{\mathrm{pe}}^{\mathrm{I}} A_\mathrm{p}$,于是计算任意截面由于预加力引起的混凝土正应力的公式为

$$\sigma_{\mathrm{pc}}' = \frac{N_{\mathrm{p}1}}{A_\mathrm{n}} - \frac{N_{\mathrm{p}1} e_\mathrm{n}}{I_\mathrm{n}} y_\mathrm{n}' = A_\mathrm{p}\sigma_{\mathrm{pe}}^{\mathrm{I}}\left(\frac{1}{A_\mathrm{n}} - \frac{e_\mathrm{n}}{I_\mathrm{n}} y_\mathrm{n}'\right) \tag{11.45a}$$

$$\sigma_{\mathrm{pc}} = \frac{N_{\mathrm{p}1}}{A_\mathrm{n}} + \frac{N_{\mathrm{p}1} e_\mathrm{n}}{I_\mathrm{n}} y_\mathrm{n} = A_\mathrm{p}\sigma_{\mathrm{pe}}^{\mathrm{I}}\left(\frac{1}{A_\mathrm{n}} + \frac{e_\mathrm{n}}{I_\mathrm{n}} y_\mathrm{n}\right) \tag{11.46a}$$

式中　$A_\mathrm{n}, I_\mathrm{n}$——净截面的面积、惯性矩;

　　　　e_n——力筋预加应力的合力作用点至净截面重心轴的距离;

　　　　$y_\mathrm{n}', y_\mathrm{n}$——截面上下缘距净截面重心轴的距离。

也可以从另一角度来分析上述问题。在切断钢筋的瞬间,偏心作用力 N_p 施加在混凝土和钢筋共同组成的截面上,即换算截面上(关于换算截面特性和净截面特性参见图 11.14),相

当于力筋与混凝土截面共同承担力 N_p。故可直接采用换算截面特性计算任意截面混凝土的正应力,即由预加力在计算截面上下缘处产生的正应力 σ'_{pc}、σ_{pc} 为

$$\sigma'_{pc}=\frac{N_p}{A_0}-\frac{N_p e_0}{I_0}y'_0=A_p\sigma^*_{pe}\left(\frac{1}{A_0}-\frac{e_0}{I_0}y'_0\right) \tag{11.45b}$$

$$\sigma_{pc}=\frac{N_p}{A_0}+\frac{N_p e_0}{I_0}y_0=A_p\sigma^*_{pe}\left(\frac{1}{A_0}+\frac{e_0}{I_0}y_0\right) \tag{11.46b}$$

式中 A_0, I_0——换算截面的面积、惯性矩;

　　e_0——力筋预加应力的合力作用点至换算截面重心轴的距离;

　　y'_0, y_0——截面上下缘距换算截面重心轴的距离。

式(11.45)、式(11.46)与式(11.45a)、式(11.46b)计算的结果完全相同,只是采用了不同的钢筋应力和截面几何特性。感兴趣的同学可自行推导二者之间的转换关系。

(2)直线配筋的后张法结构

由于传力锚固时孔道尚未压浆,力筋与混凝土间无黏着力,且此时因构件的弹性压缩而产生的 σ_{14} 已发生,故只能按净截面特性进行计算,即采用被孔道削弱了的混凝土净截面的几何特性,由预加力引起的混凝土应力计算式为

$$\sigma'_{pc}=\frac{N_p}{A_n}-\frac{N_p e_n}{I_n}y'_n=A_p\sigma^I_{pe}\left(\frac{1}{A_n}-\frac{e_n}{I_n}y'_n\right) \tag{11.47}$$

$$\sigma_{pc}=\frac{N_p}{A_n}+\frac{N_p e_n}{I_n}y_n=A_p\sigma^I_{pe}\left(\frac{1}{A_n}+\frac{e_n}{I_n}y_n\right) \tag{11.48}$$

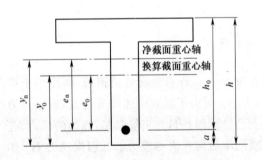

图 11.14　两种截面几何特性的关系

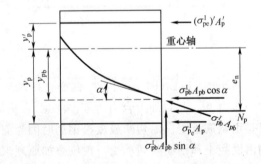

图 11.15　曲线配筋构件计算截面钢筋内力图

(3)曲线配筋的后张法结构

仍采用式(11.47)、式(11.48)计算混凝土正应力。只是由于计算截面既有水平力筋又有弯起力筋,N_p 和 e_n 的计算与前不同。由图 11.15,计算截面总的预压力 N_p 应为各力筋预拉力水平分力之和,即

$$N_p=A_p\sigma^I_{pe}+A_{pb}\sigma^I_{pb}\cos\alpha+A'_p(\sigma^I_{pe})' \tag{11.49}$$

由弯起力筋拉力产生的剪力为

$$V_p=A_{pb}\sigma^I_{pb}\sin\alpha \tag{11.50}$$

由合力矩定理知

$$e_n=\frac{A_p\sigma^I_{pe}y_p+A_{pb}\sigma^I_{pb}\cos\alpha\cdot y_{pb}-A'_p(\sigma^I_{pe})'y'_p}{N_p} \tag{11.51}$$

式中 A_p, A'_p——受拉区及受压区力筋截面面积;

　　A_{pb}——受拉区弯起力筋的截面面积;

$\sigma_{\mathrm{pe}}^{\mathrm{I}}$，$(\sigma_{\mathrm{pe}}^{\mathrm{I}})'$——受拉区及受压区力筋中预加应力(扣除相应的预应力损失 $\sigma_{\mathrm{l}}^{\mathrm{I}}$)；

$\sigma_{\mathrm{pb}}^{\mathrm{I}}$——受拉区弯起力筋中的预加应力(扣除相应的预应力损失 $\sigma_{\mathrm{l}}^{\mathrm{I}}$)；

α——计算截面弯起力筋的切线与构件纵轴间的夹角；

y_{p}，y_{p}'——受拉区及受压区水平力筋的重心至净截面重心轴的距离；

y_{pb}——受拉区弯起力筋的重心至净截面重心轴的距离。

2. 由于梁自重在计算截面混凝土上产生的正应力

按式(10.2)计算。此时，M 为梁的自重弯矩(M_{g})，W 为换算截面抵抗矩(先张法 W_0)，或净截面抵抗矩(后张法 W_{n})。

3. 由于预加力及梁自重共同作用在计算截面混凝土上产生的正应力

由于考虑构件处于线弹性范围，故叠加原理适用。将1、2两项应力叠加即可得到由于预加力及梁自重共同作用在计算截面上产生的混凝土正应力。

先张法结构上、下缘处混凝土的正应力 σ_{c}'、σ_{c} 为

$$\left.\begin{array}{l} \sigma_{\mathrm{c}}' = \dfrac{N_{\mathrm{p}}}{A_0} - \dfrac{N_{\mathrm{p}}e_0}{W_0'} + \dfrac{M_{\mathrm{g}}}{W_0'} \\[3mm] \sigma_{\mathrm{c}} = \dfrac{N_{\mathrm{p}}}{A_0} + \dfrac{N_{\mathrm{p}}e_0}{W_0} - \dfrac{M_{\mathrm{g}}}{W_0} \end{array}\right\} \tag{11.52}$$

后张法结构上、下缘处混凝土的正应力 σ_{c}'、σ_{c} 为

$$\left.\begin{array}{l} \sigma_{\mathrm{c}}' = \dfrac{N_{\mathrm{p}}}{A_{\mathrm{n}}} - \dfrac{N_{\mathrm{p}}e_{\mathrm{n}}}{W_{\mathrm{n}}'} + \dfrac{M_{\mathrm{g}}}{W_{\mathrm{n}}'} \\[3mm] \sigma_{\mathrm{c}} = \dfrac{N_{\mathrm{p}}}{A_{\mathrm{n}}} + \dfrac{N_{\mathrm{p}}e_{\mathrm{n}}}{W_{\mathrm{n}}} - \dfrac{M_{\mathrm{g}}}{W_{\mathrm{n}}} \end{array}\right\} \tag{11.53}$$

此阶段设计计算中，应保证梁在传力锚固(预加应力)时下缘混凝土不至于被压坏，也不因拉应力过大而使上缘混凝土出现裂缝，同时预应力钢筋不致因拉应力过大而引起过度的塑性变形和过大的松弛应力损失。故式(11.44)、式(11.52)和式(11.53)算出的预应力钢筋中的预拉应力和混凝土正应力均不得超过规范规定的容许值。

11.4.2　运送及安装阶段

此阶段梁承受的仍是偏心预压力和梁的自重，但计算自重弯矩时，应计入冲击系数。《公路桥规》规定：运输、安装时冲击系数采用1.2。《铁路桥规》规定：运输时冲击系数采用1.5，安装时则采用1.2。此时的预应力损失较传力锚固阶段大些(一般来说，钢筋松弛损失和混凝土收缩徐变损失已完成了一部分，具体计算参见前面)。

在运输与架设时，梁的支点临时向跨中移动，跨中自重弯矩与架梁后不同，尤其是在运输支点和安装吊点附近，梁的上缘混凝土产生拉应力，该值与上缘处的预应力合并，有可能导致上缘混凝土开裂。

11.4.3　使用荷载作用阶段(运营阶段)

此阶段即梁的正常使用阶段。除偏心预压力和梁的自重外，梁还承受活载和其他恒载(例如公路桥梁的桥面铺装、人行道等，铁路桥梁的道砟、线路重量等)。截面上的正应力是偏心预压力及各项荷载引起的总应力，应力情况见图11.2(c)。此时预应力损失已全部完成。力筋中的预应力即所谓有效预应力(或永存预应力)$\sigma_{\mathrm{pe}}^{\mathrm{II}}$ 为

$$\sigma_{\mathrm{pe}}^{\mathrm{II}} = \sigma_{\mathrm{con}} - \sigma_{\mathrm{l}} = \sigma_{\mathrm{con}} - (\sigma_{\mathrm{l}}^{\mathrm{I}} + \sigma_{\mathrm{l}}^{\mathrm{II}}) \tag{11.54}$$

1. 先张法结构

先张法结构中力筋和混凝土黏结甚好，能共同工作，故架梁后增加的恒载和活载由混凝土和力筋共同承担。采用计算截面的换算截面特性时，混凝土应力计算公式为

$$\left.\begin{array}{l} \sigma'_c = \dfrac{N_p}{A_0} - \dfrac{N_p e_0}{W'_0} + \dfrac{M}{W'_0} \\[3mm] \sigma_c = \dfrac{N_p}{A_0} + \dfrac{N_p e_0}{W_0} - \dfrac{M}{W_0} \end{array}\right\} \tag{11.55}$$

最外排力筋中的应力为

$$\sigma_{pl} = \sigma_{pe}^{\mathrm{II}} + n_p \frac{M}{I_0} y_{0p} \tag{11.56}$$

式中　$\sigma'_{pc}, \sigma_{pc}$——计算截面上、下缘混凝土正应力；

$\quad\quad\ \sigma_{pl}$——最外排力筋中的应力；

$\quad\quad\ N_p$——按 $N_p = A_p \sigma_{pe}^{\mathrm{II}\,*}$ 计算，其中 $\sigma_{pe}^{\mathrm{II}\,*} = \sigma_{pe}^{\mathrm{II}} + \sigma_{14}$，配合换算截面特性计算较为方便；

$\quad\quad\ e_0$——预应力合力作用点到换算截面重心轴的距离；

$\quad\ A_0, I_0$——换算截面的面积和惯性矩；

$\ W'_0, W_0$——换算截面对上、下边缘的截面抵抗矩；

$\quad\quad\ y_{0p}$——最外排力筋到换算截面重心轴的距离；

$\quad\quad\ n_p$——力筋和混凝土（已达设计强度时的）弹性模量之比；

$\quad\quad\ M$——荷载短期或长期效应组合（见《公路桥规》）产生的弯矩，其值等于 $M = M_g + M_{d2} + M_h$。其中 M_g, M_{d2}, M_h——梁自重、其他恒载（如桥面铺装及护栏等）及活载（标准值、频遇值或准永久值）产生的弯矩。

2. 后张法结构

此时，钢丝束孔道内早已压浆，力筋已与混凝土黏结在一起，二者能有效地共同变形。因此，在计算自重以外其他恒载以及活载等作用下的截面混凝土应力时，需采用换算截面几何特性。但压浆在预加应力之后，孔道中的水泥砂浆并未受到预压应力，在 $M_d + M_h$ 作用下可能因受拉开裂而不能参与工作，只起到黏着力筋与混凝土使二者能共同工作的目的，所用换算截面几何特性均应扣除孔道所占面积。为了使计算结果更符合实际，可将预压力分为两部分，即压浆前的预压力 N_p：

$$N_p = (\sigma_{pe}^{\mathrm{I}} + 0.5\sigma_{15}) A_p + (\sigma_{pb}^{\mathrm{I}} + 0.5\sigma_{15}) A_{pb} \cos\alpha \tag{a}$$

和压浆后发生的预应力损失引起的轴向力 ΔN_p：

$$-\Delta N_p = -(0.5\sigma_{15} + \sigma_{16})(A_p + A_{pb}\cos\alpha)$$

压浆前按净截面特性计算，压浆后则按换算截面特性计算。故混凝土应力 σ'_c、σ_c 为

$$\left.\begin{array}{l} \sigma'_c = \left(\dfrac{N_p}{A_n} - \dfrac{N_p e_n}{W'_n}\right) + \dfrac{M_g}{W'_n} - \left(\dfrac{\Delta N_p}{A_0} - \dfrac{\Delta N_p e_0}{W'_0}\right) + \left(\dfrac{M_{d2}}{W'_0} + \dfrac{M_h}{W'_0}\right) \\[3mm] \sigma_c = \left(\dfrac{N_p}{A_n} + \dfrac{N_p e_n}{W_n}\right) - \dfrac{M_g}{W_n} - \left(\dfrac{\Delta N_p}{A_0} + \dfrac{\Delta N_p e_0}{W_0}\right) - \left(\dfrac{M_{d2}}{W_0} + \dfrac{M_h}{W_0}\right) \end{array}\right\} \tag{11.57}$$

最外排力筋中的应力为

$$\sigma_{pl} = \sigma_{pe}^{\mathrm{II}} + n_p \frac{M_g}{I_n} y_{np} + n_p \frac{M_{d2}}{I_0} y_{0p} + n_p \frac{M_h}{I_0} y_{0p} \tag{11.58}$$

式中　N_p——按上面的式（a）表达式计算；

$\quad\quad\ e_n$——预应力合力作用点到净截面重心轴的距离；

$\quad A_n, I_n$——净截面的截面积和惯性矩；

W'_n, W_n——净截面对上、下缘的截面抵抗矩；

y_{np}——最外排力筋到净截面重心轴的距离。

其他符号意义同前。

在以上的计算中，要求混凝土正应力和预应力钢筋中的预拉应力均不得超过规范中规定的容许值。表 11.8 分别列出了《公路桥规》和《铁路桥规》中关于各阶段各项应力限值的规定。

表 11.8 《公路桥规》和《铁路桥规》关于各阶段预应力筋及混凝土应力限值的规定

工艺 过程	预应力筋及混凝土	
	先 张 法	后 张 法
张拉预应力	《公路桥规》和《铁路桥规》的数值相同： 钢筋应力：钢丝、钢绞线：$\sigma_{con} \leqslant 0.75 f_{pk}$；螺纹钢筋：$\sigma_{con} \leqslant 0.90 f_{pk}$； 对于拉丝体系(直接张拉钢丝的体系)，包括锚圈口和喇叭口摩擦损失在内的锚外最大张拉控制应力在上述基础上增加 0.05f_{pk}，即分别变为 0.80f_{pk} 和 0.95f_{pk}	
	《铁路桥规》的数值：混凝土应力：$\sigma_c \leqslant 0.8 f'_{ck}$(包括临时超张拉)	
传力锚固	《铁路桥规》的数值：钢筋应力 $\sigma_{con} - (\sigma_{l2} + \sigma_{l3} + \sigma_{l4} + 0.5\sigma_{l5}) \leqslant 0.65 f_{pk}$	《铁路桥规》的数值：钢筋应力 $\sigma_{con} - (\sigma_{l1} + \sigma_{l2} + \sigma_{l4}) \leqslant 0.65 f_{pk}$
	混凝土应力(包括存梁阶段且计自重)： 《公路桥规》的数值：$\sigma_c \leqslant 0.70 f'_{ck}$，$\sigma_t \leqslant 0.7 f'_{tk}$ 时，预拉区应配不小于 0.2%配筋率的纵向钢筋；$\sigma_t = 1.15 f'_{tk}$ 时，配不小于 0.4%的纵向钢筋；σ_t 在两者之间时配筋率按直线内插。σ_t 不得大于 1.15f'_{tk}。 《铁路桥规》的数值：$\sigma_c \leqslant \alpha f'_{ck}$，$\sigma_t \leqslant 0.7 f'_{tk}$	
运送及安装	《铁路桥规》的数值：混凝土应力：$\sigma_c \leqslant 0.8 f'_{ck}$；$\sigma_t \leqslant 0.8 f'_{tk}$	
运营阶段	钢筋应力： 《公路桥规》的数值：$\sigma_{pe} \leqslant 0.65 f_{pk}$(钢丝、钢绞线)；$\sigma_{pe} \leqslant 0.80 f_{pk}$(精轧螺纹钢)； 《铁路桥规》的数值：$\sigma_{pe} \leqslant 0.60 f_{pk}$	
	混凝土应力： 《公路桥规》的数值：$\sigma_c \leqslant 0.50 f_{ck}$；$\sigma_t \leqslant 0$；$\sigma_{cp} \leqslant 0.60 f_{ck}$； 《铁路桥规》的数值：主力组合时 $\sigma_c \leqslant 0.50 f_{ck}$；主力加附加力组合时 $\sigma_c \leqslant 0.55 f_{ck}$；$\sigma_t \leqslant 0$	

注：f_{pk}——预应力钢筋强度标准值(MPa)。

f_{ck}, f_{tk}——混凝土 28 天龄期的抗压和抗拉强度标准值(MPa)。

f'_{ck}, f'_{tk}——传力锚固阶段或存梁阶段混凝土的抗压和抗拉强度标准值(MPa)。

α——系数。混凝土强度等级为 C50~C60 时，$\alpha = 0.75$；混凝土强度等级为 C40~C45 时，$\alpha = 0.70$。

σ_c, σ_t——荷载标准值组合及预应力产生的混凝土的边缘压应力、拉应力。

σ_{cp}——由荷载标准值组合和预应力产生的混凝土内的主拉、主压应力，按下节的式(11.66)计算。

σ_{pe}——荷载标准值组合及预应力产生的钢筋中的拉应力。

11.4.4 剪应力计算与主应力验算

预应力混凝土受弯构件，在剪力和弯矩的共同作用下，可能由于主拉应力达到极限值而出现自构件腹板中部开始的斜裂缝，如图 11.16 所示。随着荷载的增加裂缝逐渐分别向上、下斜方向发展，最终导致构件的破坏，因而必须验算其主拉应力。

全预应力混凝土受弯构件，在使用荷载阶段系全截面参加工作，因此其剪应力和主应力的计算，仍可按材料力学公式进行。

1. 剪应力计算

(1) 由弯起的预应力钢筋引起的混凝土剪应力 τ_p

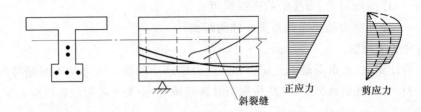

图 11.16　预应力混凝土梁正应力和剪应力的分布情况

先张法构件

$$\tau_p = \frac{V_p S_0}{b I_0}$$

(11.59)

后张法构件

$$\tau_p = \frac{V_p S_n}{b I_n}$$

(11.60)

式中　V_p——由弯起的预应力钢筋 A_{pb} 的预应力合力(扣除相应阶段应力损失)所引起的剪力,又称预剪力,一般与外荷载引起的剪力方向相反,可抵消部分外荷载产生的剪力,其值为

$$V_p = \sigma_{pb} A_{pb} \sin \alpha$$

(11.61)

其中　σ_{pb}——弯起的预应力钢筋中(扣除相应阶段的预应力损失后)的有效预应力,

　　　　A_{pb}——弯起的预应力钢筋的截面面积,

　　　　α——在计算截面处,弯起的预应力钢筋其切线与构件纵轴的夹角;

S_n, S_0——计算剪应力点以上(或以下)部分混凝土净截面和构件换算截面对其净截面重心轴和换算截面重心轴的面积矩;

　　　b——计算剪应力处构件截面的受剪宽度;

I_n, I_0——构件混凝土净截面惯性矩和换算截面惯性矩。

对先张法构件,因一般采用直线配筋,即 $A_{pb}=0$,故其预剪力 V_p 也一般为零。

(2) 由使用荷载作用所产生的混凝土剪应力 τ_c

先张法构件

$$\tau_c = \frac{(V_g + V_d + V_h) S_0}{b I_0} = \frac{V S_0}{b I_0}$$

(11.62)

后张法构件

$$\tau_c = \frac{V_g S_n}{b I_n} + \frac{(V_d + V_h) S_0}{b I_0}$$

(11.63)

(3) 由预剪力和使用荷载引起的混凝土总剪应力 τ_c

先张法构件

$$\tau_c = \frac{V S_0}{b I_0} - \frac{V_p S_0}{b I_0}$$

(11.64)

后张法构件

$$\tau_c = \frac{V_g S_n}{b I_n} + \frac{(V_d + V_h) S_0}{b I_0} - \frac{V_p S_n}{b I_n}$$

(11.65)

式中　V——荷载短期效应组合产生的剪力,$V = V_g + V_{d2} + V_h$。

　　V_g——由构件自重引起的剪力(标准值);

　　V_{d2}——桥面铺装等后期恒载引起的剪力(标准值);

　　V_h——活载剪力(频遇值组合)。

2. 主应力验算

在使用荷载阶段,预应力混凝土受弯构件的主拉应力 σ_{tp} 和主压应力 σ_{cp} 分别按下列公式计算:

$$\left.\begin{aligned}\sigma_{\text{tp}} &= \frac{\sigma_{cx}+\sigma_{cy}}{2} - \sqrt{\frac{(\sigma_{cx}-\sigma_{cy})^2}{4}+\tau_c^2}\\\sigma_{\text{cp}} &= \frac{\sigma_{cx}+\sigma_{cy}}{2} + \sqrt{\frac{(\sigma_{cx}-\sigma_{cy})^2}{4}+\tau_c^2}\end{aligned}\right\}\qquad(11.66)$$

式中　τ_c——由使用荷载和弯起的预应力钢筋有效预加力,在主应力计算点处所产生的混凝土剪应力,按式(11.64)和式(11.65)计算;

σ_{cx}——预加力和使用荷载在主应力计算点横截面所产生的混凝土法向应力,可按下列公式计算:

$$\sigma_{cx} = \sigma_{c1} + \frac{M}{I_0}y_0 \qquad (11.67)$$

其中　σ_{c1}——计算截面的不利点处由于永存预应力产生的混凝土法向应力,

y_0——主应力计算点至换算截面重心轴的距离,

I_0——换算截面惯性矩,

M——短期荷载效应组合作用下的计算弯矩;

σ_{cy}——由竖向预应力钢筋的有效预加力所引起的混凝土竖向预压应力,可按下式计算:

$$\sigma_{cy} = 0.6 \times n_{pv}\frac{\sigma_{pv}A_{pv}}{bS_{pv}} \qquad (11.68)$$

其中　n_{pv}——竖向预应力钢筋的肢数(同一截面上),

σ_{pv}——竖向预应力钢筋中的有效预拉应力,

A_{pv}——单肢竖向预应力钢筋的截面面积,

S_{pv}——竖向预应力钢筋的间距,

b——主应力计算点处的构件宽度。

3. 抗裂性计算

验算主拉应力的目的在于防止产生自受弯构件腹板中部开始的斜裂缝,而且要求至少应具有与正截面同样的抗裂安全度,故对主拉应力的数值应予以限制。主拉应力的验算,实际上是斜截面抗裂性计算。另外,由于混凝土承受拉应力的情况并不是简单的单向拉伸,而近似于平面应力状态,主压应力的大小将影响着混凝土承受主拉应力的强度。因此,选择计算点时,应选择跨度内最不利位置,对该截面的换算截面重心处和截面跨度剧烈改变处进行验算。

(1)《公路桥规》全预应力混凝土构件在短期作用效应组合下正截面抗裂性计算

预制构件:
$$\sigma_{st} - 0.85\sigma_{pc} \leqslant 0 \qquad (11.69a)$$

分段浇筑或砂浆接缝的纵向分块构件:
$$\sigma_{st} - 0.80\sigma_{pc} \leqslant 0 \qquad (11.69b)$$

式中　σ_{st}——在短期作用效应组合下构件抗裂计算正截面边缘的混凝土法向拉应力;

σ_{pc}——扣除全部预应力损失后的预加力在构件抗裂计算正截面边缘产生的混凝土法向预压应力。

上式表明,由预加力引起的受拉区边缘混凝土的预应力 σ_{pc} 乘以0.8后,应大于或等于由短期荷载效应组合作用下受拉区边缘混凝土的拉应力 σ_{st}(即全截面处于受压状态)。

(2)《公路桥规》全预应力混凝土构件在短期作用效应组合下斜截面抗裂性计算

预制构件:
$$\sigma_{tp} \leqslant 0.6f_{tk} \qquad (11.70a)$$

现场浇筑(包括预制拼装)构件: $\sigma_{\mathrm{tp}} \leqslant 0.4 f_{\mathrm{tk}}$ (11.70b)

式中 σ_{tp}——在短期作用效应组合下验算部位混凝土的最大主拉应力值;

f_{tk}——混凝土抗拉强度标准值(MPa)。

(3) 箍筋计算

构件内由荷载标准值和预应力产生的混凝土主拉应力 $\sigma_{\mathrm{tp}} \leqslant 0.5 f_{\mathrm{tk}}$ 的区段,按构造配置箍筋;在 $\sigma_{\mathrm{tp}} > 0.5 f_{\mathrm{tk}}$ 的区段,箍筋间距 s_{v} 按下式计算: $s_{\mathrm{v}} = \dfrac{f_{\mathrm{sk}} A_{\mathrm{sv}}}{\sigma_{\mathrm{tp}} b}$。式中 f_{sk} 为箍筋抗拉强度标准值,b 为矩形截面宽度或 T 形、I 形截面腹板宽度。

【例题 11.3】 有一后张法铁路预应力混凝土简支梁,试按下列资料检算传力锚固阶段和运营阶段的跨中截面(如图 11.17 所示)的混凝土正应力。注意,图中左上角 300 mm 高的挡砟墙不参与受力,计算截面特性时不予考虑。

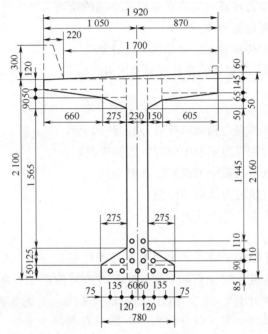

13 束 24Φ5,$A_{\mathrm{p}} = 61.26 \mathrm{cm}^2$,管道内径 4.8cm

图 11.17 跨中截面图

计算跨度:24.0 m;

荷载等级:中—活载;

混凝土强度等级:传力锚固时为 C40,运营阶段为 C45;

预应力钢丝的抗拉强度标准值 $f_{\mathrm{pk}} = 1\,570$ MPa。

仿照例题 11.2 的方法可计算出各阶段的有效预应力值,给定有效预应力值为

传力锚固(并压浆)时 $\sigma_{\mathrm{pe}}^{\mathrm{I}} = 950.0$ MPa;

运营阶段时 $\sigma_{\mathrm{pe}}^{\mathrm{II}} = 785.0$ MPa;

预应力钢筋 $13 \times 24 \Phi 5$ mm,$A_{\mathrm{p}} = 6\,126$ mm²;

钢筋重心至截面下缘的距离 $a = 191$ mm。

跨中截面的截面特性如表 11.9 所示。

梁体的自重荷载为 27.6 kN/m,人行道、道砟及线路设备等荷载为 17.7 kN/m。

表 11.9　例题 11.3 截面特性汇总表

截面分类	截面面积 $\sum A_i$(cm²)	截面重心至顶部水平线的距离 y(cm)	截面重心至梁底的距离 y_b(cm)	对截面重心轴的惯性矩 I(cm⁴)
毛截面	9 485	80.8	129.2	55.80×10⁶
净截面	9 250	78.0	132.0	52.88×10⁶
换算截面	9 610	82.2	127.8	57.35×10⁶

【解】 (1)荷载引起的弯矩计算(跨中截面)

①跨中自重弯矩

$$M_g = 27.6 \times 24.0^2/8 = 1\ 987.2\ (\text{kN}\cdot\text{m})$$

②人行道、道砟及线路设备等引起的弯矩为

$$M_{d2} = 17.7 \times 24.0^2/8 = 1\ 274.4\ (\text{kN}\cdot\text{m})$$

③列车荷载(中—活载)引起的内力:按《铁路桥规》计算,$\alpha = 2$,$l = 24.0$ m,冲击系数为

$$1+\mu = 1+\alpha\left(\frac{6}{30+l}\right) = 1+2.0\times\left(\frac{6}{30+24.0}\right) = 1.222$$

换算(等效)均布荷载 $K_{0.5} = 104.0$ kN/m,则列车荷载弯矩为

$$M_h = \frac{1.222\times104.0/2\times24.0^2}{8} = 4\ 575.2\ (\text{kN}\cdot\text{m})$$

(2)传力锚固时混凝土的正应力

①预应力钢筋的预加力合力:$N_p = 950\times6\ 126\times10^{-3} = 5\ 819.7\ (\text{kN})$

② N_p 至净截面重心轴的距离: $e_n = 210-78.0-19.1 = 112.9\ (\text{cm})$

③净截面的回转半径 i_n 为

$$i_n^2 = \frac{I_n}{A_n} = \frac{52.88\times10^6}{9\ 250} = 5\ 717\ (\text{cm}^2)$$

④由式(11.53),混凝土的正应力(截面上最顶缘的应力最不利,$y_n' = y+6$ cm,见图 11.17)为

$$\sigma_c' = \frac{N_p}{A_n}\left(1-\frac{e_n y_n'}{i_n^2}\right) + \frac{M_g y_n'}{I_n}$$

$$= \frac{5\ 819.7\times10^3}{9\ 250\times10^2}\left(1-\frac{112.9\times(78+6)}{5\ 717}\right) + \frac{1\ 987.2\times10^3\times10^2\times(78+6)\times10^2}{52.88\times10^6\times10^4}$$

$$= -4.20+3.16 = -1.04\ (\text{MPa})$$

$$\sigma_c = \frac{N_p}{A_n}\left(1+\frac{e_n y_n}{i_n^2}\right) - \frac{M_g y_n}{I_n}$$

$$= \frac{5\ 819.7\times10^3}{9\ 250\times10^2}\left(1+\frac{112.9\times132}{5\ 717}\right) - \frac{1\ 987.2\times10^3\times10^2\times132\times10^2}{52.88\times10^6\times10^4}$$

$$= 22.69-4.96 = 17.73\ (\text{MPa})$$

传力锚固时,　$f_{ck} = 27$ MPa,　$f_{tk} = 2.7$ MPa　(C40 混凝土)

运营阶段时,　$f_{ck} = 30$ MPa,　$f_{tk} = 2.9$ MPa　(C45 混凝土)

由表 11.8 可得传力锚固阶段混凝土应力的限值为

$$|\sigma_c'| < 0.7f_{tk} = 0.7\times2.7 = 1.89\ (\text{MPa})$$

$$|\sigma_c| < 0.7f_{ck} = 0.7\times27 = 18.9\ (\text{MPa})(\text{可})$$

对钢筋的限制值请参阅表 11.8 的规定值,这里略。

(3)运营阶段混凝土的正应力(截面上最顶缘的应力最不利,$y_0' = y+60$ mm)

①压浆后发生的预应力损失引起的轴向力 ΔN_p:

$$\Delta N_p = (950.0 - 785.0) \times 6\ 126 \times 10^{-3} = 1\ 010.8\ (\text{kN})$$

②ΔN_p 至换算截面重心轴的距离： $e_0 = 210 - 82.2 - 19.1 = 108.7$ (cm)

③换算截面的回转半径 i 为

$$i_0^2 = \frac{I_0}{A_0} = \frac{57.35 \times 10^6}{9\ 610} = 5\ 967.7\ (\text{cm}^2)$$

④混凝土的正应力为

$$\sigma_c' = \frac{N_p}{A_n}\left(1 - \frac{e_n y_n'}{i_n^2}\right) + \frac{M_g y_n'}{I_n} - \frac{\Delta N_p}{A_0}\left(1 - \frac{e_0 y_0'}{i_0^2}\right) + \frac{(M_{d2} + M_h) y_0'}{I_0}$$

$$= -1.04 - \frac{1\ 010.8 \times 10^3}{9\ 610 \times 10^2}\left[1 - \frac{108.7 \times (82.2 + 6)}{5\ 967.7}\right] +$$

$$\frac{(1\ 274.4 + 4\ 575.2) \times 10^3 \times 10^2 \times (82.2 + 6) \times 10^2}{57.35 \times 10^6 \times 10^4}$$

$$= -1.04 - (-0.64) + \frac{5\ 849.6 \times 10^5 \times 88.2 \times 10^2}{57.35 \times 10^{10}}$$

$$= -0.40 + 9.00 = 8.60\ (\text{MPa})（压应力）$$

$$\sigma_c = \frac{N_p}{A_n}\left(1 + \frac{e_n y_n}{i_n^2}\right) - \frac{M_g y_n}{I_n} - \frac{\Delta N_p}{A_0}\left(1 + \frac{e_0 y_0}{i_0^2}\right) - \frac{(M_{d2} + M_h) y_0}{I_0}$$

$$= 17.73 - \frac{1\ 010.8 \times 10^3}{9\ 610 \times 10^2}\left(1 + \frac{108.7 \times 127.8}{5\ 967.7}\right) - \frac{5\ 849.6 \times 10^5 \times 127.8 \times 10^2}{57.35 \times 10^{10}}$$

$$= 17.73 - 3.50 - 13.04 = 1.19\ (\text{MPa})（压应力）$$

混凝土应力大于 0，小于 $0.5 f_{ck} = 0.5 \times 30 = 15$ (MPa)，满足要求。

11.5 预应力混凝土受弯构件的变形计算

预应力混凝土构件所使用的材料一般都是高强度材料，其截面尺寸较普通钢筋混凝土构件小，同时预应力混凝土结构所适用的跨径范围一般也较大。设计中应注意预应力混凝土梁的挠度验算，避免因产生过大的挠度而影响使用。

预应力混凝土梁的挠度计算与钢筋混凝土梁不同之处在于因预加应力的存在使梁截面不开裂。因此，可按匀质弹性体来计算。但由于混凝土的徐变引起的随时间而增加的变形常常给结构的使用造成麻烦，例如它会引起梁的上拱变形，当采用无砟无枕桥梁时，这就直接影响线路平顺性和运营质量，给线路设计和维修带来很多麻烦。对于装配式的超静定结构更须注意控制构件的变形情况，否则将给施工造成困难，并可能引起结构内力的变化。

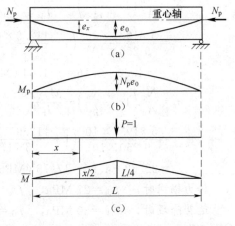

图 11.18 挠度计算的 M_p、$\overline{M}$ 图

预应力混凝土梁挠度计算可由两部分组成：一部分是由于预应力钢筋的合力 N_p 产生的上拱度（反挠度）；另一部分是由于荷载产生的挠度。两者叠加即得挠度的最终值。

由于预应力混凝土梁（全预应力）在使用荷载作用下不开裂，构件处于弹性工作阶段，故无论是预加应力引起的上拱度计算，或是由荷载产生的挠度计算，都可用结构力学的一般方法进行，其计算公式为

$$f_i = \int_0^L \frac{\overline{M}M_p}{E_c I}\,\mathrm{d}x \tag{11.71}$$

式中　M_p——预加应力合力或荷载作用下计算截面处的弯矩值[图 11.18(b)];

　　　$\overline{M}$——单位力作用在跨中时,梁的计算截面处的弯矩值[图 11.18(c)];

　　　E_c——混凝土的弹性模量;

　　　I——截面的惯性矩:按《公路桥规》计算荷载引起的挠度时 $I=0.95I_0$,计算预应力引起的挠度时 $I=I_0$;按《铁路桥规》计算挠度时 $I=I_0$;按《混规》计算挠度时 $I=0.85I_0$。

11.5.1　预加应力产生的上拱度

预加应力产生的上拱度可分三部分来计算:传力锚固时的上拱度 f_{pi};预应力损失引起的挠度变化 Δf_{p1};混凝土徐变引起的挠度变化 Δf_{p2}。

1. 传力锚固时的上拱度 f_{pi}

设传力锚固时各截面预应力合力均为 N_p,且力筋重心按简单抛物线分布。偏心距 e_x(距支座为 x 的截面处)的方程如下[图 11.18(a)]:

$$e_x = 4e_0\left(\frac{x}{L} - \frac{x^2}{L^2}\right) \tag{11.72}$$

式中　e_0——力筋重心在跨中截面的偏心距。

预加力引起的弯矩 M_p 沿梁长也是同一二次抛物线分布[图 11.18(b)]。跨中单位力作用时的弯矩 $\overline{M}$ 如图 11.18(c)所示。故传力锚固时预加力所引起的上拱度 f_{pi} 可直接利用式(11.71)计算,即

$$f_{pi} = \int_0^L \frac{\overline{M}M_p}{E_c I_0}\,\mathrm{d}x = 2\int_0^{L/2} \frac{\overline{M}N_p e_x}{E_c I_0}\,\mathrm{d}x = \frac{2}{E_c I_0}\int_0^{L/2} N_p\left[4e_0\left(\frac{x}{L} - \frac{x^2}{L^2}\right)\frac{x}{2}\right]\mathrm{d}x = \frac{5}{48}\frac{N_p e_0}{E_c I_0}L^2 \tag{11.73}$$

2. 预应力损失 σ_l^{II} 引起的挠度变化 Δf_{p1}

传力锚固后,由于混凝土的收缩、徐变及力筋的松弛等产生的预应力损失使预压力 N_p 减少,它引起的挠度变化 Δf_{p1} 为

$$\Delta f_{p1} = \int_0^L \frac{\overline{M}\cdot(N_p - N_{p1})\cdot e_x}{E_c I_0}\,\mathrm{d}x = f_{pi} - f_{p1} \tag{11.74}$$

式中　N_p——传力锚固时预加应力的合力;

　　　N_{p1}——扣除全部应力损失后的有效预加应力的合力;

　　　f_{p1}——N_{p1} 产生的上拱度。

3. 混凝土徐变引起的挠度变化 Δf_{p2}

预应力混凝土梁在持续的预压应力作用下,由于混凝土徐变使其变形持续地增长,梁不断地向上拱起。最终挠度的变化可近似地按下式近似计算:

$$\Delta f_{p2} = \int_0^L \overline{M}\frac{N_p + N_{p1}}{2}\frac{e_x}{E_c I_0}\varphi(t_u, t_0)\,\mathrm{d}x = \frac{f_{pi} + f_{p1}}{2}\varphi(t_u, t_0) \tag{11.75}$$

式中　$\varphi(t_u, t_0)$——混凝土徐变系数的终极值,通常设计时取值为 $2.0\sim3.0$,具体数值可查相应规范。

4. 预应力产生的上拱度 f_p

$$f_p = -f_{pi} + (f_{pi} - f_{p1}) - \frac{f_{pi} + f_{p1}}{2}\varphi(t_u, t_0) = -\left[f_{p1} + \frac{f_{pi} + f_{p1}}{2}\varphi(t_u, t_0)\right] \tag{11.76}$$

11.5.2　构件自重及其他恒载产生的挠度

构件自重产生的挠度 f_{gi} 及其他恒载产生的挠度 f_{di} 均可用前述的结构力学公式(11.71)计算。考虑混凝土徐变影响后，其跨中挠度分别为

$$f_g = f_{gi}\left[1 + \varphi(t_u, t_0)\right] = \frac{5}{48}\frac{M_g L^2}{E_c I}\left[1 + \varphi(t_u, t_0)\right]$$

$$f_d = f_{di}\left[1 + \varphi(t_u, t_i)\right] = \frac{5}{48}\frac{M_{d2} L^2}{E_c I}\left[1 + \varphi(t_u, t_i)\right] \tag{11.77}$$

式中　　M_g——自重产生的跨中弯矩；

$\quad\quad M_{d2}$——其他恒载产生的跨中弯矩；

$\quad\quad \varphi(t_u, t_i)$——相应于其他恒载作用时间的混凝土徐变系数，可参考前面章节。

11.5.3　运营荷载作用下的总挠度

运营荷载作用下的总挠度 f 为上列各项挠度的总和，即

$$f = -\left[f_{p1} + \frac{f_{pi} + f_{p1}}{2}\varphi(t_u, t_0)\right] + f_{gi}\left[1 + \varphi(t_u, t_0)\right] + f_{di}\left[1 + \varphi(t_u, t_i)\right] + f_h \tag{11.78}$$

式中　　f_h——活载引起的挠度，可按结构力学方法或影响线加载的方法求得。

上述计算混凝土徐变等对构件变形影响的方法，只是近似地考虑了传力锚固阶段及全部损失完成后徐变终了时的情况，徐变变形的计算则采用了该两阶段的平均应力。要更精确地计算徐变的影响，宜用分时段逐步逼近的计算方法，时段分得越细越准确。

此外，应注意各规范关于计算挠度时所采用的刚度有所不同，实际使用时应按相应规范取值。

11.5.4　预拱度的设置

预应力混凝土简支梁由于存在上拱度 f_p，在制作时一般可不设置预拱度。但当梁的跨径较大，或对于下缘混凝土预压应力不是很大的构件(例如在使用荷载作用下，允许受拉区混凝土出现拉应力或裂缝的构件)，有时会因恒载的长期作用产生过大的挠度，故《公路桥规》规定，预应力混凝土受弯构件，当预加应力作用产生的长期反拱值(即上拱度)小于按荷载短期效应组合计算的长期挠度时，应设置预拱度，即

$$(f - f_h) + \psi_{qi} f_h\left[1 + \varphi(t_u, t_i)\right] > 0 \tag{11.79}$$

式中　　f——由式(11.78)计算的挠度值；

$\quad\quad \psi_{qi}$——活载的准永久值系数(公路桥规中称为频遇值系数)；

$\quad\quad f_h$——活载引起的挠度(不考虑长期效应)。

对于预拱度的设置，《公路桥规》规定，预拱度值 f' 等于式(11.79)不等号左边的数值并反号，即

$$f' = -\left\{(f - f_h) + \psi_{qi} f_h\left[1 + \varphi(t_u, t_i)\right]\right\} \tag{11.80}$$

设置预拱度时，应做成平顺的曲线。

当预加力引起的反拱度大于按荷载短期效应组合计算的长期挠度时，可不设置预拱度。

《铁路桥规》对预拱度设置的要求是：当由恒载和静活载引起的竖向挠度等于或小于15 mm或跨度的1/1 600时，可不设置预拱度。否则，应设置预拱度，其曲线与恒载和半个净

活载所产生的挠度曲线基本相同,但方向相反。

【**例题 11.4**】 对如图 11.19 所示的铁路简支梁,试按下列资料检算梁的跨中截面挠度。

计算跨度:24.0 m;

荷载等级:中—活载;

混凝土等级:C50,$E_c=3.55\times10^4$ MPa;

预应力钢丝强度标准值:$f_{pk}=1\,570$ MPa;

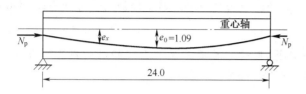

图 11.19 例题 11.4 附图

预应力钢筋共计:$13\times24\,\Phi\,5$,$A_p=61.26$ cm²;

换算截面惯性矩:$I_0=0.573\,6$ m⁴;

钢筋预加应力合力:传力锚固时 $N_p=5.82$ MN,扣除损失后 $N_{p1}=4.81$ MN;

预应力合力作用点至换算截面重心轴的距离:在跨中截面 $e_0=1.09$ m;在离跨中 x 处 $e_x=1.09-x^2/324$ m;

构件自重: $g=0.027\,6$ MN/m;

其他恒载: $d=0.017\,7$ MN/m;

静活载(换算均布荷载)$K_{0.5}=0.104$ MN/m,一片梁:$0.5K_{0.5}=0.052$ MN/m;

混凝土徐变系数终极值 $\varphi(t_u,t_0)=2.0$;与其他恒载作用对应的徐变系数 $\varphi(t_u,t_i)=1.5$。

【**解**】 1. 预应力产生的上拱度

(1)传力锚固时

$M_p=N_pe_x,\overline{M}=\dfrac{x}{2}$,由式(11.73)得

$$f_{pi}=2\int_0^{L/2}\overline{M}\frac{N_pe_x}{E_cI_0}dx=2\int_0^{L/2}\frac{x}{2}\times\frac{5.82}{3.55\times10^4\times0.573\,6}\times\left(1.09-\frac{x^2}{324}\right)dx=0.018\,1\ (m)$$

$$=18.1\ (mm)(向上)$$

(2)预应力损失引起的挠度变化

由式(11.74)得

$$\Delta f_{p1}=f_{pi}-f_{p1}=f_{pi}-f_{pi}\frac{N_{p1}}{N_p}=18.1-18.1\times\frac{4.81}{5.82}=18.1-15.0=3.1\ (mm)(向下)$$

(3)混凝土徐变引起的挠度变化

由式(11.75)得

$$\Delta f_{p2}=\frac{1}{2}(f_{pi}+f_{p1})\varphi(t_u,t_0)=0.5(18.1+15.0)\times2.0=33.1\ (mm)(向上拱度)$$

(4)预应力产生的上拱度

由式(11.76)得

$$f_p=-f_{pi}+(f_{pi}-f_{p1})-\frac{f_{pi}+f_{p1}}{2}\varphi(t_u,t_0)=-18.1+3.1-33.1=-48.1\ (mm)$$

2. 构件自重及其他恒载引起的挠度

$$M_g = gL^2/8 = 1/8 \times 0.027\ 6 \times 24^2 = 1.987\ 2\ (\text{MN} \cdot \text{m})$$

$$f_g = \frac{5}{48} \frac{M_g L^2}{E_c I_0}[1 + \varphi(t_u, t_0)] = \frac{5}{48} \times \frac{1.987\ 2 \times 24^2}{0.35 \times 10^5 \times 0.573\ 6} \times (1 + 2.0) = 17.8\ (\text{mm})$$

$$M_d = M_g \times \frac{d}{g} = M_g \times \frac{0.017\ 7}{0.027\ 6} = 0.641 M_g$$

$$f_d = f_g \times [1 + \varphi(t_u, t_i)] \times \frac{0.641}{1 + \varphi(t_u, t_0)} = 17.8 \times (1 + 1.5) \times \frac{0.641}{1 + 2.0} = 9.5\ (\text{mm})$$

3. 活载产生的挠度

活载按不计冲击力的静活载计算,取跨中截面产生最大弯矩时的换算均布荷载 $K_{0.5}$,并按一片梁计算,取 $0.5K_{0.5} = 0.052\ \text{MN/m}$,则

$$M_h = \frac{1}{8} \times \left(\frac{1}{2} K_{0.5}\right) \times L^2 = \frac{1}{8} \times 0.052 \times 24^2 = 3.744\ (\text{MN} \cdot \text{m})$$

$$f_h = \frac{5}{48} \frac{M_h L^2}{E_c I_0} = \frac{5}{48} \times \frac{3.744 \times 24.0^2}{0.35 \times 10^5 \times 0.573\ 6} = 0.011\ 2\ (\text{m}) = 11.2\ (\text{mm})$$

$f_h/L = 11.2/24\ 000 = 1/2\ 143 < 1/800$,满足《铁路桥规》要求。

4. 使用荷载作用下的总挠度

$$f = -48.1 + 17.8 + 9.5 + 11.2 = -9.6\ (\text{mm})(上拱度)$$

$f < 15\ \text{mm}$,且 $f/L = 9.6/24\ 000 = 1/2\ 500 < 1/1\ 600$,可不设预拱度。

11.6　锚固区的计算

后张法预应力混凝土梁的锚具通常布置在梁的端部,该处还有支承反力等强大的集中力。由于锚具的垫圈、支承反力的垫板等面积不大,其下混凝土中的局部压应力一般是相当高的,但仅局限在混凝土端面的一小部分范围内,要经过一段距离才能逐渐扩散到整个截面上去。这段距离大致等于梁高,通常称这个梁段为端块。在端块范围内局部应力很大,必须加以特殊注意。

当锚头布置在构件端面的中心处时,端块的局部应力情况如图 11.20 所示。在构件中截取矩形块 ABCD 和 EFGH 为分离体。可以看出:EF 和 GH 面上的正应力数值相等但方向相反,故 FG 面上的剪力和弯矩 M 均为零。在矩形块 ABCD 的 AB 面上的正应力为零,按平衡条件,在纵截面 BC 上应有剪力 V 和弯矩 M,因而也有正应力 σ_y 和剪应力 τ_{xy}(图 11.20)。梁端部一定范围的一段(即端块)内,在 σ_y、τ_{xy} 合成的主拉应力作用下可能开裂,因此应检算端块混凝土的抗裂性能。端块局部应力分析可以用传统的弹性力学方法或用有限元法,也可用其他近似方法。

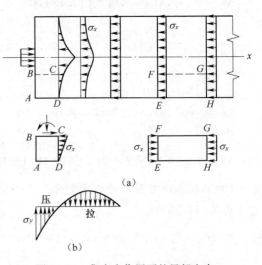

图 11.20　集中力作用下的局部应力

锚具下的混凝土实际上处于三向应力状态。除纵向压应力 σ_x 外,还有横向应力 σ_y 和 σ_z。靠近垫板处 σ_y 和 σ_z 是压应力,距端面较远处则 σ_y、σ_z 变为拉应力[图 11.20(b)]。在某些情

况下,这些横向拉应力会导致出现纵向裂缝,乃至引起局部承压破坏。因此有必要进行锚具下混凝土局部承压的抗裂性和强度检算。下面介绍《铁路桥规》中的有关计算方法,《公路桥规》的计算方法与此类似,但形式上不同,如需要计算可参照《公路桥规》进行。

1. 锚具下混凝土的抗裂性

锚具下混凝土的抗裂性可按下式验算:

$$K_{cf} N_c \leqslant \beta f_c A_c \tag{11.81}$$

式中　N_c——局部承压的轴向力设计值;

　　K_{cf}——局部承压抗裂安全系数,取为 1.5;

　　A_c——混凝土局部承压面积:当有垫板时,考虑在垫板中沿 45°斜线传力至混凝土的面积;有孔道时,计算时应扣除孔道面积;

　　β——混凝土局部承压时的强度提高系数,$\beta = \sqrt{A/A_c}$,其中 A 为影响混凝土局部承压的计算底面积;有孔道时,计算时应扣除孔道面积。

2. 锚具下混凝土的局部承压强度检算

锚头下间接钢筋的配置应符合端部锚固区的混凝土局部承压强度的要求。设锚下配有间接钢筋的混凝土,其局部承压强度为混凝土局部承压强度 N_1 与由于螺旋形钢筋的套箍强化作用而提高的混凝土局部承压强度 N_2 之和。其中 N_1 即公式(11.81)中的 $\beta f_c A_c$。N_2 可由图 11.21 求得。

图 11.21 中,d_c 为局部承压面积 A_c 的直径,d_{he} 为螺旋圈的直径。a_j 为螺旋形钢筋的截面积,σ_r 为径向侧压应力,f_y 为螺旋形钢筋的抗拉计算强度。设螺旋形钢筋的间距为 S,则由 $\sum y = 0$,得

$$2a_j f_y = \sigma_r d_c S \tag{a}$$

以 μ_t 表示螺旋筋的体积配筋率,则

$$\mu_t = \frac{a_j \pi d_{he}}{\frac{1}{4}\pi d_{he}^2 S} = \frac{4a_j}{d_{he} S} \tag{b}$$

将式(b)代入式(a),则得

$$\sigma_r = \frac{2a_j f_y}{d_c S} = \frac{1}{2}\frac{4a_j}{d_{he} S} \cdot \frac{d_{he}}{d_c} f_y = \frac{1}{2}\mu_t \beta_{he} f_y$$

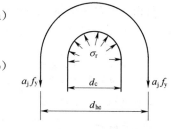

图 11.21　套箍强化计算

式中　β_{he}——配置间接钢筋的混凝土局部承压强度提高系数,其值为

$$\beta_{he} = \sqrt{\frac{A_{he}}{A_c}} = \frac{d_{he}}{d_c}$$

由旋筋柱的计算可知,混凝土所受径向侧压力 σ_r 对其轴向承压强度的提高约为 $4\sigma_r$,故

$$N_2 = 4\sigma_r A_c = 2.0\mu_t \beta_{he} f_y A_c$$

因而预加应力时的预压力 N_c 应符合:

$$K_c N_c \leqslant A_c(\beta f_c + 2.0\mu_t \beta_{he} f_y) \tag{11.82}$$

当为钢筋网时,公式(11.82)中的 μ_t 为

$$\mu_t = \frac{n_1 a_{j1} l_1 + n_2 a_{j2} l_2}{l_1 l_2 S} \tag{11.83}$$

式中　n_1, a_{j1}——钢筋网沿 l_2 方向的钢筋根数及单根钢筋的截面积;

　　n_2, a_{j2}——钢筋网沿 l_1 方向的钢筋根数及单根钢筋的截面积;

　　S——钢筋网的间距;

　　l_1, l_2——钢筋网短边和长边的长度。

11.7 预应力混凝土轴心受拉构件的计算

11.7.1 受力特征

预应力混凝土轴心受拉构件受单调拉伸荷载作用时,在第一条裂缝出现前,荷载—位移关系是线弹性的。在此阶段,钢筋应力增加较慢,混凝土压应力减少很快,继而出现拉应力直到开裂,且第一条裂缝出现的位置是随机的。与非预应力轴心受拉构件不同,预应力混凝土轴心受拉构件开裂时会发出较大的声响。

由于开裂截面混凝土退出工作,拉力仅由钢筋承受,因此受力情况发生显著变化,刚度大幅度下降,钢筋应力突增(图11.22,图中横轴为构件所受拉力 N,纵轴为预应力钢筋中的应力 σ_p)。这种应力突变现象往往会使钢筋应力进入非线性阶段,在裂缝两侧的局部就可能出现钢筋与混凝土之间的黏结力破坏,而使裂缝宽度增大。当构件配筋低于最小配筋率时,开裂后钢筋会由于应力增量过大而被拉断,构件破坏。如构件配筋率在正常范围内,则开裂后构件能够继续承受荷载。但此时混凝土已经退出工作,荷载是由钢筋单独承受的。

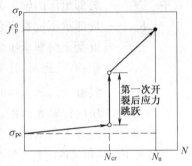

图 11.22 预应力轴心受拉
构件中的钢筋应力

图 11.23 表示典型的预应力混凝土轴心受拉构件应力—应变曲线,图中还与相同截面尺寸和相同配筋率的钢筋混凝土轴心受拉构件②进行了比较。在该图中,虚线表示钢筋的实际应力—应变曲线,实线表示钢筋的"名义应力"—应变曲线。此处的名义应力等于构件所受的轴向拉力除以钢筋截面积,即假设轴力全部由钢筋承担时钢筋中的应力;$P_p = P_s$ 表示假定预应力混凝土轴心受拉构件所受荷载等于钢筋混凝土轴心受拉构件所受的荷载。

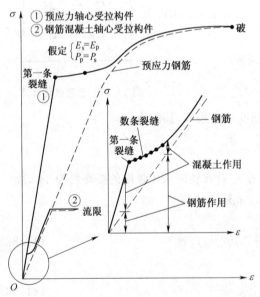

图 11.23 预应力混凝土轴拉构件与钢筋
混凝土轴拉构件受力比较

从图中可看出,钢筋混凝土轴心受拉构件②很早就发生开裂,再稍增荷载就出现数条裂缝,然后裂缝数目不增加,但裂缝宽度随荷载增大,由钢筋单独承担外荷载直到钢筋达极限受拉强度而破坏。构件②的破坏荷载比开裂荷载大数倍之多。而预应力混凝土轴心受拉构件开裂荷载比钢筋混凝土轴心受拉构件高很多,但从开裂到破坏的荷载增量较小。预应力混凝土轴心受拉构件开裂后,预应力钢筋应力与外荷载成比例增长直到破坏。

因此,钢筋混凝土轴心受拉构件在使用荷载作用下,构件是带裂缝工作的,而预应力轴心受拉构件在使用荷载作用下,构件一般是不开裂的。

图 11.23 还表示了两种钢筋的作用。为了简单起见,假定预应力钢筋与非预应力钢筋

两者的弹性模量相同,虚线(钢筋实际应力)和实线(钢筋名义应力)在纵坐标上的差值即为混凝土的作用。钢筋混凝土构件开裂前混凝土作用比较大,开裂后混凝土作用就很小直到完全消失。由于钢筋混凝土构件开裂荷载很低,所以混凝土在构件使用阶段所起作用就不大。相反,预应力构件的开裂荷载远大于钢筋混凝土构件,所以混凝土在构件使用阶段作用就大得多。这是预应力构件的一个主要优点。

11.7.2　预应力混凝土轴心受拉构件应力和承载力计算

如同受弯构件一样,预应力混凝土轴心受拉构件在使用阶段截面不开裂,因此其应力计算与受弯构件类似,只是更为简单而已,完全可以参照受弯构件的计算公式简化得到。

1. 先张法构件

先张法轴心受拉构件受力后可分为下列几个阶段。

阶段 Ⅰ——传力锚固阶段。如前所述,此时发生的预应力损失为

$$\sigma_1^{\mathrm{I}} = \sigma_{l2} + \sigma_{l3} + \sigma_{l4} + 0.5\sigma_{l5}$$

式中 σ_{l2}、σ_{l3} 和 σ_{l5} 的计算与受弯构件相同,σ_{l4} 则可由受弯构件的相应公式(11.31)令偏心距 e 为 0 得到,即

$$\sigma_{l4} = n_{\mathrm{p}}\sigma_{\mathrm{pc}} = n_{\mathrm{p}}\frac{N_{\mathrm{p}}}{A_0} = n_{\mathrm{p}}\frac{A_{\mathrm{p}}(\sigma_{\mathrm{con}} - \sigma_{l2} - \sigma_{l3} - 0.5\sigma_{l5})}{A_0} \tag{11.84}$$

钢筋预拉应力: $$\sigma_{\mathrm{pe}}^{\mathrm{I}} = \sigma_{\mathrm{con}} - \sigma_1^{\mathrm{I}} \tag{11.85}$$

混凝土预压应力: $$\sigma_{\mathrm{pc}}^{\mathrm{I}} = \sigma_{\mathrm{pe}}^{\mathrm{I}*} A_{\mathrm{p}}/A_0 \tag{11.86}$$

式中　A_0——构件换算面积;

$\sigma_{\mathrm{pe}}^{\mathrm{I}*} = \sigma_{\mathrm{pe}}^{\mathrm{I}} + \sigma_{l4}$。

阶段 Ⅱ——使用阶段。出现第二批预应力损失 $\sigma_1^{\mathrm{II}} = 0.5\sigma_{l5} + \sigma_{l6}$,其中 σ_{l6} 的计算同受弯构件。

钢筋预拉应力: $$\sigma_{\mathrm{pe}}^{\mathrm{II}} = \sigma_{\mathrm{con}} - \sigma_1^{\mathrm{I}} - \sigma_1^{\mathrm{II}}$$

混凝土预压应力: $$\sigma_{\mathrm{pc}}^{\mathrm{II}} = \sigma_{\mathrm{pe}}^{\mathrm{II}*} A_{\mathrm{p}}/A_0 \tag{11.87}$$

式中 $$\sigma_{\mathrm{pe}}^{\mathrm{II}*} = \sigma_{\mathrm{pe}}^{\mathrm{II}} + \sigma_{l4}$$

外荷载(轴力 N)在混凝土中产生的应力为 $\sigma_{\mathrm{qc}} = -N/A_0$,叠加上预压应力后就得到混凝土中的总应力。

下面分析一种特殊的状态,即如果由于外部拉力作用,刚好使混凝土压应力由 $\sigma_{\mathrm{pc}}^{\mathrm{II}}$ 减小为零,钢筋由于产生了与混凝土相同的拉应变增量,因此其应力增量为 $n_{\mathrm{p}}\sigma_{\mathrm{pc}}^{\mathrm{II}}$,则此时钢筋应力为

$$\sigma_{\mathrm{p0}} = \sigma_{\mathrm{pe}}^{\mathrm{II}} + n_{\mathrm{p}}\sigma_{\mathrm{pc}}^{\mathrm{II}} \tag{11.88}$$

混凝土应力为零。外荷载拉力全部由钢筋承担:

$$N_{\mathrm{p0}} = \sigma_{\mathrm{p0}}A_{\mathrm{p}} \tag{11.89}$$

阶段 Ⅲ——继续加载直到混凝土即将开裂。随荷载增加,混凝土和钢筋中拉应力也不断增长。当混凝土应力从 0 达到开裂拉应力 f_{td} 时,相应钢筋拉应力增长了 $n_{\mathrm{p}}f_{\mathrm{td}}$。

根据截面上内外力平衡条件可得出开裂荷载为

$$N_{\mathrm{cr}} = (\sigma_{\mathrm{pe}}^{\mathrm{II}} + n_{\mathrm{p}}\sigma_{\mathrm{pc}}^{\mathrm{II}} + n_{\mathrm{p}}f_{\mathrm{td}})A_{\mathrm{p}} + f_{\mathrm{td}}A_{\mathrm{n}} = N_{\mathrm{p0}} + f_{\mathrm{td}}A \tag{11.90}$$

此阶段应力状态即为预应力轴拉构件开裂验算公式的计算图式。

阶段 Ⅳ——继续加载直到构件破坏。开裂后,混凝土不受力,拉力全由钢筋承担。当全部钢筋应力达到破坏应力时,构件破坏。如果在钢筋应力未达到流限前卸载,则裂缝能闭合且仍

能起预压作用。轴拉构件的抗拉承载力为

$$N_u = f_{pd}A_p \qquad (11.91)$$

式中 f_{pd}——预应力钢筋抗拉设计强度。

此阶段应力状态为预应力轴拉构件强度验算公式的计算图式。

2. 后张法构件

后张法轴心受拉构件受力后可分为 4 个阶段:

阶段 I——传力锚固阶段。如前所述,此时发生的预应力损失为

$$\sigma_1^{I} = \sigma_{l1} + \sigma_{l2} + \sigma_{l4}$$

式中 σ_{l1}、σ_{l2} 的计算仍与受弯构件相同,σ_{l4} 为

$$\sigma_{l4} = n_p \overline{\sigma}_c = n_p \frac{\overline{N}_p}{A_n + n_p A_p} = n_p \frac{\overline{A}_p (\sigma_{con} - \sigma_{l1} - \sigma_{l2})}{A_n + n_p A_p} \qquad (11.92)$$

式中 $\overline{\sigma}_c = \dfrac{N-1}{2N}\sigma_c$,$\overline{N}_p = \dfrac{N-1}{2N}N_p$,$\overline{A}_p = \dfrac{N-1}{2N}A_p$,分别为平均应力、平均预加力和预应力钢筋平均面积,N 为分批张拉的预应力钢筋批数。此时,钢筋预拉应力为

$$\sigma_{pe}^{I} = \sigma_{con} - \sigma_1^{I}$$

混凝土预压应力为

$$\sigma_{pc}^{I} = \sigma_{pe}^{I} \frac{A_p}{A_n} \qquad (11.93)$$

式中 A_n——构件净截面(扣去预应力孔道面积)。

阶段 II——使用阶段。出现第二批应力损失 $\sigma_1^{II} = \sigma_{l5} + \sigma_{l6}$,计算同受弯构件。

钢筋预拉应力 $\qquad\qquad \sigma_{pe}^{II} = \sigma_{con} - \sigma_1^{I} - \sigma_1^{II}$

混凝土预压应力 $\qquad\qquad \sigma_{pc}^{II} = \sigma_{pe}^{I} \dfrac{A_p}{A_n} - \sigma_1^{II} \dfrac{A_p}{A_0} \qquad (11.94)$

其余的计算与先张法相同。

11.7.3 预应力混凝土轴心受拉构件的刚度

对于轴心受拉构件来说,使构件发生单位拉应变所需的轴拉力,即为它的抗拉刚度。根据材料力学公式,轴拉构件伸长变形 Δl 计算如下:

$$\Delta l = \frac{Nl}{A_0 E_c}, \qquad \varepsilon = \frac{\Delta l}{l} = \frac{N}{A_0 E_c} \qquad (11.95)$$

式中 N——轴心拉力;

l——构件长度;

A_0——换算截面,$A_0 = A_n + n_p A_p$,A_n 为构件净截面;

E_c——混凝土弹性模量。

$A_0 E_c$ 即为预应力混凝土轴心受拉构件开裂前的截面刚度,与钢筋混凝土轴心受拉构件开裂前相同。

轴心受拉构件开裂后,刚度大幅度地下降。在开裂截面,全部拉力均由钢筋承担,其他截面则由混凝土与钢筋共同承担。因此,轴心受拉构件的刚度要考虑钢筋在全长的平均应变 $\overline{\varepsilon}_s$,在工程实用上可近似按 $E_p A_p / \psi$ 计算轴心受拉构件开裂后的刚度(ψ 见本书第 9 章 9.2.3)。

11.8 小 结

(1)对预应力混凝土受弯构件进行强度检算,实际上是检验构件最终承载能力的大小。验算阶段定在破坏阶段,此时混凝土构件下缘已经开裂并退出工作,与普通钢筋混凝土强度的计算类似,受拉区仅有钢筋的极限拉力,受压区要按强度准则保证边缘混凝土应变达到极限压应变,此时的普通钢筋已达到抗压强度的设计值,受压区放置的预应力钢筋(双预应力)的实际应力取决于预拉应力的大小和自身抗压强度的设计值。由于钢筋与混凝土的共同变形,实际上受压预应力钢筋重心处的应力比抗压强度的设计值要小。

预应力混凝土受弯构件的强度检算中要注意保证受压区的高度 x 满足:$x < \xi h_0$ 和 $x > 2a'$。对于 T 形截面,须利用判据判别受压区的高度是否经过腹板。影响斜截面的抗剪强度的因素太多,实际上至今没有公认的合理适用的方法。与普通钢筋混凝土梁不同的是由于预应力钢筋的弯起(曲线配筋)或采用预应力箍筋会明显提高梁的斜截面抗剪强度,与使用荷载阶段一样,应该了解验算的部位。除抗剪强度外,斜截面上也存在抗弯强度检算的问题,此时的脱离体是绕受压区中心转动的,相当于正截面强度计算中破坏截面的转动,只是破坏面为斜面。注意截取的各元素(受拉力筋、受拉非预应力筋、箍筋)对转动点的力臂计算。可以通过试算法求取一个合适的斜裂缝水平投影长度。

(2)确定有效预应力及预应力损失的大小是设计和施工预应力混凝土构件的基本条件。在此之前必须弄清实现预应力的工艺体系、产生预应力损失的各种原因以及从张拉至使用荷载的全过程。

把预应力钢筋作为研究对象,那么在外力作用下拉长并受力的预应力筋,由于各种原因(张拉工艺、材料本身、锚具等)都可能使得原有伸长的钢筋缩短,这就产生了预应力损失。在强大的压力作用下,并非绝对刚性的锚头要变形,薄弱的接缝处要被压缩,预应力钢筋自身要产生回缩,混凝土本身也被压缩,反过来又引起预应力钢筋的回缩。还有混凝土本身的收缩和徐变特性,也导致预应力损失。

与后张法相比,先张法中具有由于蒸汽养护时台座与钢筋间的温差引起的损失 σ_{l3},而后张法没有;又由于先张法构件在传力锚固前钢筋与混凝土已经黏结,放松钢筋时依靠传递长度范围内的黏结力把有效预应力传到构件上,因此它不存在预应力钢筋在混凝土这种介质表面的相对滑动,也就不具有反映预应力钢筋相对滑动的摩阻损失 σ_{l1}。而后张法则有该项损失,具体体现在力筋与预应力孔道之间的摩擦和经过弯角时强大的径向力引起的摩阻。从全过程分析中可以发现,先张法中,特殊的折线配筋在支座处也可以产生摩擦损失。

我们确定预应力时关心的是特定截面上计算点处的有效预应力,有效预应力是空间坐标的函数,当然同时是时间的函数,或者说某一截面上某处在某一时刻的有效预应力。实际上,精确计算有效预应力和预应力损失是相当困难的。为简单起见,规范中多处采用平均值的概念,如计算 σ_{l2} 时代入的是平均应变,计算 σ_{l4} 时多根或成批钢筋又采取首末求平均的处理办法。

超张拉可以降低松弛损失,也可以降低钢筋回缩时反向摩阻引起的损失,因而在工程中经常采用。另外,改变材料特性也是工程上降低松弛损失比较有效的措施,如改变锚具的类型,改变预应力钢筋最终要接触的表面特性(后张法中安设波纹管等,涂中性油脂的铁皮套管等),改变混凝土的等级等等。

（3）对预应力混凝土受弯构件进行应力检算，其目的是了解设计的构件在受力全过程中的正常使用情况，这是首先要保证的。实际上，因有按全预应力混凝土设计的初衷（既保证在正常使用荷载作用下混凝土中不出现拉压力），应力计算的过程从原理上讲是在预应力作用下，用弹性理论求解一个偏压构件的全过程分析，理论上完全类同于材料力学的求解过程，只不过预应力混凝土不再是具有单一材质的构件。从广义上讲，预应力混凝土是具有（预应力钢筋＋普通钢筋＋混凝土）复合特性的复合材料。因为有效预应力的存在，使得在正常使用荷载下本该会出现拉应力的混凝土下翼缘而出现受压，这就实现了预加应力的功能。

无论是先张法还是后张法构件，必须清楚从预加应力开始的各个阶段（传力锚固、运送、架设、运营）的应力状况。应力计算时每一个阶段所采用的有效预应力值不同，特别要注意与有效预应力相应的截面特性的选取。对于先张法，传力锚固时可采用换算截面的几何特性，当然也可采用净截面特性，因对应选取的有效预应力不同，最终计算结果一致；对于后张法，压浆前后有所不同。压浆前采用净截面的几何特性，压浆后因钢筋与水泥灰浆具有黏结特性而共同工作，此时选用换算截面的几何特性。

以上是针对混凝土截面正应力的计算，剪应力和主应力的计算仍可按材料力学的公式进行。目的同样是为了保证构件中混凝土的主拉应力不超过 f_{td}，最终保证构件不开裂，满足使用性能。和材料力学的计算一样，应选择最不利截面和位置。

（4）预应力混凝土受弯构件的挠度是反映预应力混凝土正常使用和自身刚度大小的一个重要指标，与普通钢筋混凝土不同，由于有偏心预加力的作用，构件实际存在反向的拱度。从变形设计的意图看，恒载不应该抵消这一拱度，而应该由活荷载去抵消。必须注意，由于混凝土的徐变特性，预应力作用下的构件拱度是随时间变大的，因此要控制构件的变形情况。因本章是按全预应力设计的，可按全截面受压的弹性体计算，无论是静定或是超静定结构，均可按结构力学中的力法或位移法求解（部分预应力构件正截面下翼缘混凝土允许出现拉应力或开裂，对正截面的刚度有较大影响，计算难度较大，后面章节有介绍）。实际上重复荷载的作用会降低梁的刚度，注意规范中对刚度折减的要求。

（5）预应力混凝土轴心受拉构件在房屋建筑中使用较多。从受力上讲，由于混凝土截面上存在预压应力，因此预应力构件相比普通钢筋混凝土构件具有更大的开裂荷载。在使用荷载下，预应力构件一般不开裂，这是预应力构件的一个主要优点。受力分析实际类似受弯构件，由于轴心受拉的特殊性，截面的几何特性中只用到截面积的计算。注意正确计算各阶段预应力损失和有效预应力以及先张法和后张法中截面特性选取时的不同。先张法采用换算截面面积，后张法采用净截面面积。

轴心受拉构件的刚度在开裂前实际上是换算截面混凝土的抗拉、压刚度 $E_c A_0$，开裂后即退化为钢筋受力和用钢筋表示的刚度 $E_s A_s / \psi$。裂缝宽度的计算是以消压荷载 N_{p0} 分界的，由此可求得开裂截面非预应力钢筋的应力增量 $\Delta\sigma_s$。

 思 考 题

11.1　什么是张拉控制应力？张拉控制应力为什么不能太高或太低？

11.2　预应力损失都有哪些？都是由什么原因引起的？

11.3　先张法与后张法的预应力损失有什么不同？

11.4　什么叫有效预应力？预应力混凝土构件各阶段应力计算如何考虑预应力损失？

11.5 预应力混凝土各阶段的应力图形是什么样的？各种计算都是依据什么阶段图形的？

11.6 验算预应力混凝土构件正截面抗弯承载力和普通钢筋混凝土有什么相同和不同之处，受压区预应力钢筋中应力的大小对其截面承载力是否有影响？

11.7 非预应力钢筋在预应力混凝土构件中起什么作用？

11.8 预应力混凝土构件的变形计算与普通钢筋混凝土构件有什么不同？

11.9 简述预应力混凝土轴心受拉构件各阶段应力状态。

 习 题

11.1 某后张预应力混凝土简支梁，其跨中截面尺寸（mm）如图所示。已知：(1)所用混凝土强度等级为 C45，$f_{cd}=20.5\ \text{MPa}$；预应力筋采用 Φ5 的高强度钢丝束，其 $f_{pd}=1\ 070\ \text{MPa}$。(2)跨中截面的荷载弯矩设计值 $M_d=10\ 651\ \text{kN·m}$，开裂弯矩 $M_{cr}=9\ 836\ \text{kN·m}$。结构安全等级为一级。

要求：检算正截面受弯承载力。

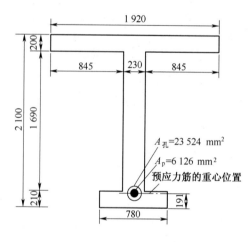

习题 11.1 附图

11.2 对直线配筋的先张法结构作传力锚固阶段受力分析时，可以采用换算截面，也可以采用净截面。试推证：分别按换算截面和净截面计算混凝土的应力时得出的结果是相同的，即任意一点应力满足下面的表达式：

$$\sigma_{pc}=\frac{A_p\sigma_{pe}^{I}}{A_n}+\frac{A_p\sigma_{pe}^{I}e_n}{I_n}y_n=\frac{A_p\sigma_{pe}^{*}}{A_0}+\frac{A_p\sigma_{pe}^{*}e_0}{I_0}y_0$$

11.3 某后张预应力混凝土梁，计算跨度 $l=32.0\ \text{m}$，由两片工形梁组成。每片梁的力筋由 20—24 Φ5 钢丝束组成，梁按直线配筋，$A_p=94.24\ \text{cm}^2$，$f_{pk}=1\ 670\ \text{MPa}$，$E_p=2.05\times10^5\ \text{MPa}$，锚头外钢丝束控制应力为 $\sigma_{con}'=0.76f_{pk}=1\ 269\ \text{MPa}$，锚圈口损失为 $0.07\sigma_{con}'$。混凝土等级为 C50，$E_c=3.55\times10^4\ \text{MPa}$。

(1)求锚下控制张拉应力 σ_{con}。

(2)如果给定各分项预应力损失，即 $\sigma_{l1}=27.1\ \text{MPa}$，$\sigma_{l2}=49.4\ \text{MPa}$，$\sigma_{l4}=58.2\ \text{MPa}$，$\sigma_{l5}=49.8\ \text{MPa}$，$\sigma_{l6}=123.6\ \text{MPa}$，计算钢筋中的永存预应力 σ_{pe}。

(3)如果给定每片梁跨中截面($l/2$处)的截面特性及荷载效应的情况(见下表)，试计算：

①该截面传力锚固阶段混凝土上、下缘的正应力 σ_c'、σ_c；

②如果压浆前松弛损失已发生一半,计算使用荷载阶段混凝土上、下缘的正应力 σ_c'、σ_c 及力筋中的应力 σ_{pe}。

跨中截面($l/2$ 处)的截面特性(每片梁)

截面分类	截面积 (cm^2)	截面重心轴至上、下缘的距离 (cm)		钢丝束重心至截面重心距离 (cm)	惯性矩 (cm^4)	最外排力筋至截面重心轴距离 (cm)
		y_n'	y_n			
净截面	10 871.5	101.5	148.5	125.7	9.117×10^7	141.0
换算截面	11 677.5	110.2	139.8	117.0	9.832×10^7	132.3

注:上表中的换算截面特性已扣除预应力孔道的影响。

跨中截面($l/2$ 处)的荷载效应设计值(每片梁)

梁自重弯矩 M_g(kN·m)	其他恒载 M_{d2}(kN·m)	活载 M_h(kN·m)
4 172.8	851.2	2 630.4

11.4 某公路预应力混凝土轴心受拉构件,长 24 m,截面尺寸 200 mm×240 mm。预应力钢筋采用 11 根直径 12 mm 的 PSB830 精轧螺纹钢,非预应力筋为 4Φ12HRB335 级钢筋对称配置。张拉控制应力 $\sigma_{con}=0.85f_{pk}$,采用先张法在 100 m 台座上张拉(超张拉)。蒸汽养护温差 $\Delta t=20$℃。混凝土强度等级为 C40,构件传力锚固时 $f_{cu}=30$ MPa,加载龄期为 14 天,使用阶段环境湿度平均值为 70%。要求计算(设放张前应力松弛已完成 50%):

(1)预应力损失;

(2)消压轴力 N_{p0};

(3)裂缝出现时的轴力 N_{cr}。

 **部分预应力及无黏结预应力构件***

12.1 部分预应力混凝土的概念及应力度

1. 基本概念

第 11 章中所介绍的全预应力混凝土构件虽然具有许多优点,但也存在一些缺点。例如,由于预加力是按全部使用荷载设计的(包括恒载和活载在内),但全部使用荷载并不是时刻都发生,如活载(人群,汽车,火车等)就不是持续不断地作用在结构上的。因此,在预加力的作用下,构件产生较大的反拱度(即与荷载挠度方向相反的挠度),并且由于混凝土徐变的影响,这种反拱度在一定时间内不断加大,从而会影响到构件的正常使用。又由于预加应力较大,会在构件中沿预应力筋的纵向及锚下产生一些裂缝。国内曾对 216 孔预应力混凝土铁路桥梁的调查表明,35% 以上的梁存在腹板斜向裂缝,70% 以上的梁有沿预应力筋方向的纵向裂缝。

相对于全预应力混凝土结构,部分预应力混凝土结构可以避免上述的问题。本教材第10.1 节中介绍了部分预应力构件,并引入了预应力度的概念。当构件的预应力度 $\lambda_p \geq 1$ 时为全预应力构件,$0 < \lambda_p < 1$ 时为部分预应力构件,$\lambda_p = 0$ 则为钢筋混凝土构件。部分预应力混凝土结构在全部使用荷载作用下,允许构件内出现一定的拉应力或允许出现微小的裂缝。换句话说,这种结构中的预加应力只是部分地抵消全部使用荷载所引起的拉应力。例如,可使其在恒载作用下不出现拉应力或裂缝,而在恒载和活载共同作用下允许出现有限的拉应力或有限宽度的裂缝。

在 1962 年的欧洲混凝土委员会和国际预应力混凝土协会(CEB-FIP)联合会议上,首次提出将全预应力混凝土结构和钢筋混凝土结构之间的中间状态连贯起来的设计思想。在 1970年的 CEB-FIP 会议上,把从全预应力混凝土到钢筋混凝土的整个范围进一步分级,并列入该会的《混凝土结构设计与施工建议》中,从而使部分预应力混凝土结构为世界各国工程界所接受。

上述《混凝土结构设计与施工建议》将混凝土结构分为四级:

Ⅰ级——全预应力,在使用荷载作用下混凝土中不出现拉应力。

Ⅱ级——有限预应力,在使用荷载作用下,容许有低于混凝土抗拉强度的拉应力。在长期持续作用下,混凝土不受拉。

Ⅲ级——部分预应力,在使用荷载作用下,容许开裂,但必须控制裂缝宽度。

Ⅳ级——钢筋混凝土结构。

注意,这里的Ⅲ级中所说的部分预应力和我国通常说的部分预应力混凝土不同,后者应包括上述的Ⅱ、Ⅲ两级。

2. 预应力度

预应力度是衡量混凝土结构上施加预应力大小的一个指标。在本书 10.1 中已经定

义为（详见中国土木工程学会的《部分预应力混凝土结构设计建议》，以下简称《设计建议》）

$$\lambda_p = \frac{M_0}{M} \tag{12.1}$$

式中　λ_p——预应力度；

　　　　M——使用荷载（不包括预应力）作用下的控制截面弯矩；

　　　　M_0——消压弯矩，它是使构件控制截面受控边缘应力抵消到零时的弯矩，可按下式计算（参见图 12.1）：

$$M_0 = \sigma'_{pc} \cdot W_0 \tag{12.2}$$

其中　σ'_{pc}——受弯构件受拉边缘处的预压应力；

　　　　W_0——换算截面受拉边缘的抗弯截面模量。

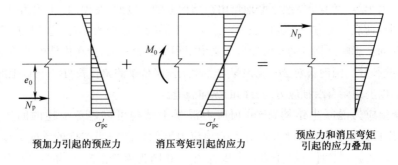

图 12.1　消压弯矩 M_0 的意义

对于部分预应混凝土构件，按其在使用荷载作用下正截面的应力状态，《设计建议》又将其分为如下两类：

A 类——正截面混凝土的拉应力不超过表 12.1 的规定限值；

B 类——正截面混凝土的拉应力超过表 12.1 的规定限值，但裂缝宽度不超过表 12.2 和 12.3 的规定限值。

本教材提到的各种现行设计规范都已经包含了部分预应力混凝土构件的规定，对上述 A、B 两类构件的应力或者裂缝宽度都作出了相应的规定，其规定与表 12.1～表 12.3 所列数值不完全相同。如果需要，读者可参阅相关的规范，此处不列出具体规定，而只是简要介绍其原理和特点。

表 12.1　A 类构件混凝土的拉应力限值表

构件类型	受弯构件	轴心受拉构件
拉应力限制	$0.8 f_{tk}$	$0.5 f_{tk}$

表 12.2　房屋结构裂缝宽度限值表（mm）

环境条件	荷载组合	钢丝、钢绞线、Ⅴ级钢筋	冷拉Ⅱ、Ⅲ、Ⅳ级钢筋
轻　度	短期	0.15	0.3
	长期	0.05	（不验算）

续上表

环境条件	荷载组合	钢丝、钢绞线、Ⅴ级钢筋	冷拉Ⅱ、Ⅲ、Ⅳ级钢筋
中 等	短期	0.1	0.2
	长期	(不得消压)	(不验算)
严 重	短期	(不得采用 B 类构件)	0.1
	长期	(不得消压)	(不验算)

注：当保护层厚度 c_s 大于规定最小保护层厚度 c_m 时，裂缝宽度限值可增大 c_s/c_m 倍，但增大倍数不得超过 1.4 倍。

表 12.3　桥梁结构裂缝宽度限值表（mm）

环境条件	长期组合	钢丝、钢绞线、Ⅴ级钢筋		冷拉Ⅱ、Ⅲ、Ⅳ级钢筋	
		短期组合Ⅰ	短期组合Ⅱ	短期组合Ⅰ	短期组合Ⅱ
中 等	(不得消压)	0.1	0.15	0.2	0.25
严 重	(不得消压)	(不得采用 B 类构件)	(不得采用 B 类构件)	0.1	0.1

注：①对公路桥梁，长期组合仅包括结构重量；短期组合Ⅰ为计入汽车荷载的组合；短期组合Ⅱ为计入挂车或履带车荷载的组合。

②对铁路桥梁，长期组合包括结构重量加其他恒载；短期组合Ⅰ为计入列车荷载的组合；短期组合Ⅱ为计入附加的组合。

3. 部分预应力混凝土结构的受力特征

不难理解，部分预应力混凝土结构的受力特征介于全预应力混凝土结构和钢筋混凝土结构之间。它的反拱度较全预应力混凝土结构小，开裂早，但与钢筋混凝土结构相比开裂又要晚。图 12.2 所示为三种结构的荷载挠度图（$M-f$ 图）。图中曲线①、②、③分别是全预应力混凝土梁、部分预应力混凝土梁及钢筋混凝土梁的荷载挠度曲线，M_g、M_p、M_f 及 M_0 分别是恒载弯矩、活载弯矩、开裂弯矩和消压弯矩。从图中可以看出，部分预应力混凝土结构具有一定的反拱度，在恒载作用下不产生裂缝（或拉应力），对应于点 A；而在全部荷载（恒载＋活载）作用下则应出现裂缝（或拉应力），对应于点 D，其开裂弯矩 M_f（对应于点 C）较全预应力混凝土的 M_f（点 E）要低，而较钢筋混凝土的 M_f（点 F）要高。后者在恒载作用下就已开裂。图中 B 点表示荷载产生的拉应力刚好抵消预压应力，此时对应的弯矩值就是消压弯矩 M_0。

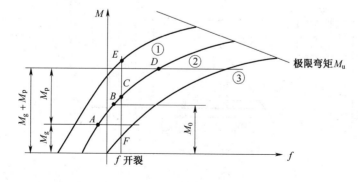

图 12.2　荷载—挠度图

图 12.2 是假定预应力混凝土梁采用混合配筋，即采用高强钢筋作预应力钢筋，而采用普通钢筋来限制裂缝并与高强钢筋共同抵抗极限弯矩，而钢筋混凝土梁只配普通钢筋。所以全预应力混凝土梁的极限弯矩较部分预应力混凝土梁为高，而部分预应力混凝土梁又较钢筋混

凝土梁为高。如果三者都采用同样的配筋,而只是预应力度不同的话,则它们的极限弯矩是相同的。不要误认为施加了预应力就会提高极限强度。

12.2 部分预应力混凝土受弯构件的计算 **

如前所述,受弯构件的极限强度与施加了预应力与否无关,因此,部分预应力混凝土受弯构件正截面承载力的计算方法与全预应力混凝土构件相同。在使用荷载作用下,部分预应力混凝土 A 类构件由于其截面不产生裂缝,因此截面应力的计算也与全预应力混凝土构件相同。对于 B 类构件,由于在全部使用荷载作用下其截面要产生裂缝,因此不能全截面参加工作,其应力的计算与全截面参加工作的全预应力或 A 类构件有所不同。本节主要介绍 B 类构件的计算。

12.2.1 截面正应力计算

部分预应力混凝土梁在使用荷载作用下截面开裂之后,其截面应力状态与钢筋混凝土大偏心受压构件使用阶段很相似。所不同的是,钢筋混凝土大偏心受压构件截面上的应力是由外荷载引起的,外荷载为零时,截面应力为零,称其为"初始状态"。而部分预应力混凝土受弯构件,截面上的应力是由外荷载与预加力共同引起的,其初始状态时截面上的应力不为零,而是存在着由预加力 N_p 引起的应力。

如图 12.3(b)所示,直线①为有效预加力 N_{p1} 引起的应变(沿截面高度的变化),此即为部分预应力构件的"初始状态"。直线②为截面消压后的应变,即零应变状态。这时除预应力钢筋内的应变不为零外,混凝土和非预应力筋中的应变均为零。这与钢筋混凝土构件的"初始状态"是类似的。直线③是有效预加力和使用荷载共同作用引起的应变,此时受拉区混凝土已开裂。

显然,计算截面的应力(或应变)可分两步进行:
(1)从状态①到状态②的消压过程;
(2)从状态②到状态③的过程。

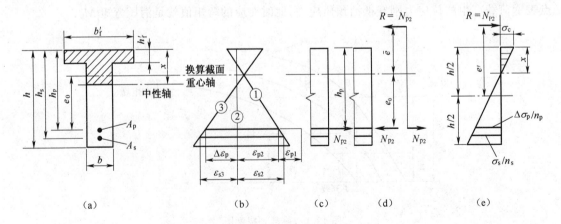

图 12.3 使用阶段部分预应力混凝土梁应力、应变图

1. 从状态①到状态②的消压过程
该过程中,截面尚未开裂,因而应采用换算截面几何特性。容易看出,为了从状态①到状

态②，只需在预加力合力 N_{p1} 的位置上对截面反向施加一虚拟偏心拉力 N_{p2} 即可[图 12.3 (c)]，N_{p2} 取值如下：

$$N_{p2} = N_{p1} + \Delta N_{p1}$$

$$\Delta N_{p1} = E_p A_p \varepsilon_{p2} = \frac{E_p A_p}{E_c}\left(\frac{N_{p1}}{A_0} + \frac{N_{p1} e_0^2}{I_0}\right) = N_{p1}\frac{n_p A_p}{A_0}\left(1 + \frac{e_0^2}{i_0^2}\right) \tag{12.3}$$

式中　E_p，E_c——预应力筋和混凝土的弹性模量；

A_0，I_0，e_0，i_0——换算截面面积、惯性矩、预应力筋合力的偏心距及惯性半径。

$$n_p = E_p/E_c$$

于是有

$$N_{p2} = N_{p1}\left[1 + \frac{n_p A_p}{A_0}\left(1 + \frac{e_0^2}{i_0^2}\right)\right] \tag{12.4}$$

在 N_{p2} 中，N_{p1} 是抵消有效预加力所需的那部分力，ΔN_{p1} 则是抵消由于截面混凝土在预应力筋合力处的应变从 ε_{p2} 变为零而引起的预应力筋中的拉力增量（数值上等于弹性压缩应力损失 σ_{l4} 的合力，但方向相反。这相当于把混凝土的弹性压缩变形恢复到零，因而钢筋中的弹性压缩损失 σ_{l4} 消失）。

2. 从状态②到状态③的过程

由于消压拉力 N_{p2} 是虚拟的，为消除其影响，需在预应力筋合力处施加一压力 N_{p2}。该压力与使用荷载产生的弯矩 M 可合成一偏心压力 $R = N_{p2}$[见图 12.3(d)]，偏心距 $\bar{e}$ 为

$$\bar{e} = \frac{M - N_{p2} e_0}{N_{p2}} = \frac{M}{N_{p2}} - \rho_0 \tag{12.5}$$

此时截面的应变与应力状态如图 12.3(b)中的直线③和图 12.3(e)所示。本过程中应力的计算与钢筋混凝土大偏心受压构件类似（因二者的初始状态都是零应变状态）。受压区高度求取方法如下：

对压力 R 取矩，可得

$$\frac{1}{2}b_i' x \sigma_c\left(e' - \frac{h}{2} + \frac{x}{3}\right) - \frac{1}{2}(x - h_i')(b_i' - b)\sigma_c\frac{x - h_i'}{x}\left[e' - \frac{h}{2} + h_i' + \frac{1}{3}(x - h_i')\right]$$

$$- \Delta\sigma_p A_p\left(e' - \frac{h}{2} + h_p\right) - \sigma_s A_s\left(e' - \frac{h}{2} + h_s\right) = 0 \tag{12.6}$$

又根据比例关系可得

$$\Delta\sigma_p = n_p \sigma_c (h_p - x)/x \tag{12.7}$$

$$\sigma_s = n_s \sigma_c (h_s - x)/x \tag{12.8}$$

其中，$n_s = E_s/E_c$。将以上两式代入式(12.6)并经整理，可得关于 x 的一元三次方程：

$$x^3 + Ax^2 + Bx + C = 0 \tag{12.9}$$

式中　　　　　　　　　　　　$A = 3(e' - h/2)$

$$B = \frac{3}{b}\left[h_i'(b_i' - b)(2e' - h - h_i') + 2n_p A_p\left(e' - \frac{h}{2} + h_p\right) + 2n_s A_s\left(e' - \frac{h}{2} + h_s\right)\right]$$

$$C = -\frac{h_i'^2(b_i' - b)}{b}\left(3e' + 2h_i' - \frac{3}{2}h\right) - \frac{6n_n}{b}A_p h_p\left(e' - \frac{h}{2} + h_p\right) - \frac{6n_s}{b}A_s h_s\left(e' - \frac{h}{2} + h_s\right)$$

求解方程(12.9)得出受压区高度 x 后，可由平衡关系求得截面上缘混凝土压应力 σ_c，即由 $\sum H = 0$ 可得：

$$R = \frac{b_i' x}{2} \sigma_c - \frac{b_i' - b}{2x}(x - h_i')^2 \sigma_c - n_p \sigma_c A_p \frac{h_p - x}{x} - n_s \sigma_c A_s \frac{h_s - x}{x}$$

解出：

$$\sigma_c = \frac{2 N_{p2} x}{bx^2 + (2x - h_i')(b_i' - b)h_i' - 2n_s A_s(h_s - x) - 2n_p A_p(h_p - x)} \tag{12.10}$$

非预应力筋的应力 σ_s 按式(12.8)计算。预应力筋中的总应力由三部分组成，即有效预应力 σ_{p1}、从状态①到状态②的增量 σ_{p2} 以及从状态②到状态③的增量 $\Delta\sigma_p$，即

$$\sigma_p = \sigma_{p1} + \sigma_{p2} + \Delta\sigma_p \tag{12.11}$$

式中

$$\sigma_{p1} = N_{p1}/A_p, \quad \sigma_{p2} = E_p \varepsilon_{p2}$$

$\Delta\sigma_p$ 按式(12.7)计算。

12.2.2 变形和裂缝计算

1. 变形计算

变形计算可以采用材料力学或结构力学方法进行，但其所用的截面抗弯刚度 $E_c I_0$ 的取值有所不同，各规范的规定也不尽相同，使用时应查相应的规范取值。例如我国的《设计建议》对容许开裂的 B 类构件计算挠度时所采用的刚度规定如下：

$$B = \alpha E_c I_0 \tag{12.12}$$

式中 B——截面刚度；

α——刚度折减系数，对于 $M > M_f$ 的 B 类构件，有

$$\alpha = \frac{0.85\beta M}{\beta M_f + 0.85(M - M_f)} \tag{12.13}$$

其中 M——使用荷载短期组合作用下的弯矩，

M_f——截面开裂弯矩，按下式计算：

$$M_f = (\sigma_{pc} + \gamma f_{tk}) W_0 \tag{12.14}$$

其中 σ_{pc}——截面边缘处混凝土的有效预压应力，

f_{tk}——混凝土轴心抗拉强度标准值，

γ——考虑受拉区混凝土塑性的系数，

W_0——换算截面抗弯模量。

$$\beta = \frac{0.1 + 2n_s\mu}{1 + 0.5r_1} \leqslant 0.50 \tag{12.15}$$

式中 μ——纵向受拉钢筋配筋率，$\mu = (A_p + A_s)/bh_0$。

$$r_1 = (b_i - b)h_i/bh$$

式中 b_i, h_i——倒 T 形截面受拉区翼缘的宽度和高度，对 I 形截面可取 $r_1 = 0$。

2. 裂缝计算

部分预应力混凝土构件裂缝的计算与钢筋混凝土构件并无本质差别，其计算方法主要有两类：一是计算名义拉应力，二是直接计算裂缝宽度。具体公式可参阅相应规范和本书第 9 章，此处不再赘述。

应注意的是，无论是变形计算还是裂缝计算，各规范的方法都是根据试验、统计和理论分析得出的经验或半径验公式，因此在使用时应注意其适用条件和范围，不可盲目套用。

12.3　无黏结预应力混凝土构件

1. 概　　述

在前面几章所讲述的预应力混凝土构件中,预应力钢筋与混凝土之间是有黏结的。对先张法,预应力筋张拉后直接浇筑在混凝土内。而对于后张法,在张拉之后,要在预留孔道中压入水泥砂浆,以使预应力筋与混凝土黏结在一起。这类预应力混凝土构件称为有黏结预应力混凝土构件。与之对应,无黏结预应力混凝土构件是指预应力钢筋与混凝土之间不存在黏结的预应力混凝土构件。

无黏结预应力钢筋一般由钢绞线、高强钢丝或粗钢筋外涂防腐油脂并设外包层组成。现使用较多的是钢绞线外涂油脂并外包 PE 层(通俗地说是一种高分子材料外包层)的无黏结预应力钢筋。

2. 无黏结预应力混凝土的特点

无黏结预应力混凝土最显著的特点是施工简便。施工时,可将无黏结预应力钢筋像普通钢筋那样埋设在混凝土中,待混凝土凝固后,即可进行预应力筋的张拉和锚固。由于在钢筋和混凝土之间有涂层和外包层隔离,因此二者之间能产生相对滑移。省去后张法有黏结预应力混凝土的预埋管道、穿束、压浆等工艺,节约了设备,缩短了工期,因而综合经济性较好。

无黏结预应力混凝土的另一特点是,由于钢筋与混凝土之间允许相对滑移,因而预应力筋中的应力沿全长基本是均匀的。外荷载在任一截面处产生的应变将分布在预应力筋的整个长度上。因此,无黏结预应力筋中的应力比有黏结预应力筋的应力要低。

在无黏结预应力混凝土中,预应力筋完全依靠锚具来锚固,一旦锚具失效,整个结构将会发生严重破坏。因此,对锚具的要求较高。在选用锚具时,应特别小心。

3. 无黏结预应力混凝土构件的计算要点

此处仅给出一些计算原则,而不给出太多的公式。在设计无黏结预应力混凝土构件时,应按有关规范进行。

无黏结预应力混凝土分为纯无黏结预应力混凝土构件和混合配筋无黏结部分预应力混凝土构件。前者指受力主筋全部采用无黏结预应力钢筋,而后者则指其受力主筋采用无黏结预应力钢筋和有黏结非预应力钢筋混合配筋。

(1) 纯无黏结预应力混凝土构件

由于钢筋和混凝土之间存在相对滑移,如果忽略摩擦的影响,则无黏结筋中的应力沿全长是相等的。这样,构件受弯破坏时,无黏结筋中的极限应力小于最大弯矩截面处有黏结筋中的极限应力,所以无黏结预应力混凝土梁的极限强度低于有黏结预应力混凝土梁。试验表明,前者一般比后者低 10%～30%。

计算无黏结筋中的极限应力不能采用有黏结筋极限应力的计算方法,因为后者是假定由使用荷载引起的预应力筋的应变增量与其周围混凝土的应变增量相同。无黏结筋由于存在上述的相对滑移,因此该假定不能成立。但由于在两端锚头处无黏结筋的位移与其周围混凝土的位移是协调的,因此,位移协调条件为,在荷载作用下,无黏结筋的总伸长量与它整个长度范围内混凝土的总伸长量相等。设 M 为无黏结预应力混凝土梁某截面上的弯矩,e_0 为无黏结筋重心至梁轴的偏心距,则无黏结筋的总伸长量为

$$\Delta = \int_0^L \varepsilon_c \, \mathrm{d}x = \int_0^L \frac{M e_0}{E_c I_n} \mathrm{d}x \qquad (12.16)$$

式中　$E_c I_n$——混凝土净截面抗弯刚度；

　　　　L——无黏结筋长度。

于是，无黏结筋中的应力增量为

$$\Delta \sigma_p = E_p \frac{\Delta}{L} = \frac{n_p}{L} \int_0^L \frac{M}{I_n} e_0 \, \mathrm{d}x \qquad (12.17)$$

无黏结筋中的总应力为

$$\sigma_p = \sigma_{pe} + \Delta \sigma_p \qquad (12.18)$$

其中 σ_{pe} 为有效预应力(扣除各项损失后)。

在实际应用中，式(12.17)很不方便，因为其中的弯矩 M 和偏心距 e_0 等是多变的，很难得出积分的解答。各国规范给出了不同的经验公式，但都是基于大量试验数据得出的。

(2) 混合配筋无黏结部分预应力混凝土构件

由于采用了无黏结筋和有黏结普通钢筋混合配筋，因此无黏结部分预应力混凝土构件的受力破坏特征与有黏结部分预应力混凝土构件相似，塑性性能比纯无黏结预应力梁要好。

关于无黏结部分预应力混凝土构件中无黏结筋的极限应力值的计算，形式上仍与式(12.18)相同，但其中 $\Delta \sigma_p$ 的计算与纯无黏结梁有所不同。目前，各国规范也都是采用经验公式。在各种公式中，常用到一个重要的指标 q_0。它是一个配筋指标，即

$$q_0 = q_p + q_s = \frac{A_p \sigma_{pe}}{b h_p f_{ck}} + \frac{A_s f_{yk}}{b h_s f_{ck}} \qquad (12.19)$$

式中　f_{yk}, f_{ck}——非预应力钢筋抗拉强度标准值和混凝土轴心抗压强度标准值；

　　　　b——梁的宽度；

　　　　h_p——无黏结筋截面重心至梁截面受压边缘距离；

　　　　h_s——非预应力钢筋截面重心至梁截面受压边缘距离；

其余符号意义同前。

试验结果表明，$\Delta \sigma_p$ 与 q_0 之间呈较好的线性关系，因此我国《无黏结预应力混凝土结构技术规程》中，对采用碳素钢丝和钢绞线的受弯构件，在承载能力极限状态下无黏结筋中的应力为

跨高比≤35 时：　　　　$\sigma_p = \dfrac{1}{\gamma_s}[\sigma_{pe} + (500 - 770 q_0)]$　　(MPa)　　(12.20)

跨高比>35 时：　　　　$\sigma_p = \dfrac{1}{\gamma_s}[\sigma_{pe} + (250 - 380 q_0)]$　　(MPa)　　(12.21)

式中 γ_s 为材料分项系数，取 1.2。显然，$\Delta \sigma_p$ 取为 q_0 的线性函数。

12.4　小　结

本章介绍了两种预应力混凝土构件，即部分预应力混凝土构件和无黏结预应力混凝土构件。主要内容如下：

(1)部分预应力混凝土的概念。在全部使用荷载作用下允许出现一定值的拉应力或裂缝的预应力混凝土构件称为部分预应力混凝土构件。

(2)与全预应力混凝土构件相比，部分预应力混凝土构件具有上拱度小、构件内应力水平

低,因而不易产生纵向裂缝,节省高强度钢筋等优点。

(3)预应力度 $\lambda_p = M_0/M$,按 λ_p 大小可将混凝土结构从钢筋混凝土到全预应力混凝土连贯起来考虑,即

$\lambda_p \geqslant 1$:全预应力混凝土结构;

$1 > \lambda_p > 0$:部分预应力混凝土结构;

$\lambda_p = 0$:钢筋混凝土结构。

(4)讲述了部分预应力混凝土构件的受力特征。

(5)介绍了部分预应力混凝土 B 类构件截面正应力的计算方法。计算分两步进行,并在初始状态①与最终状态③之间引入一个消压状态②。

(6)对变形和裂缝的计算原则作了简介。

(7)介绍了无黏结预应力混凝土构件的基本概念、结构特点和计算要点。

 思 考 题

12.1　何为部分预应力混凝土构件? 何为全预应力混凝土构件? (不用预应力度回答)

12.2　何为无黏结预应力混凝土构件? 无黏结预应力混凝土构件中预应力钢筋的应力分布与有黏结预应力混凝土构件中预应力钢筋应力分布有何区别?

参 考 文 献

[1] 藤智明. 钢筋混凝土基本构件[M]. 2版. 北京:清华大学出版社,1987.

[2] 叶见曙. 结构设计原理[M]. 北京:人民交通出版社,1997.

[3] 朱伯龙. 混凝土结构设计原理[M]. 上海:同济大学出版社,1992.

[4] 蓝宗建. 混凝土结构[M]. 南京:东南大学出版社,1998.

[5] 黄棠,王效通. 结构设计原理(上)[M]. 北京:中国铁道出版社,1989.

[6] 中华人民共和国交通运输部. 公路钢筋混凝土及预应力混凝土桥涵设计规范:JTG D 62—2018[S]. 北京:人民交通出版社,2018.

[7] 国家铁路局. 铁路桥涵混凝土结构设计规范:TB 10092—2017[S]. 北京:中国铁道出版社,2017.

[8] 中华人民共和国住房和城乡建设部. 混凝土结构设计规范:GB 50010—2010[S]. 北京:中国建筑工业出版社,2010.

[9] 中国土木工程学会. 部分预应力混凝土结构设计建议[M]. 北京:中国铁道出版社,1985.

[10] 车惠民,邵厚坤,李霄萍. 部分预应力混凝土[M]. 成都:西南交通大学出版社,1992.

[11] 杜拱辰. 现代预应力混凝土结构[M]. 北京:中国建筑工业出版社,1988.

[12] 邵容光. 结构设计原理[M]. 北京:人民交通出版社,1987.

[13] A. H. 尼尔逊. 混凝土结构设计[M]. 北京:中国建筑工业出版社,2003.

[14] 赵国藩. 高等钢筋混凝土结构学[M]. 北京:机械工业出版社,2005.

[15] 江见鲸,陆新征,江波. 钢筋混凝土基本构件设计[M]. 北京:清华大学出版社,2006.

[16] 叶列平. 混凝土结构(上册)[M]. 北京:清华大学出版社,2005.

[17] 张誉. 混凝土结构基本原理[M]. 北京:中国建筑工业出版社,2000.

[18] 梁兴文,王社良,李晓文. 混凝土结构设计原理[M]. 2版. 北京:科学出版社,2007.

[19] 黄平明,梅葵花,王蒂. 结构设计原理[M]. 北京:人民交通出版社,2006.

[20] 贡金鑫,魏巍巍,胡家顺. 中美欧混凝土结构设计[M]. 北京:中国建筑工业出版社,2007.

[21] 徐有邻,周氏. 混凝土结构设计规范理解与应用[M]. 北京:中国建筑工业出版社,2002.

[22] 黄侨,王永平. 桥梁混凝土结构设计原理计算示例[M]. 北京:人民交通出版社,2006.

[23] 张树仁. 桥梁设计规范学习与应用讲评[M]. 北京:人民交通出版社,2005.

[24] 舒士霖. 钢筋混凝土结构[M]. 杭州:浙江大学出版社,2000.

[25] 袁锦根,余志武. 混凝土结构设计基本原理[M]. 北京:中国铁道出版社,2004.

[26] 中华人民共和国住房和城乡建设部. 建筑结构荷载规范:GB 50009—2012[S]. 北京:中国建筑工业出版社,2012.

[27] 中华人民共和国住房和城乡建设部. 建筑结构可靠度设计统一标准:GB 50068—2018[S]. 北京:中国建筑工业出版社,2019.

[28] 美国混凝土学会(ACI). 美国房屋建筑混凝土结构规范(ACI318-05)及条文说明(ACI318R-05)[S]. 张川,白绍良,钱学时,译. 重庆:重庆大学出版社,2007.

[29] 东南大学,天津大学,同济大学. 混凝土结构(上册)——混凝土结构设计原理[M]. 5版. 北京:中国建筑工业出版社,2012.

[30] 徐有邻. 混凝土结构设计原理及修订规范的应用[M]. 北京:清华大学出版社,2012.

附 录

附表 1　混凝土强度设计值和强度标准值（N/mm²）

《混凝土结构设计规范》GB 50010—2010）

强度种类	符号	混凝土强度等级												
		C15	C20	C25	C30	C35	C40	C45	C50	C55	C60	C65	C70	C75	C80
强度标准值	f_{ck}	10.0	13.4	16.7	20.1	23.4	26.8	29.6	32.4	35.5	38.5	41.5	44.5	47.4	50.2
	f_{tk}	1.27	1.54	1.78	2.01	2.20	2.39	2.51	2.64	2.74	2.85	2.93	2.99	3.05	3.11
强度设计值	f_c	7.2	9.6	11.9	14.3	16.7	19.1	21.1	23.1	25.3	27.5	29.7	31.8	33.8	35.9
	f_t	0.91	1.10	1.27	1.43	1.57	1.71	1.80	1.89	1.96	2.04	2.09	2.14	2.18	2.22

注：(1)计算现浇钢筋混凝土轴心受压及偏心受压构件时，如截面的长边或直径小于 300 mm，则表中混凝土的强度设计值应乘以系数 0.8，当构件质量（如混凝土成型、截面轴线尺寸等）确有保证时，可不受此限制。

　　(2)离心混凝土的强度设计值应按专门标准取用。

附表 2　混凝土弹性模量 E_c 和疲劳变形模量 E_c^f（×10⁴ N/mm²）

《混凝土结构设计规范》GB 50010—2010）

模量种类	混凝土强度等级													
	C15	C20	C25	C30	C35	C40	C45	C50	C55	C60	C65	C70	C75	C80
E_c	2.20	2.55	2.80	3.00	3.15	3.25	3.35	3.45	3.55	3.60	3.65	3.70	3.75	3.80
E_c^f	—	—	—	1.30	1.40	1.50	1.55	1.60	1.65	1.70	1.75	1.80	1.85	1.90

附表 3　混凝土的受压疲劳强度修正系数 γ_p

《混凝土结构设计规范》GB 50010—2010）

ρ^f	$0.1 < \rho^f < 0.2$	$0.2 \leqslant \rho^f < 0.3$	$0.3 \leqslant \rho^f < 0.4$	$0.4 \leqslant \rho^f < 0.5$	$\rho^f \geqslant 0.5$
γ_p	0.74	0.80	0.86	0.93	1.0

注：如采用蒸汽养护时，养护温度不宜超过 60 ℃。如超过时应按计算需要的混凝土强度设计值提高 20%。

附表 4　普通钢筋强度标准值（N/mm²）

《混凝土结构设计规范》GB 50010—2010）

牌　　号	符　号	公称直径 d(mm)	屈服强度标准值 f_{yk}	极限强度标准值 f_{stk}
HPB300	Φ	6～22	300	420
HRB335 HRBF335	Φ Φ^F	6～50	335	455
HRB400 HRBF400 RRB400	Φ Φ^F Φ^R	6～50	400	540
HRB500 HRBF500	Φ Φ^F	6～50	500	630

附表 5　预应力钢筋强度标准值（N/mm²）

（《混凝土结构设计规范》GB 50010—2010）

种　类		符号	公称直径 d(mm)	屈服强度标准值 f_{pyk}	极限强度标准值 f_{ptk}
中强度预应力钢丝	光面 螺旋肋	ϕ^{PM} ϕ^{HM}	5,7,9	620	800
				780	970
				980	1 270
预应力螺纹钢筋	螺纹	ϕ^{T}	18,25,32, 40,50	785	980
				930	1 080
				1 080	1 230
消除应力钢丝	光面 螺旋肋	ϕ^{P} ϕ^{H}	5	—	1 570
				—	1 860
			7	—	1 570
			9	—	1 470
				—	1 570
钢绞线	1×3（三股）	ϕ^{S}	8.6,10.8, 12.9	—	1 570
				—	1 860
				—	1 960
	1×7（七股）		9.5,12.7, 15.2,17.8	—	1 720
				—	1 860
				—	1 960
			21.6	—	1 860

注:极限强度标准值为 1 960 N/mm² 的钢绞线作后张预应力配筋时,应有可靠的工程经验。

附表 6　普通钢筋强度设计值（N/mm²）

（《混凝土结构设计规范》GB 50010—2010）

种　类		f_y	f'_y
热轧钢筋	HPB300	270	270
	HRB335，HRBF335	300	300
	HRB400，HRBF400，RRB400	360	360
	HRB500，HRBF500	435	410

附表 7　预应力钢筋强度设计值（N/mm²）

（《混凝土结构设计规范》GB 50010—2010）

种　类	极限强度标准值 f_{ptk}	抗拉强度设计值 f_{py}	抗压强度设计值 f'_{py}
中强度预应力钢丝	800	510	410
	970	650	
	1 270	810	
消除应力钢丝	1 470	1 040	410
	1 570	1 110	
	1 860	1 320	

续上表

种　类	极限强度标准值 f_{ptk}	抗拉强度设计值 f_{py}	抗压强度设计值 f'_{py}
钢绞线	1 570	1 110	390
	1 720	1 220	
	1 860	1 320	
	1 960	1 390	
预应力螺纹钢筋	980	650	410
	1 080	770	
	1 230	900	

注:当预应力筋的强度标准值不符合附表 5 的规定时,其强度设计值应进行相应的比例换算。

附表 8　钢筋弹性模量(N/mm²)

(《混凝土结构设计规范》GB 50010—2010)

种　类	E_s
HPB300 级钢筋	$2.1×10^5$
HRB335,HRB400,HRB500,HRBF335,HRBF400,HRBF500,RRB400 级钢筋,预应力螺纹钢筋	$2.0×10^5$
消除应力钢丝,中强度预应力钢丝	$2.05×10^5$
钢绞线	$1.95×10^5$

注:必要时钢绞线可采用实测的弹性模量。

附表 9　普通钢筋疲劳应力幅限值(N/mm²)

(《混凝土结构设计规范》GB 50010—2010)

疲劳应力比值 ρ_s^f	Δf_y^f	
	HRB335 级钢筋	HRB400 级钢筋
0	175	175
0.1	162	162
0.2	154	156
0.3	144	149
0.4	131	137
0.5	115	123
0.6	97	106
0.7	77	85
0.8	54	60
0.9	28	31

注:①当纵向受拉钢筋采用闪光接触对焊接头时,其接头处钢筋疲劳应力幅限值应按表中的数值乘以系数 0.8 取用;
　　②RRB400 级钢筋应经试验验证后,方可用于需作疲劳验算的构件。

附表 10　预应力钢筋的疲劳应力幅限值(N/mm²)

(《混凝土结构设计规范》GB 50010—2010)

种　类		Δf_{py}^f		
		$\rho_p^f=0.7$	$\rho_p^f=0.8$	$\rho_p^f=0.9$
消除应力钢丝	$f_{ptk}=1 570$	240	168	88
钢绞线	$f_{ptk}=1 570$	144	118	70

注:①当 $\rho_p≥0.9$ 时,可不作钢筋的疲劳验算;
　　②当有充分依据时,可对表中规定的疲劳应力幅限值作适当调整。

附表 11　混凝土极限强度（强度标准值）（N/mm²）

（《铁路桥涵混凝土结构设计规范》TB 10092—2017）

强度种类	符号	混凝土强度等级								
		C20	C25	C30	C35	C40	C45	C50	C55	C60
轴心抗压	f_{ck}	13.5	17	20	23.5	27	30	33.5	37	40
轴心抗拉	f_{tk}	1.7	2.0	2.2	2.5	2.7	2.9	3.1	3.3	3.5

附表 12　混凝土弹性模量 E_e（×10⁴ N/mm²）

（《铁路桥涵混凝土结构设计规范》TB 10092—2017）

混凝土强度等级	C20	C25	C30	C35	C40	C45	C50	C55	C60
弹性模量	2.80	3.00	3.20	3.30	3.40	3.45	3.55	3.60	3.65

附表 13　钢筋抗拉强度标准值（N/mm²）

（《铁路桥涵混凝土结构设计规范》TB 10092—2017）

种类　　　　　　强度	普通钢筋 f_{sk}			预应力螺纹钢筋 f_{pk}	
	HPB300	HRB400	HRB500	PSB830	PSB980
抗拉强度标准值	300	400	500	830	980

附表 14　预应力钢丝、钢绞线抗拉强度标准值 f_{pk}（N/mm²）

（《铁路桥涵混凝土结构设计规范》TB 10092—2017）

种　类			f_{pk}
钢丝		公称直径 $d=4\sim5$ mm	1 860,1 770,1 670,1 570,1 470
		公称直径 $d=6\sim7$ mm	1 860,1 770,1 670,1 570,1 470
钢绞线	标准型（1×7）	公称直径 $d=12.7$	1 960,1 860,1 770
		公称直径 $d=15.2$	1 960,1 860,1 770,1 670,1 570,1 470
		公称直径 $d=15.7$	1 860,1 770
	模拔型（1×7）C	公称直径 $d=12.7$	1 860
		公称直径 $d=15.2$	1 820

注：①表中的钢丝按松弛率不同可分为普通松弛（WNR）和低松弛（WLR），钢绞线均为低松弛；

②钢绞线公称直径 12.7 mm 和 15.7 mm 者都有 1 960 MPa 这一级，需经疲劳试验确定疲劳应力后方能使用。

附表 15　钢筋计算强度（强度设计值）（N/mm²）

（《铁路桥涵混凝土结构设计规范》TB 10092—2017）

种　类		抗拉：f_{sd} 或 f_{pd}	抗压：f'_{sd} 或 f'_{pd}
普通钢筋	HPB300	300	300
	HRB400	400	400
	HRB500	500	500
预应力钢筋	钢丝、钢绞线、预应力混凝土用螺纹钢筋	$0.9f_{pk}$	380

附表 16　钢筋弹性模量(N/mm²)

《铁路桥涵混凝土结构设计规范》TB 10092—2017)

种　类	符　号	弹性模量
HPB300	E_s	2.1×10^5
HRB400　HRB500	E_s	2.0×10^5
钢丝	E_p	2.05×10^5
钢绞线	E_p	1.95×10^5
预应力混凝土用螺纹钢筋	E_p	2.0×10^5

附表 17　混凝土强度标准值和设计值(N/mm²)

《公路钢筋混凝土及预应力混凝土桥涵设计规范》JTG D62—2004)

强度种类	符号	混　凝　土　强　度　等　级													
		C15	C20	C25	C30	C35	C40	C45	C50	C55	C60	C65	C70	C75	C80
强度标准值	f_{ck}	10.0	13.4	16.7	20.1	23.4	26.8	29.6	32.4	35.5	38.5	41.5	44.5	47.4	50.2
	f_{tk}	1.27	1.54	1.78	2.01	2.20	2.40	2.51	2.65	2.74	2.85	2.93	3.00	3.05	3.10
强度设计值	f_{cd}	6.9	9.2	11.5	13.8	16.1	18.4	20.5	22.4	24.4	26.5	28.5	30.5	32.4	34.6
	f_{td}	0.88	1.06	1.23	1.39	1.52	1.65	1.74	1.83	1.89	1.95	2.02	2.07	2.10	2.14

注:计算现浇钢筋混凝土轴心受压及偏心受压构件时,如截面的长边或直径小于 300 mm,则表中混凝土的强度设计值
　应乘以系数 0.8;当构件质量(混凝土成型、截面和轴线尺寸等)确有保证时,可不受此限制。

附表 18　混凝土弹性模量 E_c(×10⁴ N/mm²)

《公路钢筋混凝土及预应力混凝土桥涵设计规范》JTG D62—2004)

混凝土强度等级	C15	C20	C25	C30	C35	C40	C45	C50	C55	C60	C65	C70	C75	C80
弹性模量 E_c	2.20	2.55	2.80	3.00	3.15	3.25	3.35	3.45	3.55	3.60	3.65	3.70	3.75	3.80

注:当采用引气剂及较高砂率的泵送混凝土且无实测数据时,表中 C50~C80 的 E_c 值应乘以折减系数 0.95。

附表 19　钢筋强度设计值和标准值(N/mm²)

《公路钢筋混凝土及预应力混凝土桥涵设计规范》JTG D62—2004)

钢　筋　种　类			符　号	强度标准值 f_{sk}(普通钢筋) 或 f_{pk}(预应力钢筋)	抗拉强度设计值 f_{sd}(普通钢筋) 或 f_{pd}(预应力钢筋)	抗压强度设计值 f'_{sd}(普通钢筋)或 f'_{pd}(预应力钢筋)
普通钢筋	R235　$d=8\sim20$		Φ	235	195	195
	HRB335　$d=6\sim50$		Φ	335	280	280
	HRB400　$d=6\sim50$		Φ	400	330	330
	KL400　$d=8\sim40$		Φ^R	400	330	330
钢绞线	1×2 (二股)	$d=8.0,10.0$	Φ^S	1 470,1 570,1 720,1 860	$f_{pk}=1\,470$ 时,1 000 $f_{pk}=1\,570$ 时,1 070 $f_{pk}=1\,720$ 时,1 170 $f_{pk}=1\,860$ 时,1 260	390
		$d=12.0$		1 470,1 570,1 720		
	1×3 (三股)	$d=8.6,10.8$		1 470,1 570,1 720,1 860		
		$d=12.9$		1 470,1 570,1 720		
	1×7 (七股)	$d=9.5,11.1,12.7$		1 860		
		$d=15.2$		1 720,1 860		

续上表

钢 筋 种 类			符号	强度标准值 f_{sk}(普通钢筋) 或 f_{pk}(预应力钢筋)	抗拉强度设计值 f_{sd}(普通钢筋) 或 f_{pd}(预应力钢筋)	抗压强度设计值 f'_{sd}(普通钢筋)或 f'_{pd}(预应力钢筋)
消除应力钢丝	光面	$d=4,5$	ϕ^P	1 470,1 570,1 670,1 770	$f_{pk}=1\,470$ 时,1 000 $f_{pk}=1\,570$ 时,1 070 $f_{pk}=1\,670$ 时,1 140 $f_{pk}=1\,770$ 时,1 200	410
		$d=6$		1 570,1 670		
	螺旋肋	$d=7,8,9$	ϕ^H	1 470,1 570		
	刻痕	$d=5,7$	ϕ^I	1 470,1 570	$f_{pk}=1\,470$ 时,1 000 $f_{pk}=1\,570$ 时,1 070	410
精轧螺纹钢筋		$d=40$	JL	540	$f_{pk}=540$ 时,450 $f_{pk}=785$ 时,650 $f_{pk}=930$ 时,770	400
		$d=18,25,32$		540,785,930		

注:①钢筋混凝土轴心受拉和小偏心受拉构件的钢筋抗拉强度设计值大于 330 MPa 时,仍用 330 MPa;
　　②构件中配有不同种类钢筋时,每种钢筋应采用各自的强度设计值。

附表 20　钢筋弹性模量(N/mm^2)

(《公路钢筋混凝土及预应力混凝土桥涵设计规范》JTG D62—2004)

钢筋种类	E_s	钢筋种类	E_p
R235	2.1×10^5	消除应力光面钢丝、螺旋肋钢丝、刻痕钢丝	2.05×10^5
HRB335,HRB400,KL400,精轧螺纹钢筋	2.0×10^5	钢绞线	1.95×10^5

附表 21　钢筋混凝土矩形和 T 形截面受弯构件正截面抗弯能力计算表

ξ	γ_s	α_s	ξ	γ_s	α_s
0.01	0.995	0.010	0.16	0.920	0.147
0.02	0.990	0.020	0.17	0.915	0.155
0.03	0.985	0.030	0.18	0.910	0.164
0.04	0.980	0.039	0.19	0.905	0.172
0.05	0.975	0.048	0.20	0.900	0.180
0.06	0.970	0.053	0.21	0.895	0.188
0.07	0.965	0.067	0.22	0.890	0.196
0.08	0.960	0.077	0.23	0.885	0.203
0.09	0.955	0.085	0.24	0.880	0.211
0.10	0.950	0.095	0.25	0.875	0.219
0.11	0.945	0.104	0.26	0.870	0.226
0.12	0.940	0.113	0.27	0.865	0.234
0.13	0.935	0.121	0.28	0.860	0.241
0.14	0.930	0.130	0.29	0.855	0.243
0.15	0.925	0.139	0.30	0.850	0.255

续上表

ξ	γ_s	α_s	ξ	γ_s	α_s
0.31	0.845	0.262	0.47	0.765	0.359
0.32	0.840	0.269	0.48	0.760	0.365
0.33	0.835	0.275	0.49	0.755	0.370
0.34	0.830	0.282	0.50	0.750	0.375
0.35	0.825	0.289	0.51	0.745	0.380
0.36	0.820	0.295	0.518	0.741	0.384
0.37	0.815	0.301	0.52	0.740	0.385
0.38	0.810	0.309	0.53	0.735	0.390
0.39	0.805	0.314	0.54	0.730	0.394
0.40	0.800	0.320	0.55	0.725	0.400
0.41	0.795	0.326	0.56	0.720	0.404
0.42	0.790	0.332	0.57	0.715	0.408
0.43	0.785	0.337	0.58	0.710	0.412
0.44	0.780	0.343	0.59	0.705	0.416
0.45	0.775	0.349	0.60	0.700	0.420
0.46	0.770	0.354	0.614	0.693	0.426

注：表中 $\xi=0.518$ 以下的数值不适用于 HRB400、RRB400 钢筋；$\xi=0.55$ 以下的数值不适用于 HRB335 钢筋。

附表 22　钢筋计算截面面积及理论重量

公称直径（mm）	不同根数钢筋的计算截面面积（mm²）									单根钢筋理论重量（kg/m）
	1	2	3	4	5	6	7	8	9	
6	28.3	57	85	113	142	170	198	226	255	0.222
6.5	33.2	66	100	133	166	199	232	265	299	0.260
8	50.3	101	151	201	252	302	352	402	453	0.395
8.2	52.8	106	158	211	264	317	370	423	475	0.432
10	78.5	157	236	314	393	471	550	628	707	0.617
12	113.1	226	339	452	565	678	791	904	1 017	0.888
14	153.9	308	461	615	769	923	1 077	1 231	1 385	1.21
16	201.1	402	603	804	1 005	1 206	1 407	1 608	1 809	1.58
18	254.5	509	763	1 017	1 272	1 527	1 781	2 036	2 290	2.00
20	314.2	628	942	1 256	1 570	1 884	2 199	2 513	2 827	2.47
22	380.1	760	1 140	1 520	1 900	2 281	2 661	3 041	3 421	2.98
25	490.9	982	1 473	1 964	2 454	2 945	3 436	3 927	4 418	3.85
28	615.8	1 232	1 847	2 463	3 079	3 695	4 310	4 926	5 542	4.83
32	804.2	1 609	2 413	3 217	4 021	4 826	5 630	6 434	7 238	6.31
36	1 017.9	2 036	3 054	4 072	5 089	6 107	7 125	8 143	9 161	7.99
40	1 256.6	2 513	3 770	5 027	6 283	7 540	8 796	10 053	11 310	9.87
50	1 964	3 928	5 892	7 856	9 820	11 784	13 748	15 712	17 676	15.42

注：表中直径 $d=8.2$ mm 的计算截面面积及理论重量仅适用于有纵肋的热处理钢筋。

附表 23　钢绞线公称直径、公称截面面积及理论重量

种　类	公称直径 （mm）	公称截面面积 （mm²）	理论重量 （kg/m）
	8.6	37.4	0.295
1×3	10.8	59.3	0.465
	12.9	85.4	0.671
	9.5	54.8	0.432
1×7 标准型	11.1	74.2	0.580
	12.7	98.7	0.774
	15.2	139	1.101

附表 24　钢丝公称直径、公称截面面积及理论重量

公称直径 （mm）	公称截面面积 （mm²）	理论重量 （kg/m）
4.0	12.57	0.099
5.0	19.63	0.154
6.0	28.27	0.222
7.0	38.48	0.302
8.0	50.26	0.394
9.0	63.62	0.499

附表 25　每米板宽各种钢筋间距时的钢筋截面面积（房建结构）

钢筋间距 （mm）	当钢筋直径为下列数值时的钢筋截面面积（mm²）													
	3	4	5	6	6/8	8	8/10	10	10/12	12	12/14	14	14/16	16
70	101	179	281	404	561	719	920	1 121	1 369	1 616	1 908	2 199	2 536	2 872
75	94.3	167	262	377	524	671	859	1 047	1 277	1 508	1 780	2 053	2 367	2 681
80	88.4	157	245	354	491	629	805	981	1 198	1 414	1 669	1 924	2 218	2 513
85	83.2	148	231	333	462	592	758	924	1 127	1 331	1 571	1 811	2 088	2 365
90	78.5	140	218	314	437	559	716	872	1 064	1 257	1 484	1 710	1 972	2 234
95	74.5	132	207	298	414	529	678	826	1 008	1 190	1 405	1 620	1 868	2 116
100	70.6	126	196	283	393	503	644	785	958	1 131	1 335	1 539	1 775	2 011
110	64.2	114	178	257	357	457	585	714	871	1 028	1 214	1 399	1 614	1 828
120	58.9	105	163	236	327	419	537	654	798	942	1 112	1 283	1 480	1 676
125	56.5	100	157	226	314	402	515	628	766	905	1 068	1 232	1 420	1 608
130	54.4	96.6	151	218	302	387	495	604	737	870	1 027	1 184	1 366	1 547
140	50.5	89.7	140	202	281	359	460	561	684	808	954	1 100	1 268	1 436
150	47.1	83.8	131	189	262	335	429	523	639	754	890	1 026	1 183	1 340
160	44.1	78.5	123	177	246	314	403	491	599	707	834	962	1 110	1 257
170	41.5	73.9	115	166	231	296	379	462	564	665	786	906	1 044	1 183
180	39.2	69.8	109	157	218	279	358	436	532	628	742	855	985	1 117
190	37.2	66.1	103	149	207	265	339	413	504	595	702	810	934	1 058
200	35.3	62.8	98.2	141	196	251	322	393	479	565	668	770	888	1 005
220	32.1	57.1	89.3	129	178	228	292	357	436	514	607	700	807	914
240	29.4	52.4	81.9	118	164	209	268	327	399	471	556	641	740	838
250	28.3	50.2	78.5	113	157	201	258	314	383	452	534	616	710	804
260	27.2	48.3	75.5	109	151	193	248	302	368	435	514	592	682	773
280	25.2	44.9	70.1	101	140	180	230	281	342	404	477	550	634	718
300	23.6	41.9	66.5	94	131	168	215	262	320	377	445	513	592	670
320	22.1	39.2	61.4	88	123	157	201	245	299	353	417	481	554	628

注：表中钢筋直径中的 6/8,8/10… 系指两种直径的钢筋间隔放置。

附表 26　钢筋排成一行时梁的最小宽度（mm）（房建结构）

钢筋直径(mm)	3 根	4 根	5 根	6 根	7 根
12	180/150	200/180	250/220		
14	180/150	200/180	250/220	300/300	
16	180/180	220/200	300/250	350/300	400/350
18	180/180	250/220	300/300	350/300	400/350
20	200/180	250/220	300/300	350/350	400/400
22	200/180	250/250	350/300	400/350	450/400
25	220/200	300/250	350/300	450/350	500/400
28	250/220	350/300	400/350	450/400	550/450
32	300/250	350/300	450/400	550/450	

注：斜线以左数值用于梁的上部，以右数值用于梁的下部。

附表 27　混凝土保护层最小厚度 c（mm）

（《混凝土结构设计规范》GB 50010—2010）

环境类别	板、墙、壳	梁、柱、杆
一	15	20
二 a	20	25
二 b	25	35
三 a	30	40
三 b	40	50

注：(1)混凝土强度等级不大于 C25 时，表中保护层厚度数值应增加 5 mm；

(2)钢筋混凝土基础宜设置混凝土垫层，基础中钢筋的混凝土保护层厚度应从垫层顶面算起，且不应小于 40 mm；

(3)表中数值为设计使用年限为 50 年的结构的限值，对于设计使用年限为 100 年的结构，混凝土保护层厚度不小于表中数据的 1.4 倍。

附表 28　纵向受力钢筋的最小配筋率 ρ_{min}（%）

（《混凝土结构设计规范》GB 50010—2010）

受 力 类 型			最小配筋百分率
受压构件	全部纵向钢筋	强度等级 500 MPa	0.50
		强度等级 400 MPa	0.55
		强度等级 300 MPa，335 MPa	0.60
	一侧纵向钢筋		0.20
受弯构件、偏心受拉、轴心受拉构件一侧的受拉钢筋			0.20 和 $45f_t/f_y$ 中的较大值

注：(1)受压构件全部纵向钢筋最小配筋百分率，当采用 C60 以上强度等级的混凝土时，应按表中规定增加 0.10；

(2)板类受弯构件（不包括悬臂板）的受拉钢筋，当采用强度等级 400 MPa、500 MPa 的钢筋时，其最小配筋百分率应允许采用 0.15 和 $45f_t/f_y$ 中的较大值；

(3)偏心受拉构件中的受压钢筋，应按受压构件一侧纵向钢筋考虑；

(4)受压构件的全部纵向钢筋和一侧纵向钢筋的配筋率以及轴心受拉构件和小偏心受拉构件一侧受拉钢筋的配筋率均应按构件的全截面面积计算；

(5)受弯构件、大偏心受拉构件一侧受拉钢筋的配筋率应按全截面面积扣除受压翼缘面积 $(b_f'-b)h_f'$ 后的截面面积计算；

(6)当钢筋沿构件截面周边布置时，"一侧纵向钢筋"系指沿受力方向两个对边中一边布置的纵向钢筋。

附表 29　纵向受力钢筋的最小配筋率 $\rho_{\min}$ 要求

(《公路钢筋混凝土及预应力混凝土桥涵设计规范》JTG D62—2004)

构件/受力类型		最小配筋率要求	
钢筋混凝土受压构件	全部纵向钢筋	C50 以下混凝土	0.5%
		C50 及以上混凝土	0.6%
	一侧纵向钢筋		0.2%
钢筋混凝土受弯构件、偏心受拉构件及轴心受拉构件一侧纵向钢筋			$\max(0.2\%,0.45f_{td}/f_{sd}\times100\%)$
预应力混凝土受弯构件			$M_u/M_{cr}\geqslant1.0$

注：M_u 为预应力混凝土受弯构件正截面受弯承载力；M_{cr} 为预应力混凝土受弯构件正截面开裂弯矩，$M_{cr}=(\sigma_{pc}+\gamma f_{tk})W_0$。其中：$\sigma_{pc}$ 为扣除全部预应力损失后预加力在构件抗裂计算边缘混凝土中产生的预压应力；$\gamma=2S_0/W_0$，S_0 为换算截面重心轴至抗裂计算边缘间的截面面积对换算截面重心轴的面积矩；W_0 为换算截面抗裂计算边缘的抗弯截面模量。

《混凝土结构设计规范》关于柱箍筋的规定

(1)箍筋直径不应小于 $d/4$，且不应小于 6 mm，d 为纵向钢筋的最大直径。

(2)箍筋间距不应大于 400 mm 及构件截面的短边尺寸，且不应大于 15d，d 为纵向钢筋的最小直径。

(3)柱及其他受压构件中的周边箍筋应做成封闭式；对圆柱中的箍筋，搭接长度不应小于《混凝土结构设计规范》第 8.3.1 条规定的锚固长度，且末端应做成 135°弯钩，弯钩末端平直段长度不应小于 5d，d 为箍筋直径。

(4)当柱截面短边尺寸大于 400 mm 且各边纵向钢筋多于 3 根时，或当柱截面短边尺寸不大于 400 mm 但各边纵向钢筋多于 4 根时，应设置复合箍筋。

(5)柱中全部纵向受力钢筋的配筋率大于 3‰时，箍筋直径不应小于 8 mm，间距不应大于 10d，且不应大于 200 mm。箍筋末端应做成 135°弯钩，且弯钩末端平直段长度不应小于 10d，d 为纵向受力钢筋的最小直径。

(6)在配有螺旋式或焊接环式箍筋的柱中，如在正截面受压承载力计算中考虑间接钢筋的作用时，箍筋间距不应大于 80 mm 及 $d_{cor}/5$，且不宜小于 40 mm，d_{cor} 为按箍筋内表面确定的核心截面直径。